THE HISTORY
OF WORLD AUDIO
DEVELOPMENT

世界音响发展史

广州市迪士普音响博物馆 编

王恒 著

SPM
南方传媒

岭南美术出版社

中国·广州

图书在版编目（CIP）数据

世界音响发展史 / 王恒著；广州市迪士普音响博物
馆编 . — 广州：岭南美术出版社，2024.8
ISBN 978-7-5362-7986-5

Ⅰ . ①世… Ⅱ . ①王… ②广… Ⅲ . ①音响设计—
技术史—世界 Ⅳ . ① TN912.27-091

中国国家版本馆 CIP 数据核字（2024）第 042303 号

出 版 人：刘子如
责任编辑：韩正凯 田 叶
责任技编：谢 芸
装帧设计：林俊企

主 编：王 恒
参编人员：姚金全 东莲正 胡卓勋 陈思成 冯惠琴 蔡楚珊 黄晓琳 刘成钊
吴硕贤 杨 军 钟厚琼 李 梨 彭妙颜 曹 林 李广宙 陈国裕
祁家堃 李力天 吴敏怡 邓爱仪 莫慧娟 黄家欣 陈绮妮 陈冠廷
徐惠民 毕宇波 杨春磊 牛光伟 张运沛 徐 海
参编单位：中国声学学会声频工程分会 中国电子学会声频工程分会 中国舞台美术学会
广东录音师协会 广东演艺设备行业商会 广东省声像灯光科技促进会
广州市古玩行业协会 广州市十三行文化促进会 广州市电子音响行业协会

世界音响发展史
SHIJIE YINXIANG FAZHAN SHI

出版、总发行：岭南美术出版社 （网址：www.lnysw.net）
（广州市天河区海安路 19 号 14 楼 邮编：510627）
经 销：全国新华书店
印 刷：雅昌文化（集团）有限公司
版 次：2024 年 8 月第 1 版
印 次：2024 年 8 月第 1 次印刷
开 本：889mm×1194mm 1/16
印 张：32.5
字 数：960 千字
印 数：1—2000 册
ISBN 978-7-5362-7986-5

定 价：680.00 元

序言

走进音响世界的一把钥匙

一滴水，可以折射出整个太阳的形象；一座博物馆，可以为我们打开一部卷帙浩繁的历史巨著。广州市迪士普音响博物馆就是这样一座科学历史宝库，它是国内首个完整展陈世界音响发展历史的博物馆，也是我们走进音响世界的一把钥匙。

曾几何时，富裕起来的中国人旅游足迹遍布全球，人们在世界各地的著名博物馆中，看到了无数的中国古代文物，心中难免漾起一阵涟漪："什么时候我们国内的博物馆里也能大量展出西方的珍宝？"如今，走进广州市迪士普音响博物馆，展陈在人们眼前的从机械音响到数字音响不同时代的设备，这些音响收藏，绝大部分来自欧美地区，为人们徐徐展开了一幅音响技术发展的历史画卷，彰显的是海纳百川、世界大同的博大胸怀，让人们循着时光隧道回首历史，认识音响设备的往昔、现在与未来。

声学是一门古老的科学，在浩瀚的历史长河中经历了几千年的演变发展。远古时期，人类使用骨笛、骨哨、埙、陶钟、磬、鼓等原始乐器发出有节奏和韵律的声响，以此作为与神灵沟通的桥梁，最原始的"音乐"便由此诞生。然而，相比于发明在后的对文字信息的记录、复制和传播，人类对于自己发明在前的语言与音乐的记录、复制和传播，却是姗姗来迟，直到200多年前，才逐渐出现运用除乐器以外的装置演奏音乐，这可算是"音响"的起源。

广州市迪士普音响博物馆展陈的实物藏品系列，将世界音响发展历史上的标志性发明及其带来的深远影响，梳理得精炼而又明晰：从瑞士钟表匠安托·法布尔1796年发明世界第一台鸟笼"八音盒"开始，人类进入了"音响"时代。工业革命的发展带来科技的进步，音响技术也迎来了划时代的飞跃。1877年，美国著名发明家、科学家爱迪生受到电话传话器模板震动的启示，发明了世界上第一台手摇锡箔滚筒留声机，让声音可以储存和再现，创造了人类历史上的奇迹，人类从此踏进了"留声"时代。1906年，美国发明家德·福雷斯特发明了真空管放大器，开创了人类对声音信号进行加工和处理的先河。1927年，美国贝尔实验室发明了负反馈技术，大大降低了放大器工作的失真度，音响技术的发展由此跨入一个崭新的时代。20世纪50—70年代，伴随着晶体管、集成电路的出现及相关技术的快速发展，音响技术向着质优价廉、体积紧凑、功能多样的方向迅速发展。20世纪80年代，数字信号处理（DSP）技术及其相关器件不断成熟并被广泛应用，让人们可以根据自己的喜好对声音信号进行全方位的加工和处理，人类迎来了当今的"数字音响"时代。

广州市迪士普音响科技有限公司董事长王恒先生，多年来从事音响的研究及制造工作，是一位极具历史情怀和社会责任感的企业家。为了对世界音响技术的发展历程作一个全面而翔实的梳理，他用了近20年时间，投入极大的精力和不菲的资金，从世界各地收集了不同年代、各式各样非常珍贵的八音盒、留声机、电唱机、电子录放机、收音机、组合音响、专业音响、民用高保真音响，以及各种唱片开盘磁带音源软件、音响书籍杂志等约四万件藏品，尤其以古老的八音盒、留声机、国产开盘录音机、国产电唱机等作为国内较为完整的收藏系列，这些藏品都是世界音响技术发展史上极具代表性的物件。为此，王恒先生以一己之力于2016年5月28日建成广州市迪士普音响博物馆，并向社会公众免费开放。广州市迪士普音响博物馆以弘扬音响文化和科普教育为使命，被评为全国声学科普教育基地、广东省科普教育基地和国家AAA级旅游景区。

由广州市迪士普音响博物馆编著的《世界音响发展史》，在反复比对遴选多达数万件馆藏物品的基础上，按时间顺序收录了约800件音响精品并作分类介绍，时间跨越200多年，客观详尽地记录了世界音响的发展历程。全书内容翔实丰富，叙述分析专业，图文并茂，希望广大读者通过阅读本书，能全面而清晰地认知世界音响发展历史。

广州市迪士普音响博物馆

2023年9月

推荐序一

工匠的力量

从人类进化史看，人类发展到现代人即智人，大约有 20 万年的时间了。而智人在世界各地的迁移分布分别有 3—6 万年的历史。智人与其他动物最显著的区别就在于其大脑的进化已发达到能精准控制其发声器官，包括声带的松紧、喉部共振腔的形成及气息的运作等，从而发出类似语言与歌唱之类美妙而复杂的声音。其他动物就没有此等本事。例如"两岸猿声啼不住"诗句所写到的，即便是猿，也只能啼。人类通过语言与歌唱来进行信息交流与文化传承比通过文字来承担类似功能要早很多。可惜的是，语言与音乐尽管发明在前，但文字信息的记录、复制及远距传播技术却后来居上，率先被解决。人类对声音信息的记录晚至爱迪生发明留声机后，方才开始。正是爱迪生的伟大发明开启了世界音响史。我曾写过一首诗对爱氏发明的重要性予以很高的评价。兹录于此：

爱氏发明无量功，留声使得乐能重。此前多少宫商妙，恢复收藏耳福洪。

音乐无国界，音响技术却有高低。中国音响技术从中国"制造"到中国"创造"日益强盛。这既离不开中国科技力量的飞速发展，也离不开一代又一代能工巧匠的辛勤努力。王恒是我多年的益友，在中国音响行业深耕多年，属于技术型人才，喜欢钻研、创新。从 1988 年开始，他带领迪士普企业筚路蓝缕、开拓进取、一路向前，到 2023 年已走过 35 年。在三十余载的从商生涯中，王恒收集了大量的音响设备和文献资料，引起不少同行慕名前来参观学习。因此，2016 年广州市迪士普音响博物馆应运而生。

广州市迪士普音响博物馆内藏品琳琅满目。每一件藏品不仅仅是一件器物，更是一件件记载了音响历史发展的珍宝。讲好其背后的故事，让其得以在历史的洪流中不断续写，是我们这一代人责无旁贷的使命。随着对音响藏品和音响史料研究的不断深入，王恒有了写作《世界音响发展史》的想法。

历时五年，如今《世界音响发展史》一书面世，该书图文并茂、内容丰富、叙述专业，称得上是一部音响发展的百科全书。全书分为八个章节，涵盖了两百多年前的机械自动音响——八音盒，留声机，电唱机，收音机，电子录放机，组合音响，便携式收录一体机，专业音响，民用高保真音响，详细介绍了每个时代出现的音响产品和技术创新，通过阅读该书，读者对音响发展的历史会有更全面而清晰的了解。

作为中国音响行业的历史性标志，《世界音响发展史》一书是音响种类最全面的史料类丛书之一，把世界各个时代的音响都收录入书中，同时还对世界知名品牌和厂家作了详细介绍，让音响爱好者能够近距离了解世界音响。

当我看到曾经经历过的音响产品就特别感慨，即使是在那个落后的年代，依然有一代工匠用智慧和双手打造出属于那个年代的产品。真心希望本书能够成为中国音响行业的标杆著作，为中国音响行业的发展作出独特的贡献，也期望《世界音响发展史》能成为更多音响爱好者的典藏而流芳百世！

中国科学院院士、华南理工大学建筑学院教授

吴硕贤

2023 年 10 月

推荐序二

情怀与担当

　　王恒先生是广州市迪士普音响科技有限公司创始人，1996 年我与王恒先生相识于在北京召开的中国声学学会的会议上，迄今交往 27 载。提到王恒，首先想到的是"中国好人"，他热心公益慈善 30 余年，先后捐赠 2 万多件各种文物给中国国家版本馆广州分馆，捐赠 5 千多件各种文物给广州十三行博物馆，曾先后被评为"广州好人""广东好人"，2017 年荣膺"中国好人"称号！王恒先生从 1980 年开始进入声频领域工作，见证了中国从电子管音响到晶体管集成电路、数字音响的发展过程。长期担任中国声学学会声频工程分会副主任委员，曾获得首届"声频技术最佳应用奖"，为电声行业作出了出色的贡献。我们同在学会服务，有更多的机会交流和合作，也让我详细了解了广州市迪士普音响科技有限公司的发展历程。

　　广州市迪士普音响科技有限公司于 1988 年开始研发和生产电影立体声解码器，1994 年转型推出国内首套自动化专业广播系统，2000 年推出全球首款智能化专业广播系统……多年来，广州市迪士普音响科技有限公司推陈出新，新中出彩，先后推出了自动化专业广播系统、智能专业会议系统、应急指挥平台等。

　　在多年的收藏生涯中，王恒先生始终对古董音响设备情有独钟，从世界各地搜集了大量不同时代的音响设备和文献资料，如八音盒、留声机、电唱机、录音机、收音机、专业音响、发烧音响等，供企业内部员工学习研究，让更多有志于音响设备的人才从中得到启迪，激发个人创造力，从而推动企业产品的创新开发。

　　为了让更多的人了解音响设备历史，感受不同时代音响设备的魅力，2016 年，王恒先生出巨资筹建了中国首个音频相关博物馆——广州市迪士普音响博物馆，将从世界各地搜集而来的音响设备一陈列于内，免费向市民开放。

　　广州市迪士普音响博物馆的落成对我们音响行业来说是一个重要的里程碑，它让音响行业有了可以追溯的历史，让我们可以从先辈积累的经验中汲取音响知识，在开发创新的道路上少走弯路。

　　久久为功，必有所成。随着对音响收藏品和音响史料研究的不断深入，2019 年，王恒先生开始筹备著作《世界音响发展史》，如今此书面世，对于中国音响行业而言，是一个历史性的标志。该书图文并茂，内容丰富，从多个角度剖析了不同时代音响的特点，称得上是一部音响发展的百科全书。从机械自动音响——八音盒，留声机，电唱机，收音机，电子录放机，组合音响，便携式收录一体机，专业音响，民用高保真音响，全书用八个章节将两百多年的音响历史娓娓道来，人们可以通过阅读该书，全面而清晰地了解世界音响发展历史。

　　《世界音响发展史》记录了世界的，也记载了中国的音响发展史，彰显了一个企业家的社会责任、情怀与担当。一个企业家愿意凭一己之力为国家存史，以振兴民族科技为己任建立博物馆、著书，令我特别感慨，真心希望迪士普企业能够承担更多的社会责任，带动音响行业往高科技方向发展，也希望该书能够成为中国音响行业的标杆著作，为中国音响行业的提升作出更多的贡献！

中国科学院声学研究所副所长

杨军

2023 年 10 月

目 录

Content

第一章 八音盒

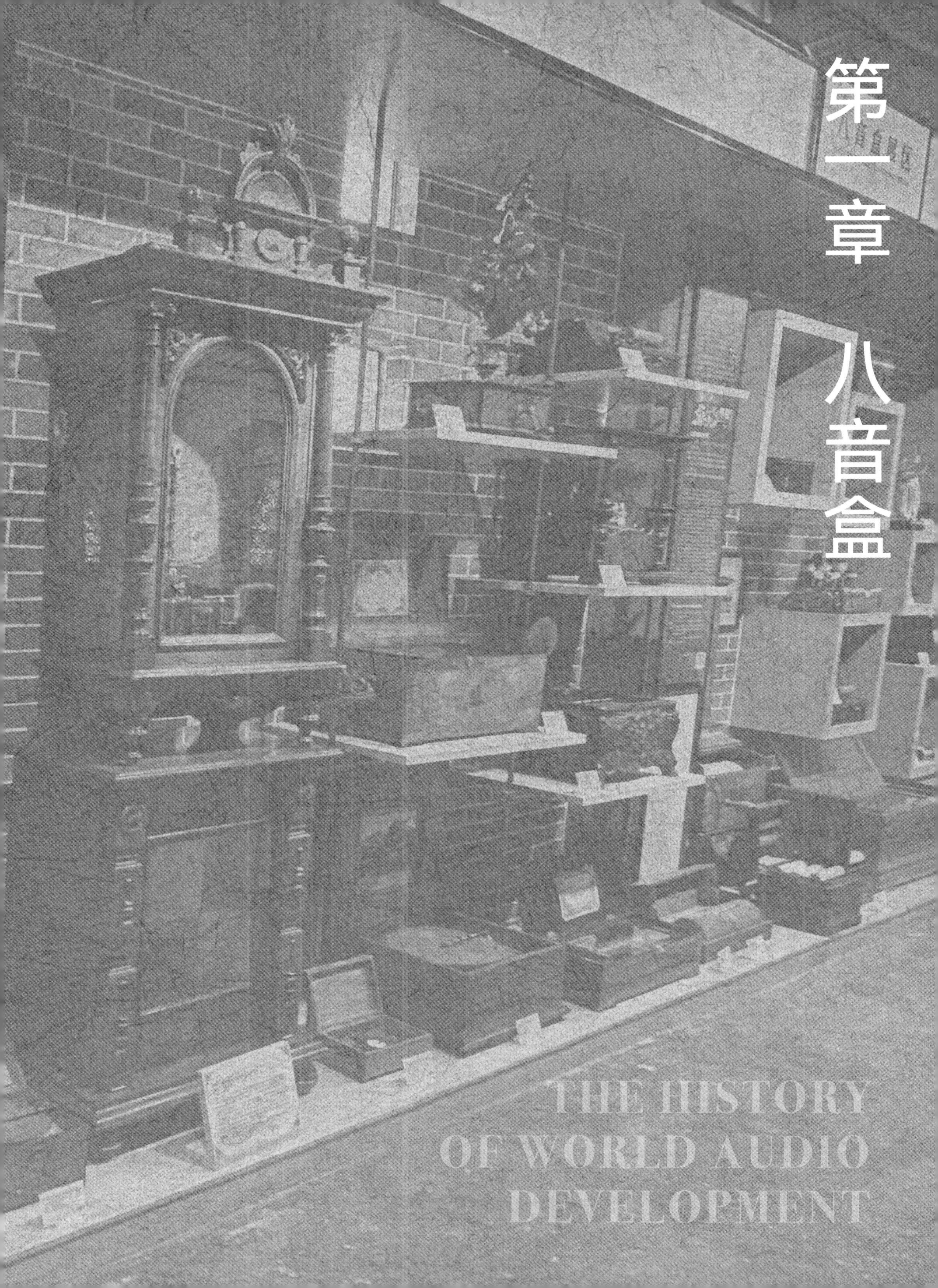

THE HISTORY
OF WORLD AUDIO
DEVELOPMENT

第一节　八音盒发展历史

八音盒，也叫"自鸣琴"，是一种机械乐器。八音盒源自根据西方机械钟表原理制造的一类自动演奏装置，最早是欧洲钟表匠们的创意，因为那时的音乐盒只能发出八种不同的音律，所以取名为"八音盒"。

要解释"八音盒"这个名词，首先要弄清楚什么是"八音"。我国古代的《三字经》里有这样的记载："匏土革，木石金，丝与竹，乃八音。"这八种原料可以说能制作所有的乐器。所以说，"八音盒"是一个既形象又极富色彩的定义，就是说这个盒子里包括了所有乐器的声音，包括了所有音乐的声音，包括了所有音乐表现形式的声音。

音乐盒传入我国后，受传统文化的影响，人们便将这种能发出各种乐器演奏声响的盒子称为"八音盒"。

八音盒始于14世纪的欧洲，14世纪荷兰教会塔上的自动演奏组钟是八音盒的雏形。1750年，瑞士钟表匠杰克·多罗最先发明了鸟笼八音盒，但鸟笼八音盒只能模仿鸟叫，无法奏出音律。1774年他又制作出了可以边播放音乐边做出不同动作的活动人偶。真正的八音盒是1796年瑞士钟表匠法布尔开发的圆筒八音盒。八音盒在教会等场所经常被使用，它的结构仿造了当时为报时而使用的"钟乐"，由瑞士的钟表工匠安托·法布尔于1796年开启了这个机械之梦。

早期的八音盒形态偏小，几乎都是附带于怀表和珠宝箱之中的，纯粹用于欣赏音乐的还相当稀少。随着时间的推移，到了18世纪，八音盒开始与钟表分离，成为当时唯一用来记录并播放音乐的装置，并渐渐成就了它特有的地位。自1880年开始，八音盒的制造便偏向以"欣赏音乐为目的"，那时的瑞士便是其发源中心。当时的八音盒是在黄铜滚轴上用手工雕刻"音纹"，使用时用发条带动钢齿来发音。

手摇上发条

1830—1880 年是圆筒八音盒的全盛时期。一台大型的圆筒八音盒已经可以演奏多首曲子，在配备了小鼓和铃后，竟能够像"管弦乐团"一样为听者呈现更多更复杂的曲目。八音盒的匣子选用的是坚硬的高档木材，运用精细镶嵌的雕刻技术，因此不但外观高贵，而且能与本体产生共鸣，展现优美动听的音色。圆筒八音盒的制造需要专业的工匠师傅来完成，因为镶嵌这些精细度极高的钢针需要十分熟练的技术。由于制造工序繁复，必须拥有精湛的技能和一定的人力作为保证，因此制作一台完整的八音盒要花费很长的时间。

德国的帕尔鲁·罗赫玛在受到风琴结构的启发后，于 1886 年发明并制作了第一台金属唱片八音盒。

1890—1910 年是金属唱片八音盒的全盛时期，这也是当时欧洲从手工业制作时代逐渐进入机械时代的一个象征。这种类型的八音盒最大的特点在于一台八音盒可以更换各种不同的唱片，听者可以享受到多种不同的音乐。无论是稍早的手摇留声机、电唱机，还是后来的激光机、MP3 等，无不是由这个"留声"的祖先"繁衍"而来。当时人们还发明了用打孔纸作为"乐谱"，通过压缩气流鼓动气囊，继而拉动臂力杆进行弹奏的钢琴、管风琴等，供大家娱乐。

19 世纪后，八音盒技艺的精湛度得以进一步提高。19 世纪末期，用金属唱片作为"乐谱"的投币式八音盒出现在人群聚集的车站及酒吧。金属唱片雕刻的长方形小孔，能用机器压制，因此制作成本相对降低。而且这种八音盒可以通过换片子来听各种各样的音乐，因而成为有名的"点唱机"。

八音盒到底是怎么动起来的呢？当年的工匠为了一个不起眼的动力装置，也是煞费苦心。最经典的动力装置是卷簧发条式。

15 世纪，在德国纽伦堡，皮特·海因莱因制造了世界上第一台便携式计时器，同时发明了钟表发条，从此这种卷簧原理的动力装置便开始广泛应用于各种机械中。

18—19 世纪是其发展的最高峰，钟表、八音盒、留声机、自动乐器等各种机械装置大量生产。在这一过程中卷簧发条这一小巧便捷的动力装置便发挥了它巨大的作用。其通过旋转底部或者侧面把柄带动机芯内部发条盒的转动，使钢质发条转紧，储存机械能，然后通过开关启动，卷簧慢慢舒张恢复产生反向作用力，释放为动能，带动机芯转动。

在古董和现代八音盒中，储存卷簧的圆筒经常会串联或者并联多个，以此来增加运转时间，发条钥匙也款式多样。

进入 20 世纪后，由于唱片公司大量发行唱片，留声机风靡一时，八音盒曾一度销声匿迹。二战后，日本人大力进军八音盒产业，并且逐渐形成以瑞士的 Regue 和日本的 Sankyo 为主的八音盒市场的局面。这种情况，一直延续至 20 世纪 90 年代。每个不同时期的音乐盒造型不仅能折射当时不同的社会心态和文明发展现状，也成了时代的一面镜子。

第二节　八音盒品牌介绍

（一）德国 Griesbaum

德国的 Griesbaum 是 20 世纪生产鸟鸣八音盒的代表。Griesbaum 由创始人 Karl Griesbaum（1872—1941 年）在 1905 年的小镇特里贝格（Triberg）创立。Griesbaum 起初以制作钟表零件为主，1920 年之后，工坊专注于制作鸟鸣八音盒。

Karl Griesbaum 运用家族传承的精湛工艺，与 Frankfurt（福兰克福）的商人 Rosenau 先生合作，创新引入了瑞士的鼻烟盒技术，从而奠定了公司的核心竞争力。

他的长子 Mathias Griesbaum 不仅继承了家族的工艺，更将其推向新的高峰。Mathias Griesbaum 对机械的痴迷使得 Griesbaum 家族的产品线逐渐丰富，从单鸟笼到双鸟笼，从简单的黄铜到精致的金属，每一款产品后来都成为德国机械艺术的代表。

Griesbaum 最成功的地方在于对雀鸟鸣叫部分进行改良，使用了更为现代的汽笛作为发声部件。相比于前人的雀鸟，Griesbaum 的雀鸟鸣叫部分更加响亮。尽管历史的洪流带来了诸多变革，但 Griesbaum 一直坚守其品质和工艺，即使在战争时期也未放弃生产。20 世纪后半叶，虽然 Griesbaum 生产速度有所放缓，但其工艺和声誉从未减退。最终，被 Siegfried Wendel 收购为这个古老的品牌带来了新的生机。

（二）法国 Bontems

Bontems 始创于 1814 年的法国 LeMénil 乡村，该品牌自创立以来，便以其精雕细琢、一丝不苟、精益求精的匠心精神制造机械鸟类音乐盒、钟表及其他自动化动物领域的产品，成为这方面首屈一指的巨头。

以 Bontems 为代表的法国工坊在 19 世纪完善了鸟鸣机械的设置，改进了前瑞士匠人所用的引信机构及八音盒内的自动机械装置，让雀鸟动态更自然，鸣声更真实、清亮。

19 世纪后半叶至第一次世界大战之间，Bontems 成为法国 19 世纪具有革命性的自鸣鸟八音盒制作者中的佼佼者。

在 19 世纪，法国的 Blaise Bontems 和 Charles Jules Bontems 兄弟被认为是最出色的音乐盒制作匠人，在国际收藏界更被誉为"现代自鸣鸟八音盒之父"，直到 1965 年他们才结束辉煌历程。

人偶手摇推车

人偶绘画

（三）法国 Roullet & Decamps

1866 年，在巴黎一间不起眼的作坊中，Jean Roullet 开始了他的机械玩具制作事业。那时，一个机械发明家向他展示了一个玩偶——园丁推车。由于 Roullet 对机械的细节，尤其是齿轮制作的精湛技艺，使得这款玩偶迅速走红，并成为当时市场上第一个价格适中、制作精良的复杂玩具。

仅一年，这个小作坊便在世界博览会上获得了铜牌。不久，Roullet 的女儿 Henriette 与公司的首席机械师 Ernest Dekamp 结婚，两人的合作使得公司的产品线和制造技术大幅提升。到了 1889 年，家族公司声名远扬，进行了重组，并冠上了"Roullet & Decamps"的名字，简称"R & D"。1893 年，那个最初出炉的玩偶—园丁推车成了公司的灵魂与标志。他们在 1937 年伦敦的国际展览会上展出了一款能为每位访客写下不同愿望的"教授"自动玩偶，Roullet & Decamps 再次震撼了世界。

20 世纪初，R & D 的技术更进一步，开始为高端百货商店制作大型橱窗自动机。巴黎和伦敦著名的百货公司都有 R & D 设计的动画橱窗。

然而，如同所有的辉煌都有终结，Roullet & Decamps 也在 1995 年结束了他们的征程。

（四）德国 Symphonion

Paul Lochmann 于 1886 年成立了 Symphonion。 Lochmann 巧妙地结合了金属唱片和瑞士八音盒中的"音梳"，通过更换金属唱片，使得音乐不再固定，其创新犹如为音乐赋予了生命的钥匙。

如日中天的 Symphonion 不仅销量大增，每年推出的新型音乐盒更成了市场的宠儿。其中，能自动更换音乐片的型号更是让众多乐器爱好者为之倾倒。

1898 年，Lochmann 决定走向新的征程，便与兄弟合作开设新公司，但是随之而来的却是一系列经济压力与竞争困境。面对经济低迷，Symphonion 决意开拓新领域，从制造键盘乐器到发展唱片业务，力图在音乐产业中打破固有框架。

尽管他们在音乐的道路上孜孜不倦，但 20 世纪初，这家音乐巨头还是在多重压力下走向了倒闭。

（五）美国 Regina

1892 年，古斯塔夫·布拉赫豪森在美国新泽西州泽西市创立 Regina 音乐盒公司。最初，Regina 作为 Polyphon 在美国的延伸，虽然生产自己的机械音乐盒，但布拉赫豪森仍然从莱比锡的 Polyphon 工厂进口圆盘。

Regina 的成功使公司得以迅速扩张，并通过雇用欧洲公司的优秀员工开始生产自己的音乐碟片。Regina 除设计小型音乐盒外，还为公共场所制作了投币式播放音乐机。1897 年，Brachhaussen 还开发了一种带有自动换盘器的多盘音乐设备，这就是自动点唱机的前身。其自动更换碟片的技术使得音乐盒的用户体验达到了前所未有的高度，再次确立了其在行业中的领导地位。

这家公司所取得的成功，并非仅依赖其卓越的技术和产品，更多的是对市场趋势的精准把握。通过与各大零售商的紧密合作，Regina 建立了全国性的分销网络，年销售额更是一度突破 200 万美元大关。

（六）瑞士 Reuge

1865 年，钟表匠出身的查理·御爵制造了第一块装有八音盒机芯的怀表，并创立了 Reuge 品牌。

1877 年，留声机走进人们的视线，八音盒工厂也逐渐走向了衰败。在留声机市场的冲击下，Reuge 家族不忘初心，传承和发展了八音盒传统制造工艺。

1886 年 Reuge 品牌的第二代接班人雅博·御爵将原来的工坊改造成了真正的八音盒制造工厂。富有敏锐洞察力的第三代接班人基多·御爵发明了著名的 Kandahar 滑雪板固定装置，并获得巨大的收益，从而拯救了在当时经济不景气的社会条件下几乎无法生存的 Reuge。基多·御爵向 Reuge 八音盒注入新的品牌理念，并融入现代流行元素，不断开拓创新，最终确立了 Reuge 品牌在八音盒市场的领导地位。

基多·御爵的音乐作品被广泛地应用于各种物品中，如化妆粉盒、打火机等。这反映了其对日常用品与音乐相结合的独到眼光，为传统物件赋予了新的生命和魅力。

20 世纪 30 年代，基多·御爵接管企业后进一步加速了其扩张步伐。通过并购 Bontems（巴黎）、Eschle（德国），以及 Thorens 多能士的盘式音乐盒等多家企业，基多·御爵进一步巩固了其在行业内的领导地位。

（七）德国 Kalliope

1895 年，Kalliope 还在 Wacker & Bock 的名下时就展露了它的初创才华。

在转型成为 "Kalliope Fabrik Mechanischer Musikwerke" 后，Kalliope 引领了机械乐器的制造风潮，特别是在制造音乐盒的金属唱片方面成为业界领头羊。

1904 年，Kalliope 旗下 "Odeon" 留声机的推出，证明了 Kalliope 在技术创新上的卓越地位。

Kalliope 的名声不限于德国境内，英国及其他欧洲国家也被这家公司的产品所吸引，这显示了其作为机械乐器制造巨头的影响力。

（八）德国 Polyphon

1889 年，Gustave Brachhausen 和工程师 Paul Riessner 在莱比锡的 Symphonion 公司相识并结下深厚友谊。这两位怀抱着共同梦想的伙伴决定跨出新的一步，创立了自己的企业——Polyphon。公司最为著名的发明便是圆盘唱片，极大地推动了音乐盒历史的发展。

刚开始，Polyphon 专注于生产带有碟片机械的钟表（可通过投币激活）及各种配置的音乐盒。在跨世纪之际，Polyphon 更是将音乐设备与传统家具相结合，推出了音乐书桌、音乐书架等独特家具。

1892 年，敏锐捕捉到市场趋势的 Polyphon 创始人 Gustave Brachhausen 决定赴美拓展市场，于是在新泽西州的泽西市设立了分支机构。然而，这次的拓展计划并未持续多久。两位合伙人重新考虑了策略，决定在美国创立一个新的独立品牌——"Regina Music Box Company"。为此，他们在泽西市租赁了一栋建筑，并得到了 Knauth, Nachod & Kuhne 的财务支持。

起初，Polyphon 主要为美国新工厂提供机械和碟片。但随着时间的推移，这种供给模式变得不再必要。在新生产线启动的第二年，美国开设了第一家专门销售音乐盒和手表的专卖店。

作为穿孔板块领域中三大巨头之一，Polyphon 享有极高的声誉。但到了20世纪初，市场竞争愈演愈烈，录音产业的快速发展和留声机的普及导致音乐盒的需求锐减。一战更是给市场带来了沉重的打击，使得Polyphon开始面临严重的财务困境。到了1922年，这家曾经璀璨夺目的公司宣布破产。

（九）瑞士 BHA

BHA 品牌是 19 世纪末机械乐器产业中的一颗璀璨明珠。Barnett Henry Abrahams 生于 1839 年，逝于 1902 年，是出生英国的杰出音乐盒制造商和经销商。

1857 年，他从英国迁移到瑞士，开始制造低价位的机械音乐盒。凭着对机械乐器的热爱和坚持，他得以在音乐盒产业中独树一帜。

1895 年是 BHA 的一个重要转折点，与 Cuendet-Develay 公司完成合并，并设立总部位于 Sainte-Croix。在这里，BHA 开始从制造传统的 Walzenspielwerke 转变为更为现代化的 Plattenspielwerken。

BHA 品牌的音乐盒以其卓越的音质、精湛的制作工艺和独特的设计脱颖而出。尤其是在 1896 年的日内瓦国家博览会上，BHA 的展品因其音梳的声音质量、共鸣和盒子的精美装饰而受到广泛关注，凭借这些特点，该公司在展会上荣获银奖。

更令人称赞的是，BHA 不仅仅局限于制造音乐盒，他们的创新和探索精神使得他们能够将音乐盒融入日常用品中，如桌子、手套盒、酒柜等，独特的设计理念为整个机械乐器产业带来了新的活力和灵感。

尽管 BHA 在机械乐器产业中取得了卓越的成就，但在 1902 年去世后，该品牌面临了巨大的挑战。他的两个儿子 Joseph H. Abrahams 和 Henri C. Abrahams 继承他的事业，由于种种原因，品牌在不久后便退出了历史舞台。

（十）法国 Gustave Vichy

在 19 世纪的巴黎，Gustave Vichy 是机械自动机领域的一个传奇。Gustave Vichy1839 年出生于这座艺术之都，从小便沉浸在机械玩具的魔法中，跟随父亲在店里学艺。

23 岁那年，尽管家族遭受破产的冲击，但 Vichy 的决心并未动摇。他将金属部件融入传统木质机械，开创了全新的自动机制造领域。

他的妻子 Maria Teresa Burger 是一个专业的玩偶服装裁缝，为 Vichy 的自动机提供了巴黎当季最时尚的玩偶服饰。这独特的结合使得 Vichy 的作品在细节上独树一帜。

Vichy 不仅仅是一个制造商，更是一个革命者。他的工作坊成为首个完整制造自动机的地方，从内部机械到外部装饰，每一个细节都经过精心打造。

功绩显赫的他带领公司在各种展览中斩获奖项，包括 1878 年 Cherbourg 展览的银牌和 1880 年墨尔本世界博览会的金牌。

他的儿子 Henry 则进一步扩大了家族声誉。Henry 与当时的留声机巨头 Lioret 合作，首次将音乐与机械自动机结合，创造出了如"法国士兵小号手"这样的经典之作。

1904 年，Vichy 辞世，工厂在新主人的手中走向了衰落。

回首 Gustave Vichy 的一生，他不仅为我们留下了机械艺术的杰作，更展现了一个创新者对艺术和工艺的无尽热情。

（十一）美国 Autophone

位于美国纽约伊萨卡的 Autophone 公司是 19 世纪末制造机械乐器的一颗璀璨明珠。

人偶吹号角

1877 年，一位来自俄亥俄州的阿克伦的手风琴制造大师 Henry B. Horton，决定寻找新的机会。于是，他把眼光投向了纽约的伊萨卡，并于 1879 年将手中的股份全部卖出，搬到这座城市。在这里，他与 F. M. Finch、H. F. Hibbard 两位同道中人合作，成立了 Autophone 公司，开创了一段传奇的音乐历程。

Autophone 的初代产品非常独特，它使用纸张作为音乐的"阀门"。在短短的几年内，年产量便飙升至 18000 台，可见其受欢迎程度。

1883 年，Horton 决定更进一步，他选择退出 Autophone，专心发展其他业务。但 Autophone 并未因此停滞，他们研发了一种全新的机械乐器，使用木制圆柱和成千上万的钉子来记录音乐，这就是后来广受欢迎的 Gem Roller Organ。

这种机械乐器不仅结实耐用，还非常易于操作，深受大众喜爱。它甚至被收录在了美国最大零售商的希尔斯百货的邮购目录中，并成为家家户户的宠儿。希尔斯公司对其钟爱有加，一度购买了 Autophone 全年的所有产品。

Autophone 的乐器不仅限于家用，他们还生产了专为舞台演出设计的大型 Grand Roller Organ。这种乐器拥有 32 个音符的音阶，音质丰满，是当时音乐界的瑰宝。

（十二）法国 Limonaire Frères

提及 19 世纪机械乐器制造的巅峰，就不得不提到 Limonaire Frères 这个璀璨的名字。于 1839 年创立并延续至 1936 年的 Limonaire Frères，为机械乐器领域留下了无数的佳作，更代表了技艺和科技的最高标准。

Limonaire Frères 广告图

在机械乐器的世界里，Limonaire Frères 成了一种艺术和工程的完美融合的象征。每一部由其制造的乐器，不仅在材料选择、音质精准、外观设计上展现出了超凡的匠心独运，更在复杂的机械结构中流露出了对音乐与技术边界的不断拓展和探索。

　　机械乐器的核心价值在于模拟真实乐器的声音，而不仅仅是生硬地还原音符。Limonaire Frères 在这方面达到了令人叹为观止的境界。其桶风琴的音色饱满、深沉，既有古典音乐的庄重，又有现代乐器的活力；而其旋转木马风琴更是将童趣与技艺完美结合，给人带来了独特的听觉享受。

　　此外，Limonaire Frères 对技术创新的追求也一直居于行业领先地位。在那个年代，随着工业化的快速发展，技术和材料都在日新月异地革新。Limonaire 兄弟深谙其道，他们不仅将新技术与传统工艺融合，更在机械乐器领域进行了众多的先锋性尝试。

　　考虑到 Limonaire Frères 在机械乐器领域的深远影响，可以毫不夸张地说，它与 Stradivarius 小提琴、Bösendorfer 钢琴并列，同为 19 世纪末机械乐器领域的三大巨头。对于研究者和收藏家而言，Limonaire Frères 不仅代表了一个时代的最高艺术成就，更是对技术、艺术与创新完美结合的永恒追求的见证。

（十三）法国 Limonaire

　　1839 年，Joseph 和 Antoine Limonaire 两兄弟在法国创办了一家专门制造钢琴和风琴的公司。但不久后，Joseph 决定专心于钢琴事业，让 Antoine 继续为风琴制造事业奉献生命。Antoine 不仅确立了公司在巴黎的工坊基地，还创新了各种风琴的设计与制造技术。

　　1886—1908 年可以说是 Limonaire 的黄金岁月。Antoine 的去世并没有使公司的发展脚步停滞。相反，他的两个儿子，Eugène 和 Camille，接过了家族事业的大旗，把公司推向了新的高峰。他们不仅在国际上取得了极高的声誉，还在各大展览上赢得了无数奖项。这段时间的 Limonaire 凭借其创新和高质量的产品，成了机械乐器界的标杆企业。

　　1908—1936 年，Limonaire 面临着外部市场和内部运营的重重挑战。尽管如此，公司仍积极寻求机会和创新，成功进军了德国市场，并推出了广受欢迎的 "Orchestronphone" 系列风琴。但随着时间的推移，尤其是受一战后的经济波动的影响，公司逐渐失去了往日的光芒，直至 1936 年宣告关闭。

（十四）德国 Anton Zuleger

　　安东·祖莱格（1849—1918 年），Graslitz 地区知名铜管乐器制造师，1872 年在莱比锡成立了自己的乐器制造公司。1907 年，他将业务交给了儿子阿尔弗雷德。

　　在 1903—1906 年之间，阿尔弗雷德·祖莱格获得了多项实用新型专利。其中一个是 1904 年授权的实用新型专利（编号：226129；Z. 3197 "Mechanische Ziehharmonika……"）描述了一种机械手风琴，该手风琴的音门瓣设置有多行，并通过其中的隔片将相对应的各扇门连接起来。1905 年，"Tanzbär"（舞熊）商标注册。这款名为"舞熊"的小型手风琴成为公司最为成功的产品之一。从大约 1905 年至 1930 年，祖莱格公司在莱比锡制造了这种在如今相当罕见的由打孔带驱动，并拥有 28 组双重音色的机械手风琴，该产品还被出口至全球各地。

　　该机械自动演奏乐器采用纯机械方式感应打孔带上的音符，通过一个飞轮来驱动。飞轮可通过手柄（安装在乐器右侧的键盘旁）启动，并能够精确地控制打孔带的扫描机制。一个机械结构复杂的阀门系统负责关闭和打开音箱，而为音叉提供空气供应的风箱与常规手风琴的工作方式相同。演奏者可以通过这套机械系统控制音量和节奏。

　　"舞熊"的机制与常见的手风琴有所不同，它是通过一个飞轮来读取孔带上的音符信息，并通过一个手柄来驱动这个飞轮。乐器内部有一个复杂的阀门系统，这套系统既可以控制音高，也可以调节音量。和常规的手风琴一样，音乐声音的产生依赖于风箱提供的气流。

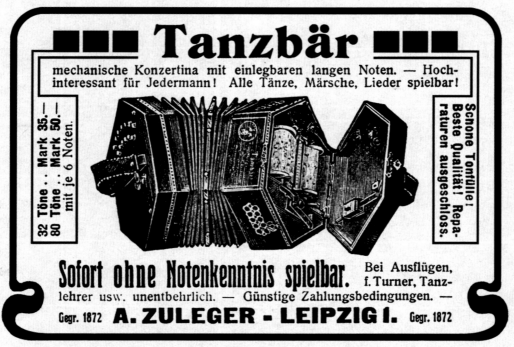

"Tanzbär"（舞熊）的小型手风琴广告图

（十五）德国 Hupfeld

1892 年，路德维希·霍普菲德成立公司 Hupfeld。

1902 年，推出"Phonola"自动演奏钢琴，使自动演奏钢琴从手动系统时代进入气动系统时代。1904 年，推出了"PhonoLiszt"自动演奏钢琴，这是第一台具备人手演奏般细致入微的、完全模拟钢琴家音乐表现的自动演奏钢琴，是一个跨时代的科技产品。同年，Hupfeld 公司改制为股份制公司。1907 年，推出"Phonoliszt-Violina"自动演奏钢琴小提琴，这是世界上首个结合了自动演奏钢琴与小提琴的乐器。

1910 年，在德国莱比锡建立了展示厅，展示厅中陈列着超过 200 台钢琴。1910—1911 年，在伯利茨

建成了大约雇有 1300 名员工的新工厂。

　　1918 年，路德维希·霍普菲德与当时世界钢琴制造业的先驱——隆尼施钢琴合并。强强联合之后，两个品牌一同继续扬名于世。1946 年，路霍普菲德集合了数个德国钢琴品牌，成立莱比锡钢琴公司，他的儿子君特·霍普菲德（Gunter Hupfeld）则将莱比锡钢琴公司提升到一个新的台阶。

　　随着 1929 年全球经济大萧条的到来，唱片及无线电的兴起，传统的电子自动弹奏钢琴的发展逐渐放缓。因此，1930 年，路德维希霍普菲德将钢琴生产迁移到了一个较小的工厂，主要生产方向则转向如电影放映机、唱片机、收音机、台球以及家居家具等流行产品。

　　1946 年，路德维希·霍普菲德被赶出了自己的公司。尽管如此，该公司仍然继续以 Hupfeld 的名字生产钢琴，直到 1949 年路德维希·霍普菲德去世。此后，该公司的生产力逐渐恢复。1960 年，公司的乐器年产量达 2000 架，到 1964 年，莱比锡钢琴公司的年产量已经达到 4170 台立式钢琴和 144 台三角钢琴，领先于世界水平。

第三节　馆藏八音盒概览

一、鸟笼八音盒

　　在17—18世纪，欧洲的贵族之间流行将金丝雀当作宠物，以享受鸟鸣为乐趣。中世纪的诗句中我们能感受到艺术家对鸟的喜爱，那时的人们相信鸟会带来祝福，人们还会在庆典上以放飞鸟来祈福。

　　1750年，瑞士人杰克·多罗发明了鸟笼八音盒。鸟笼八音盒内部有一个风箱，鼓风的时候通过一根笛子控制鸟鸣的高低长短，只有内部的多个零件配合一致，才能保证小鸟精确的动作轨迹。制作一只逼真的小鸟有两种办法，一是工匠把抓来的小鸟制成标本，在房间内放置多年后检查羽毛、表情、关节是否符合制作需要；二是工匠在林中长时间收集各种鸟类掉下来的羽毛，再把收集回来的羽毛粘连成完整的小鸟。

◄ Bontems 鸟笼八音盒
19世纪
法国
长26cm，宽26cm，高55cm

扫码观视频

　　鎏金花卉纹鸟笼八音盒，整体呈现鸟笼的造型，鸟笼内部有造型精美的树枝和树叶。八音盒的底座内部是木结构，雕刻着精致花纹，其中花蕊用水晶镶嵌，表面鎏金。上紧发条后，八音盒播放鸟鸣的声音，笼子里的小鸟会张开嘴巴一边"唱歌"，一边转动着头和摇尾巴。因为小鸟是用真羽毛制作而成，所以鸟笼八音盒不能放置在潮湿的地方，也要尽量避光。如果运输或者长时间不使用，需放空发条。

如需欣赏本书部分藏品之音视频，请用微信扫对应藏品二维码。

▶ Bontems 鸟笼八音钟
19 世纪
法国
长 35cm，宽 35cm，高 55cm

　　整个构造利用古铜色直立的金属杆来塑造出鸟笼的形状，顶端的圆顶和上方的悬挂装置流露出古典的优雅，与六边形的基座形成鲜明对比。

　　基座上绘有繁复的搪瓷景观画，配以立体的雕塑装饰，展现了欧洲工匠对细节的极致追求。精细的景观描绘被嵌套在金色的装饰框中，与基座的雕塑一同展现了一幅田园般的梦境。

　　与此同时，基座的一侧融合了一个精密的时钟装置，其白色搪瓷表盘绘有花环，并配以阿拉伯数字标记。微小的闹钟表盘，则见证了工匠对于功能性与美观度的完美演绎。而隐藏于基座内部的复杂机械结构，驱动着笼中三只小鸟栩栩如生的动作、轻盈的啼鸣、细腻的啄食，以及随音乐而动的头部与尾巴。

　　整个鸟笼完美融合了多种工艺，木工、金工、玻璃工、搪瓷艺术以及精密的机械制作技巧。

◀ Bontems 鸟笼八音盒
19 世纪
法国
长 16.5cm，宽 13.5cm，高 28cm

　　鸟笼为全铜材质打造而成，采用浮雕刻花，制作精妙绝伦。笼内有精湛华美的花叶及枝丫，内部小鸟为纯手工制作，鸟身的羽毛用真鸟羽毛一根根粘贴而成，单单粘贴羽毛这一工序就需要四个小时的细心工作。工匠们一手拿镊子、一手托着鸣鸟，细心地为它们披上色泽鲜艳的羽毛。鸣叫时，小鸟嘴巴、脖子、尾巴的活动均和鸟的叫声相一致，真正做到难辨真假。当工匠小心翼翼地将机芯放到盒子里以后，这只鸣鸟便在他们手中脱胎为整个机械作品的灵魂。

◀ Bontems 鸟鸣八音钟
19 世纪末
法国
长 45cm，宽 25cm，高 50cm

扫码观视频

　　这款鸟鸣八音钟不仅是一个计时器，还巧妙地运用木材和丝绸塑造了一个栩栩如生的自然场景，其中包含五只精细雕塑的小鸟。顶端鸟儿展翅欲高飞，旁边一只蓝黑相间的鸟儿静静伴立，更下方的一只鸟儿安顿在巢中，而一只翠绿色鸟儿在枝间跳跃旋转，展现了自然界的活力与和谐。地面上一只鸟儿仿佛在从小溪中饮水，增添了场景的生动性。

　　白色珐琅的钟面与机械部件均出自 Bontems 旗下。值得一提的是，这种鸟鸣八音钟也在 Heinrich Weiss-Stauffacher 出版的《音乐机器的奇妙世界》（*The Marvelous World of Music Machines*）一书中得到了详细的介绍，凸显了这种鸟鸣八音钟的独特地位和影响力。

▶ Bontems 鸟笼八音盒
20 世纪
法国
长 16cm，宽 16cm，高 28cm

扫码观视频

　　笼子由细细的金属棒制成，上方装饰有精美的圆顶和环形雕挂。笼子被安装在一个经过鎏金处理的铜基座上，基座上镶嵌着经过手工雕刻的植物纹样，中间还饰有串珠。笼子里有精致的树叶装饰品，拥有红色和黑色羽毛的小鸟被固定在上面。底部有一个上发条的钥匙，上发条后，在鸟喙、头部、尾部、嘴部轻轻摆动的同时，机器会发出悦耳响亮的声音，宛如真实的鸟鸣，灵动可爱。

▲ Karl Griesbaum 鸟笼八音盒
20 世纪
德国
长 17cm，宽 17cm，高 28cm

　　笼体呈抛光金色，由坚固的金属棒制成，这些棒材恰到好处地建构出了一个别致的空间。穹顶形似天堂的拱门，底座则饰有浮雕的叶子和椭圆形纹路，显得既复古又雅致。更为独特的是，底座还有两只栩栩如生的小鸟，一红一黄，仿佛在歌唱，让人忍不住驻足欣赏。

　　鸟笼下方的机械装置更是令人震撼。它带有风箱、小长笛管或弹簧驱动，启动机关时，这两只小鸟开始莺声燕语，张开和闭合它们的喙，转动头部、摇动尾巴。这样的机械结构在当时是极为先进的，充分展现了德国匠人的创新和精湛技艺。

　　鸟笼底部的标签"Aus Pause Ein"即"stop pause start"，中文翻译为"关闭，间歇式演奏，开启"。

▶ Karl Griesbaum 鸟鸣八音盒
20 世纪初
德国
长 9cm，宽 6cm，高 5cm

扫码 观视频

　　这款鸟鸣八音盒为德国 Karl Greisbaum 大师的杰作。八音盒的盒身如同一幅流动的画卷，以浮雕的手法描绘了宁静的田园和牧羊人放羊时小憩的场景，颇似 17 世纪荷兰著名现实主义流派画家戴维·泰尼尔斯（David Teniers）的绘画风格。而这些细节，都为观赏者构建了一个时代的背景和故事情境。

　　八音盒背部的小隔间藏有启动这部机械的钥匙，盒底则设计了一个细致的上发条口，使得体验者可以轻松为其注入动力。

　　上发条后，椭圆形盖子自动打开，出现一只羽毛鲜艳的微型鸟，它原地转动，扇动翅膀，打开或关闭喙，发出鸟鸣的声音。结束时，盖子也会自动盖上，同时小鸟巧妙地躲在盒子里。

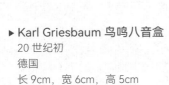

二、人偶八音盒

18 世纪，西洋自动人偶技术发展达到了顶峰。1774 年，瑞士人杰克·多罗制作出了三台西洋活动人偶八音盒。

自动人偶是八音盒衍生品中非常重要的一大类。它的发展黄金时期是 1848—1914 年，正好包含了八音盒的黄金时期，所以大部分的机械人偶都配有八音盒，能在人偶表演时同时播放音乐。这对当时的人们来说，绝对是全息沉浸式的享受。

在"西洋自动人偶黄金时代"，穿着与花都巴黎相称的服装的人偶，作为艺术品在西洋自动人偶史上书写了不可磨灭的篇章。

扫码观视频

◀ Roullet & Decamps Pierrot Ecrivain 皮耶罗作家自动人偶八音盒
19 世纪
法国
长 30.5cm，宽 45cm，高 52cm

皮耶罗作家自动人偶八音盒是 19 世纪机械人偶巨匠 Vichy 的经典代表作，后由著名艺术家 Christian Bailly 完美翻新修复。这是一部机械和文化完美结合的艺术品的装置。皮耶罗，这个法国哑剧界的传奇角色，坐在他的写字台前，仿佛是在与时间和历史对话。当音乐悠扬响起，皮耶罗的头部左右转动，手在手稿上忙碌地移动，甚至还会用左手微调台灯，仿佛在向你诉说一个永恒的故事。

这件作品采用了上等的瓷器制作头部和手部，并有逼真的玻璃眼睛。作品的每一个细节都经过精心设计和制作，以至于看上去是如此生动和逼真，让人仿佛置身于一个魔幻的梦境之中。

自动人偶八音盒整体处于极佳的保存状态，几乎没有磨损，机械运转流畅，音乐播放完美。拥有它，就像拥有了一段穿越时光的历史、一曲永恒不变的优美旋律和一个充满魅力的文化传说。

▶ Roullet & Decamps 人偶八音盒
19 世纪
法国
长 14cm，宽 16.5cm，高 37cm

扫码观视频

这件作品是由法国著名机械制造商 Roullet & Decamps 精心打造的。

这款人偶八音盒工艺精湛，每一个细节都能充分展现匠人的精湛技艺——从少女裙子上的精美蕾丝边到由纸浆制成的精细面部和手部。纸浆、木材、金属和布料的巧妙结合，完美呈现了当时工匠们的传统技术。

少女手持一根穿有珠子的绳子，上发条后，随着音乐的响起，少女的手臂与头部会上下及左右摆动，珠子也随之在绳子上滑动。发音组件位于人偶脚下的红色丝绒布包裹的木盒中，它唤起了人们对童年的怀念，同时也代表了童真和嬉戏。

这样的自动玩偶在 20 世纪初是奢侈与富足的象征。它们不仅展示了主人的品位和财富，更反映了那个时代的人们对机械设备的痴迷，体现了艺术与科技的完美融合。

▲ **人偶八音盒**
19 世纪
瑞士
长 47cm，宽 30cm，高 49cm

扫码观视频

    这款是来自瑞士 Sainte-Croix（圣瓜斯）的人偶八音盒，采用核桃木为材料。这种木材富含自然的纹理，充满历史感。正面的玻璃窗设计如同古老的戏剧舞台，仿佛在邀请参观者一探究竟。

    八音盒内置黄色圆筒长 16cm，单音梳 33 颗齿，三个音铃和三个机械人偶。里面有红色的舞台，红色侧面有投币装置和杠杆转动装置。上好发条后，音乐开始播放，三个人偶会不停地转动，直到音乐播放完毕。

Carousel Organ, Issue No. 45—October, 2010

The Mechanical "Savoyard"

Ron Bopp

For years I have been fascinated by Polyphon's "Savoyard," a disc-playing musical box housed in a cranked organ case which is supported by a scissor-type stand and cranked by a nearly full-sized terra cotta grinder. As my interest in street organs accelerated I became more puzzled by the lack of appreciation and study of these rare objects from the organ grinder point of view. The disc portion of the "Savoyard" has been covered by Steve Boehck in his article "Polyphon Savoyard" which appeared in the Autumn 1999 issue of the MBSI's *Journal of Mechanical Music*.

Figure 1. An 1894 Polyphon "Savoyard" advertisement in the *Zeitschrift fur Instrumentenbau.*

The mechanical "Savoyards"

One of the earlier advertisements for the Polyphon "Savoyard" appeared in the 1894 issue of *Zeitschrift fur Instrumentenbau*, "a newspaper for instrument builders" (**Figure 1**). An example of this instrument is seen in **Figure 2**. The Polyphon firm made two versions of the "Savoyard" and this was the first and smaller version. It used an 11 ¼" disc where as the larger version (**Figure 3**) used a 15 ¾" Polyphon disc and will be covered later.

Figure 2. The smaller version of the Polyphon "Savoyard". The organ is supported by a scissor-style stand.

Figure 4. Opening the case of the "Savoyard" reveals the single disc-playing mechanism.

A left-rear view of the "Savoyard" reveals the figure's right hand which turns the crank as the music is played

The smaller style "Savoyard" seems to have been the more popular style as it appears in collections more often (although neither were that popular of a sales item—probably no more than five to six are in collections in the United States). Not to belabor the musical box aspect of the "Savoyard" (it is well covered in the article by Boehck, noted above) it is noteworthy to note that the disc is operated and replaced in a vertical position (**Figure 4**). Disc storage is handy as it is in the base of the scissor stand (**Figure 5**).

Figure 5. Disc storage is conveniently located in the base of the stand.

(**Figure 6**). Also apparent is the area of a missing coin drop chute as well as the small coin collection box below. Of interest is the cluster of grapes hanging from the grinders left coat pocket. In reviewing Figure 2 it is noted that the winding crank is inserted in the right, lower portion front organ case.

Figure 6. A rear view shows the grinder's hand cranking the organ. Note the interesting detail of the grapes hanging from his left vest pocket.

The larger of the two "Savoyards" has somewhat of a different look in that the organ case is larger and features a stage where three monkeys perform along with the music (**Figure 7**). The central figure is more mechanical as it plays a violin—the outside two monkeys dance a circle but play no instrument. Whereas the smaller "Savoyards" feature a dish on top of the organ (used for either holding a supply of money to operate the unit, or perhaps, in some instances, used to entice further donations) the animated "Savoyard" has a dish with a slot in the middle which acts as the beginning of the coin chute.

Figure 7. The stage of the larger "Savoyard" revealing the three mechanical monkeys. The central figure plays a violin while the musical box is activated.

Why a music box?

Getting back to an area of concern for these mechanical "Savoyards" is one question that has puzzled me: "Why a music box?" Why not an organ? It would have made more sense to have marketed an organ grinder cranking a real organ. Or, maybe not—maybe the Polyphon company was just thinking of another way to market disc music movements. After all, this was an eye-catching piece of mechanical music.

Figure 8. Brachhausen & Riessner Swiss Patent #7663 applied for in 1893. The patent relates specifically to a "Barrel organ-like musical automaton."

◀ **Polyphon Savoyard Style 103 人偶八音盒**
19 世纪
德国
宽 55cm，厚 47cm，高 150cm

扫码观视频

这件作品以其独特设计和精细工艺著称，配备 77 个音符和 40cm 直径的金属唱片，其最显眼的特征是一个穿着多彩民族服饰的年轻男孩泥塑像，他手持曲柄，仿佛在转动八音盒为听众带来精彩的音乐演奏。该机器还包括一个类似乞讨盘的投币口和一个用于存放金属唱片的抽屉，其鲜艳的彩绘历经百年仍然亮丽如初。

Polyphon Savoyard Style 103 八音盒，以"猴子舞者"之名闻名，是 Polyphon Savoyard 系列中的杰出之作。其设计包括一个全身彩绘的乡村少男泥塑像，细节精致。前置猴子舞者的小剧场，展示了包括一只拉小提琴的猴子和两只跳舞的猴子在内的动画人物。内部机械设计配备"和谐发音"的双排音梳，音色清澈灵动。外部柜门上饰有金色品牌贴花，胡桃木饰面的箱体更增添一份优雅。

其设计灵感来源于传统街头音乐家，他们从山中下来，在城市中通过表演或演奏手摇风琴谋生。德国制造商 Polyphon Musikwerke 公司将这一概念具体化，创造出这款具有机械投币操作和可更换金属唱片的原始"点唱机"，结合了他们自家制作的八音盒和德国著名陶瓷工艺 Goldscheider 的陶土制作而成的乡村少男的音乐家雕塑，成为独一无二的艺术品。

Polyphon Savoyard Style 103 人偶八音盒不仅在技术上是一项创新，而且在艺术和文化层面上也具有深远的影响。它是德国 Polyphon 公司在 1880 至 1900 年间于莱比锡精心制作的顶级珍品，极为罕见，成为世界众多知名博物馆的镇馆藏品，例如：瑞士的 Seewen Museum für Musikautomaten 博物馆和日本的 Mitaka Music Box Museum 八音盒博物馆均有收藏。当操作者在八音盒上方的投币口投入硬币后，自动人偶便被激活，播放曲目，如查尔斯·古诺的《浮士德》中的"珠宝之歌"。

▶ **自动演奏人偶八音盒**
1984 年
土耳其
长 24cm，宽 36cm，高 60cm

扫码观视频

这款自动演奏人偶八音盒由设计师 Renato Boaretto 于
1984 年创作，主题为一个吸烟的苏丹人。

这个自动演奏人偶的动作复杂且细腻。当传统的 36 音
机械乐器机芯伴随着莫扎特的《魔笛》音乐响起，他的右手
会将烟嘴放到嘴边；左手持真正的孔雀羽毛扇，仿佛在轻轻
地为自己扇风；头部左右摇摆，并伴随着微微的倾斜；最令
人震撼的是，他真的能够吸入和呼出烟雾，让观赏者仿佛看
到一个真人正在享受烟斗的乐趣。

◀ **弹琴吹口哨的人偶八音盒**
1960—1970 年
欧洲
长 18cm，宽 7cm，高 34cm

扫码观视频

人偶用实木手工雕刻，内置机械发声机构和联动
摇摆机构。

三、圆筒八音盒

1796年，日内瓦钟表匠安托·法布尔通过对鸟鸣钟原理的分析，发明了世界上第一台圆筒八音盒，这是真正意义上的八音盒。

圆筒八音盒的机芯主要由音筒、音板、齿轮、发条、阻尼等部件组成。其工作原理是通过发条带动音筒转动，旋转运动中音筒上的凸点挑起音板后使音梳振动，音梳由一整片的钢材切割，这样就可以保证音色相同，并按音高进行排列，音高越高梳齿越短；并按设计振动频率发出声音，再加上阻尼的作用，使音筒做匀速转动，从而演奏出美妙的音乐。

八音盒音梳多少由工匠根据乐曲和机械结构的需要而定。从几十根到数百根不等，品种繁杂。除了常见的单条音梳，还分为曼陀铃音梳（模仿弹拨乐的曲风）、重奏音梳（模仿多架钢琴重奏的效果）、多乐器合奏音梳（联合木鱼、鼓、风琴等其他乐器演奏）等，将一首首曲子华丽地演绎出来。

一台大型圆筒八音盒，往往需要多个能工巧匠耗时半年方可制成。据说，当时一台大型八音盒的价格足以购买一座小型城堡。在18世纪的欧洲，能消费得起八音盒的只有王公贵族，他们在城堡里打发闲暇时间或举办小型舞会时，都少不了八音盒的旋律。

到了19世纪，欧洲的工匠开始在原有基础上创造有更多功能的音乐盒。圆筒上弦八音盒的音梳由最初的简单音符发展到近百个音符，并可以弹奏出和声部分。同时，音梳还可以同时击打6锤的皮鼓和6个音铃，完全可以满足当时上流社会举办小型室内舞会的需要。八音盒可演奏的曲目也扩展到了十多首，可以选择全部循环和单曲循环。

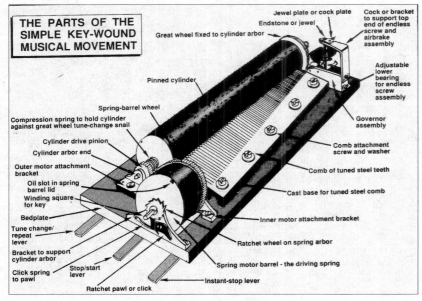

圆筒八音盒工作原理图

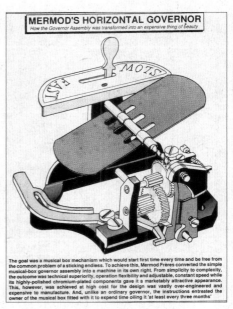

八音盒匀速控制装置图

▲ **小型圆筒玩具八音盒**
19 世纪
英国
长 12.5cm，宽 9cm，高 6.5cm

扫码观视频

　　这款小巧精致的圆筒八音盒，采用的是桃花心木盒子，圆筒可播放两首曲子，一首是《西班牙圆舞曲》，另一首是《鸽子》。特别值得一提的是 La Paloma——也就是《鸽子》这一音乐传奇。它不仅是一段旋律，更蕴藏了跨时代、跨文化的丰富情感与故事。内部圆筒长 3cm，单音梳，29 颗齿。

▶ **圆筒八音盒**
19 世纪
瑞士
长 73cm，宽 36cm，高 26cm

扫码观视频

　　这款八音盒是三个贵族家庭为联姻专门定制而成的；上面有贵族家族的徽章。八音盒外壳采用高品质木材制成，有着细腻的花纹、典雅的镀金把手。内置有 1 个皮鼓、5 个音铃、1 个木鼓、2 把音梳和 1 个圆筒。黄铜圆筒可以演奏 12 首曲子，圆筒长 23.5cm。主音梳有 62 颗齿，用以拨动圆筒和皮鼓；小音梳有 11 颗齿，用以拨动音铃和木鼓。

　　19 世纪末，科技逐渐进步，工匠在原来基础上创造出了能够更换圆筒的八音盒。此外，还加进了一个能够消余音的按键，使音乐更加细腻、优美。

▶可更换圆筒珍藏八音盒
19 世纪
瑞士
长 67cm，宽 36cm，高 26cm

扫码观视频

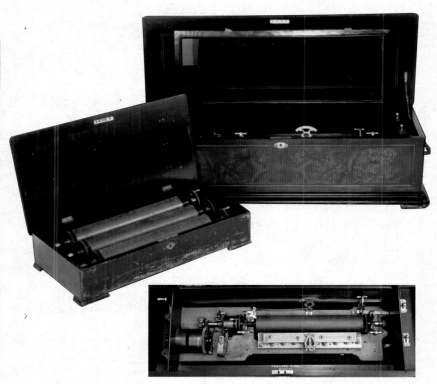

　　此款八音盒是法国制造商 Cuendet 的杰出作品。该款八音盒的特别之处在于其可更换圆筒的设计，每个圆筒宽 37cm，拥有 6 首各具特色的乐曲，而这款八音盒共配备了 3 个圆筒，增强了乐曲的多样性。

　　外观上，八音盒的外壳由高质的樱木精制而成，通过精湛的工艺，在正面呈现出细致的木镶嵌，尽显其尊贵与典雅。

　　功能上，此八音盒具有 102 个音梳，以确保每个音符都能完美呈现。更为特别的是，为满足个性化需求，音乐盒在设计之初便允许更换专用圆筒，让人们能够根据自己的喜好随时更换不同的乐曲，享受音乐的魅力。中间的指示器及指针，则实时显示了当前播放的乐曲编号，使操作更为直观。开始播放 PLAY、停止 STOP、更换曲目 CHANGE 和单曲循环 REPEAT 按钮设计简单易懂，更显其人性化。特别是机芯功能，甚至能实现跳曲播放，只需操作手柄即可选择心仪的曲目。

◀投币式发条自动乐队演奏机
19 世纪
美国
长 130cm，宽 61cm，高 190cm

　　这款自动乐器被称为"尼基洛德"（Nickelodeon）。尼基洛德是一种投币式的自动乐器，利用真实的乐器组件（如钢琴、鼓、铃铛等）自动演奏乐曲。它的工作原理基于一个大的圆形木制滚筒，上面有孔或凹槽，代表乐曲的不同音符。当滚筒被机器自动旋转时，它们会触动相应的乐器组件，从而演奏出音乐。

　　尼基洛德最初是作为早期酒吧、舞厅和其他公共场所的娱乐设备而设计的。人们只需投入 1 个镍币（这也是"Nickelodeon"这个名字的由来），就可以听到 1 首乐曲，该款机器共设计有 10 支曲目，可自由选择播放。

　　该款机器包含钢琴键、皮鼓、音板等，功能都是尼基洛德或其他自动乐器的常见特点。有些高级的尼基洛德还包含了风琴、打击乐器，甚至自动演奏的小提琴，使其能够模仿一个小型交响乐队的演奏效果。

　　在 20 世纪初，随着留声机和广播技术的发展，尼基洛德逐渐失去了其流行度。

扫码观视频

▶ **Faventia 圆筒式手摇钢琴八音盒**
20 世纪
西班牙
长 55cm，宽 32cm，高 60cm

　　这是一款供欧洲贵族儿童使用的手摇钢琴，钢琴的外观犹如艺术品，全身涂抹着亮丽的红漆和黄漆，色泽鲜艳夺目。而它正面的刺绣花纹图案，则彰显了其极高的工艺水平和非凡的审美情趣。

　　打开琴盖，里面内置一根黄铜制成的圆筒，可演奏 4 支经典乐曲，只须轻轻摇动手柄，美妙的旋律便会随风飘荡。而三角铁、木鼓以及 62 组精致的钢琴弦和击打锤子，则为这台手摇钢琴增添了更为丰富的音色和节奏。

　　琴盖内还藏有简单的乐谱，供小主人随时参照。无疑，这不仅是一款乐器，更是一件教育与娱乐相结合的珍藏。

▶ **圆筒手摇钢琴八音盒**
20 世纪
欧洲
长 56cm，宽 39cm，高 32cm

扫码观视频

　　由 W.F. Taylor 精心制作的落地式手摇钢琴八音盒采用珍贵的樱木打造，展现了高超的木工技巧及抛光工艺。其木质圆筒直径为 40cm，拥有精心设计的 22 组钢琴弦和击打机制，能够演奏 4 首动人心弦的乐曲。

　　从外观可以看到，它整体设计为不规则形状，垂直部分是一个可拆卸框架，中心还饰有精美的花纹雕刻。位于内部的声板和琴弦隐藏在这个框架后面，当操作曲柄时，其木制圆筒会旋转，通过木槌敲击琴弦，产生纯净而悠扬的旋律。

　　八音盒的左侧配置了一个精细的调节按钮，这允许使用者在演奏时轻松地调整音筒位置，增加了乐器的使用灵活性。

◀ 小型钢琴造型首饰盒八音盒
19 世纪
英国
长 13cm，宽 21cm，高 11.5cm

　　这是一款三角钢琴形状的八音盒，外壳镶嵌了木制琴键和珐琅彩。

　　打开这款钢琴形状的盒盖，内部呈现了两个精心设计的隔间。其中一个隔间内饰以深红色天鹅绒，这种材料质感丰富、手感舒适，为首饰提供了极佳的保护。另一个隔间则隐藏了一套精密的音乐机芯，这是英国制表和音乐盒工艺的代表。机芯可以通过首饰盒底部的钥匙进行上弦，内部有密封的机械装置。

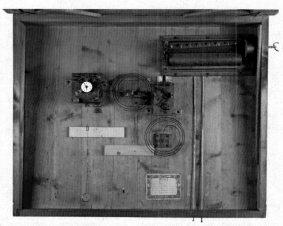

▶ 带圆筒八音盒音乐报时时钟油画
19 世纪中期
瑞士
长 100cm，宽 17cm，高 82cm

　　这是一幅少有的带圆筒八音盒音乐报时时钟油画，油画展现了 19 世纪法国乡村的宁静景致：一条宁静的河流环绕着一座古老的城堡，河面上点缀着小船和人们的倒影，这种和谐的生活情景能让人心情宁静，仿佛时光回到了那个简单美好的年代。

　　但这幅画的真正魔力并不仅在于其画面，而是在城堡的最高塔中，隐藏着一个秘密，那就是瑞士名匠 Samuel Marti 精心制作的时钟机械。时钟的白色珐琅面盘与黑色的数字清晰地映入眼帘，就像城堡的守护者，静静地记录着时光的流转。

　　更为奇妙的是，这幅画内还藏有一个音乐机械，一个长 27cm 的音乐圆筒，一排 99 个音调设计的音梳，机械编程共可演奏 6 支乐曲。

　　这幅作品的木制画框同样是一件艺术品。镶嵌着金箔，它华丽而不失庄重，其洛可可风格装饰更是增添了一份古典的韵味。

扫码观视频

▶ 圆筒八音盒
1873—1876 年
瑞士
长 55.5cm，宽 31cm，高 27cm

　　樱木纹外盒，能够清晰地看到纹理走向，质感细腻。
　　内部的设计更是体现了匠人对于细节和完美的追求，有 77 音梳与 28cm 的黄铜圆筒相互协调，如同乐队中的主唱与伴奏，完美融合。而那 8 个精美刻花的音铃，更如同敲击在心灵深处的钟声，每一次敲击都深情而有力。不得不提，蝴蝶形态的小锤，是对生活中的美好与轻盈的完美诠释。
　　8 首曲目中包含著名的《吟游诗人的男孩》(The Minstrel Boy)，这首曲子是由 19 世纪初的爱尔兰作家 Thomas Moore 所创作，是对一个国家、一个民族、一个时代的情感缩影。曲子所讲述的，不仅是爱尔兰的历史和文化，更是对于自由、尊严以及为了理想与信仰而战的永恒主题。

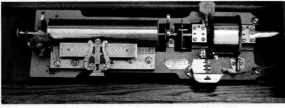

▶ 圆筒八音盒
1890 年
瑞士
长 101cm，宽 40cm，高 35cm

扫码观视频

　　这是由 Jacot&Son 设计的八音盒，外壳采用雕刻了精美花纹的橡木制作，每一道纹理都展现了匠人的精湛技艺，彰显出独特的贵族风范。
　　内部有布满凸点的白铜材质圆筒，圆筒长 23cm，在 72 颗齿的音梳的拨动下共能播放 6 首经典乐曲。
　　其设有指示器显示当前播放的曲目，再加上单曲重复与更换曲目的功能设计，使得操作更为便捷，为使用者带来顺畅的体验。

▶ **圆筒八音盒**
1900—1920 年
瑞士
长 59cm，宽 23cm，高 13.5cm

　　盖子表面精美的花卉图案和外围长方形边框采用细木镶嵌工艺，音乐盒其他部分则采用黑漆描绘。圆筒长 33cm，可以演奏 8 支乐曲，每一首都是由内部音梳上 42 颗齿精准演奏。其右上方的开关设计考虑了用户的个性化需求，可选择单曲播放或连续循环，而右下方的开关为我们设置了乐曲的暂停或开始功能。

◀ **圆筒八音盒**
1900—1920 年
瑞士
长 44cm，宽 19.5cm，高 13cm

扫码观视频

　　八音盒盖子采用细木镶嵌工艺，镶嵌的中间精美图案和外围三个长方形图，八音盒其他部分采用黑漆描绘。圆筒长 15.5cm，内部单音梳共 42 颗齿。其右侧设计有四个简单易用的功能键：PLAY、STOP、CHANGE 与 REPEAT。这不仅让操作更为便捷，更考虑到了用户的多种听音需求，无论是单曲重复，还是整曲循环，都能轻松满足。

扫码观视频

◀ **圆筒八音盒**
1900—1920 年
瑞士
长 31cm，宽 19cm，高 13cm

盖子采用细木镶嵌和螺钿镶嵌工艺。圆筒长 12.5cm，内部单音梳共 60 颗齿，可演奏 4 支乐曲。每当圆筒旋转，圆筒上的金属凸起就会触动音梳的钢片，使其振动并发出美妙的声音。其中，备受瞩目的是经典曲目《苏格兰的蓝铃花》（Blue bells of Scotland）。这首旋律悠扬、歌词充满情感的苏格兰名曲，在全球范围内都备受喜爱，常在各种公开活动和音乐会上成为焦点。

盒子的右侧设计有两个金属开关。其中，右上方的开关可以选择单曲播放或是循环播放，而右下方的开关用于控制音乐的暂停与开始。此外，左侧有一个用于上发条的曲柄，操作简便，方便使用者随时欣赏美妙的音乐。

▶ **圆筒八音盒**
20 世纪
瑞士
长 65cm，宽 23cm，高 16.5cm

扫码观视频

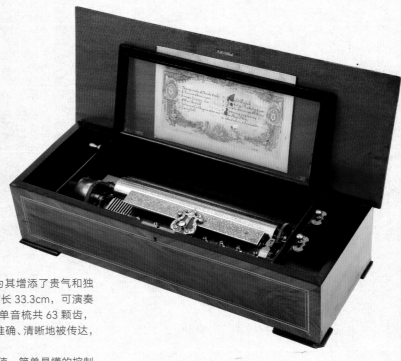

八音盒彩色木制盒采用了细木镶嵌工艺，为其增添了贵气和独特性，盖子上有精美的花卉图案，内部黄铜圆筒长 33.3cm，可演奏 12 支乐曲，每一首都是那个时代的经典。其有单音梳共 63 颗齿，同时具备消除余音的按键，使得每一个音符都能准确、清晰地被传达，以确保音乐的完整性和纯粹性。

操作上，人性化的设计更加彰显了其独特价值。简单易懂的控制按钮，从开始的 PLAY、暂停的 STOP，到切换曲目的 CHANGE，以及单曲循环的 REPEAT 都充分考虑了用户的使用体验。这不仅是一种对技术的完美运用，也体现了制作者对用户的深度思考和关心。

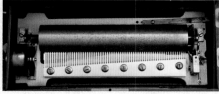

▶ **圆筒八音盒**

20 世纪

瑞士

长 51cm，宽 21cm，高 14.5cm

　　盖子采用细木镶嵌工艺，镶嵌了精细的排箫、喇叭、花朵和橄榄枝图案，无不彰显其古典与优雅。

　　黄铜材质圆筒长 28cm，内部单音梳共 77 颗齿，可以演奏 8 支乐曲。除此之外，该款音乐盒设计有单曲与循环播放切换功能，暂停与开始开关位于右下，以保证其每次的操作都精准到位。

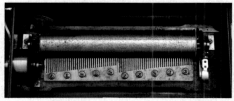

▶ **圆筒八音盒**

20 世纪

英国

长 66.5cm，宽 24cm，高 16.5cm

扫码观视频

　　八音盒盖子和正面采用的细木镶嵌工艺恰到好处地与花朵和叶子的图案相结合，展现了匠人的超群技艺。

　　圆筒长 33 cm，可以演奏 8 支乐曲，内部有双音梳，一把梳子有 36 颗齿。在左上方有一个带指针的指示器，指针指向的数字代表当前播放的是 8 支乐曲中的第几首乐曲，右侧的按钮推向 START 开始，暂停按 STOP，CHANGE 代表切换曲目，REPEAT 可以实现单曲循环。

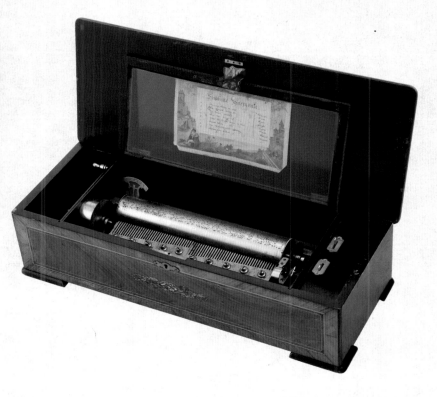

▲ **Mermod Freres 圆筒落地式八音盒**
19 世纪
瑞士
长 74cm，宽 42cm，高 83cm

扫码观视频

　　这款瑞士风琴交响乐音乐盒诞生于 1880 年，出自瑞士 Karrer 大师之手。

　　落地式八音盒有着精美的影木纹外壳，四周镶嵌细木，盖子镶嵌有好看的花鸟图案。内置的圆筒长 41cm，可演奏 6 支乐曲。此外，内部还设置了 1 只皮鼓，6 个音铃，1 只木鼓和 5 把音梳；音铃由 6 只飞鸟作为击打工具，左侧 8 齿的音梳用以拨动皮鼓，右侧 14 齿的音梳用以拨动音铃和木鼓，中间为 17 齿的风琴音梳。另外，38 齿的音梳和 44 齿的音梳用以拨动圆筒上的凸点。

　　当拉动最左侧的把手时，各部位装置运行，它们齐奏的效果完全不亚于一支交响乐队，这完全可以满足当时上流社会举办小型室内舞会的需要。更值得称道的是，这款八音盒为使用者提供了前所未有的控制体验。独立的控制杆和清晰明确的功能按钮，如开启（START）、关闭（STOP）、更换曲目（CHANGE）和单曲循环（REPEAT），使得用户能够根据自己的喜好精准地控制每一个乐器、每一个旋律。

　　英语中，这一类拥有多个乐器的八音盒叫做 Orchestral Music Box。在 19 世纪，比较擅长制作这类八音盒的匠人和品牌有 Paillard of St croix, BA Bremond, Ami Rivenc, Nicoles Freres, Mojon Manger 等，基本上是由瑞士日内瓦生产。其中，存世量最多、品质最优的是品牌 Paillard，其中尤以 Full Orchestral 系列最出名，即同时包括了铃、鼓、木鱼、风琴和钢片音梳五种乐器 (Bell, Drum, Castanet, Organ and Comb)。

　　铃铛是多乐器八音盒中的颜值担当，也是最常见的乐器。也许是由于铃铛的音色与音梳最为接近、和谐，因此音梳加铃铛的配置在 19 世纪中后期广为流行。有时，为了提升美观，甚至把每个铃铛的击锤做成蝴蝶或小昆虫状，演奏时就如同在花朵中飞舞一般，炫目多彩。

　　鼓是八音盒中的亮点。常见的以羊皮鼓居多，后期也有金属鼓，鼓中通常配有 4 ~ 8 根不等的鼓槌，由相应的音梳模块驱动，根据主音梳上的旋律，配合打出节奏，以增强乐曲的动感。

　　风琴则是八音盒里的音量担当，凡是有风琴的八音盒，无论有多少种其他的乐器，演奏起来一定是风琴声一枝独秀，其巨大的音量让别的乐器黯然失色。

　　外观上，风琴外部构件相当不起眼，一般在主音梳中间或一边设置一组风琴拨杆（几根到十几根，20 根以上为高配）。

　　智慧的工匠不仅设计出了这些精巧、悦耳的协奏乐器，更想到了给主人自主选择的便捷。在各个协奏乐器模块的下方都有单独控制杆，可以随意关闭或打开某个乐器，让整个交响乐队就在您的手中掌握自如。

四、金属唱片八音盒

1886 年，德国人帕尔鲁·罗赫玛发明了金属唱片八音盒，金属唱片表面有无数小孔，每个小孔代表一个音符。金属唱片背后的钩子，在转动时会拨动机芯，音乐便会随之传出。由于金属唱片八音盒有两排音梳，所以奏乐效果如同两台钢琴一样具有一定浑厚度。大型的金属唱片八音盒主要放置在车站、码头等人群密集之处，平民只需投币、拧上发条，就能享受音乐了。

金属唱片八音盒保留了圆筒八音盒音梳的发音原理，而金属唱片是方便更换的。因此，当拥有了一台这样的八音盒后，再选择自己喜欢的曲目，就可以建立起自己的音乐档案。如果说瑞士制造的圆筒八音盒被奉为行业至尊，那么德国工匠制造的金属唱片八音盒更可被称为业内翘楚。

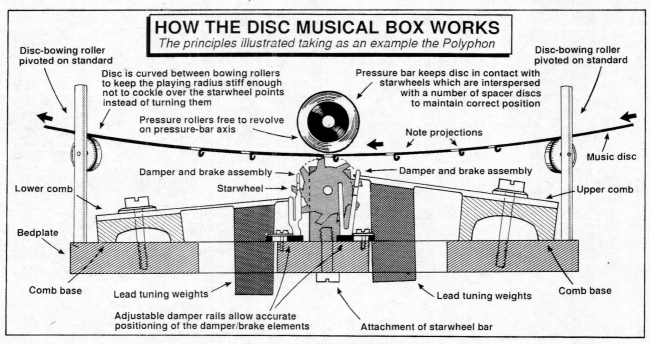

金属唱片八音盒发音原理图

◄ Polyphon 金属唱片落地大钟八音盒
19 世纪
德国
长 60cm，宽 36cm，高 198cm

　　这款德国 Polyphon 旗下型号为 63 的八音盒，融合了德国制表与音乐工艺的精髓。

　　采用核桃木的外壳，沉稳而有质感，顶部装饰着精细雕刻的饰纹和五个经典的尖顶，展现出了欧洲传统家具的经典风格。传统的落地八音钟通常只有八根音管，报时的时候只能发出音符简单的音乐，而这种金属圆片八音盒落地钟的金属唱片直径是 31.2cm，有 2 把音梳，每把音梳有 43 颗齿，可以发出 80 多个音符，报时的时候奏出的音乐更加美妙、动听。此外，传统的八音钟不能更改曲目，但这款八音钟很方便改变曲目，因此它是一台十分难得的八音钟。

◀ **手摇金属唱片钢琴弹奏机**
19 世纪
德国
长 94cm，宽 44.5cm，高 20cm

　　"Orpheus No17""手摇金属唱片钢琴弹奏机出品自享誉业界的"莱比锡音乐工厂前 Paul Ehrlich & Co. AG"。
　　此款八音盒的结构精细、均匀，弦音的排布考究。八音盒内置金属唱片的直径是 33.5 cm，内有 24 颗齿，用以拨动 24 根弦。

▶ **多能士 Thorens 金属唱片小型八音盒**
19 世纪中期
瑞士
长 28.5cm，宽 16cm，高 10.5cm

　　这是瑞士多能士 ThorensAD30 八音盒，外壳为胡桃木。此款八音盒有 31 音梳，设计巧妙、结构精密，是历史上非常著名的一款音乐盒。可更换内置直径 11cm 金属唱片，所以播放曲目不局限于固定的乐曲，STOP 键能控制停止播放。
　　Thorens AD30 在当时的市场上确实受到了很高的评价，其工艺、技术和设计都代表了那个时代音乐盒制造的巅峰。

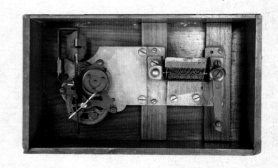

◀ Polyphon 金属唱片小型八音盒
19 世纪中期
瑞士
长 27.5cm，宽 16cm，高 11cm

　　这款小型的金属唱片八音盒外壳是由胡桃木制作，内部金属唱片直径是 11.3cm，单音梳共 30 颗齿。

▶ Symphonion Style 25C Rococo
洛可可风格金属唱片八音盒
19 世纪
德国
长 47cm，宽 48.5cm，高 28cm

扫码观视频

　　这是一款机械艺术与洛可可风情卓越融合的八音盒。洛可可源于 18 世纪的法国艺术流派，以其曲线之美、纤细的装饰和精致的手工艺为世人称赞。当这种风格遇上 19 世纪的德国机械制造工艺，便产生了这件叹为观止的艺术品——Symphonion Style 25C Rococo 音乐盒。

　　此款八音盒的整体外形采用了洛可可独有的流畅线条与复杂的装饰图案。尤其是那由精制木材与塑形纸浆结合雕塑出的 18 世纪的法国舞者，突显了制造者对细节的考究和精湛的雕刻工艺。

　　这款八音盒的机械机构，是其真正的奇迹所在。这款音乐盒配置了双音梳共 84 音齿，保证了其在播放时产生的音质纯净、细腻且有深度。直径 30cm 的专制金属唱片，经过精确的校准，与音梳的完美互动达到了声学上的最佳效果。盖子内部是有品牌名称的绿色天鹅绒，绒布中间是一幅画，画面上是采花的小男孩和小女孩。这款八音盒将听觉美、视觉美和触觉美三者加以结合，提供了绝佳的听觉盛宴，一直以来深受各界名人的喜爱和追捧。

　　此外，这款八音盒的驱动机械、传动系统，以及自动化控制部分，均展现了 19 世纪末德国机械制造技术的高峰，每一个零部件都经过了精确的计算与制作，以确保其能长时间、稳定地工作。

▲ **Kalliope 手摇金属唱片八音盒**
19 世纪末
德国
长 42.5cm，宽 25cm，高 77cm

扫码观视频

　　这款八音盒精湛的制作工艺及用材无不彰显了其奢华与尊贵的定位。顶部追求哥特式风格，不仅增强了整体的庄重感，而且与其华丽的外壳形成了和谐统一的效果，以彰显其当时作为奢侈品的地位。其投币式的设计，特别是 5 芬尼（德国铜币，1 马克的 1%）硬币操作方式，不但提供了与众不同的互动体验，也让其在公共场所，如咖啡馆或酒店成为社交与娱乐的焦点。

　　八音盒的尺寸与其音质有着密不可分的联系。宽敞的共鸣箱可以确保音质的深沉与丰满。结合其直径 17.7cm 的金属唱片与 36 音梳，通过摇动唱片中间的把手上发条，可以拨动铁销，控制音乐的播放或停止。

◀ **Polyphon 金属唱片大型八音盒**
19 世纪末
德国
长 74cm，宽 42.5cm，高 230cm

扫码观视频

　　19 世纪末，德国的工匠精心打造出了 Polyphon 3K 柜式八音盒。这台精致的八音盒，由德国著名的 Polyphon Musikwerke 公司在莱比锡制造。

　　整体上，八音盒采用坚固的胡桃木打造，细致的工艺和精湛的设计使它脱颖而出，其外观古雅恢宏，独具风格。八音盒总高度 2.3m，由上下两个柜式结构组成。上部犹如教堂建筑缩影，糅合哥特式风格，其内可播放金属圆盘唱片。下部分为拉柜式设计，可存放 10 张金属唱片。八音盒保存完好，机械结构精密、材质上乘。金属唱片直径是 56.2cm，圆盘下有两排音板，每排 8 片，内部配有 2 把音梳，每把音梳有 60 颗齿。这台八音盒经历 100 多年的风雨，仍能正常发音，只要拧上发条就能发出纯净清脆、美妙动听的天籁。

　　此外，这款八音盒还具备了特色的投币系统。手摇上发条后，只需投入硬币，精密的机械便会自动运转，奏出那如梦似幻的音乐。

　　Polyphon Musikwerke 品牌在 1917 年纳入德国唱片公司 Deutsche Grammophon 旗下，以其做工严谨、精细而著称，完美地体现了德国工匠精益求精的精神。这款 Polyphon 柜式八音盒不仅是一件音乐播放工具，更是一件艺术与历史的见证。一件纪念德国音乐文化与传统工艺的珍宝。

▶ **Amabile 金属唱片手摇风琴八音盒**
19 世纪末
比利时
长 48cm，宽 38cm，高 88cm

　　整体的白色漆面使其显得简约而高雅，四角的花篮图案与足部横梁上的 5 个奏乐人贴花则为其增添了浓厚的艺术氛围。
　　立式风箱的设计使得这款八音盒可以产生稳定而和谐的音乐效果。金属唱片的直径达到 42cm，当摇动手柄时，可带动箱内鼓风，金属唱片内的凸钉设计也经过了精密计算，可确保 28 音梳的每个音齿被拨动时都能够发出准确且悦耳的音乐。

◀ **Symphonion 金属唱片双梳八音盒**
19 世纪末
德国
长 28cm，宽 28cm，高 17cm

扫码观视频

　　这是一款 P.H. Brunnbauer & Sohn Symphonion 金属唱片双梳八音盒，黑漆方形木盒，带有文字的图片被固定在盖子内侧，盖子上刻有精美的图案和贵族徽章。内部金属唱片直径 24cm，有 2 把音梳，每把音梳均有 36 颗齿。

◀ Kalliope Panorama 金属唱片大型赛马八音盒
1890 年
德国
长 81cm，宽 42.5cm，高 226cm

扫码观视频

  Kalliope Panorama 金属唱片大型赛马八音盒，是 19 世纪末投币式八音盒的经典之作。

  此款八音盒最特别的是带有 12 匹赛马的装置，当音乐响起，马匹随着音乐以不同的速度在跑道上赛跑，玩家可以在赛马之前下赌注，当音乐停止，以跑过马道的马匹获胜。内部有 12 个铜铃，音梳共 154 个，可分为三段，最上段 72 个音梳作为低音，中段 70 个音梳作为高音，下段 12 个音梳主要是控制 12 个铜铃。下半部分为金属唱片收藏柜，柜内收藏 9 张金属唱片，唱片直径为 64cm。

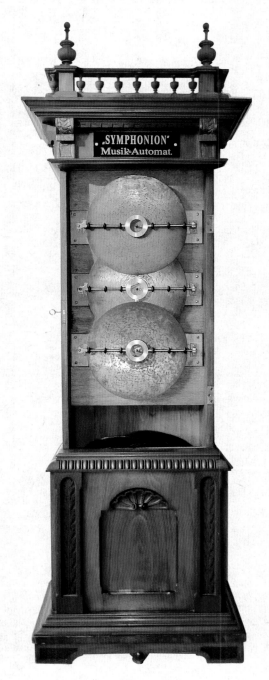

▲ Symphonion Eroica 金属唱片八音盒
1898 年
德国
长 71cm，宽 45cm，高 210cm

扫码观视频

　　这款是 1898 年在德国莱比锡制造的 Symphonion Eroica 八音盒。它的设计独树一帜，能够同时播放 3 张金属唱片，制造出丰富而复杂的音响效果，在当时无疑是创新的巅峰之作。市场上鲜见如此保存完好的古董音乐盒。

　　这件 Eroica 八音盒因其卓越的音质而闻名，源自一个英国私人收藏家家族，世代相传，精心呵护至今。它的机械部件和梳齿保持在极佳的状态，而其木制外壳上精美的瓷板画描绘了音乐女神和音乐家天使，体现了无与伦比的艺术魅力。

　　此八音盒的一大独特之处在于其右上角的英式投币槽，通过投入一便士，即可享受两轮曲目的演奏。八音盒附带的百余张金属唱片，收录了 20 世纪许多经典旋律，这不仅丰富了其播放内容，也增添了其历史价值。

　　Symphonion 品牌自诞生起，便以其精妙绝伦的制作工艺和对音乐深刻的理解而著称。Symphonion Eroica 不仅是一件顶级的音乐播放器材，更是该品牌工艺和创新精神的象征。历史上，许多名人都钟情于 Symphonion 制造的八音盒，它们常被视为身份和品位的象征，出现在各种高端社交场合和私人收藏中。

▲ **Regina 自动更换金属唱片八音盒**
20 世纪初
美国
长 100cm，宽 63.5cm，高 190cm

扫码观视频

　　这款音乐盒的首要亮点在于其自动更换金属唱片系统。考虑到那个时代的技术背景，该系统堪称奇迹。一枚硬币的投入，便触发了一系列精准的齿轮、梁杆和弹簧的动作，呈现出流畅的自动选曲效果。机箱选用的是上乘橡木，不仅质地坚固，其纹理更为音乐盒增添了一分复古韵味。细腻的金色五金饰件与透明玻璃前板，不仅有观赏价值，更在实际使用中为用户提供了直观的操作体验。Regina 在此模型中采用的是双齿梳技术。与传统音乐盒相比，它在保持音乐盒特有的纯净音质的同时，还提供了更好的稳定性和更广的音域。

▲ Regina Corona Model 34 自动更换金属唱片八音盒
20 世纪初
美国
长 96.5cm，宽 61cm，高 167.6cm

扫 码 观 视 频

　　Regina Corona Model 34 作为 20 世纪初的八音盒杰作，融合了尖端技术和精湛工艺。其自动换碟功能使得音乐体验连续而不中断，这在当时无疑是一项具有革命性的技术。作为 Regina 这一美国八音盒界巨头的代表作，Corona Model 34 自推出之时便成了昂贵的艺术品。因其稀有性、尖端技术和卓越设计，在市场上的价格一路攀升。

◀ BHA 金属唱片八音盒
19 世纪末
英国
长 40.5cm，宽 27cm，高 19cm

　　该八音盒外壳由核桃木制成，正面采用细木镶嵌工艺，盖子正反两面有骑士和狮子的图案。

　　八音盒内部金属唱片直径是 21cm，搭配单音梳 42 颗齿，使得每一个音符都能被完美呈现。

　　BHA 八音盒的历史背景也为其增添了巨大的价值。自从 Barnett Henry Abrahams 于 1895 年迁至瑞士并与经验丰富的音乐盒制造商 Charles Cuendet-Develayr 合并以来，BHA 音乐盒就开始了其传奇的一生。而 BHA 八音盒更是赢得了无数荣誉和奖项，证明了其在当时行业内的超凡地位。

▶ Polyphon 金属唱片八音盒
19 世纪末
英国
长 26cm，宽 23.5cm，高 19cm

　　该款 Polyphon 音乐盒由 Max Schonhueb 制造，标记为 Berlin N. 39 型号，外盒采用胡桃木制成，内部金属唱片直径是 20.8cm，单音梳 41 颗齿，唱片下有品牌名称标签和一个"女神"金属图案，为其增添了独特性和收藏价值。

　　通过向左拉动铁质手柄即可为八音盒上发条。另外，该八音盒底部配备一个圆木按钮，用户可以通过调节该按钮来改变音乐的播放速度，以达到不同的音乐体验。

▶ Symphonion No.10 金属唱片八音盒

19 世纪末 20 世纪初

德国

长 27cm，宽 21.5cm，高 17cm

外壳由胡桃木制作，盖子内侧描绘了庭院音乐会图案，画面上共有七位小天使，一个在弹琴，一个在弹吉他，一个拿着乐谱在歌唱，其他小天使在认真地聆听。

八音盒的心脏部分——金属唱片，直径为 19.3cm，每一个孔的位置、大小都经过精心设计，目的是与单音梳上的 30 颗音齿完美配合，共同创作出纯净、和谐的音乐。这 30 颗音齿的制作更是考究，每颗齿的长度、弧度、材质均有所不同，以达到最佳音效。

◀ Polyphon 金属唱片八音盒

19 世纪末 20 世纪初

德国

长 54cm，宽 49cm，高 26cm

这款维多利亚风格八音盒外部由胡桃木打造。盒盖上精致的花卉镶嵌图案，不仅是对复杂木材镶嵌技艺的展示，也是对维多利亚时代浪漫审美的致敬。

八音盒内部有一张直径为 36cm 金属唱片，装配了双音梳，每排音梳有 55 颗齿。为了增强音效的丰富性和调节音节奏，音梳两侧各有 3 个音铃，可为音乐增添韵律和层次。

八音盒还配有调节器、开关和摇杆。调节器可以微调播放速度，摇杆则用于为音乐盒上弦，以保证其连续播放。

▶**Adler 金属唱片八音盒**
19 世纪末—20 世纪初
德国
长 33cm，宽 29cm，高 20cm

扫码观视频

　　这是 Adler 品牌创始人 Julius Heinrich Zimmermann 精心推出的经典作品。
　　桃花心木的贴面与闪闪发光的清漆相结合，令其散发复古而高贵的气质。盖子里面贴有画，画了 4 位天使和 1 只张开翅膀的鹰，喙上有丝带，可以抵御阳光，女天使手拿橄榄枝和两个乐器，3 个小天使自由飞翔。内部金属唱片直径是 26.4cm，双音梳，每把音梳有 31 颗齿。

▶**Symphonion 金属唱片八音盒**
20 世纪初
德国
长 50cm，宽 38cm，高 23.5cm

　　维多利亚风格金属圆片八音盒。八音盒内部由一个直径为 30cm 的金属唱片和 43 颗齿组成。值得一提的是，这款八音盒的音域由两部分组成，每部分都包含 43 个音调，这样的设计使得其音乐更为丰富并和谐。

▶ **圣诞树插饰金属唱片八音盒**
约 1900 年
德国
长 45cm，宽 27cm，高 28cm

    这是由 J.C. Eckhardt 公司在德国斯图加特 Stuttgart 制造的名为 Gloriosa 音乐圣诞树八音盒。这款木质圣诞树八音盒更像是一件艺术品，用红木精心雕琢而成，黑色的上下边缘与金属把手形成了鲜明对比。

    打开前部的小门，一张直径 19.5cm 的金属唱片就在那里旋转。八音盒有 43 颗齿，响起了节日的旋律，讲述着一个个温暖的圣诞故事。底座的中央有一个镀金的金属圈，不仅牢固地支撑着圣诞树，还绘有精美的花卉图案。这就像一个皇冠，为圣诞树加冕，使其成为家中的焦点。

五、手摇风琴八音盒

从 19 世纪末到 20 世纪中期，手摇风琴八音盒代表了音乐的普及与革命。它们像家中的小型"音乐盒"，在美欧成千上万地生产，是当时最热门的家庭娱乐载体。

相较于高价的圆筒或金属唱片八音盒，这些机械乐器装置更为经济实惠，被视为"人人都能拥有"的音乐魔盒。

它们的音乐载体的形式五花八门：有的采用纸制的卷轴，有的用硬纸板，有的用木质滚筒，纸质的卷轴用打孔纸作为"乐谱"，通过鼓动气囊压缩气流，继而进行弹奏。手摇纸带码编程风琴八音盒产生于 19 世纪，而这些纸质穿孔乐谱卷正是数字程序编码的前身。

手摇风琴在德国乃至欧洲是一种很常见的乐器，这种乐器 18 世纪初就已经有史料记载，最早主要是作为教堂以及社交使用的乐器。

手摇风琴在德语中叫做"Drehorgel"，演奏这种乐器的人叫做"Drehorgelmann"或者"Leierkastenmann"，在奥地利也叫做"Werkelmann"。

图中的这个人叫做 Peter Kessel，是科隆著名的手摇风琴演奏者，绰号叫 Orgels Pitter，曾经在狂欢节以及其他无数庆典中演奏，他从出生到逝世一直都在科隆。在图中，可以看到他的右手边有一只玩偶猴子，猴子手中有一个小碗，这个碗的作用就是收集别人打赏的硬币。

◄ Melodia 手摇风琴八音盒

19 世纪
美国
长 31cm，宽 26cm，高 28.5cm

这台名为"Melodia"的机械风琴盒产自 1880 年的美国，由 American Mercantile Co. 制造。

八音盒的右侧设有曲柄，用户只需轻轻转动，即可驱动其内部工作，播放美妙旋律。这种操作方式简单易上手，且富有复古情怀。

这款八音盒的装饰风格，无疑是其另一大亮点。木箱的表面饰有繁复的植物纹样和几何图案，它们交织成一幅华丽的图画，为整体的设计增添了几分雅致。

► Celestina 手摇风琴八音盒

1877 年
美国
长 36cm，宽 30cm，高 32cm

扫码观视频

这台名为"Celestina"的手摇纸质风琴八音盒是美国纽约制造的精湛杰作，由 Aeolian Organ and Music Co. 制作。

八音盒的正中和侧面均饰有金色的花卉图案。通过简单的曲柄转动，就可以驱动纸质的乐谱卷轴，为我们奏出美妙的旋律。这台八音盒可以发出 20 个音符，单一的风箱系统，使其音质独特，且发音纯净。这台八音盒盒盖内侧还有印刷的操作指南，为初次体验者提供方便。

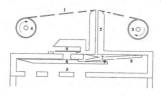

1. Punched paper
2. Tracker-bar
3. Wind-on roller
4. Wind-off roller
5. Wind-chest
6. Valve
7. Membrane or bellows
8. Vibrating reed
9. Capillary opening

手摇风琴八音盒工作原理图

DIRECTIONS FOR PLAYING THE MUSETTE.

◀Autophone 手摇滚轴风琴八音盒
19 世纪中期
美国
长 36.5cm，宽 32cm，高 20cm

　　这款滚轴风琴八音盒内部配置了一个风箱，用于产生空气流动，带动音乐的播放。与此同时，木质滚轴如同音乐的密码器，预先被设定了乐曲，当它开始旋转时，就会奏出一支又一支悦耳动听的曲调。

　　想要更换乐曲非常简单，只需更换音筒。每一个音筒都如同一个新的音乐世界，等待着被探索。这就像是早期的"播放列表"功能，尽管技术古老，功能却出奇地先进。

　　滚筒的内侧有 20 个精准的键位，它们会随着滚筒的转动拍打对应的风琴音符，为人们呈现一段段美妙的音乐章节。当操作者摇动手柄，整个风琴八音盒便开始灵动地运作，仿佛有一位隐形的音乐家，正在为人们献上私人音乐会。

▶Autophone 手摇滚轴风琴八音盒
19 世纪中期
美国
长 36.5cm，宽 32cm，高 20cm

扫码观视频

　　这类滚轴风琴箱内置有风箱，它用木质滚筒编码，如同现代的 USB 存储乐曲。每个滚筒都有其独特的曲目，更像我们今天的音乐播放列表，只要更换圆筒，就可以换上新的曲目。

　　神奇的是，木质滚筒内部嵌有 20 个键，这些键在滚筒旋转时会敲击风琴，如同钢琴家敲打琴键一般。而当人们旋转手柄时，盒子内部的机械就开始运动，为人们带来清脆而悠扬的音乐。

◀ 手摇滚轴风琴八音盒
19 世纪中晚期
美国
长 46cm，宽 38cm，高 32cm

木箱选用质感细腻、纹理美观的桃花心木制作。整个长方形设计简约又不失雅致，尤其是前盖的玻璃连接部分，既可以起到保护风琴内部机构的作用，又增添了一份透明的美感。

风琴的立面和侧面，都细致地绘制了彩绘花卉图案，每一笔都仿佛在诉说着古人的匠心独运，将大自然的美好融入每一个细节中。

而风琴的核心部分——风箱、木质滚筒和 20 个金属阀门，都是经过精湛的工艺制作而成的。每当摇动把手，这台机器就会鲜活地"呼吸"，音筒旋转，风箱产生气流，触动那 20 个金属阀门，仿佛有一个小型乐团藏匿其中，为人们演绎一首又一首的乐章。

▶ Autophone 手摇滚轴风琴八音盒
19 世纪中期至 20 世纪中期
美国
长 36.5cm，宽 31.5cm，高 19.5cm

这是一台由霍顿的伊萨卡 Autophone 公司制造的八音盒，这家公司位于美国的伊萨卡，由 Henry B. Horton 创立。1885 年，他们以足够成熟的技术和工艺生产了这款特殊的、精致的滚轴风琴八音盒。

八音盒的外观很像一个木箱，里面却隐藏着非常复杂的机械结构。当人们摇动手柄，木质滚筒就开始旋转，同时风箱也开始工作，并产生气流。这些气流会流经那 20 个金属键，让它们按照预先设定的节奏和旋律发出声音。也就是说，每一个音筒都可以奏出一支特定的乐曲，想要换曲目，只需更换音筒。

这种设计在当时是非常先进的，可以说是音乐播放设备的鼻祖。人们可以通过这样一个看似简单的木箱，听到如此动听的音乐，这堪称是技术与艺术的完美结合。

扫码观看视频

◀ **Gatley Automatic Roller Organ 手摇风琴八音盒**
19 世纪末
美国
长 31cm，宽 31cm，高 24cm

Gat ley Automatic OrganCo. 这一名字在古董八音盒领域中如雷贯耳。特别是他们出品的波士顿 Roller Organette，是 19 世纪末至 20 世纪初机械乐器的典型代表。

这款八音盒使用宽幅的纸卷记录更多的音符，使得音乐播放更加丰富和细腻。对于当时的用户来说，这无疑提供了一种更加高级、多元的听觉体验。

它最吸引人的部分，莫过于那个被称为"表达式快门"的功能，在当时这一设计可谓技术创新。简单来说，这就像一个"音量调节器"，让使用者可以根据心情，自由地调节音乐的响度，给每一次的播放加上情感色彩。

此款风琴的大小适中，成为家用或小型社交聚会极佳的伴奏工具。同时，其紧凑的设计也使得音响效果得到了极大的增强，从而达到了深沉而饱满的音乐体验。

▶ **手摇纸质打孔圆片风琴八音盒**
20 世纪
德国
长 47cm，宽 46.5cm，高 26cm

这台八音盒是 19 世纪末至 20 世纪初德国制造艺术的典范。诞生于 1895—1905 年，由著名的 Leipziger Musikwerke 工厂制造，该工厂前身为 Paul Ehrlich & Co. AG。这台八音盒是当时工艺与艺术的完美结合的产物。

其黑色钢琴漆木制外壳，上面镌刻着精美的金色纹理。这种精湛的工艺在当时是相当高端的象征，每一条纹理都体现了工匠的匠心独运。

这台八音盒采用纸质圆片，圆片的直径是 33cm，曲谱名称为《女王的士兵们》，唱片底下画了一群奏乐的小天使。机器上的 24 个爪轮拨动纸孔使之发出音乐，只需轻轻转动侧面的曲柄，八音盒就能将压纸板上的微小孔洞与阅读键精确对齐，从而打开相应的气阀，让气流通过狭缝簧片，奏出如梦似幻的音乐。

拿掉唱片后的八音盒

放上唱片后的八音盒

六、电动演奏机

自动演奏机是一种具有极为精巧的机械结构的钢琴类乐器，也是西方工业化自动乐器进入新世纪的一个见证，这类乐器已普遍采用电力驱动，同时具有自动演奏功能（卷轴装置），还可通过风箱驱动音管，所以也具有管风琴的效果。有些中大型的机械演奏钢琴，内部还配以锣、鼓、镲等敲击乐器，并可以通过内部彩色灯泡实现五光十色、令人流连忘返的光影效果。

自动演奏结构主要由纸质穿孔乐谱卷、驱动部件、控制部件、电源部件四个部分组成。钢琴自动演奏器其发声原理与传统钢琴完全一致，琴键上下弹动，就像一双无形的手在弹钢琴。

与定制琴及 20 世纪 20 年代的那些大型钢琴制造商制作的艺术外壳的钢琴不同，机械装置的钢琴是 20 世纪 20 年代盛行于整个西方世界，尤其是美国的一种机械乐器。

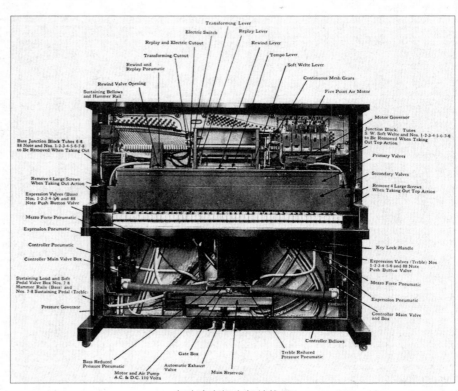

自动演奏机内部结构图

这类高端复杂的自动乐器是八音盒的高阶衍生品，由于制造和维护成本昂贵，一般人很难消费得起。现在，这类机器大部分收藏在欧美、日本等各个私立或国立音乐博物馆中。

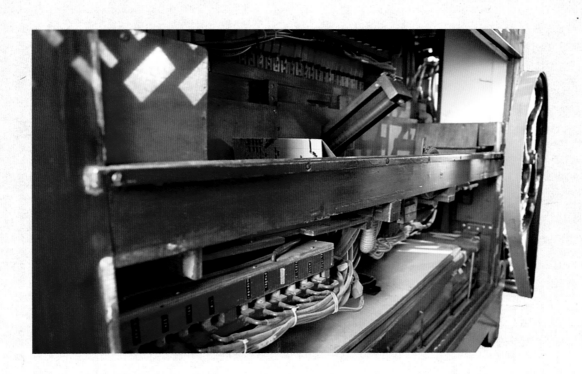

◀ 't Belfort 自动演奏街头管风琴乐队
20 世纪 30 年代
荷兰
长 500cm，宽 142cm，高 300cm

扫码观视频

　　街头风琴是荷兰的非物质文化遗产。18 世纪，早期的街头风琴起源于意大利的鸟风琴，通过街头音乐人的传播，在欧洲多国盛行。街头风琴真正在荷兰流行起来是在 1875 年，一位比利时人开启了街头风琴的租赁业务。他从德、法等国购买了风琴车，并将其租给需要谋生的街头艺人，街头艺人会和风琴车站在一起，摇晃着钱罐招揽人投币。只需要一两枚硬币，路人便可欣赏一场演出。

　　这台大型街头自动演奏机重达 1.6 吨，与一辆轿车相当。内含 200 多个木质风管、22 个音板、2 个大鼓以及擦等多种打击乐器，如同一个自动化的迷你管弦乐团，附属的两个逼真的动态少女则在其中承担特定的音乐演奏任务。

　　外观上，它华丽的木制外壳融入浮雕、彩绘等细节，塑造出了充满古典韵味且富有艺术氛围的效果。金色与奶油色的对比搭配，加上正面的天使及城堡形象的插图，以彰显其尊贵和艺术性。

　　街头风琴的乐谱以打孔的形式记录在牛皮纸上，不同位置的孔洞代表不同的乐器和音符。街头风琴有着所有乐器中最复杂、最庞大的结构，有着其他乐器无法比拟的丰富而辉煌的音响，它音量宏大、气势雄伟、音色优美、庄重，有管弦乐器效果，且演奏出了丰富的和声。

1999 年 4 月，纽约伊奥利亚公司在《哈泼斯杂志》刊登的广告。大致内容是：即使是一个不懂乐器的孩子也能演奏它

1895 年 10 月的《女士之家》杂志上关于这些乐器最早的广告之一。广告大致内容是这款管风琴设计精巧、音色优美，有了它任何一个人都可以在没有管风琴实践和技术知识下，欣赏美妙的乐曲

▲ 自动演奏钢琴管弦乐队
20 世纪早期
美国
长 153cm，宽 68.5cm，高 170cm

扫码观视频

　　1920 年，位于美国的"Stafford Nickelodeon Co"公司，原以舞蹈和街头风琴制造而知名，后大胆转型，将自动演奏钢琴改装为全尺寸的自动演奏机，特别为咖啡馆和小型舞厅服务。基于自动演奏钢琴原有的基础，还增添了手风琴、木琴、大小鼓、木块和三角铁等元素。

　　此款自动演奏机外壳采用核桃木制造，其华丽的外观保存得非常完好，现如今，该机械仍然运转自如。

　　深入其内部，这台自动演奏机有 88 个琴键，多个小型吸风器和阀门，需要 110V 电源驱动。其运作原理是通过一个鼓风箱产生真空，从而驱动钢琴的机械系统和其他的乐器组件。在钢琴的"体内"还有 2 个皮鼓、1 个铃鼓、1 块三角铁、1 个手风琴，各种乐器构成一个"乐队"。

　　其演奏的关键在于一种类似书本的纸质穿孔乐谱，上面布满了大小不一的冲孔，气体从冲孔被吸入，通过气管带动钢琴的吸风器拉动，从而完成敲击琴键、击鼓、响铃等系列动作，达成"合奏"。只要更换不同的纸质穿孔乐谱，就能演奏不同的乐曲。演奏时，它们仿佛被施了魔法，被赋予了生命，下部的钢琴自由流畅地弹奏，时而高亢，时而舒缓。

　　机器的右侧设有投币装置，每次投 25 美分硬币，就可享受约两分钟的音乐盛宴。完整的乐曲播放完毕后，乐谱卷还能自动倒带，为再次播放做好准备。

► **Universal Piano 自动演奏钢琴管弦乐队**
20 世纪早期
美国
长 141cm，宽 65cm，高 193cm

　　这是一台由 Universal Piano Co 于 20 世纪初制造的自动演奏钢琴。20 世纪初，机械工艺与艺术的交汇点创造了一系列令人叹为观止的杰作，其中就有这台独特的自动演奏钢琴，体现了那个时代人类对音乐、美学和工程技术的无尽追求。

　　它的外观设计采用经典的立式款式，运用早期萌芽状态下的数字技术（计算机技术的前身），通过识别纸质穿孔乐谱卷，自动演奏美妙浑厚的交响乐曲。此演奏机内部有 2 个皮鼓，1 个钹和 1 个铃鼓，24 块音板，以及 88 个琴键装置，每一个细节都经过精心打造，显示了厂家的匠心独具。

　　投币式自动乐器演奏机是人类社会技术革命从机械化走向自动化的一个新的里程碑式的代表作品，标志着最早一代的数字技术的诞生。

◄ **自动演奏大型集市人偶管风琴**
20 世纪早期
法国
长 200cm，宽 83cm，高 225cm

　　该风琴是 Manufacture De Limonaires Marc Fournier 大师的代表性作品，结合了铸造、木工、车工、绘画和上色等多种匠人的技艺，反映了那个时代对手工艺的追求与尊崇。

　　外壳采用黄色漆作为基调，并融入了花卉和风景的绘画装饰，彰显了欧洲传统的审美情趣。尤其是那绿色的丝带和"ORCHESTROPHONE"与"LIMONAIRE FRES"的铭文，不仅增添了其艺术价值，还对这部作品的历史背景起到了提示作用。

　　在技术上，这台管风琴更是令人叹为观止。电驱动的系统结合了真空腔的原理，巧妙地驱动了机械组件和乐器，这种设计使音乐的自动演奏更为稳定和持久。播放的音乐是由一种类似"书本"的纸质穿孔乐谱而来，这种方式既能确保音乐被精确演奏，又能轻松地更换不同的曲目。而动态的指挥官人偶以及木管（60 个）和铜管（13 个），两侧的鼓和钹，使得这部风琴不仅是一个音乐播放器，更像一个小型的交响乐团，为听众带来了极为丰富和立体的听觉体验。

◀ 自动演奏钢琴
20 世纪
美国
长 160cm，宽 71cm，高 141cm

　　这不仅是一台钢琴，更是一台融合了音乐、技术与艺术的多功能乐器，代表了当时工艺的巅峰。

　　这台自动演奏钢琴有 88 个琴键，与正常的钢琴一样，可以手动弹奏。此外，这台钢琴的每个琴键都与一个气囊相连，通过电动压缩机的风压和纸质的穿孔乐谱卷控制，可以实现自动弹奏。

　　造型玻璃板则为整体设计增添了一丝神秘感，使其可以在演奏时让观众感受到机械运转带来的震撼，给观众带来视觉上的享受。

广告出自 1917 年的一本美国杂志。大致内容是介绍这款风琴可以自动演奏美妙的管风琴乐曲，例如：《特里斯坦与伊索尔德》《爱之死》

1908 年 5 月，美国关于自动演奏管风琴的广告。广告大致内容是：每个人在没有任何演奏乐器技能的情况下，都可以演奏这架管风琴

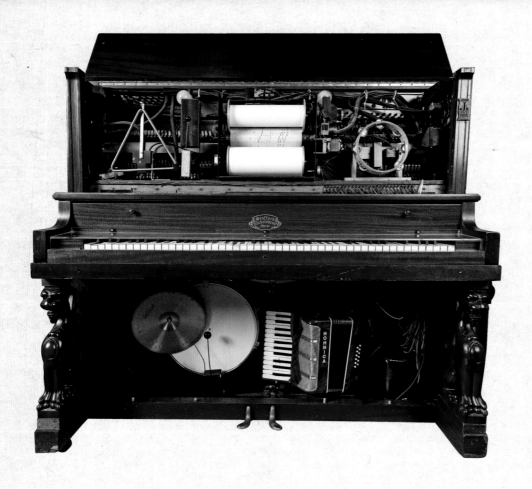

▲ **自动演奏钢琴管弦乐队**
20 世纪
美国
长 160cm，宽 71cm，高 141.5cm

20 世纪初的自动演奏机在当时的酒吧和冰激凌店中掀起了一股热潮。这款自动演奏机由 Stafford Nickelodeon Co. 公司倾力打造，是那个时代的代表作，融合了顶级工艺与出色品质。

它不仅仅是传统的钢琴，更是一个小型乐队。除了不带盖的开放式 88 键钢琴，这款机器还整合了 25 键手风琴、大鼓、钹、木块、三角铁等多种乐器，为听众提供了如同真实乐队般的音乐享受。更令人瞩目的是，尽管这是一台机械设备，但它还允许手动弹奏，让钢琴家发挥其技艺。

这款自动演奏机吸引人的不仅是音乐，外观上精致的铅嵌彩色玻璃前板和复古的雕花设计为其增添了一丝复古风情，内部隐藏的灯光则使透明的彩色玻璃在暗处闪闪发光，为每一首曲子营造特殊的氛围。机器的右侧还设有投币装置，由此猜想，此机器可能被置于公共场所供公众投币使用。

歌单曲目

▲ Mr.christmas 小熊乐队古董木琴八音盒

20 世纪中期

美国

长 39cm，宽 20cm，高 28cm

Mr. 系列中非常稀有的一款小熊音乐盒，包括 5 只小熊和 1 个完整装饰的真正的木琴。小熊的帽子、衣服做工非常精致，造型憨态可掬。每一只小熊都是真实地在敲琴，声音格外清脆悦耳。八音盒可以展示在桌子上、壁炉架上、圣诞树下或任何平面上，可演奏 35 首圣诞颂歌。

▶ Mr.christmas 圣诞音乐点唱机

20 世纪

美国

长 20cm，宽 24cm，高 25cm

这款点唱机有 12 首歌，按下数字键即可播放歌曲，也可以循环播放。随着歌曲的演唱，小人会转动。更奇妙的是，后面的屏幕会有投影画面，每首歌画面不同。点唱机可以摆放在桌子上、壁炉下、圣诞树下或任何平面上。

歌单有：1. 你爱我吗？ 2. 我的女孩；3. 那将是一天；4. 小达林；5. 佩吉苏；6. 铃儿响叮当；7. 白色圣诞节；8. 让它下雪吧；9. 圣诞宝贝，等等。通过按钮选择歌曲。

歌单曲目

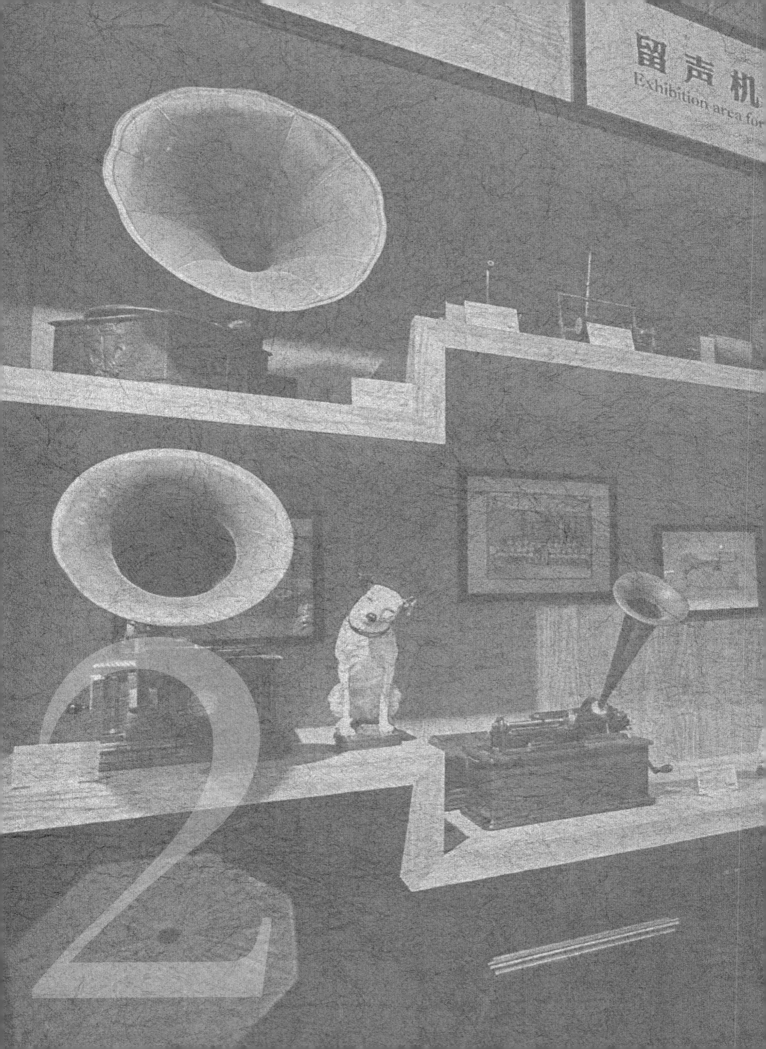

留声机
Exhibition area for

第二章 留声机

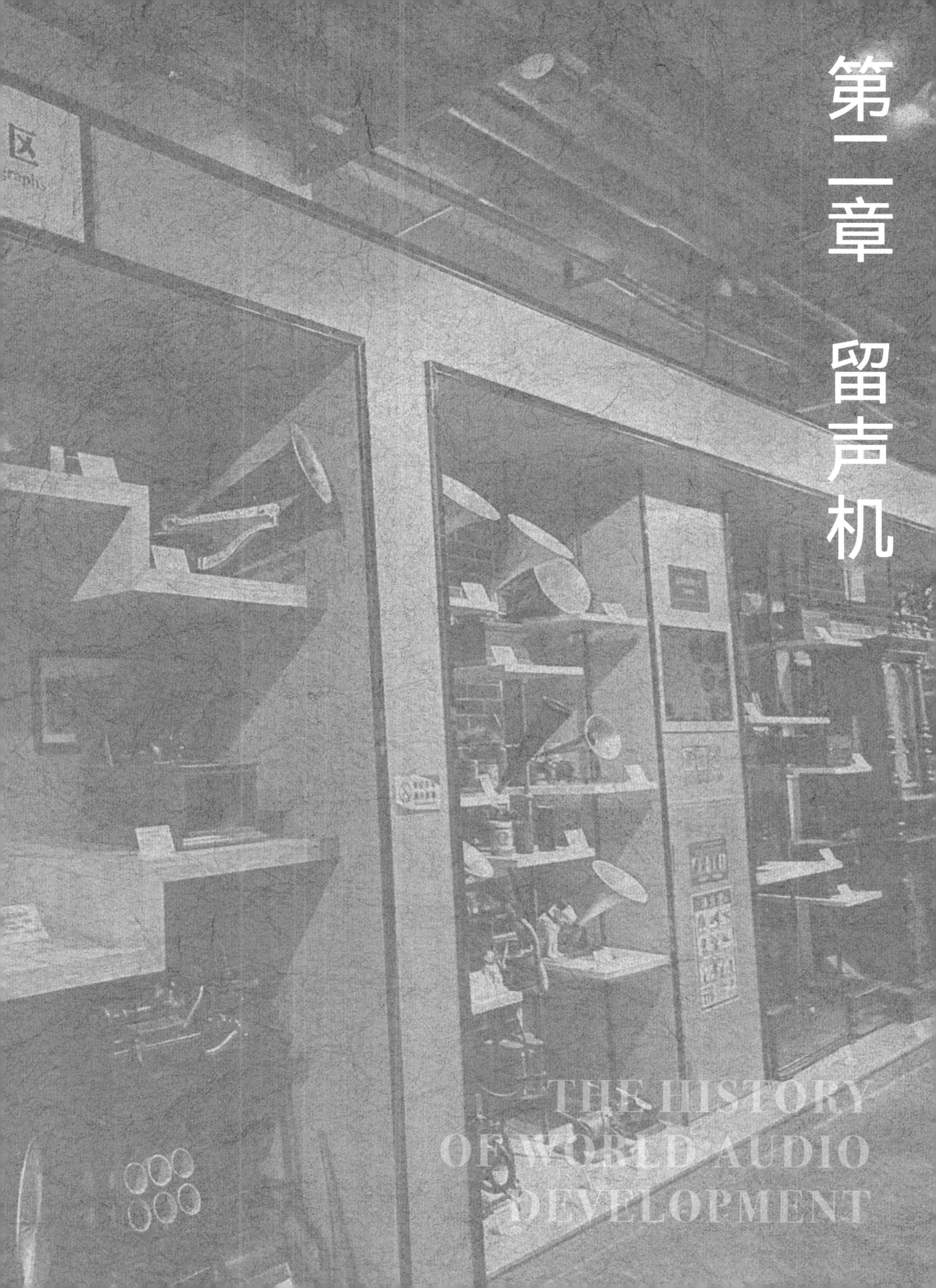

THE HISTORY
OF WORLD AUDIO
DEVELOPMENT

第一节　留声机发展史

传递人类声音的传说已经存在了几个世纪。一千多年以前，中国就出现了一种所谓的音箱，是一种神秘的机器。据称，人们之前所说的话在打开盒子时可以再次被听到。铅管同样具有这种效果。1590 年，意大利人波尔塔在铅管中唱歌，并成功地又在铅管中听到自己的声音。历史学家回忆说，如果迅速封闭这些管子，那么在打开这些管子时，就仍然可以重现歌手的歌唱表演。

英国物理学家托马斯·扬对此有所了解。1807 年，他设计了一种工具，表明在旋转圆筒上记录的声音振动的振幅是可被测量的。为此，他使用了表面涂覆炭黑（用油灯熏黑）的硬纸圆筒，包裹炭黑的圆筒轴线在旋转运动过程中始终保持平行。音叉受推杆撞击产生振动，通过刷毛描述振动轨迹。

五十年后，即 1857 年，法国人莱昂·斯科特·德·马丁维尔设计了一种名为"声波记振仪"的机器。这是人们发明的最早声音记录装置——"声波记振仪"，它能将声音转录成一种可视媒介，但无法在记录后播放。这台声波记振仪是在实验室研究声学时发明的，被用来测定一个音调的频率和研究声音及语言，直到发明留声机之后，它才被人们普遍了解，由声波记振仪记录下来的波形，再用一个重放装置来重现声波仪记录下的声音。

1877 年 4 月 18 日，法国科学家查尔斯·克罗斯提出了关于留声机的原理，他描述了一种在圆盘上进行纵向刻录（纵向刻纹）的系统。他将该设计称为"留声机"。该系统包含一个包裹炭黑的旋转圆盘，其中的纵向声轨被雕刻成一条螺旋形的线，通过照相凹版工艺传输到金属板上。原始声音通过金属针扫描播放。但由于缺乏资金，克罗斯一直无法实践其发明，而他的这个原理也被密封在一封信件中存放于巴黎的一所科学院，于 1877 年 12 月 3 日才被发表出来。

那时，爱迪生已经加工出了一台模型。显然，克罗斯和爱迪生各自发现了这一原理。美国有一本著名的通俗科学杂志《科学的美国人》（Scientific American），爱迪生有一天（1877 年 1 月）亲自来到了这个杂志社，社中人问他来意，他却闭口不答，随之从袋子里拿出一个小机器放在桌上，用手摇动机柄，这机器忽然发出人声说："早啊，各位好吗？请问这个留声机好不好呢？"（Good morning, How do you do?How do you like the gramophone?）这几句话的口音恰与爱迪生的一样。旁边听的人莫名其妙被吓到，爱迪生仍旧什么也不说，又将小机器放进袋子里，回家去了。

爱迪生锡箔筒式留声机

这件事当日就被印在了号外报上。于是，"会说话的机器"这一新闻顿时传遍各处。

1878 年 1 月底，爱迪生又在纽约技术技艺协会公开试演他制造的留声机，这个会说话的"怪机器"不但能讲法、德、荷兰、西班牙、希伯来等语言，而且能摹仿鸡犬的鸣声。最可笑的是，在爱迪生让其发出咳嗽与打喷嚏声音时，在座有一位医生还打算配药给他治病。

1878 年，爱迪生成立制造留声机的公司，生产商业性的锡箔唱筒，这是世界上最早的声音载体和商品留声机生产公司。记录声音的科学行为产生了巨大的实用和商业价值，越来越被人们所认知。

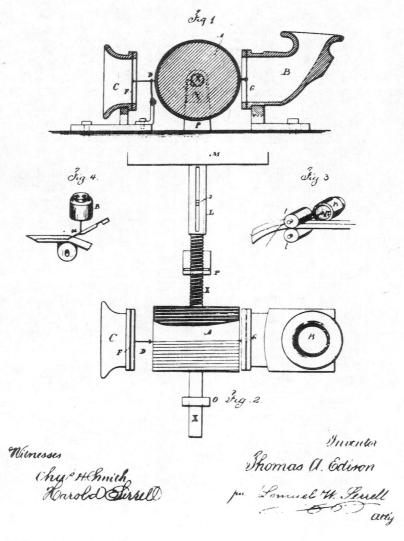

Bild 3.5 Edisons Zinnfolien-Phonograph
Aus der Patentanmeldung

爱迪生锡箔筒式留声机专利申请图稿

爱迪生与锡箔唱筒留声机合影

　　1889 年 5 月，第一家留声机店在旧金山开张。顾客可以坐在一张桌子旁，通过一根管子说话，然后用五分硬币换取一段录音片段；或通过一根连接到房间下面的一台滚筒留声机的独立管子，听取选中的录音片段。到了 19 世纪 90 年代中期，多数美国城市都拥有至少一家留声机店。

1891 年爱迪生牌投币留声机　　　　　　1888 年，新型留声机亮相于伦敦举行的国际展览

1889 年的巴黎世界博览会上，人们通过悬挂在留声机旁的
导音管听声音

　　早期，唱筒需一只只录制，而随着唱筒的需求量增长，受欢迎的歌手需要不断录制他们的歌。据说唱片界第一位重量级非洲裔美国歌星乔治·华盛顿·约翰逊在录制生涯期间，不得不在录音室里演唱 *The Laughing Coon* 或 *Laughing Song* 上千遍，有时候他一天要唱 *The Laughing Coon* 50 多次，每唱一遍需 20 分钟。

　　1887 年，伯林纳获得了一项留声机的专利，成功研制了圆片形唱片和平面式留声机。4 年后，伯林纳

一名歌手与钢琴伴奏录音现场

1878年，爱迪生成立爱迪生留声机公司。著名男高音歌手雅克·乌尔鲁斯与"大都会歌剧院"的纽约女歌手玛丽·拉波尔德一起通过"新爱迪生"留声机录制歌曲

教皇奥利十一世在对着留声机说话

维克多公司拍摄号角集音器录制合唱团现场

1900年，交响乐团在纽约爱迪生录音室录音

1922年，大型的马斯特里赫特男性合唱团"The Staar"是如此受欢迎。著名的"The Staar"四重奏组于1922年9月4日在柏林录制留声机唱片

又成功研制了以虫胶为原料的唱片，同时发明了制作唱片的方法。1892 年，伯林纳改善了唱片留声机和唱片，1893 年美国出品了世界上最早的商品唱片。1895 年，爱迪生成立美国国家留声机公司，生产及销售用发条驱动的留声机。

贝尔和泰恩特的模板录音机，1884 年在华盛顿的贝尔实验室拍摄

1895 年，美国开始生产横向刻纹唱片留声机，唱片留声机很快就显示出了它的优势并打开销路，这主要得益于唱片这一新型的声音载体。由于唱片具有体积小便于收藏、信噪比好于唱筒留声机等优点，尤其是唱片可大批量工业生产，只要刻出一张模版来，就能翻制成铜板并大量复制。这就提供了很大的商机，英国、德国、法国、瑞士等工业发达国家蜂拥而上，紧跟其后，捷克、俄国、日本等国也竞相制造唱片留声机。商家开始大量录制文艺节目，唱片开始进入娱乐市场。

1900 年以后，伯林纳发明了唱片电镀法，这为唱片大量生产制造了条件。

1902 年，著名男高音歌唱家卡鲁索的第一张唱片在英国的留声机公司 (EMI 的前身) 录制发行。唱片进入娱乐市场后，随之也推动了唱片留声机的生产和普及。商品唱片留声机省略了刻录唱片的功能，人们按照自己的需求在市场上购买唱片，在自家的（单放功能）留声机上播放。从 1896 年开始，最早进入中国的德国 Beka 唱片公司开始录制出版中国的戏曲节目。在 1896 年到 1946 年的 50 年里，在中国录制唱片的唱片公司就

爱迪生发明了第一张印刷的母板

1896 年留声机操作图解

有三十多家。由于声音载体的革命，唱片留声机很快就在全世界占领了大众消费市场，同时也奏响了音响领域里划时代的新乐章。

唱筒留声机与唱片机留声机并存了 34 年。在问世 40 年后，唱筒留声机于 1929 年停产。但作为能自行录音且可以反复录音的民用设备，唱筒留声机在停产后近 20 年里仍然在社会上使用，为社会服务了近60 年。

近代中国，第一个接触留声机并作翔实文字记载的中国人是晚清官员郭嵩春，其当时的身份是清政府派驻欧洲的外交使节。光绪四年四月十九日（1878 年 5 月 2 日），他在伦敦茶会遇到了携刚发明不久的留声机前来宣传和展览的美国发明家爱迪生，爱迪生现场为郭嵩春详细讲解了留声机的发声原理并进行了操作演示。

在郭嵩春接触留声机之后，留声机直到 1889 年才真正进入中国市场，最先由各个洋行代理销售，如丰泰洋行于 1889 年开始在上海销售蜡筒式留声机。1890 年 5 月，《申报》刊载了一篇署名"高昌寒食生"（真名：何桂笙）所著的《留声机器题名记》，详细介绍了留声机的由来、构造与原理，这或许是"留声机"这一译名的由来；同年 11 月，上海《飞影阁画报》报道了一名洋人携带刚进入市场不久的留声机到上海味莼园演示存放声音的经过，以上就是关于留声机传入中国最早的文字记录。

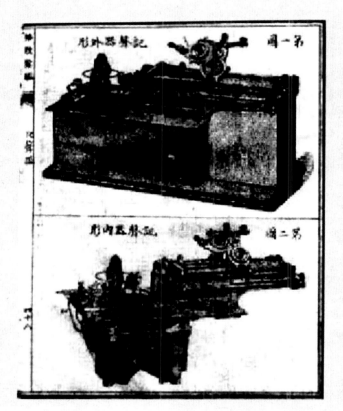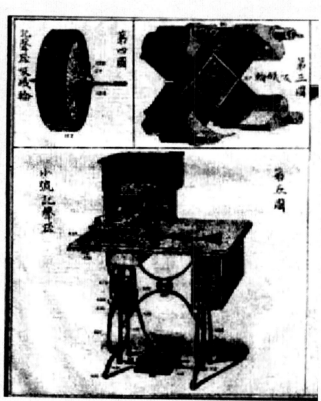

蜡筒式留声机

由于蜡筒式留声机录、放音效果普遍失真，音量小且无法大量复制，在上海风光了十余年后，被英商谋得利洋行引进的唱片留声机逐渐取代。英商谋得利洋行从 1903 年开始在上海开展唱片业务，以及代理销售英国和美国的唱片留声机。

1907 年 8 月，法国百代公司在华投资设立了"柏德洋行"，销售由法国母公司生产的留声机、唱片、电影机械、影片等产品，后改名为上海百代公司。

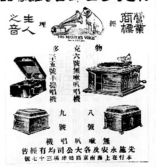

谋得利洋行的留声机广告　　　　　　　　百代公司即柏德洋行的留声机广告

1910 年前后，哥伦比亚公司的业务拓展到了上海，结束了谋得利洋行多年来的垄断地位。很快，更多留声机销售商都加入上海市场的业务竞争中，这从侧面说明了不同留声机生产商和代理商在上海市场的激烈竞争，以及留声机在上海市场的认可度。从此，留声机不再是官僚、贵族的玩物，而是真正地进入了平民阶层。

20 世纪 30 年代左右，由于受到市场需求以及高利润的刺激，上海本地的留声机制造业也日趋兴旺。上海的唱机行已经达到 10 余家，每家都有一个作坊组装留声机，比较著名的品牌有宝芳牌、大声牌、洋洋牌。当时比较高档的国产留声机一般采用沈祥记的镀金铜配件、钟才记的木壳，外衬高级丝绒，机芯从瑞士进口，售价在 80 元左右，与进口留声机的价格大致相同。而比较普通的国产留声机使用日本机芯，外装饰也比较实惠，售价通常在 40 元左右。同时期上海百代唱片公司也开始生产手摇留声机，从国外进口机芯，用木壳外加工，自行装配整机。

从留声机传入中国一直到中华人民共和国成立前，中国市场上的留声机一直都是洋货的天下，中国未曾有民族企业完全自主生产过留声机，鉴于这些企业实际上属于外资或合资企业的特性，我们依旧不能把这些型号的留声机归入国产产品行列。

1949 年 5 月 29 日上海解放，原中日合资的上海大中华唱片厂由上海军管会接管，正式改造为国营企业。1952 年 12 月，上海唱片厂利用上海百代唱片公司遗留下来的模具和库存零件，生产了发条驱动式留声机——中华牌 101 手摇留声机，后于 1956 年停产，现存的还有中华牌 102、中华牌 103、中华牌 104 等号。后来为了迎合市场需求，电唱机逐渐取代手摇留声机成为主流唱机。

第二节　留声机种类及工作原理

一、唱筒留声机

（一）唱筒留声机的录放音原理

爱迪生发明的最早款手摇锡箔唱筒留声机是可录可放的。录音时，声波通过号角集音器传导到管道尽头的录音唱头，在声波的驱动下，唱头云母产生振动，云母片随即带动固定其上的刻针一起振动，刻针就在转动的蜡筒上作上下垂直运动，随着刻针的振动，对唱筒蜡面受力不断变化，刻出凹凸不平的声槽后，便完成了对声音的记录。放音时将唱头放在转动的已刻有声槽的蜡筒起始部位，唱针顺着凹凸不平的声槽划动时即产生颤动，并带动云母片振动发音，声音通过喇叭筒传出，完成对声音的重放。

随着留声机的改进，唱筒留声机的录放音功能被分开制成新的机器，即唱筒留声机及唱筒录音机。

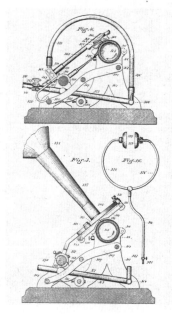

专利书中可移动的滚筒式留声机
"音臂"

（二）唱筒留声机的构成和原理

1. 拾放音部分

拾放音部分由三组器件组成，圆盒状唱头，唱头正面用双橡皮圈夹紧云母片振膜，云母片中央镶有唱针的针杆；唱针固定在针杆上，唱针的针尖镶有天然钻石；在唱头背面有个圆形放音孔，连接集音喇叭，喇叭可以插拔装卸。唱筒留声机中的部分唱头，只能用在播放 2 分钟或者 4 分钟的唱筒留声机上，也有的唱头通过转换兼容两种唱筒留声机。

唱筒留声机唱针有普通钢针、红宝石唱针和钻石唱针，这些唱针与唱头连在一起，如果振膜或唱针损坏，只能换唱头了。

2. 机械传动部分

机械传动部分由五组器件组成，其一是发条盒，它是留声机的原动力，由紧弦钥匙、发条（为了延长录放时间通常是双发条）、发条轴轮组成；其二是加速轮，当上紧发条后，发条轴轮通过加速轮（一大一小两个相互咬紧的齿轮）实行加速；其三是主轴，主轴带动一个金属圆筒，金属圆筒的作用是固定蜡筒并带动蜡筒转动；其四是主轴带动的旋转丝杠，其作用是驱动唱头在丝杠上做直线运动，这样一来，不断水平移动的唱头就可以在稳速旋转的蜡筒上，按照螺旋轨迹一圈一圈的刻纹进行放音了；其五是稳速风轮，对主轴的转速有干涉作用，使主轴不会在发条释放能量时先快后慢，起稳速作用。

所谓"蜡筒"并非完全用蜡制成，它是以一个圆筒为主体，圆筒内直径正好与钢筒外直径尺寸匹配，套在钢筒上正好同轴心。在圆筒的筒壁外面涂上硬脂蜡，这种蜡是一种既可塑又耐磨的石蜡加蒙旦蜡的混合物。但"蜡筒"不易保管，因此每只蜡筒都要放在一个硬纸筒盒中。机器型号不同，蜡筒的直径有大小之分，大蜡筒的直径为 11 cm，小蜡筒的直径为 5 cm，各种蜡筒的长度基本一致。初始时，每只唱筒只能录放 2 分钟，之后爱迪生改用赛璐珞材料，这样不但增加了唱筒的可放次数，还提高了声音质量，并把录放时间提升到每次 3 ~ 4 分钟，这和 78 转唱片的录音时间已大致相仿。

（三）唱筒留声机的用途

唱筒留声机一般分为外号筒式和箱式两种。外号筒式喇叭插在唱头上，这种机型结构简约、实用，便于移动。另外一种为箱式，声音通过导音管送到机箱内，通过暗藏的喇叭在机箱正面放音。

唱筒留声机的用途有两种，爱迪生的专利是作为"办公用具"用于速记使用的，后来哥伦比亚公司才开始将其用于录制文娱节目。由于唱筒留声机的录制成本高且不适于大批量生产，因此其社会保有量非常有限。

1885 年美国发明家奇切斯特·贝尔和查尔斯·泰恩特发明了 Gramophone(留声机的英文名由此而来)，采用一种涂有蜡层的圆形卡纸板来录音的装置，唱筒留声机开始走向市场。

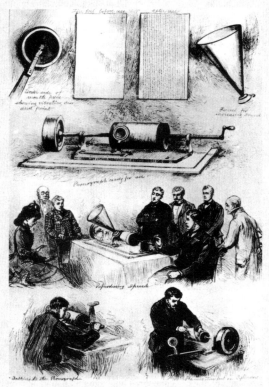

录制《玛丽有只小羊羔》现场

二、唱片留声机

（一）唱片留声机的录放音原理

早期唱片留声机仍然是发条驱动，当每分钟只有 10 转左右的发条转轮通过加速齿轮带动主轴转动时，为了保证每分钟 78 转的转速，除有旋转式动平衡陀螺仪对速度进行稳定外，由于唱片托盘是铁制的转盘，所以转盘本身就相当于一个保持稳定速度的飞轮，这样在转速的均匀度方面，就比唱筒留声机更进了一步。在声音记录形式上，唱片留声机与唱筒留声机的区别在于唱筒记录声音是在一个圆筒上刻纹，而唱片记录声音是在一个圆形蜡片的平面上刻纹，放音时将唱头放在转动的已刻有声槽的唱片起始部位，唱针顺着凹凸不平的声槽划动时即产生颤动，并带动云母片振动发音，声音通过喇叭筒传出，完成对声音的重放。

（二）唱片留声机的组成部件

1. 唱头

在留声机的发展过程中，留声机的唱头是最重要的部件，也是变化最大的，如爱迪生留声机就有 A、B、C、D、H、K、M、N、O、R、S 等多种型号，早期留声机唱片振膜采用玻璃薄片，优点是音质较好，但较易损坏。之后以云母片为主，也有振膜用铜片（如 H 唱头）或铝膜，也有用薄纸加虫胶做成的振膜等等。

铝膜唱头

云母膜唱头

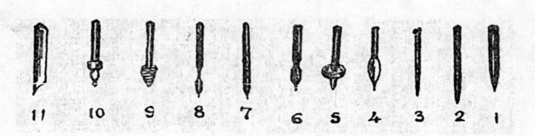

绘画版唱针图样

　　唱筒留声机的唱头与唱针连在一起，如果振膜或唱针损坏，唱头就需更换。有些唱头，只能用在播放2分钟或者4分钟的唱筒留声机上，也有的唱头通过转换可以兼容两种唱筒留声机。

　　唱片留声机唱头主要有三种，纵向刻纹唱片用唱头，横向刻纹唱片用唱头和密纹唱片用唱头。

　　2. 唱针

　　唱片留声机的唱针有很多种类，留声机常用唱针是将上等的长钢丝截短锉尖，然后磨光造成，手续很繁琐。世界上最好的钢针出自德国巴燕努连堡。唱针除钢制之外，还有用其他特殊材料制作的，种类很多且各有特长，详述如下：

　　钢针：钢针的长短粗细各不相同，长度约 1.6 ~ 1.9cm，直径约 1mm。由于针的长短粗细及针尖的形状致发音上有强弱高低的差别，各家公司的钢针有各种大小的号头。例如，维克多公司有全音针与半音针两种；奇涅公司有高音针、中音针、纯音针及轻音针四种名称，名称虽多，但就用途而言不外乎强音、中

钢针

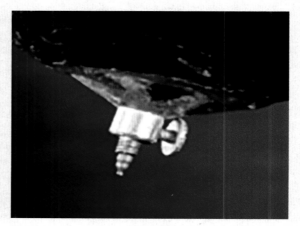

钻石唱针

音及弱音三大类。此外，还有强弱兼用及特种形式的针，这些特种形式的针用途很少。钢针的种类多，各有优劣，其中维克多、哈罗德、奇涅等的针算是最好。

钨针：维克多公司用钨与铁的合金制成钨针。有常音、大音、弱音三种。据说一根针可用几十次，虽较便利，但是非常损伤唱片。

宝石针：这种针是用钻石或宝石作针尖，可以长久使用，不必时时更换，但有损伤唱片的缺点。质软的唱片与其肯定是很不相宜的，质硬的也不免受伤。这种宝石针最好用于百代或爱迪生等特种公司的唱片上，如尖形钻针为爱迪生公司的唱片所用，球形宝石针为百代公司的唱片所用，这些针在我国通称钻针，多为宝石所制。常人因为取其便利，或是以为钻石可贵，很喜欢购用。不过用到后来，针还没有坏，唱片却已经受损，播放时往往容易产生沙音。

竹针及配件

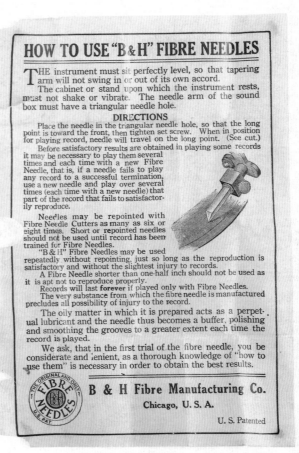

说明书

竹针：20 世纪 30 年代左右，维克多公司及哥伦比亚公司推出了一种竹针，通常是三棱柱状。有人以为此种竹针制法简单，极易仿造。其实不然，它需要先用特殊药品使竹质起化学变化后，才能使用。据说是将长 18 英尺至 20 英尺、粗 2 英寸半至 3 寸半的竹竿，干透后去节，横切成小段，再劈作三棱柱形，泡于煮热的矿蜡中，令蜡充分浸入竹质内，以防针尖破裂，竹针又容易与唱片纹形吻合。听说也有其他公司不用矿蜡，改用铅，因为铅对于唱片的耐久力极其有效，经过如上的工序后，再用锯屑与蜡的混合剂，将针磨光，用器械修尖，才成为完美合用的竹针。这种针的优点是对于音纹的摩擦很少，完全不会损伤唱片，发音也很和畅，不过发出的声音很低，这是它美中不足的地方。

除以上四种外，还有用干的枳壳或非洲大仙人掌等植物的刺做针的，但这些没有成为实际的商品。在美国有用赛璐珞做的针，后来还发明有骨针，是将压紧的骨质切成针形，泡于铬酸的饱和溶液内，使其具有弹性，再用稀盐酸浸洗针尖，用鲸蜡吸收后即成。据说这种骨针同竹针的效用完全一样。

唱片的音纹通常是"V"字形的 90°角，此 90°角乃由两个 45°角结合而成，以便做立体声的刻录和播放。这样一来，唱针针尖的形状就极可能影响重播的音质、杂音等。而且针的形状也未必如想象一样是尖的，而是不同的圆状。

圆头针：一种标准的针头，在针头的任一断面上看都是圆的，其实呈不纯尖的圆锥状。

红木唱针

不同材质唱针

椭圆头针：一种类似芒果形状的针头，断面椭圆状这种略扁针头的好处在配合原先是扁的刻唱片刀，从而减少唱针在音纹上的循行失真。

双斜边椭圆针：一种标准的针头，在针头的任一断面上看来都是圆的，但其实呈不纯尖的圆锥状。

圆头针的基本缺点是针头在"V"形音纹中，只能有两点和两壁接触，使得唱针和音纹的磨损较快，这种缺点即使是椭圆形针，也无法避免。在理论上，为了保持针头和音纹的最大接触面，理想的唱针最好呈 V 形。可是太尖锐的针尖会因刮到音纹底部（灰尘聚集之处）而导致杂音大增。于是就把它做成椭圆形和 V 形的综合体，使针尖和音纹的接触面增加。这样一来不仅磨损少，高频响应也提高了。此针由日本柴田式首创，有柴田针或 EX 针等不同的称呼。

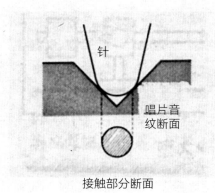

接触部分断面

接触部分断面
不同针的唱片音纹断面图

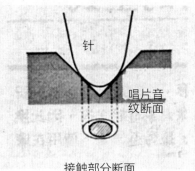

接触部分断面

3. 唱筒臂和扩声喇叭

唱筒臂是连接在唱头与喇叭之间的空心传声筒，由于它固定唱头并兼有在唱头随音槽循迹时起转向的作用，因此称为唱筒臂。唱筒臂的另一头连接喇叭，可以灵活转动。扩声喇叭没有固定尺寸，形状也不一样，这与各种不同类型的唱片留声机有关。

4. 发条

唱盘转动的动力源，留声机的动力结构由发条和内部金属带的螺旋扭力弹簧一起组成。手动上紧发条，使发条变紧，从而将能量手动存储在发条中，带动唱盘转动，与唱针共同完成留声机的播放。

（三）唱片留声机的种类及特点

1. 外号筒式留声机

外号筒式留声机在 19 世纪初属于高档消费品，非常注重造型的华贵。

2. 箱式唱片留声机

箱式唱片留声机由木材制作箱体，扩声喇叭放置于箱体内部，声音从音箱正面播放出来。

Wange-mann 博士带着留声机走遍欧洲，在旅途中进行音乐录音　　　西奥兰治（1890 年）的留声机装配车间

第三节　留声机品牌介绍

一、爱迪生 Edison

　　1847 年 2 月 11 日，托马斯·阿尔瓦·爱迪生（Thomas Alva Edison）出生于美国俄亥俄州的米兰，是粮食、食品和木材贸易商的儿子，他父亲的生意似乎没有太大发展，母亲曾当过小学教师。年轻的托马斯后来对读书产生了浓厚的兴趣。据说他的祖先最初来自荷兰，大概在 1730 年移居美国。爱迪生在孩提时代体弱多病，八岁时才第一次进学校读书。由于他竭尽全力也无法适应传统的教学方式，在仅仅读了三个月的书后，就被老师斥为"低能儿"，随后被赶出校门。

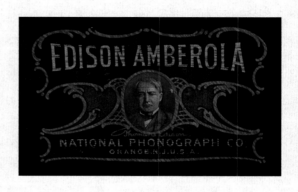

从此以后，母亲成为他的家庭教师。不久，他变成了一个真正的自学者，并通过自学掌握了大量知识。

　　十岁时，爱迪生对物理学产生浓厚兴趣，他首先在家中建立了一个完整的实验室，然后获得在大干线铁路的列车售报的工作，他将在报纸销售中所赚取的钱用于学习和实验。

爱迪生画像

　　1862 年，爱迪生与电报接触，从此便和这个神秘的电的新世界产生了关系。他在美国和加拿大的几个城市担任了六年的报务员。1868 年，他在波士顿西部电讯公司工作，并在那个城市定居。在西部电讯公司，他的第一个发明问世——一台电动选举记录器，并获得了第一项发明专利权。1870 年搬到纽约后，他的第二个发明问世——普用印刷机。这个发明被他以 4 万美元出售，他用这笔钱在新泽西州纽瓦克市成立了第一家公司和实验室。1876 年，爱迪生在 29 岁的时候搬到新泽西州的门洛帕克，在父亲和一些熟练的专业人士的帮助下建造了一个更大的实验室。这个实验室是为进行众多领域的实验而设计的。1877 年，爱迪生在门洛帕克真正开创了留声机的历史。

　　爱迪生在那一年忙于研究记录摩尔斯电码信号的自动记录机，通过金属针将电码刻在涂覆石蜡的纸带上。其中一个测试意外让他发现，当沿着纸带以非常高的速度撞击金属针时，产生的蜂鸣音与人类的声音十分相似。爱迪生继续了这项研究，并发明了一种被他称为筒式留声机的机器。1877 年 11 月 29 日，爱迪生终于能够将新发明的机器草图交给他的帮手约翰·克鲁斯，委托其制作样机。该机器包括 9cm 长的圆筒，圆筒穿过长度为 30cm 的旋转轴。该旋转轴被横向固定在两个垂直支架上，其中一个支架的表面是螺纹。这样的结果是，当曲柄旋转时，圆筒沿横向方向逐渐滑动，圆筒表面是螺旋凹槽。此外，该机器还包括两根金属管，其底膜中心附有一根金属针。一根金属管用于录制声音，另一根用于回放声音。在准备好机器后，爱迪生拿出一张锡箔。他将锡箔卷在圆筒上，将金属针放在正确的位置上，正对着圆筒的槽纹，然后摇动曲柄，对着圆筒前的金属管，大声地唱起了一首儿歌：

　　"玛丽有只小羊羔，它皮毛白如雪，不管玛丽往哪儿去，它总跟在后头跑。"

　　唱完后，爱迪生把圆筒转回原处，换上另一根金属管，开始再次转动曲柄。机器里立即还原了爱迪生的声音。爱迪生因此成为人类第一个声音记录者。

1886 年，贝尔和泰恩特改良了爱迪生的锡箔筒式留声机。他们用蜡筒代替了爱迪生的锡箔。录音时，由于是通过膜的振动传播声音，导致在蜡筒上获得的刻痕深度比在锡箔包裹的圆筒上获得的刻痕深度深得多。因此，贝尔和泰恩特改良的留声机的音质明显好于爱迪生发明的留声机的音质。爱迪生并没有停下发明的脚步，在 1879 年为世界带来白炽灯后，他于 1889 年制造了一台用直流电驱动的留声机，从而改变了手摇留声机的操作。

到 19 世纪末，爱迪生已经设计了多款留声机，由电力驱动，之后又为其加了一个漂亮的喇叭形的号筒。

1908 年，爱迪生推出一种名义上能够播放 4 分钟的"爱迪生琥珀蜡筒"，而一般蜡筒只能播放 2 分钟。这台播放时间长达 4 分钟的"琥珀蜡筒"是一种槽口较小的产品。

1912 年，爱迪生用赛璐珞制造的"蓝色琥珀唱筒"取代了"琥珀蜡筒"。这是一次较为显著的改善，因为蜡筒材质非常脆弱，所以破损很快，容易受潮，且音质比"蓝色琥珀"赛璐珞圆筒差。

爱迪生牌留声机

1910 年，爱迪生开发了一种全新的机器，于 1914 年推出"金刚石圆盘式留声机"，该机器也被称为"新爱迪生留声机"。金刚石圆盘式留声机仅能播放圆形唱片。

1926 年 10 月，爱迪生发布了播放时间长达 24 分钟和 40 分钟的唱片。这些唱片被称为"新爱迪生长时间播放唱片"。金刚石圆盘式留声机可用于播放这种长时间的唱片。在他的儿子西奥多·爱迪生的建议下，与金刚石圆盘式留声机不同的"Edisonic"型留声机上市。1929 年 10 月，爱迪生停止生产横向刻纹播放设备，后期又停止生产柏林纳纵向刻录留声机。

还有一位与爱迪生息息相关的人物——爱米尔·柏林纳（Emil Berliner），他于 1851 年出生在德国汉诺威的一个犹太人家庭。虽然家人希望他投身纺织业，但柏林纳选择了印刷行业。为了避免在普鲁士军队服役，他于 1870 年移民至美国。

在美国的首都华盛顿，柏林纳开始自学电气工程和声学，并全心投入"神奇的新能源"——电的研究中。当时的美国兴起了发明热潮，虽然他一度致力于人声的远程传输技术，但被亚历山大·贝尔抢先一步。不过，柏林纳并未气馁，他继续改进并在 1877 年成功申请了煤炭麦克风的专利。由此，他受到贝尔的赏识并被邀请加入其实验室。

1877 年，托马斯·阿尔瓦·爱迪生推出了他的留声机，这是一个配有手摇柄的设备，其旋转的圆柱滚筒能够播放一首短小的诗歌。音乐爱好者埃米尔·柏林纳为之着迷。但技术高手柏林纳很快意识到，爱迪生使用的技术不适合批量生产。

因此，1883 年成立个人公司的柏林纳开始致力于改进音响录制技术。他考虑制造一个可以工业化生产和复制声音的存储介质。在华盛顿的家中的小实验室里，他开发出了留声机唱片，并于 1887 年 9 月在美国专利局登记，不久后也在柏林的德国皇家专利局注册。爱迪生的声音载体是一个旋转的圆柱，而柏林纳的是一张刻有声音的盘片。柏林纳称其为"Phonautogram"。他用《主祷文》做了第一次试验，希望这个文本的知名度能够掩盖初期录音的质量不足。

1888 年 5 月 16 日，埃米尔·柏林纳在费城的富兰克林研究所首次公开展示了留声机和唱片。当 "Yankee Doodle" 和 "Home，Sweet Home" 响起时，观众们都为之着迷。在赢得了美国人的欣赏后，他希望能够打动德国人乃至欧洲人，于是返回了故乡。1889 年，他在汉诺威的技术大学展示了他的发明，并发表了关于其背后技术的演讲。之后，他前往柏林，在德国皇家专利局展示他的成果。在场的观众中有维尔纳·冯·西门子，他给予了这些成果高度的评价，但仍试图为他的朋友爱迪生的留声机辩护。双方的系统进行了直接的比较，结果柏林纳胜出。1889 年，他给了图林根玩具厂 Kämmer 和 Reinhard 生产许可，他们制造了德国的第一批手动留声机。

柏林纳回到美国后，继续开发留声机和唱片。为了批量生产这两种系统，还需要进行许多实验。柏林纳从朋友和支持者那里筹集资金，并于 1895 年在费城创立了柏林纳留声机公司，主要生产唱片和留声机。

在德国，柏林纳的兄弟约瑟夫和雅各布也开始行动，于 1898 年在柏林创办了德国留声机公司，并在汉诺威设立了生产厂。由于柏林纳更喜欢研究技术而不是销售，他将销售工作托付给了纽约的 Seaman's National Gramophone 公司。但这段合作并没有持续很长时间：该公司的员工试图禁止柏林纳使用 "Gramophone" 这一品牌名，并在纽约的法院中胜诉。因此，1899 年，柏林纳被迫更改他的产品名称并转移到国外。

于是，他将公司从费城迁移到加拿大的蒙特利尔。在蒙特利尔的 Saint-Henri 工业区，他找到了合适的地方，并开设了柏林纳 Gram-O-Phone 公司。仅两年后，公司已经售出了 200 万张唱片。柏林纳对此非常满意，并继续研究录音技术和唱片的进一步改进。1908 年，他推出了第一张双面录制的唱片，并开始批量生产。

从 1900 年 9 月开始，埃米尔·柏林纳开始使用 His Master's Voice 标签销售唱片和留声机。其标志是一只名为 Nipper 的福克斯猎狐犬正聆听一台留声机的声音。

柏林纳的生意蒸蒸日上。到了 1924 年，已经 70 多岁的柏林纳将 Gram-O-Phone 公司和 Nipper 品牌标志卖给了竞争对手美国的 Victor Talking Machine 公司，这是 Victrola 唱机的制造商。但在被收购后不久，这方面业务开始停滞。因此，1929 年，在柏林纳去世前不久，Victor 便同意被 Radio Corporation of America (RCA) 收购。

二、美国布伦瑞克 Brunswick

布伦瑞克柜式留声机

布伦瑞克 Brunswick，美国留声机品牌。原来是著名的台球设备制造厂，成立于 1845 年，在 1879 年与 Balke 公司合并，成为全球最大的台球设备制造公司。后来布伦瑞克加入了留声机市场，其公司生产的柜子质量很好，许多大公司都订该公司的木柜子然后配上机芯出售，爱迪生就是其最大的用户。布伦瑞克公司也把机芯安装在自己制作的木柜中，然后售卖整机，这样一下子就利润猛增，从此也打响了名气，成为留声机中的贵族品牌。很多早期的布伦瑞克豪华机型多为皇室贵族所拥有和使用，内置的圆形和椭圆形木制喇叭，其音质音色之优异，无与伦比。多针唱头支持各种制式的 78 转唱片。

三、美国索诺拉 Sonora

索诺拉 Sonora 是美国的一家生产留声机的老牌公司，其前身是索诺拉编钟公司（Sonora Chime Company）。索诺拉早期机器的最大特点是用料考究、装饰豪华，尤其以"让你听全木制的声音""声音如提琴般越老越优美"（索诺拉广告语）出名。其从音臂开始即纯粹由木材制成，因此其音量虽不强大，但有特殊的妩媚音效，且以木制音，臂为纯手工开凿和雕刻，尤其珍贵。

索诺拉牌电唱机

四、美国奇涅 Cheney

奇涅 Cheney，美国留声机品牌，诞生于 1910 年，自诞生即获得美国最多专利，且屡获大奖。因其生产工艺复杂、价格昂贵，厂家 10 年后即宣布停产，因而存世量极为稀少，件件都很难得，成为古董留声机中名贵的品种之一。

奇涅牌留声机

五、美国哥伦比亚 Columbia

哥伦比亚 Columbia，美国留声机品牌。1888 年，美国人利平科特创建北美留声机公司。1889 年，北美留声机公司建立美国哥伦比亚留声机公司。哥伦比亚公司是仅次于 Victor 的著名留声机公司。在留声机的鼎盛时期也是维克多公司最强大的竞争对手。19 世纪末，美国人 Edward Easton 在华盛顿特区成立

哥伦比亚牌留声机

了哥伦比亚留声机公司（Columbia Phonograph Company），获得了爱迪生公司出产的蜡筒留声机和录音蜡筒在华盛顿、马里兰州和特拉华州的专营权，同时也向本地的留声机公司提供自己生产的蜡筒。这家公司之所以取名哥伦比亚，是因为公司总部所在地华盛顿又名 D.C.（District of Columbia）。1894 年之后，哥伦比亚公司与爱迪生公司的合作告终，开始正式大量生产自己的留声机和蜡筒。1899 年，哥伦比亚推出了一款专门播放小型唱片的留声机，取名"Toy"。两年后，公司开始投入生产只适用于"Toy"的小唱片。在 20 世纪的第一个十年内，哥伦比亚留声机公司和爱迪生蜡筒留声机公司以及维克多留声机公司形成了三足鼎立之势，瓜分了北美市场。为了提高公司的声望，哥伦比亚与纽约大都会歌剧院的其中几位台柱级歌唱家签订了唱片录制合同。而为了在唱片留声机领域抗衡市场霸主维克多出产的"Victrola"系列产品，哥伦比亚也研发推出了自己的标准唱片留声机——"Grafonola"系列。

六、美国胜利 Victor、维克多 Victrola、主人的声音 HMV

　　胜利 Victor 和维克多 Victrola 都是美国留声机品牌。1889 年，发明圆盘式留声机的柏林纳与几个家庭成员和朋友一起创立了美国留声机公司。1898 年，继美国维克多留声机公司成功运营之后，英国维克多留声机公司、德国维克多留声机公司成立。1902 年，画作"听音乐的小狗"在英国哥伦比亚遭到拒绝，却在美国维克多留声机公司立刻被采用了，之后英国维克多留声机公司、德国维克多留声机公司和日本胜利留声机公司也采用小狗形象。因此，这些品牌的留声机被称为"有狗派"。"狗牌"留声机即 His Master's Voice（主人的声音），简称 HMV，来自它的小狗 Nipper 听留声机的画面。其历史开始于拥有法国血统的英国画家弗朗西斯·巴罗，他的已故兄弟马克亨利·巴罗留下了一条十岁的狗 Nipper。他于 1889 年绘制了一幅狗坐在爱迪生留声机前的绘画，他把这个艺术作品命名为"主人的声音"。

　　1931 年，留声机公司和哥伦比亚留声机公司合并组建了 EMI 公司（电子和音乐工业）。1929 年，维克多留声机公司的股份被美国无线电公司（RCA）收购。这些公司至今仍然在生产留声机唱片。

HMV101 型便携式留声机

七、日本胜利 Victor

日本胜利留声机公司于 1927 年成立，属于美国留声机公司。1924 年，柏林纳的留声机公司被美国胜利公司收购。1929 年世界经济危机，RCA（美国无线电公司）和胜利公司合并，柏林纳去世。同年，胜利公司在日本横滨开设了日本分部，日本ビクタ蓄音器株式会社由日美双方共同投资，日方为东芝电器。1938 年，美日关系日趋紧张，母公司 RCA 撤走了在日资本，日本分部遂独立，保留小狗商标和 Victor 名称的使用权，也就是 JVC 的前身。1943 年，胜利公司日本分布彻底与美国母公司断绝关系，成为日本ビクタ株式会社，也就是日本胜利公司。由于对美作战，日本政府严禁使用敌国语言，日本胜利公司改名日本音响株式会社。1945 年日本战败投降，日本胜利公司恢复原名。

八、法国百代 Pathé

百代 Pathé，法国留声机品牌，是欧洲历史最悠久的知名品牌，与美国生产的留声机在形制上迥然不同，因此独树一帜。百代留声机的唱头采用钻石唱针，不支持普通 78 转胶木唱片，唯一能播放的是百代红公鸡唱片。

百代牌留声机

百代的故事开始于查尔斯·百代参观了法国文森斯的一个年度集市，在市集上，很多民众都会花 1.5 法郎用爱迪生留声机的听筒去收听声音。爱迪生留声机也给查尔斯留下了深刻的印象。尽管家里没有多少钱，他还是设法购买了价值 1700 法郎的爱迪生留声机。他和妻子一起在集市、游乐场和市场上做表演，以此做宣传。

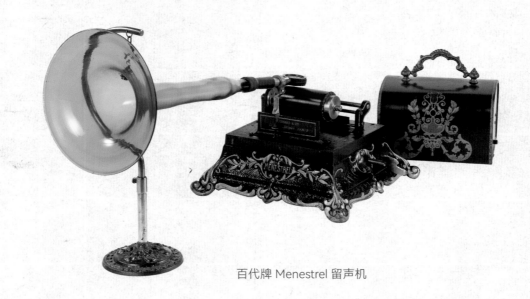

百代牌 Menestrel 留声机

1896 年，他成功与拥有酒窖的弟弟埃米尔（Emile）一起建立了一个名为"百代兄弟公司"的留声机生产作坊。接着，查尔斯被举报侵犯了哥伦比亚留声机的专利。后来，查尔斯·百代通过支付许可证费解决了难题。百代兄弟以非常具有竞争力的价格出售其生产的留声机，并开始拍摄巴黎艺术家的照片和请音乐家录制法语歌曲，因为在蜡筒上录制的法国音乐和歌曲比已经存在的美国歌曲更容易销售。百代的生产作坊成长为除爱迪生留声机公司和哥伦比亚留声机公司以外的世界上最大的留声机公司。在 1899 年，百代兄弟在沙图（塞纳瓦兹省）建造了一个留声机工厂，多款留声机在那里被生产出来。

他们最受欢迎的一款留声机的型号是"Le Coq"，其价格非常便宜，后期改良为"精灵型"留声机。其非常知名的一款机器是 1900 年的 Gaulois 型号，有多种颜色可供选择，也被称为"家用留声机"。最便宜的一款是 O 型，是一种 1905 年起销售的设计非常简单的留声机，在英国的售价仅为 1 英镑。尽管百代留声机质量较差，但也为市场带来了诸如 Duplex、Céleste 和 Stentor 等漂亮的留声机。

1903 年，沙龙圆筒出现在市场上，其直径较大，读取凹槽的速度加快，因而获得了更佳的音质。多台百代留声机装有"奥菲斯系统"，使得操作者能够使用听筒收听转动沙龙蜡筒时回放的声音。

百代公司还委托其他商店销售留声机，例如，巴黎的吉拉德商店就在售卖名为"Menestrel"的各种颜色的漂亮留声机。同样著名的还有 20 世纪 20 年代在巴黎的意大利大道成立的"留声机沙龙社"。这是一家装修豪华的店铺，在硬币自动投入装置中投入一枚硬币即可自动播放音乐。整个机器看起来似乎是自动的，但在背后的墙上配备了镜子，由青年来回跑，将听众选择的圆筒型唱片从仓库中取出，再装入留声机中播放。

1906 年，与哥伦比亚公司一样，百代公司开始在上海销售留声机。百代留声机的操作基于与留声机相同的原理，但不同的是，百代留声机的唱片需要通过球状蓝宝石唱针进行重放，圆筒刻录方式为横向刻录（横向刻纹）。通过将留声机唱头放置在不同的位置，也可以将刻录方式变为纵向刻录（纵向刻纹）。1922 年，百代公司停止生产横向刻纹系统，并采用伯林纳留声机的纵向刻录（纵向刻纹）系统。然而，竞争并没有继续下去。1928 年，百代工厂被转到哥伦比亚公司名下，这意味着工厂结束独立状态。

九、中华牌

　　1949 年，上海解放，上海军管会接管原中日合资的上海大中华唱片厂，改造为国营企业。1952 年 12 月，上海唱片厂生产了发条驱动式留声机"中华牌 101 手摇留声机"，后来还产有中华牌 102、103、104 等型号，以天安门图案作为商标。

中华牌 104 型留声机

第四节　馆藏留声机概览

一、蜡筒录音和抹音机

▶ 爱迪生 Ediphone 蜡筒录音机
约 1928 年
美国
长 44cm，宽 35cm，高 93cm

　　自爱迪生商用留声机于 1906 年问世后，爱迪生转以"Ediphone"的品牌生产电动录音机。这一款型号与商用留声机一样，配备了录音头和播放头。

◀ 爱迪生 Ediphone 蜡筒录音机
约 1928 年
美国
长 44cm，宽 35cm，高 93cm

　　这台 Ediphone 品牌的电动录音机，内部配有发条机芯，外配有录音话筒和监听耳机，相比其他录音机，这台没有配备专门放置备用蜡筒的区域。

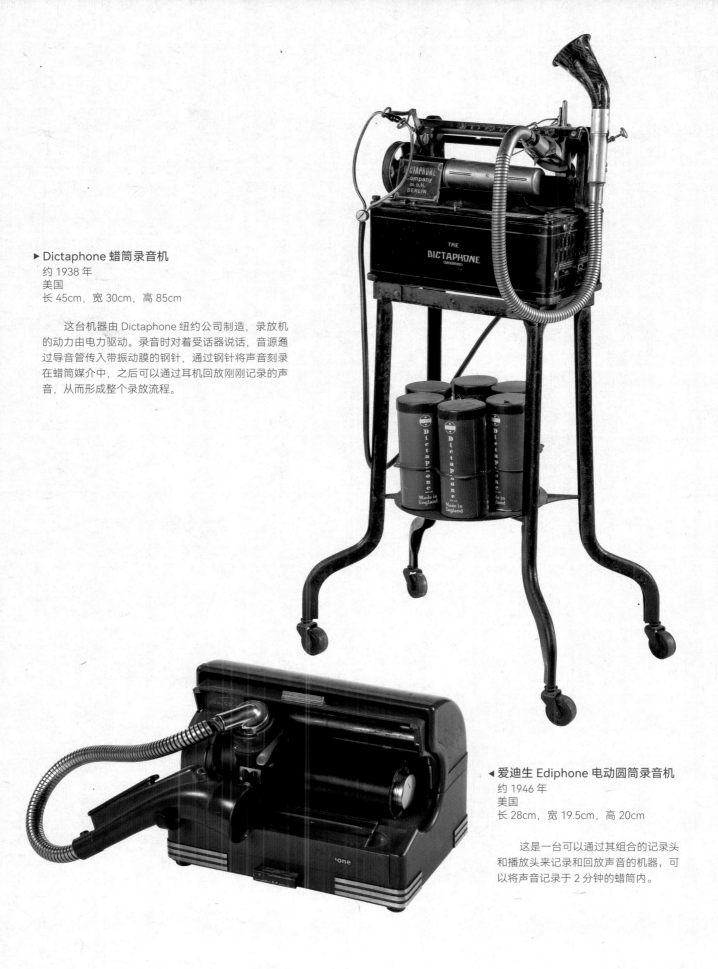

▶ Dictaphone 蜡筒录音机
约 1938 年
美国
长 45cm，宽 30cm，高 85cm

　　这台机器由 Dictaphone 纽约公司制造，录放机
的动力由电力驱动。录音时对着受话器说话，音源通
过导音管传入带振动膜的钢针，通过钢针将声音刻录
在蜡筒媒介中，之后可以通过耳机回放刚刚记录的声
音，从而形成整个录放流程。

◀ 爱迪生 Ediphone 电动圆筒录音机
约 1946 年
美国
长 28cm，宽 19.5cm，高 20cm

　　这是一台可以通过其组合的记录头
和播放头来记录和回放声音的机器，可
以将声音记录于 2 分钟的蜡筒内。

◀ **爱迪生 Ediphone 电动圆筒录音机**
20 世纪 40 年代
美国
长 27cm，宽 19cm，高 25.5cm

　　这是一台可以通过其组合的记录头和播放头来记录和回放声音的机器，使用 2 分钟的蜡筒。

▶ **爱迪生 Ediphone 手摇蜡筒抹音机**
约 1915 年
美国
长 34.5cm，宽 20.5cm，高 31cm

　　这台手摇蜡筒抹音机即蜡筒削平器的后期版本，爱迪生的首字母"E"在铸铁底座的两侧清晰可见。

▶Dictaphone 蜡筒抹音机
约 1926 年
美国
长 44.5cm，宽 31.5cm，高 75cm

　　这是一款蜡筒抹音装置，可以刮削
Dictaphone 和 Ediphone 蜡筒，机械部分
由电力驱动，配有盖子，可盖上防尘。

二、唱筒留声机

◀ 哥伦比亚格拉弗风 Columbia Graphophone QA
圆筒式留声机
约 1906 年
美国
长 23cm，宽 15cm，高 15cm

　　这台留声机专门用于播放语音，使用 2 分钟的蜡
筒，可以通过听筒收听蜡筒上刻录的音频信号，配有
盖子，用于防尘及方便外出携带。

▶ 哥伦比亚麦克唐纳 Columbia Macdonald
蜡筒留声机
19 世纪末
法国
长 24cm，宽 17cm，高 14cm

　　这台开放式机械设计的留声机的独特之
处在于它具有可互换的两英寸和五英寸的蜡筒
播放轴，可以播放不同尺寸的蜡筒。此外，
其速度控制标有刻度，这在 Graphophone 留
声机中非常罕见。这台留声机也被广泛称为
"Macdonald"麦克唐纳留声机。因其设计师
Thomas Macdonald 不仅是 Columbia 公司的工
厂经理，还是首席工程师，他所持有的多项重
要专利均反映了其在音响技术上的深厚造诣，
这台留声机的独特设计和特殊播放轴正是其得
意之处。

▲ 哥伦比亚 Columbia Type B 蜡筒式留声机
1900 年
美国
长 30cm，宽 18cm，高 36cm

　　这台留声机基座安装在橡木贴面板上，采用蜡制音筒、白铜喇叭和钥匙型发条，音筒的播放时长为 2 分钟。为了便于携带，留声机还配有盖子，上面装饰有绿色丝带和品牌"The Graphophone"的标识。

　　留声机上有一块金属铭牌，上面标注了 Columbia Phonograph 公司的代理信息和其主要分公司的所在城市，还记录了"Graphophone"的多项专利日期，证明其由"American Graphophone Company"制造。

◄ 乔治·卡雷特 Puck 留声机
1903 年
德国
长 34cm，宽 18cm，高 27cm

　　这台小型留声机由位于柏林克罗伊茨贝格路 7 号的 Biedermann&Czarnikow 留声机工厂生产，留声机的基座设计犹如古希腊竖琴，利用三足巧妙地支撑，与当时的流行艺术风格相得益彰，其中一足还可调节。这台留声机主打设计独特、价格亲民、音质细腻。哥伦比亚公司是美国唯一一家大规模开发欧洲"Puck"型留声机的公司。

▲ 哥伦比亚格拉弗风 Columbia Graphophon
Type Q 蜡筒留声机
1886 年
美国
长 23cm，宽 35cm，高 29cm

扫码观视频

　　这台留声机采用播放时长为 2 分钟的蜡筒，配有铝制喇叭，原先的镀镍底座被黑漆板替代，扁平摇柄开始采用当时的新款设计，内部采用了类似传统钟表的上弦原理，又名"弹簧驱动"方式。通过弹簧的势能，为留声机持续提供稳定的动力，配合其内置的离心调速器，这台留声机可以在播放过程中保持较为稳定的转速，还可以通过调整一个专门的螺钉来手动微调播放速度，以确保每次播放都能达到最佳音效，外配盖子，用于防尘及方便外出携带。

▶ 百代 Pathé No.2 圆筒式留声机
20 世纪初
美国
长 32cm，宽 23cm，高 50cm

　　这台留声机是 Pathé 公司在 20 世纪初的代表作之一，其独特的设计体现在能播放标准和中等大小的蜡筒，增强了实用性。其中内置的 Orpheus 附件以及浮动唱头展现了 Pathé 百代在音质和技术上的革新追求。这台留声机还配有拱形的盖子和底箱，整个机芯能够倒放进箱内，加上留声机底部的提手，方便手拎外出。

◀ 哥伦比亚格拉弗风 Columbia Graphophone ·AZ 蜡筒留声机
1886 年
美国
长 32cm，宽 36cm，高 52cm

　　1886 年，蜡筒的垂直刻录技术由奇切斯特 - 贝尔和查尔斯 - 萨姆纳 - 泰恩特取得专利，他们将利用此技术的机子命名为格拉弗风留声机。1905 年，哥伦比亚公司开始推出格拉弗风 AZ 型的留声机，它采用了"Lyric"唱头，这种带有竖琴形状的唱头与机器的连接方式经过设计，能让声音播放得更为稳定。这台留声机的播放时长为 2 分钟，木盒外观标有"格拉弗风留声机"字样的飘带位于前方，配有盖子，用于防尘及方便外出携带。

▲ 百代 Pathé Model 4 蜡筒留声机
20 世纪初
英国
长 30cm，宽 38.5cm，高 53cm

　　这台留声机是 20 世纪初最具代表性的机械音乐设备之一，它搭配的是原始的播放唱头和铝制的喇叭。不同于一般的蜡筒留声机，这款留声机为使用者带来了一种前所未有的体验，它能够兼容三种不同尺寸的蜡筒（标准 Standard、沙龙 Salon 和音乐会 Concert），这一功能得益于其特制的可滑动心轴和适配器设计。这种设计不仅展现了百代的技术前沿思维，也为当时的用户提供了极大的便利。这款百代大直径蜡筒留声机是 20 世纪初音乐、技术和工艺的完美结合的代表，不仅代表了一个时代的技术革新，更是音乐历史上的一个重要的里程碑。

▲ **爱迪生 Edison 标准型圆筒式留声机**
1905 年
美国
长 33cm，宽 24cm，高 53cm

　　这台留声机机身带有"Edison Standard Phonograph"标志字样，配有由黄铜与锡结合制成的喇叭和能够播放 2 分钟的蜡筒，外配有橡木箱体和纹理精致的盖子，用于防尘及方便外出携带。留声机上的金属铭牌标注了爱迪生公司的代理信息和其主要分公司的所在城市，还有记录该留声机的专利日期为 1905 年的标记。

▶ **爱迪生 Edison 家用 C 型圆筒式留声机**
1896—1908 年
美国
长 41cm，宽 23cm，高 58cm

　　1901 年，全新有风格的家用留声机进入市场。这台留声机机身前标有"爱迪生家用留声机"字样的华丽彩带，以往的喇叭形音筒被更新为更为现代的漏斗状音筒，俗称"女巫帽"。1902年后的留声机均为 C 型唱头播放，这一技术的改进使得音频回放的质量得到了提高。尽管这台留声机的播放时长仍然为 2 分钟，但其音质和稳定性都得到了明显增强。这些家用留声机出售时一般还会附带各种配件，包括替换蜡筒和外盖。

▶ 爱迪生 Edison 标准型圆筒式留
声机
1902 年
美国
长 32 cm，宽 23cm，高 53cm

　　这台留声机配有橡木箱体、外
盖、一个 14 英寸的黄铜漏斗形喇叭，
以及可播放 2 分钟的音筒。这是爱迪
生公司早期的留声机风格，特点是箱
体带有大横幅的"Edison Standard
Phonograph"标志。

◀ 爱迪生 Edison Gem 蜡筒留声机
1904 年
美国
长 22cm，宽 17.5cm，高 54cm

　　这台留声机融合了维多利亚时代的工艺和爱迪生独特的
设计理念，配备了原装的 10 英寸黑色漏斗形喇叭（喇叭形音
筒形似牵牛花的形状）。这台留声机配有 2 分钟的蜡筒，配
备的是 Model C 唱头，这种唱头以其出色的音质再现能力和
稳定的性能著称，使得音乐播放更为纯净和真实。

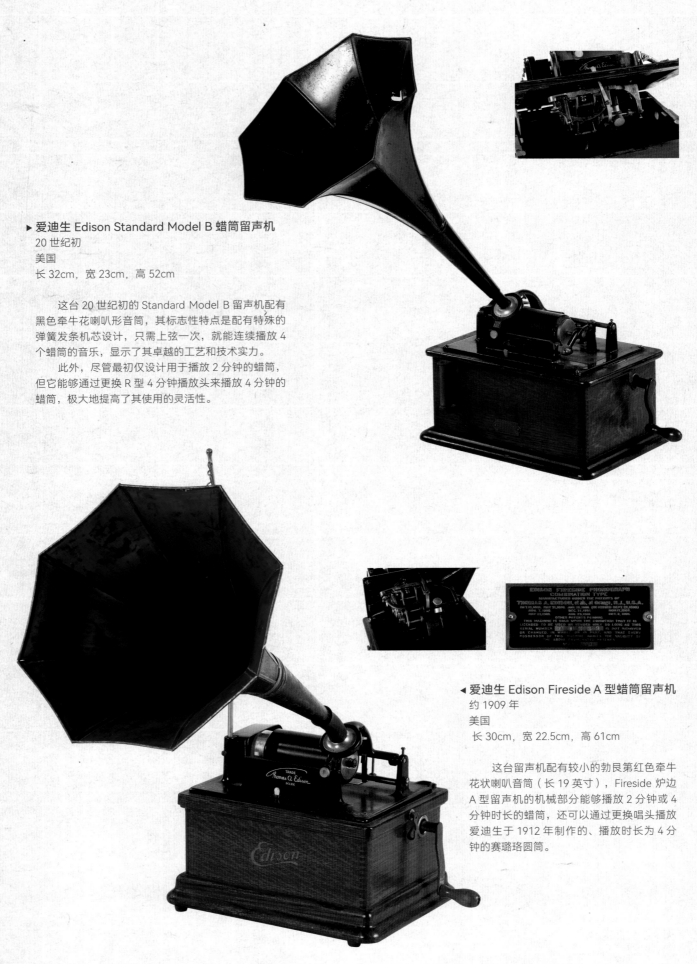

▶ 爱迪生 Edison Standard Model B 蜡筒留声机
20 世纪初
美国
长 32cm，宽 23cm，高 52cm

　　这台 20 世纪初的 Standard Model B 留声机配有
黑色牵牛花喇叭形音筒，其标志性特点是配有特殊的
弹簧发条机芯设计，只需上弦一次，就能连续播放 4
个蜡筒的音乐，显示了其卓越的工艺和技术实力。
　　此外，尽管最初仅设计用于播放 2 分钟的蜡筒，
但它能够通过更换 R 型 4 分钟播放头来播放 4 分钟的
蜡筒，极大地提高了其使用的灵活性。

◀ 爱迪生 Edison Fireside A 型蜡筒留声机
约 1909 年
美国
长 30cm，宽 22.5cm，高 61cm

　　这台留声机配有较小的勃艮第红色牵牛
花状喇叭音筒（长 19 英寸），Fireside 炉边
A 型留声机的机械部分能够播放 2 分钟或 4
分钟时长的蜡筒，还可以通过更换唱头播放
爱迪生于 1912 年制作的、播放时长为 4 分
钟的赛璐珞圆筒。

▶ 爱迪生 Edison Bell Gem 贝尔宝石蜡筒留声机
1906 年
英国
长 23.5cm，宽 18.5cm，高 35cm

这台由英国工匠手工打造的爱迪生贝尔宝石蜡筒留声机相较于美国市场上的金属外壳的 Edison Gem 留声机更小巧、精致。该机器重量只有 10 磅（约等于 4.53kg），易于移动和展示。其内部的"新型"唱头采用了蓝宝石唱针，以确保音乐播放的清晰度和音量。该款机器可以播放 4 分钟的赛璐珞圆筒。

这台留声机的铸铁摇杆采用了高质感的珐琅纹理，增强了其耐用性和外观美感，铁制的牵牛花喇叭音筒不仅设计独特，还非常耐用。

◀ 爱迪生 Edison 标准 C 型留声机
19 世纪末
美国
长 32cm，宽 78cm，高 77cm

这台留声机使用 2 分钟的蜡筒作为放音媒介，其采用的 C 型唱头保证了音频的清晰度和真实度，箱体在外观设计上带有"爱迪生标准留声机"新样式的横幅标志。这台留声机附带一个独特的"巫师帽"形状的喇叭，这种黄铜喇叭确保了声音的纯净传播。

◄ 爱迪生 Edison Home Model D 大喇叭留声机
19 世纪末
美国
长 46cm，宽 83cm，高 77cm

　　这台爱迪生留声机由坚实的橡木制成外壳，拥有精细的底座以及镀金的装饰带，使用 4 分钟的蜡筒，箱体带有"爱迪生家庭留声机"样式的横幅标志。它的音响部分也非常引人注目：一个黄铜材质的牵牛花造型大喇叭。这一设计为提高声音的传播提供了帮助。

► 爱迪生 Edison Fireside Model B 炉边天鹅颈蜡筒留声机
1912—1915 年
美国
长 30cm，宽 61cm，高 103cm

　　这台留声机的主体由橡木制成，顶部有一个带艺术框架的黑色面板。天鹅颈状弧度配上如花瓣般的木质喇叭，细致的纹理使其更精美。与 Model A 不同，爱迪生 Model B 专为播放 4 分钟的圆筒而设计。这台留声机从造型设计到选材用料，都可以看作是爱迪生留声机系列的罕见产品。

▶ 爱迪生 Edison Standard 标准型蜡筒留声机
1896—1905 年
美国
长 33cm，宽 61cm，高 94cm

　　这台"Standard"标准型留声机作为 Edison 首次大规模
生产的留声机，采用了更为简洁的设计和较高的生产效率，
进一步促进了留声机的普及。它配有一个改良后的木盒和优
雅的天鹅颈音筒，造型优美，适用于播放时长为 2 分钟和 4
分钟的蜡筒。

◀ 爱迪生 Edison 钻石 B 型天鹅颈家用留声机
1896—1905 年
美国
长 42cm，宽 60 cm，高 100cm

　　这台留声机以橡木为主材，采用钻石 B 型唱头，用钻
石作为播放的针尖，确保了音质的纯净和持久性。留声机配
有一个优雅的"S"形天鹅颈喇叭，适用于播放时长为 2 分
钟或 4 分钟的蜡筒。

▶ 爱迪生 Edison Blue Amberol 箱体式留声机
1913—1914 年
美国
长 32cm，宽 40.5cm，高 34cm

　　这台留声机整机采用浅色橡木，盖子为高翻盖设计，可以通过固定销锁定在顶部位置。其前方原本是金属浮雕网格遮挡着内部的喇叭，1913—1914 年生产的这种类型的留声机是当时的顶级产品，配套的放音媒介是 "Blue Amberol" 蓝色赛璐珞圆筒。

◀ 哥伦比亚格拉弗风 Columbia Graphophone BQ 蜡筒留声机
约 1907 年
美国
长 31.5cm，宽 20cm，高 69cm

　　哥伦比亚格拉弗风 BQ 留声机，在国际上以 "Rex" 与 "Crown" 著称，是早期留声机领域的瑰宝，于 1907 年首次推出，当时标价为 30 美元。其标志是蓝色的 "晨光" 喇叭，不仅为其赋予了独特的视觉魅力，更重要的是其声音导向性和音色保真度绝佳。

　　该机采用的修长音臂设计，是对当时传统留声机的一大革新。这种设计不仅提高了针与唱片的匹配度，还降低了机械噪音，进一步提高了播放质量。其内部机械传动结构，尽管在构造上与爱迪生留声机有所不同，但精度和稳定性毫不逊色。特别是它的调速装置，采用离心重锤式调节器，确保了转速的稳定，进一步保障了声音的保真度。

　　作为哥伦比亚品牌的代表作，它融合了早期留声机的传统构造与当时最前沿的技术。

▲ **百代 Pathé Le Menestrel 蜡筒留声机**
1901—1903 年
法国
长 30cm，宽 55cm，高 32cm

扫码观视频

　　这台由法国制造商 Pathé 精心打造的奢华款留声机，设计了路易十五洛可可风格的蓝色铸铁底座，周身带有鎏金雕花装饰，搭配的手工吹制水晶玻璃喇叭则是 Pathé 又一与众不同的设计，但这些极其脆弱的喇叭在过去的一个世纪中极少有存世，如今更是极为罕见。这台留声机配有百代留声机的通用唱头，其播放时长为 4 分钟。

　　这台留声机被命名为"Le Menestrel"，中文翻译为 "乐师"。Le Menestrel 这个词源自中世纪的法语，用来称呼那些旅行并在宫廷、市场和其他公共场所表演音乐、诗歌和故事的艺人。Le Menestrel 也被称为是最优美的百代系列留声机之一。这台百代公司生产的"Le Menestrel"留声机上标记过曾委托巴黎的吉拉德商店售卖。

▲ Regina Hexaphone Style 101 自动点唱留声机
1909—1912 年
美国
长 47 cm；宽 68 cm，高 162.5 cm

扫码观视频

    Regina 的 Hexaphone Style 101 留声机是 20 世纪初音响技术与工艺设计水平的杰出代表，也是 Regina 首次尝试将直立式自由站立的设计与"自动点唱机"概念相结合，预示着留声机进入公共空间和社交场合的新时代。作为这一领域的先驱，Hexaphone Style 101 具有以下显著特点。

    创新的设计：此机是 Regina 首次尝试制造能够存储 6 个留声蜡筒的投币式操作留声机。这一设计使得听众能够自由选择自己喜欢的曲目。

    技术特性：与后续的 102、103 和 104 型号相比，Style 101 主要播放 2 分钟的留声蜡筒，而后续版本主要播放 4 分钟的留声蜡筒。

    精湛的工艺：整机采用橡木制作，内部藏有喇叭，外观典雅、质感出众，展现了 Regina 公司在留声机制造上的出色工艺。

    该机型在 1909 年至 1912 年间生产，系列编号范围从 1010001 至 1011423，总计约 1400 台。这使得每一台 Hexaphone Style 101 都成了真正的限量珍藏品。Regina Hexaphone Style 101 不仅是一台留声机，对于音响历史和工艺设计的爱好者而言，其具有极高的收藏价值和历史意义。

三、唱片留声机

▶ Zonophone Type C 唱片留声机
1901 年
美国
长 21cm，宽 44cm，高 46cm

1901 年产的 Zonophone Type C 留声机是
一件由纽约著名的 National Talking Machine
Company 打造的珍品。它采用的是 7 英寸
的转盘、金属材质的喇叭，以及灵活可调的
音臂设计。

整机还把制造商的牌匾镶嵌在橡木外壳
上，证明了其出处。此外，这台留声机还采
用了原装的经典 Zonophone V Concert 播放
唱头。

▲ 哥伦比亚 Columbia Type AJ 3rd Style 唱片留声机
1904 年
美国
长 25cm，宽 56cm，高 42cm

1901 年，哥伦比亚公司开始销售其首款转盘留声机及唱片。这台 Type AJ 3rd Style 留声机属于 1904 年稍晚期的高端版本，其外观
较早期款更为精致。

这台留声机的核心部分是一种特殊设计的"长喉分析式"唱头，负责捕捉唱片上的细微音频信息并以令人震撼的音量输出，这在
当时可被视为技术革新。它配备了 10 英寸的转盘，专为播放 10 英寸的大型唱片而设计，确保了音乐的持续播放和声音的稳定性。机器
的动力部分则由单弹簧发条机芯提供，确保了唱片的均匀旋转。从外观上，其独特的柞木外壳不仅强调了机器的坚固与保护性，还展现了
其经典的设计美感。而机器巫师帽形状的喇叭，除了视觉上的吸引，更重要的是其出色的声音扩散效果。

◀ 哥伦比亚 Columbia AH 唱片留声机
1900 年
美国
长 33cm，宽 70cm，高 56cm

　　这台留声机在 20 世纪初属于高档消费品，其设计亮点众多，镍电镀金属支架不仅使其更为坚固，还为其增添了一丝古典的优雅。而那个置于顶部的"翻转式"刹车，相较于其他常见的前置式刹车，显得更为简洁、易于操作。其皮革喇叭弯头和 20 英寸的黄铜与黑色喇叭，既保留了原始的工艺特点，又确保了音质的纯正。机身的木料都保存得很好，而正面金色鲜亮的贴纸与木材完美融合。它代表了哥伦比亚 AH 系列的初始版本，直至 1905 年都是音乐爱好者的首选。这台留声机于 1900 年获得巴黎万国博览会（世博会前身）的金奖。

　　1900 年的巴黎万国博览会被称为"世纪之最"，它展示了西方社会在 19 世纪产业革命中的技术成就。此次博览会还展出了欧美最新发明的电影机、无线电收发报机、望远镜和 X 射线仪等高科技产品。中国展品以瓷器、丝绸和茶叶、小麦等农产品为代表。此外，还有中国传统手工艺品的制作表演。

▶ 维克多 Victor III型唱片留声机
约 1903 年
美国
长 36cm，宽 46cm，高 68.5cm

扫码观视频

　　Victor III 于 1903 年亮相，正值 Victor 公司开始使用罗马数字命名其留声机，从而结束了之前模糊重叠的字母命名法。Victor III 在设计初期，与 Victor M 极为相似，部分零件甚至可以通用。

　　这台机器装备了一个 10 英寸的转盘和双弹簧发条机芯，保证了稳定且出色的播放效果。强劲的发条机芯不需要反复上弦给予动力就可以播放多张唱片。其机身使用橡木制成，附带标志性的 Tapered Arm 锥形臂。Victor III 与 Victor I、II 相比，拥有更大的喇叭和更加坚固的外壳。这款留声机当时的售价为 40 美元。虽然准确的生产数量不明，但根据现存的序列号估计，至少生产了 125,000 台，大部分在 20 世纪 20 年代初被出口到国外。

▶ **哥伦比亚改进版斯特灵 Columbia BII Improved Sterling 唱片留声机**
约 1909 年
美国
长 41cm，宽 53cm，高 57cm

　　这台格拉弗风留声机采用独特的金橡木材质制成，色泽与光泽完美地展现了木材的质感。动力方面机身内搭载了 3 个弹簧的发条机芯和配有防尘环的转盘。喇叭末端与唱臂的紧密结合，进一步体现了其出色的制造工艺。木制喇叭提供了听起来较为温暖的声音。频率响应比其他类型的留声机更宽，音质更优秀，音量更大一些。

▶ **百代 Pathé Jouret Nuit 唱片留声机**
1910 年
法国
长 38cm，宽 37.5cm，高 82cm

　　Pathé Diamond 的 "Jouret Nuit" 模型俗称 "白天昼夜"，诞生于 1910 年，其核心技术特点在于双喇叭系统：一个外部金属大喇叭和一个内置的较小喇叭，分别适用于白天和夜晚的播放需求。这种创新设计是为了满足听众在不同时间段的音量需求，保证音质的纯净与清晰。其红木色外观与直径达 49cm 的金属喇叭不仅确保了声音的丰满与深沉，其唱头部分还使用了专为横向刻录的唱片设计的 "Maestrophone Reproducer Duplex" 云母唱头，这种唱头在当时是技术的巅峰，保证了音质的细腻与真实。
　　尽管这台留声机在设计上具有颠覆性的创新，但由于生产成本高昂和市场定位的独特性，其在市场上的表现并不如预期，导致产量有限，现存量较少。

▲ HMV 460 Lumiére 唱片留声机
约 1920 年
英国
长 59.5cm，宽 63cm，高 25cm

扫码观视频

　　这台留声机由 20 世纪 20 年代英国知名制造商 The Gramophone Company, Ltd. 生产，其创新部分得益于 L. J. Lumière 的巧思：在外观上采用红木制成的坚固外壳，细致的工艺保证了其耐用性与美观度。翻盖式设计便于携带与存储，上面有 "His Master's Voice" 品牌的标志：一只小狗坐在留声机前认真倾听的经典图像。

　　功能上，这款留声机与传统留声机的主要差异在于其音响扩散器的设计。传统的大喇叭式喇叭被 Louis Jean Lumière 设计的近乎平面的纸制扩散器替代。这一设计不仅使得留声机更加轻便，同时还保证了其音质的纯净。Lumière 的这一创新得到了多项美国专利的认可。

　　机器内部的操作逻辑简洁高效：当动力启动，唱针开始在唱片的声道上移动，将机械振动传输到扩散器，由此转化为声音。1908 年，法国人路易斯·卢米埃尔为这台特殊的留声机申请了专利，因此这台留声机又叫卢米埃尔唱片留声机。

扫码观视频

▲ EMG Expert Junior（竹唱针）柜式电动唱片留声机

约 1930 年

英国

长 57cm，宽 67cm，高 110cm

　　这台采用电力驱动的机械电唱机，其整体机身为橡木材质，巨大的手工喇叭非常吸引人的眼球。采用独特的竹片式唱针，整体品相完好，播放功能正常。

　　EMG 手工留声机有限公司由其创始人 Ellis Michael Ginn 在 1923 年创立。这家公司的目标就是制造和销售最高级别的声学留声机。

　　EMG 的第一款产品 Magnaphone 就是由他们亲手打造的，于 1924 年在英国布莱顿首次亮相并开始销售。同年，这台 Magnaphone 留声机在斯坦威音乐厅举办的一场留声机比赛中获得银牌。1928 年，当时的知名音乐家 FrederickDelius 亲自写信给 Ginn，表示自己很欣赏 EMGWilsonHorn 这台模型，常常用它来播放自己的作品给来访的音乐家们听，大家都觉得音质非常好。然而到了 1929 年，金融危机爆发，公司的控制权脱离了 Ginn 之手，这使得他着手创造"Expert"品牌，并成为 EMG 的主要竞争对手。虽然到了 1933 年，EMG 已经开始提供电动留声机，但是他们的声学模型仍然在市场上受到热烈欢迎。因为对于各国住在较偏远地方的人们来说，拥有一台留声机还是件非常困难的事情，所以像 Expert、EMG 这样的声学留声机，就成了他们的理想选择。EMG 在 1928 年至 1954 年间获得了 16 项有关声音再现相关的专利，1980 年，这家公司选择自行清算。到那时，他们已经生产并销售了大约 1500 台定制的声学留声机，而那些被标记为 MarkIX,X,Xa 和 Xb 的 EMG "大号角"留声机，如今仅有约 80 多台存世。

投币口

▲ **Münz-Grammophon Mammut 猛犸象投币自动演奏留声机**
约 1915 年
德国东部莱比锡城市留声机工坊
长 48cm，宽 44.5cm，高 118cm

扫码观视频

　　这台留声机最引人注目的部分是它的巨大扬声器，采用天鹅颈状并镀有镍，其直径达到了 69cm，充分体现了当时的设计风格。这台留声机配备了全自动唱臂，在插入 10 个海勒硬币后，机器会开始自动播放唱片；在唱片播放完毕后，唱臂会自动弹回到起始位置，制动机器停止运转。我馆这台留声机也曾是德国留声机博物馆（Deutsches Phonomuseum）的镇馆藏品之一，曾经在小型音乐会中进行过多次展出和播放，受到很多音乐迷的追捧和喜爱。此外，它也是德国留声机发展巅峰时期的代表艺术作品。

　　20 世纪初，创始人卡尔在莱比锡成立了猛犸象（Mammut-WerkeCarlBelowLeipzig）公司，该公司从成立开始就发展迅速，设计的款型新颖，受大众喜爱，在 1900 年前后成为留声机制造商的先驱。他的产品特别受到餐馆的喜爱，被广泛应用在德国、奥地利和波西米亚的许多公共酒吧里。

▲ **唱片留声机**
20 世纪初 ·
比利时
长 31cm，宽 31cm，高 71cm

扫码观视频

　　这台留声机外形采用喇叭花状的铝制喇叭，吸睛的绿色花
卉喇叭造型鲜明，大直径的喇叭口也为音量提供了保障。留声
机机身上的白色亚克力板写有售卖商店的名称"布鲁塞尔林荫大
道 167 号商店"。

▶ 百代 Pathéphone No.1 唱片留声机
20 世纪初
法国
长 34cm，宽 34cm，高 43cm

　　1910 年，"Pathéphone No.1"被誉为"百代少年 1 号"留声机，是百代公司早期留声机工艺和技术的杰出代表。它采用精选的铝、钢和铸铁材料，再配合橡木和细致的雕刻处理，确保了其在外观和功能上都能达到最高标准。其精湛的外部设计以及独特的内置喇叭，使其在同期的留声机中脱颖而出。其前面板上镶有 Pathé 名牌和抛光铝制的喇叭口，右侧面板上配有手摇曲柄和速度调节杆。

　　此外，专为 Pathé 唱片设计的弹簧驱动播放机制是其核心技术的展现，这种机制可以确保音轨的精确追踪，从而确保高清音质。L 形的声音导向管与弯曲的喇叭垂直部分紧密相连，以确保其声音能通过喇叭得到放大，能产生丰富、深沉的音效。

▶ Nippon Columbia 内置喇叭唱片留声机
1931 年
日本
长 35cm，宽 29cm，高 25cm

　　这台由日本 Nipponophone 出品的内置喇叭桌式留声机，背面有日本专卖特许标志。

　　日本コロムビア株式会社（读作 Korombia）在国际上以 Nipponophone 日本蓄音器商会的名字运营，是一个于 1910 年以日本蓄音器商会名义成立的日本唱片公司。它于 1931 年与英国的哥伦比亚留声机公司（Columbia Graphophone Company）结盟，并采纳了英国 Columbia 哥伦比亚的标准商标——Magic Notes。

　　这台内置喇叭留声机的出现是对市场需求和审美趋势的回应，这些留声机的喇叭内藏于机箱之内，通过精妙的声音导向设计，使其声音得以从百叶窗门流出。如同这台 Nipponophon 品牌的代表作，这种设计避开了留声机外露大喇叭可能带来的空间占用问题，为日后更为小巧的桌面型留声机铺垫了道路。这台留声机不仅具有卓越的音质和播放性能，其设计亦走在了家居美学的前沿。

▲ HMV Model A 内置喇叭唱片留声机
约 1915 年
英国
长 43cm，宽 37cm，高 20cm

　　这台留声机配置了经典的展览型唱头 (Exhibition Soundbox)，这种唱头起源于 1903 年，其正面的印刷标志"Made in USA""The Gramophone Co. Ltd"和"London-Berlin-Paris"至第一次世界大战结束前，这些唱头都是从美国进口的，每个都有独特的序列号。1918 年后，英国公司开始生产的这种唱头，其标志也更改为"His Masters Voice"。
　　这台留声机并没有常见的外露喇叭形扬声器，而是将其隐藏在内部。这不仅让留声机看起来更为简洁，还满足了当时消费者对家居美观的需求。机身前部设计为百叶窗，用于调控音量，可以通过侧面的控制旋钮调整百叶窗的方向，从而改变声音的传出方向。

▶ 胜利 Victrola VV1-70 唱片留声机
1928 年
美国
长 33.5cm，宽 37cm，高 31.5cm

　　这台 Victrola 留声机整机机身采用木料制成，这种木质材质一是能够为音质增添更为纯净和饱满的效果，二是其整机箱式造型与欧洲家具在搭配上更为和谐。

▶ 胜利 Victrola VV-IX 唱片留声机
20 世纪初
美国
长 43cm，宽 52cm，高 38cm

　　胜利 VV-IX 亦称 Victrola 第九代，是该
公司的旗舰台式留声机。VV-IX 留声机配备
了 12 英寸转盘、精制的机箱、镍板五金、双
弹簧发条机芯，以及 Victor 的展览音箱。它
于 1911 年夏季推出，售价是 50 美元。

　　与 VV-VIII 模型相比，这款留声机具有更
大的机箱，并提供了红木或橡木贴面的选择。
其与 VV-X 和 VV-IV 等新设计的机型同时上
市。最早的 VV-IX 机型使用简单的木制挡板，
将声音从唱臂基座引导到前面的下方槽，可
以通过开关留声机喇叭前的小门来控制声音
音量。

　　在 1915 年初，机箱下部增加了小"脚"。
尽管 IX 模型的许多设计特点在多年间一直有
所发展，但它的形式和功能基本上与初次推
出时保持一致。

◀ Mead 唱片留声机
1910 年
英国伯明翰
长 45cm，宽 54.5cm，高 35cm

　　这台"Mead"箱式留声机作为 Mead 公司的经典
产品，以使用标准化高品质组件而著称。其采用的云
母片振膜和铝制薄膜唱头确保了音质的高度纯净。这
台留声机为木质箱体构造，箱体下方选用了独特的柜
门设计，里面隐藏着一个巧妙的窗扇。当柜门被打开后，
声音得以放大和扩散。箱体内的"Mead"品牌标志清
晰可辨。

▶ **Odeon 古董箱体式唱片留声机**

1924 年

德国

长 41cm，宽 40cm，高 35cm

　　这台 Odeon 留声机内部配有机械双弹簧驱动
结合蜗轮蜗杆传动，保证了其设备可以稳定低噪地
运行。

　　其配备的高端 Odeon Grand 唱头，可确保音
质的高纯度和清晰度。封闭式设计不仅在当时被视
为创新，还极大增强了音质的纯净度，为听众提供
了一种沉浸式的聆听体验。

扫码观视频

◀ **哥伦比亚 Columbia Grafonola 118a 桌式唱片留
声机**

1925 年

英格兰

长 44cm，宽 48cm，高 32cm

　　Columbia 从 1925 年开始生产名为 "Grafonola"
的留声机。这台在 20 世纪 20 年代至 30 年代非常
受欢迎的桌面留声机被命名为 "Viva-tonal"，其
音效极为出色。

　　在其正面有两扇百叶窗，可以通过调节百叶窗
来调节音量。该机型的音臂被设计成弯曲的形状，
旨在优化音质。声音管道在尾部分别与机壳内的两
个金属喇叭相连，旨在形成一种立体声的效果。

◀ **爱迪生 Edison A80 唱片留声机**
20 世纪 20 年代
美国
长 46cm，宽 59cm，高 44cm

扫码观视频

　　1912 年首次亮相的爱迪生 A80 唱片留声机，以其 80 美元的标价吸引了不少眼球。不过，更为引人注目的是其带式驱动系统：一个由橡胶带推动的转盘，完全打破了传统齿轮驱动的模式。

　　这台 A80 留声机配备了三款不同类型的唱头，允许听众在密纹唱片、粗纹的纵向循迹唱片和横向循迹唱片之间自由切换。这台机器为当时的贵族所喜爱，他们不再满足于一台留声机只能播放一种唱片，因此这款特制三唱头留声机便应运而生。

▶ **奇涅 Cheney 唱片留声机**
20 世纪 20 年代
美国芝加哥
长 45cm，宽 54.5cm，高 35cm

扫码观视频

　　这台留声机整机用橡木做机身，其内置喇叭出声处也做了精致的编织罩，以确保其在外观和功能上都达到最好的出声标准。采用镀银唱头音膜和镀锡唱臂，整个箱体线条优美。因制作工艺繁复，所以该品牌留声机的存世量极为稀少，件件都很珍贵。

扫码观视频

◀ 钻石 Diamond（竹唱针）唱片留声机
20 世纪 20 年代
英国
长 42cm，宽 42cm，高 35cm

这台留声机整机由木质构成，箱体下层柜门打开后可控制音量大小及输出方向，机箱下部增加的小脚也使整机显得更为精致。

它的特别之处在于采用竹针唱头，这种唱头的留声机播放出来的音乐效果更加顺畅，而且竹针对唱片音纹磨损较小，可以更好地保护唱片，延长唱片的使用寿命。

▶ 索纳塔 Sonata 反射式唱片留声机
民国时期
中国瑞康洋行
长 32.4cm，宽 32cm，高 26cm

这台 Sonata（索纳塔）反射式留声机以红木作为机身材料，除了款式典雅，红木材质本身也能够为音质增添更为纯净和饱满的效果，再加上专门的声音反射系统，这一设计确保了黑胶音源在被铝制唱头读取后，能在金属唱臂和反射大碗中形成的声音反射中获得更加纯净、具有金属感的音质。机身及唱头上都有Sonata 品牌标志。

1861 年营口开埠后，辽河广场周围成了洋人聚居区，当时营口的许多洋行就建造在此处，还有外国人使用的领事馆、银行、医院、教堂及俱乐部等建筑。有领事馆的庇护，洋人、洋商可以在营口放开手脚赚钱发财，他们开设洋行，开办银行，进行轮船货物运输，用商品和资本打开了中国这个大市场，几乎触及当时中国社会的每个角落。1899 年前埃德加以姓字为行名，初起称"瑞林"，后改"瑞康"，经营百货店及综合贸易等业务。

◄ 索纳塔 Sonata 反射式唱片留声机
20 世纪
英国
长 33cm，宽 32cm，高 25cm

　　这台箱式留声机精选来自瑞士的高级唱头，保证了对音乐的精确解析和纯粹播放。

　　其最大特色在于一个独特的内置反射器形状的喇叭，这样的配置使得声音能得到优美的反响和放大，从而为听众呈现清晰且饱满的音效。

► 索纳塔 Sonata 反射式唱片留声机
民国时期
香港天寿堂唱机行
长 32.8cm，宽 33cm，高 24.8cm

　　索纳塔反射式唱片留声机是天寿堂唱机行的精品力作。其精致的木质外壳彰显了优雅与复古的设计感。其独特的声音反射系统是这台留声机的核心技术，使得其音质得到了极大的提升。机身刻有"天寿堂唱机行"的标志，不仅代表了其出品方的品质保证，更体现了这家店在留声机行业的重要地位。

　　天寿堂是中国香港著名的中药店，以出售"姑嫂丸"等补药驰名。天寿堂还涉足音乐行业，不仅销售粤曲唱片和留声机，还代理了多家知名的粤乐唱片公司的产品，如"高亭""璧架""百代""胜利"和"新月"，是香港声誉卓著的留声机专营店。

▶ 金声牌反射式唱片留声机

民国时期
中国金声唱机公司
长 32.8cm，宽 33cm，高 24.8cm

　　这台箱式留声机整机外观由木料打造，其声音
反射系统可使其声音得到放大。金声唱机公司在民国
时期也是中国知名的留声机销售商。

◀ 反射式唱片留声机

民国时期
中国亨得利钟表行
长 31cm，宽 32.5cm，高 25cm

　　这台反射式唱片留声机出自亨得利钟表行，整机
采用木料制作的箱体，保证了声音的稳定性。而这台
留声机的最大亮点——声音反射系统，利用铝制唱头
捕捉黑胶音源，再通过金属唱臂将其传递到特制的反
射大碗以扩大声音。在唱机机身上还刻有售卖的唱机
行店名和"牌子最老全国风行"的标语。
　　亨得利钟表店创立于清同治十三年（1874 年），
位于宁波东门街，是主营钟表、眼镜、唱机维修业务
的钟表店。该店店主经常调查市场动态，发现顾客买
表存在三忧：一忧钟表质量好不好；二忧修理技术好
不好；三忧修理方便不方便。针对这种消费心理，该
店实行保单制度，凡持亨得利钟表保单，可在全国各
地分号内免费修理。这种"以卖带修、以修促销"的
经营方式，获得了广大顾客的信赖。

▶ **Decca 箱式唱片留声机**
1926 年
英国
长 30cm，宽 30cm，高 22cm

　　在战争的炮火中，能听到来自家乡的乐队和
文艺者的表演，对士气有很好的鼓舞作用。第一次
世界大战时期的歌曲 "*Take me back to dear old
blighty*" 中有句歌词提到士兵"拥有一台小留声机"。
为了满足这一需求，Decca 推出了这款留声机，它
中部有铰链，底部装有发条机芯和转盘，上部主要
由一个抛物线反射器组成。该反射器从一个非常短
的喇叭中反射声音，音臂则在底部旋转。这台"战壕"
型号配备了一个小型的多能士 Thorens 发条机芯，
取得了巨大的成功。

　　1914 年，手提式留声机制造先驱山姆父子将
Decca 这个名字冠在了当时令他们获得极大成功的
手提留声机上。几年后，企业家刘易斯（E·Lewjs）
从山姆父子手中收购了此企业。由于 Decca 产品在
一战期间颇受欢迎，名字便被保留了下来。1929 年，
Decca 留声机公司进一步扩展，派生了 Decca 唱片
公司，成为英伦三岛唯一可与百年老厂 EMI 相匹敌
的唱片厂牌。20 世纪 30 年代，Decca 的经营开始
扩展，取得了德国 Polydor 古典唱片在英国的发行
权。两年后，其业务领域拓展至美国，在纽约成立
了 Decca 美国公司，并停止了留声机的生产，全力
发展唱片业务。

◀ **Diaphone 箱式唱片留声机**
20 世纪 30 年代
英国
长 33cm，宽 32cm，高 25cm

　　这款箱式留声机使用来自英国的高级唱头。与传
统的留声机不同，这款留声机通过唱头拾音之后，声音
会直接通过特制的木制锥形喇叭进行扩音。扩音时，声
音会在留声机的木制顶盖处进行二次扩音，这样的配置
能使音量最大化，木制喇叭也能使扩音后的音质更为柔
和与饱满。

▶ **百代 Pathé 唱片留声机**
1921 年
法国
长 36cm，宽 39cm，高 23cm

　　这台留声机的整机机身采用木料制成，其内部有一个专门
放置唱片和唱针的区域，方便收纳和拿取。唱机的喇叭和机芯
都藏在箱子内部，以节省空间，出行时携带此款留声机也更为
方便。

◀ **HMV102 型便携式唱片留声机**
约 1931 年
英国
长 29cm，宽 41cm，高 17cm

　　HMV Model102 便携式唱片留声机
于 1931 年推出，最初设计了一套相对
复杂的通用制动系统。它配备了 No. 16
拾音器，这种设计早于后来的 5A 和 5B
拾音器，标志着 102 型号的首次亮相
及其简化的制动系统设计，而它的动力
来源于海斯米德克斯留声机公司（The
Gramophone Co. Hayes Middx）制造的
271D 型发条机芯，这个机芯搭载着一
根 14 英尺、550 克的弹簧。

　　外观上，蓝色的机身搭配 10 英寸
的蓝色转盘，加上可调节的速度调节
器、活动式针碗，凸显了该机在功能和
设计上的完美结合。

◀HMV101 便携式唱片留声机
约 1928 年
英国
长 29cm，宽 42cm，高 14cm

　　HMV 101 箱式留声机是 HMV 系列中最畅销的型号之一。当它在 1925 年首次面世时，其设计是在箱体的前置上发条把手。不久之后，基于听众的使用经验和技术进步，设计被调整为侧面上发条，为听众提供了更加便捷的操作。

　　该机的亮点是 1929 年在机器中引入了自动启动、制动系统。在硬件配置上，最初的 400、410 型发条机芯很快被封闭式的 59 型发条机芯取代，这种发条机芯更为稳定和持久。此外，HMV 在 1930 年将机器的外部材料从镀镍更换为镀铬，这不仅增加了外观的光泽度，还提高了其耐用性。

　　颜色选择也是这台留声机吸引消费者的一大特点。起初仅提供经典的黑色，随着时间的推移，HMV 增加了更多的颜色供选择，如绿色、蓝色、红色、灰色和棕色，让消费者可以根据自己的喜好和家居装饰风格选择相应的颜色。HMV101 的设计考虑了听众的实际需求，其箱体设计独特，不仅可以储存唱机，还预留了空间用于放置多张唱片。

▶HMV VV-50 唱片留声机
20 世纪
美国
长 30cm，宽 44cm，高 23cm

　　这台 HMV VV-50 箱式留声机的喇叭藏在箱子内部，节省了空间，出行时携带也更为方便，唱机机身还写有对应的唱机型号及品牌名称。

◀ 三五牌唱片留声机

20 世纪 50 年代

中国光华机械厂股份有限公司

长 29.5cm，宽 40.5cm，高 18.5cm

　　这台三五牌唱片留声机是中华人民共和国成立初期时的产品，三五牌是当时的知名品牌，产品质量可靠，经久耐用。其针箱位于唱机的右下角，方便更换拿取，箱子的上部区域可以放置多张唱片，唱机机身还写有光华机械厂股份有限公司的名称。

▶ 大声牌箱式唱片留声机

民国时期

中国上海

长 28.8cm，宽 38cm，高 16cm

　　这台留声机采用的是大声牌的铝制唱头，留声机的摇把设计在正面；其针箱位于唱机的右下角，方便更换拿取。箱子的上部被制作成特色的波浪形铝制隔板，可放置多张备用唱片于该区域。

▶ **中华牌 102 型唱片留声机**
20 世纪 50—60 年代
中国唱片厂
长 32m，宽 41cm，高 19cm

　　这台中华牌留声机是中国唱片厂生产的中国第二代唱机。前面的摆针可以调节唱盘的转速；唱盘左下方的盒子内可以放备用的唱针，以方便更换拿取；箱子的上部区域设置的隔板可以放置多张备用唱片；唱机盖子上还写有"手摇 102 型"及"中国唱片厂"字样。这台留声机所使用的是中国唱片厂早期的三角形中华标志，中国唱片厂在不同时期也生产了不同机身颜色的留声机进行销售。

◀ **中华牌 103 式唱片留声机**
20 世纪 50—60 年代
中国唱片厂
长 32cm，宽 41cm，高 19cm

　　这台中华牌 103 唱机是 102 唱机在同时代的改进版。它除可以手摇驱动播放外，还新加了一个电唱头（应该是后加），可以通过拾音器来读取唱片上的刻纹，以实现对声音的回放，唱盘旁边的旋钮则用来调节唱盘的转速。中国唱片厂的标志此时也进行了更新，换成了带有天安门城楼的中国唱机品牌标志。

▶ **中华牌 104 唱片留声机**
20 世纪 50—60 年代
中国唱片厂
长 32m，宽 41cm，高 19cm

　　这台中华牌 104 唱机是 102、103 唱机
的改进型号，是中国唱机厂快结束生产时的
留声机的型号之一。

◀ **时代牌优等唱机**
20 世纪 30 年代
上海电工器材股份有限公司
长 29.5cm，宽 40.5cm，高 18.5cm

　　这台时代牌优等唱机是中华人民共和国成立
前的国产留声机，唱盘旁除有可调节转速的开关
外，还有能自停刹车的调节杆。留声机的右下角
是针箱，可通过推动旋转打开针箱，方便更换拿
取唱针，唱机机身还标有上海电工器材股份有限
公司的名称以说明厂家信息。

◀ **哥伦比亚 Columbia 唱片留声机**
约 1931 年
英国
长 30cm，宽 38cm，高 16cm

　　这台留声机是由美丽的蓝色外箱与多个镀镍金属架结合在一起的，从外形上便会给人一种视觉上的享受。

▶ **哥伦比亚 Columbia 唱片留声机**
20 世纪 50 年代
日本
长 30cm，.宽 38cm，高 16cm

　　这台留声机是美国哥伦比亚公司在日本投资建厂的厂家生产的留声机。上面印有"昭和二十九年"（1954 年）"入学纪念"。唱盘左下方的盒子内可以放备用的唱针，方便更换拿取；箱子的上部铝制倒"V"形隔板区域可以放置多张备用唱片。

▶ **哥伦比亚 Columbia 唱片留声机**
20 世纪 40 年代
美国
长 34m，宽 45cm，高 21cm

这台留声机采用的是铝制唱头，开盖上方采用精美的花纹木板作为隔板，隔板后可打开放置多张唱片，方便更换唱片。这台留声机的摇把是在正面，收起来时可以把摇手卡在内置的对应卡槽处，以方便收纳。

◀ **灵格风 LINGUAPHONE 唱片留声机**
20 世纪 40 年代
英国
长 31cm，宽 40.5cm，高 18cm

这台灵格风留声机与其他留声机有很大的不同，它是专用于语言培训的留声机。灵格风 (LINGUAPHONE) 于 1901 在英国伦敦创立，创始人罗士顿意识到语言培训的潜在市场，把爱迪生的录音发明（1877 年）与贝尔的蜡筒技术（1888 年）率先应用于语言教学。灵格风课程是为语言教师提供课堂上的帮助，将地道的本族语发音与附插图、词汇和语法注解的 Rees 图标语言教材相结合。

名作家赫伯特·乔治·威尔斯（H. G. Wells）发现灵格风实现了他的预言，即"终有一天留声机将会被应用到语言培训中"。他曾致信罗士顿，表达自己对灵格风唱片留声机的赞赏。

► **Polly Oscillator 便携式唱片留声机**
1927 年
美国纽约
长 27.5cm，宽 28cm，高 8cm

扫码观视频

　　"Polly Oscillator" 是由位于纽约的 Polly Portable Phonograph Co, Inc. 公司生产的留声机。

　　这台留声机的最大特色是其可折叠的锥形振膜喇叭。考虑到喇叭是由轻质纸板制成的，为确保唱针可以稳定地留在唱片的沟槽中，拾音器中加入了重型铁质配重。这种设计确保了轻质材料的音响性能与机器的稳定性。

　　留声机附带了额外的唱针和用于上发条的曲柄。尽管它的设计看起来更适合作为一个新奇的展示物品，但它确实代表了那个时代尝试简化和便携化的技术趋势。

　　用纸板折叠起来的纸板喇叭最早起源于美国。不同于传统的音箱和唱臂，折叠的纸板喇叭和一些黑胶唱片可以存放在盒子底部。它也是最便携的留声机之一。

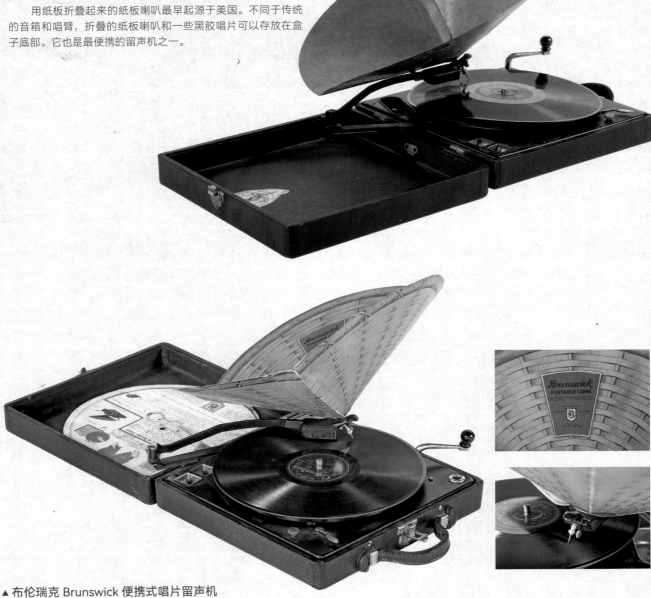

▲ **布伦瑞克 Brunswick 便携式唱片留声机**
1927 年
美国纽约
长 27.5cm，宽 28cm，高 8cm

　　这台是美国布伦瑞克品牌模仿"Polly"品牌设计生产的纸板喇叭折叠便携式留声机。

四、袖珍手摇留声机

　　在手摇留声机广泛使用的 20 世纪 20—30 年代，欧美各国相继生产了一些袖珍型的手摇留声机，在当时很受留声机听众的欢迎，其中一部分是儿童玩具。袖珍留声机相对于当时的台式、便携式留声机，其个头和重量都小得多，方便携带。

　　袖珍手摇留声机在制造工艺、款式设计上，都比普通留声机有更高的要求。因此，一般只有实力雄厚的厂家能够生产。

　　目前，在留声机收藏者眼中，袖珍手摇留声机是一个重要的收藏类别。目前，市面上的袖珍机，收藏者必入手有几个名牌，如 Mikiphone、MikkyPhone、彼得·潘 Peter Pan、多能士 Thorens 等。

◀ **Stewart 袖珍唱片留声机**
20 世纪初
美国芝加哥
长 25cm，宽 25cm，高 16cm

　　Stewart 袖珍唱片留声机在 1916 年只卖 6.5 美元，价格实惠。它还有多种颜色的装饰面和木纹供选择，整机造型为圆形，在当时是较为新颖的款式。

▶ **袖珍唱片留声机**
20 世纪初
欧洲
长 17.5cm，宽 17.5cm，高 15cm

　　这台迷你款的唱片留声机整体机身有彩绘，更符合小朋友的审美，播放定制尺寸的黑胶唱片，体积小、方便携带。

◀ Raln 袖珍唱片留声机
20 世纪初
美国
长 13.5cm，宽 21cm，高 17.5cm

这台袖珍唱片留声机整机采用超薄铝制机身，小巧轻便、造型简易，需特制对应尺寸的黑胶唱片。此外喇叭外的镂空设计也保证了声音的传输通畅。

▶ Mikiphone 陀表式唱片留声机
约 1924 年
瑞士
长 20cm，宽 20cm，高 22cm

这台圆形镀镍金属留声机是由日内瓦的 Vadasz 兄弟设计，号称是当时世界上最小的留声机。他们的专利是陀表形状的小型留声机。黑色赛璐珞共鸣器可以放大声音，所有零件均可以存放在容器内，使得留声机在收纳起来时，整体保持着圆盒状态。这台机器在当时成为袖珍留声机中最著名的机型之一，深受各国藏家的推崇。

▶ **彼得·潘 Peter Pan 便携式相机留声机**
1930 年
英国
长 20cm，宽 44.5cm，高 22cm

　　这台留声机因其小巧轻便的特点，一经推出便迅速赢得了大众的喜爱。其设计与当时流行的箱型相机相似，因此被称为"相机留声机"。彼得·潘 Peter Pan 便携式相机留声机以其独特的橘棕色皮革外壳、卓越的手工艺和当时先进的播放技术而闻名。此外，它还配备了一个与 Victor Exhibition 音响盒相似的读取器，以及一个由 Thorens 制造的瑞士发条机芯。一旦打开盒子，迷你喇叭便会弹出，这也是其一大亮点。

▲ **Le·Mignonphone 微型留声机**
20 世纪 20—30 年代
法国
长 20cm，宽 53.5cm，高 24cm

　　这台便携留声机采用一种特殊的皮革包裹技术，增加了外部的防护，给予整体机身一种质朴而高贵的美感。打开这台留声机，你会发现，无论是转盘、唱头，还是可折叠的皮革喇叭，都经过了精心设计和制造，可通过拆卸将所有零部件，包括带折叠漏斗的音筒一起放入盒中，折叠成一个方便携带的手提盒。而机身带有的"Mignonphone Sound Box"和"W.H.Smith & Son, Paris"标志也展示了其品牌及厂家，
　　W.H.Smith & Son 原是伦敦的一家报刊供应商。到了 19 世纪中叶，它已经成了一家声名显赫的书店，甚至扩展到了巴黎。而Le·Mignonphone 微型留声机的出现，代表该公司尝试进入新领域的决策，也代表了当时流行的奢侈品标配。

▶ **便携式唱片留声机**
1930 年
美国
长 23cm，宽 37cm，高 19cm

　　这台留声机是由位于美国查斯·布卢姆菲尔德（Chas bloomflelds）的音乐店售卖的。整机可通过拆卸唱盘、唱头、发条把手等零件，再一起放入盒中，折叠成一个方便携带的手提盒。

◀ **便携式唱片留声机**
20 世纪
欧洲
长 16cm，宽 11cm，高 13cm

　　这台留声机以箱式照相机的形状制作而成，在唱头旁还加了一个罩子，可以把声音集中向一个方向，可达到扩大声音的效果。

◀ Nirona Suzy 蘑菇头儿童唱片留声机
约 1929 年
德国
长 26.5cm，宽 24cm，高 22cm

▶ Nirona 蘑菇头唱片留声机
20 世纪
德国
长 32cm，宽 32cm，高 36cm

　　这两台留声机由德国制造商尼尔和
雷默的公司生产，箱体为红木，采用该藏
品典型的蘑菇头造型，且唱臂从中伸出，
形成一个"C"形弧度，这成为该品牌独
特的留声机风格。

▶ 多能士 Thorens Excelda 便携式唱片留声机
1930 年
瑞士
长 27.5cm，宽 19cm，高 16cm

　　这台由瑞士 Thorens 公司于 1930 年制
造的袖珍手摇留声机是 Thorens Excelda 系列
的早期产品。Thorens Excelda 系列留声机从
1930 年生产到了 1946 年，许多被带到了二战的
战壕中，期间有多个国家对其进行仿制。全金
属的、结构和良好的声学设计，让其声音效果
饱满，音量较大，非常适合播放 78 转 / 分钟
唱片。

▶ Bingola Pixiephone 儿童唱片留声机
约 1930 年
德国
长 24.5cm，宽 20cm，高 13cm

　　这是一台铁皮箱的豪华型儿童留声机，
其外形呈不规则椭圆形，机身有蓝色彩绘。这
台留声机的唱头膜片（振动板）由胶纸板制成，
只能播放特制的儿童唱片，这也是玩具制造商
Bingola 生产的留声机的后期改进版本。

▶ **MikkyPhone 微型唱片留声机**
20 世纪 30 年代
日本
长 16cm，宽 28cm，高 14cm

　　MikkyPhone 是一款日本于 20 世纪 30 年代生产的微型手摇留声机。这台留声机无论是结构设计还是材质选择都非常出众。本机是 MikkyPhone 唱片留声机中不多见的一个版本，它的特点是调速旋钮在机壳的顶部，摇把手柄由胶木改为金属材质，唱头和喇叭的结合部也未使用橡胶圈。

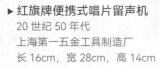

▶ **红旗牌便携式唱片留声机**
20 世纪 50 年代
上海第一五金工具制造厂
长 16cm，宽 28cm，高 14cm

　　这款国产的红旗牌留声机可通过拆卸唱盘、唱头、发条把手等零件，再放入盒中，折叠成一个方便携带的手提盒。摇把手柄由胶木改为塑料材质，整机颜色也采用有别于传统深褐色的军绿色，颜色鲜艳吸睛。机身外壳还有生产厂家上海第一五金工具制造厂的标志和名称。这款红旗牌留声机本身具有很强的时代特征且产量稀少，是我国国产微型留声机的珍品代表。

◀ **便携式唱片留声机**
20 世纪 50 年代
中国
长 16cm，宽 28cm，高 14cm

　　这款留声机整机采用早期经典的浅军褐色，机身内部可通过拆卸零部件，折叠成一个小巧可爱的手提盒。盒子外层还加有一个皮带可手拎外出携带。全机没有任何厂家和品牌信息，有可能是我国早期生产微型留声机时的试验品。

五、柜式留声机

▶ 百代 Pathé Difusor 柜式唱片留声机
1920—1925 年
法国
长 55cm，宽 47cm，高 89cm

扫码观视频

Pathé 品牌设计生产的留声机款型不断地为客户带来惊喜。这台型号为 Diffusor 的留声机没有音箱和音臂，在设计生产上是一个很大的挑战，其特点是利用原理造出黑褐色纸板锥发声体，装在金属支架上作为喇叭，喇叭直接连接钻石唱头作为声音的扩音器。Diffusor 仅适合播放横向刻录的唱片。留声机的机械部分设计在一个简单而优雅的木箱中，盖子上带有可关闭和打开的百叶窗挡板，可以通过控制挡板调节播放的音量。

在早期的影音工业中，Pathé 家族无疑是光辉的领军人物。其中，Charles Morand Pathé 和他的兄弟们于 1896 年在巴黎创办了 Société Pathé Frères（Pathé 兄弟公司），该公司很快发展成为全球最大的电影设备和制片公司，并成为留声机唱片的主要生产商。

他们的留声机制品在当时显得特立独行。与传统的横向刻录唱片不同，Pathé 的唱片是纵向刻录的，类似于 Edison 的圆筒形唱片。这种刻录方式使得唱片的凹槽更宽，因此需要一个直径为 0.75mm 的永久性蓝宝石唱针来播放，而不是传统的钢针。这也意味着在播放一个唱片后，不再需要更换唱针。这些唱片的转速为 90 转 / 分钟，而非传统的 78 转 / 分钟，其大小介于 7 到 20 英寸之间，最大直径达到半米。

大约在 1920 年，Pathé 推出了一种非常独特的留声机 —— Pathé Diffusor 留声机。这种留声机将传统留声机的拾音器、音臂和喇叭结合成一个由硬纸制成的简单圆锥，锥尖部分装有蓝宝石球形唱针。与传统的留声机相比，Diffusor 留声机的明显优势是其声音能均匀地分布到所有方向，音质也更加纯净。

▶ **索诺拉 Sonora 柜式唱片留声机**
1913 年
美国
长 50cm，宽 48.5cm，高 114cm

　　这台索诺拉 Sonora 早期机器的最大特点是用料考究、装饰豪华，这台留声机也是纯木款柜式留声机，全机分为播放区、喇叭区和唱片放置区。播放区左侧有几个放置备用唱针的小格，喇叭区外层带有精美的弧形交叉格窗，下层的唱片放置区空间极大，可同时放置几十张黑胶唱片。

◀ **Orophon 柜式电唱 / 留声机**
20 世纪初
美国
长 42cm，宽 44cm，高 116cm

　　这台留声机采用的是 Orophon 品牌生产的唱头以及后期加配的一个电唱头，可以手摇也可以电动驱动唱机。全机分为播放区、喇叭区和备用区。下层的放置区空间极大，可放置其他唱片或备用唱针。

▶ **爱迪生 Edison 柜式唱片留声机**
1913 年
美国
长 45cm，宽 46cm，高 105cm

　　这台留声机木制的机身确保了音效的完美传递。配上铝制的唱头和一把小刷子，以方便打扫黑胶上的灰尘，保证唱针读取黑胶还原的音质流畅。播放时，可以通过调节喇叭前的盖子来控制音量大小。最下方的区域有足够的空间可放置备用机芯或唱针。

◀ **Yageyhone 柜式唱片留声机**
20 世纪初
英国
长 46cm，宽 48cm，高 100cm

　　这台留声机整机采用木料作为柜体，不仅保证了声音的稳定性，还有助于音质的优化，使得声音的回响更为纯净。
　　这款留声机配了 Yageyhone 品牌生产的唱头和号角式喇叭，机身上的花纹也是手工雕刻。整机全部盖子关上，它就像一件精美的家具，与其他家具摆放在一起十分融洽。上层的顶盖可以提供防尘的作用，并起到保护黑胶的作用。

▶ **维克多 Victrola 柜式唱片留声机**
1904 年
美国
长 51cm，宽 54cm，高 105cm

　　维克多 Victrola 柜式唱片留声机产于美国 20 世纪初，专为贵族定制。机芯采用瑞士多能士 Thorens 顶级双发条大机芯，其机芯材料优良造工精密，留声机上的雕花都是手工制作。前期留声机下层柜子的唱片放置拿取口倒"C"处是较大的，后期生产的拿取口只有原来的三分之一。

　　1903 年，维克多公司根据当时市场的需求，设计了和当时欧洲家具相融洽的柜式留声机草图。但不巧的是，维克多公司发生了一场火灾，损失严重，导致维克多公司没有能力来生产重量级柜式机芯，因此向瑞士多能士公司订购了几十台顶级特制机芯，型号是 T120，这也使这台留声机成了全球最早的柜式拼接留声机的样品机。

◀ **吉尔伯特 Gilbert No.52 柜式唱片留声机**
20 世纪初
英国
长 48cm，宽 57cm，高 103cm

　　这台吉尔伯特唱片留声机整机由桃花心木打造，配有独家设计的放大音臂，能够放大声音而不失真。小号式唱臂对声音的放大功能被发挥到了极致，螺钿式唱头对声音的温柔程度的处理更是独树一帜。旁边两个吉尔伯特针筒将未使用和已使用的唱机针分开存放。机柜的可折叠门不仅为使用者提供了完美的声音调节体验，而且内部储藏柜为黑胶唱片提供了放置空间。而内置的 Garrard 双弹簧发条机芯让听者可以在单次上弦后，享受两张唱片的音乐盛宴。

　　吉尔伯特公司是在 1922 年至 1931 年间活跃的公司，公司名字来源于公司创始人查尔斯·吉尔伯特·希巴德 (Charles Gilbert Hibbard) 的中间名。这家公司不仅在设计上追求卓越，还在生产过程中选择了众多的专有零件，如 Garrard 机芯和转盘，以确保产品的耐用性和卓越的音响表现。该公司也凭借其独特而高质量的产品在行业中享有杰出的声誉。

　　吉尔伯特留声机的设计注重创新与精密工艺。其融入了多项专利技术，如标志性的"号角"形音臂，以及被称为"音色反射器"的母贝面唱头。此外，"萨克斯"形状的内部喇叭为其音质增添了深沉而宽广的特点。独特之处在于，其音量可以通过打开或关闭机柜的前门来进行调节，这在当时是相当先进的设计。

▲ Homocord Electro 柜式唱片留声机
20 世纪 30 年代
德国
长 52cm，宽 53cm，高 106cm

　　这台留声机采用橡木作为机身材料，其木制材质本身也能够为音质增添更为纯净和饱满的特点，还保证了声音的稳定性，搭配的是 Homocord Electro 公司自产的唱头。独特的内置喇叭搭配固定的百叶窗，加上可调节的双开小门，播放时可以通过调节小门来控制音量大小。下层为存放唱片的空间。

▶ M.A.Rombaux 柜式唱片留声机
20 世纪初
比利时布鲁日
长 70cm，宽 47cm，高 82cm

　　把这台柜式留声机盖子全部关上，它就像一件精美的家具，可摆放在欧美家庭中作为装饰。上层的顶盖可以提供防尘作用。它采用的 M.A.Rombaux 公司自己生产的唱头，机身内部左侧可竖着摆放唱片，右侧两个小盒为钢针放置，下层的号角式喇叭外配可折叠门，为听众提供了完美的声音调节体验，以确保声音音量能够被控制。

▶ 哥伦比亚 Columbia LZ 柜式唱片留声机
20 世纪初
美国
长 55.5cm，宽 48cm，高 120cm

　　这台留声机以橡木作为整机材料，配置铝制唱头。整个柜式留声机上层是内置的喇叭，外层用活动百叶窗用于调节音量及声音方向，下层为存放唱片区域。底部四个脚上加上可移动滑轮，可以将唱机轻易移动到任意区域，实现听众随时随地享受音乐的需求。

◀ 爱迪生 Edison Amberola 柜式圆筒留声机
20 世纪初
美国
长 55.5cm，宽 55cm，高 126cm

　　这台留声机采用密纹唱头，可播放时长 4 分钟的赛璐珞筒。1913 年以后，所有爱迪生的圆筒留声机都被制造成柜式形状，喇叭被封装在一个漂亮的木柜里。Amberola 结合了坚固的橡木和金属部件，巧妙地雕刻了纹理，再加上 Herzog 的风格和 Pooley 设计的洛可可式格子窗风格，使其成为一件精美的装饰家具，机柜下的多个抽屉为圆筒、唱针等放置提供空间。

爱迪生 Edison 金刚石型柜式唱片留声机
1906 年
美国
长 59.5cm，宽 63cm，高 126.5cm

随着柏林纳留声机的名声越来越响亮，爱迪生被迫转向投资生产圆盘式留声机。与爱迪生 Amberola 型号不同，Diamond 盘式留声机设计了很多隔层。这台留声机就分为三层，上层为播放区，中层为喇叭发声区，下层有两个抽屉，内置共 30 余张爱迪生金刚石唱片，所有类型的金刚石唱片留声机均配有金刚石唱针。

哥伦比亚 Columbia 柜式唱片电唱机
20 世纪初
美国
长 50cm，宽 55cm，高 114.5cm

这台留声机采用的是铝制唱头，其红木色外观与内置的号角式喇叭不仅确保了音响的丰满与深沉，喇叭外的活动百叶窗更是提供了声音调节体验，连细致的柜身雕刻也是手工雕饰。下层的内部储藏柜为黑胶唱片提供了放置空间。底部四个脚上加上可移动滑轮，可以将唱机任意移动，以实现随时随地都能享受音乐的效果。

▶ Richfone 柜式唱片留声机
20 世纪初
美国
长 66.5cm，宽 45cm，高 145cm

　　这台柜式留声机的盖子全部关上，就像一件精美的家具，与欧美国家其他家具摆放在一起十分融洽。留声机上层是喇叭区，外层装饰为洛可可式格子窗。中层为留声机播放区和可抽拉式的钢针放置处，方便随时更换唱针，下层的内部储藏柜为黑胶唱片的放置空间。

◀ Tyrela 柜式唱片留声机
20 世纪
英国
长 45cm，宽 53cm，高 77cm

　　这家公司由 E.F. Tyler 于 1922 年创立，专门从事现代橱柜模型设计。它以生产椭圆形柜式留声机而出名。这台特殊的 Tyrela 留声机拥有独特的椭圆形设计，内部藏有 Tyrela 唱头。其特色在于使用了两扇门控制声音的大小。打开或关闭这两扇门，即可调整声音的响度。这台留声机的外观设计也是其一大亮点。其采用的桃花心木制成的柜体不仅坚固耐用，而且还带有框木和移印的镶嵌装饰，展现了典型的 Sheraton 喜来登风格（喜来登风格在 1790 年至 1820 年间广为流传，时至今日仍被认为是英国家具黄金时代最伟大的篇章之一），四根外翻的细长腿也为其增添了几分优雅。

◀ 奇涅 Cheney 120 柜式唱片留声机
20 世纪初
美国
长 106.5cm，宽 52.5cm，高 57cm

扫码观视频

Cheney Talking Machine Co. 的 120 柜式留声机是该公司创始人 Forest Cheney 提出并设计的一款纪念版留声机。

1916 年，他成功获得了一种新颖的留声机唱头的设计专利。这台奇涅 120 留声机配置有独特的镀金唱头、唱臂，尽显奢华品位。机箱由美国的著名家具公司 Berkey & Gay Furniture Co. 打造，展现了其高超的制造技艺。此款留声机在 1922 年的售价为 265 美元，机箱设计采用早期英式风格，提供了桃花心木和核桃木两种材质供选择，并设有三个存放唱片的隔间。此外，机身还印有专利编号，作为品质的保障。

▶ Selecta phone 柜式唱片留声机
20 世纪初
德国
长 89cm，.宽 57cm，高 94cm

作为一款纯木质的柜式留声机，其红木色外观与内置的号角式喇叭确保了音响的音质和稳定性。整机分为上下两层，上层为留声机播放区，带有唱针放置小盒，开关杆和调速旋钮，下层区域为唱片放置区。这台留声机上还有生产厂家 Selecta 的保证书："保证这台机器是采用最上等的材料制作，能承受最严酷的考验。"

▶ 哥伦比亚 Columbia 柜式唱片留声机
20 世纪初
美国
长 77cm，宽 50cm，高 86cm

　　这台留声机整机以红木为柜身，能够为音质增添更为纯净和饱满的效果。整机分上下两层，上层为留声机播放区，下层中间区域为喇叭区，机柜的百叶窗门不仅为使用者提供了完美的声音调节体验，旁边的储藏柜还为黑胶唱片提供了放置空间。

◀ 哥伦比亚 Columbia Grafonola Regenty　桌式内置喇叭留声机
约 1911 年
美国
长 74cm，宽 71cm，高 82cm

　　这是一款由 Columbia Phonograph Co. 公司在 1911 年生产的设计独特的留声机。这台留声机被设计成桌子样式，它的一侧有一个抽屉，可以容纳唱盘和唱臂，而另一侧是一个隐藏在两扇门后的扩音喇叭。该款留声机整体外观以红木制成，具有经典的风格和质感。尤其是雕刻精美的狮爪足，极为引人注目。

　　这种设计不仅使留声机变得更加实用，也使它成为非常吸引人的家具。Columbia Grafonola 是 20 世纪初美国哥伦比亚留声机公司的留声机品牌。其于 1907 年推出，作为内置喇叭系统，与公司的外置喇叭唱片留声机互补。

　　1925 年前，所有的留声机均通过纯机械方式复制声音，它们依赖所谓的"扩音"喇叭将唱针和振膜的振动有效地传递到听众所在的空间。1906 年，哥伦比亚公司的主要竞争对手 Victor Talking Machine Company 推出了一系列模型，其中的喇叭和其他硬件都被隐藏在外观像高档家具的柜子内。他们将这种新款式命名为"Victrola"。这种款式迅速获得了广泛欢迎。于是，其他制造商也纷纷模仿这一命名后缀，推出了自己的内置喇叭机型，如 Edison 的 Amberola 和 Columbia 的 Grafonola。这些新款式很快就超过了外置喇叭模型的销量。但这种款式的留声机只生产了很短的时间，因此每一台都具有很高的收藏价值。

◀ 布伦瑞克 Brunswick Model T 柜式唱片留声机
1925 年
美国
长 103cm，宽 54cm，高 89cm

这台 Brunswick Model T 留声机设计典雅，采用立地式设计，左右各带有一个方便存放唱片的空间，真正实现了实用与美观的统一。因此，该款留声机的唱头还拥有专为适配钢针和蓝宝石球形唱针设计的双头。

Brunswick 的 Ultona 唱头有两种样式：单振膜型和双振膜型。所以 Brunswick 留声机得以播放当时所有的唱片，这也为 Brunswick 赢得了 "All Phonographs In One" 全能留声机这一称号。单振膜型 Ultona 唱头可以播放两种类型的唱片，而双振膜型 Ultona 唱头可以播放三种。

单振膜型 Ultona 唱头能够播放横切唱片（例如 Victor、Brunswick、Columbia 品牌生产的唱片等）和宽的竖切唱片（例如 Pathé 百代唱片等）。横切唱片使用钢针或纤维针，竖切唱片则使用球形针。

双振膜型 Ultona 唱头除了能播放上述的横切和竖切唱片外，还配备了一个额外的振膜，上面固定有一个几乎可以永久使用的钻石针，专为播放 Edison 的钻石唱片而设计。

▶ Fern-O-Grand 钢琴式唱片留声机
约 1920—1922 年
美国
长 58cm，宽 69.5cm，高 92cm

这台钢琴式留声机由美国辛辛那提的 Fern-O-Grand 公司生产。其在功能和外观上融合了传统的留声机技术和精美的红木钢琴外观，红木的材料在音质上有其天然的优势，能够为音乐增添一种温暖而饱满的音质。钢琴外观包括配备的踏板，与真正的钢琴一样。但这些踏板并不具备原先的功能，而是用来调整机身前方百叶窗的开合，从而调节音量。这是一个巧妙的设计，既保持了留声机的功能性，又增强了其仿真度。

在机身的细节上，盖子可以轻松打开，方便更换唱片。机身坚固而典雅，四条曲线玲珑的短腿设计都带有安妮女王统治时期的英国巴洛克建筑风格，展现出了 20 世纪初古典家具的特色。

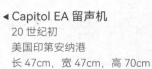

◄ Capitol EA 留声机

20 世纪初

美国印第安纳港

长 47cm，宽 47cm，高 70cm

　　此款名为"Capitol EA"的留声机由 Burns-Pollock Electric Manufacturing Company 制造，是该时期创新和艺术风格的代表。这台留声机在设计上巧妙地将台灯与留声机相结合，既节省空间，又增加艺术性。台灯部分采用粉水晶色，缀有精致的饰带和流苏，特别是三根狮爪形的支柱，展现了设计者对细节的把控。

　　这台留声机台灯不仅外观出色，功能性也同样出众。其音质经过特殊设计，能够为听众带来纯净的音乐体验。而台灯部分，不仅提供了充足的光照，还能通过特殊按钮轻松调节亮度。

　　这台装置的专利由 Burns-Pollock Electric Manufacturing Company 的总裁 Anthony J. Burns 安东尼 - 伯恩斯持有，确保其独特设计和技术的独家权益。并且，Capitol 商标也在 1922 年得以被注册，进一步证明了其品牌与设计的权威性。

▶ Klingsor 舞蹈情侣唱片留声机

20 世纪初

德国

长 38cm，宽 40cm，高 110cm

扫码观视频

　　Klingsor 舞蹈情侣留声机由 Krebs & Klenk 于 1910 年左右在德国 Hanau 制造。这台留声机的橡木外壳经过精细打磨和上漆，其天然的纹理与彩色玻璃门形成鲜明对比，陶瓷制成的舞蹈情侣，不仅作为装饰，更与留声机的发条机芯相连接，随着音乐的播放翩翩起舞，体现了音乐与艺术的完美融合。Klingsor 竖琴形音板的设计，包括从机芯、唱头到唱针的每一个细节，均由专业人士手工打造，堪称机械留声机工艺的代表机型。

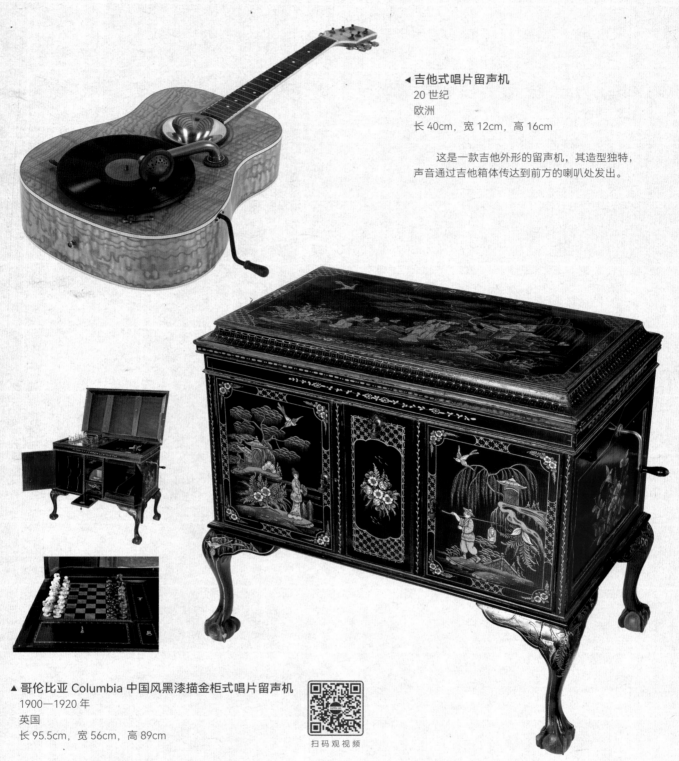

◄ 吉他式唱片留声机
20 世纪
欧洲
长 40cm，宽 12cm，高 16cm

这是一款吉他外形的留声机，其造型独特，声音通过吉他箱体传达到前方的喇叭处发出。

▲ 哥伦比亚 Columbia 中国风黑漆描金柜式唱片留声机
1900—1920 年
英国
长 95.5cm，宽 56cm，高 89cm

扫码观视频

　　这台留声机来自爱尔兰的 Kylemore 城堡。20 世纪初，哥伦比亚公司推出了一款中国风娱乐装置留声机，其外部箱体设计具有 18 世纪中国漆器的风格，描金装饰中国风的人物及亭子。滑动顶部设计，打开后为国际象棋桌；另一边为留声机装置，可以播放 78 转黑胶唱片。中间的橱柜带有镀金标签，隔断内可用于储放水晶酒瓶及酒杯。20 世纪初，欧洲许多留声机制造商开始制作中国风的机柜，这在当时的华人中很受欢迎。这台留声机为桃花心木外箱，桌脚为狮足抓球设计，柜身装饰有精细的手工绘画，风格有着浓重的中国特征。带有国际象棋棋盘和放置酒瓶酒杯的地方，适合藏家们一边对弈、一边饮酒、一边欣赏优美的音乐，算是一款极具娱乐性的收藏品。
　　哥伦比亚留声机公司是英国最早的留声机制造商之一，曾经是音乐产业的重要厂家代表。该公司起初是美国哥伦比亚唱片公司的英国分部，后来收购了母公司实现逆袭。其在发展过程中，不仅收购了其他音乐公司如 Odeon Records 和 Parlophone Records，更与日本 Nippon Phonograph Company 建立了合作关系，将其影响力扩大到了亚洲。这家公司还在推广中发展了众多知名的艺术家，包括 RussConway、CliffRichard、TheShadows 和 PinkFloyd 等。然而到了 1972 年，这个曾经辉煌的哥伦比亚标签被新成立的 E.M.IRecords 取代，成为音乐史上的一页历史。

▲ **Ultraphon 双唱头模拟立体声唱片留声机**
约 1925 年
德国
长 50.5cm，宽 50.5cm，高 38cm

扫码观视频

　　这台留声机由 Heinrich J. Küchenmeister 设计并由 Deutsche Ultraphon Gesellschaft 制造。它的核心创新在于双唱头拾音系统。两个独立的拾音器，一个稍微延后于另一个 1/100 秒播放，构成了一种立体的声音体验。这种微小的时间差使得声音产生了一种仿佛在宽敞空间中自然回荡的效果，形成了一种早期的声场扩展，模拟早期的反射声，使听众仿佛置身于音乐会现场中。

　　除了其卓越的音响效果，Ultraphon 的外观设计也极具创新性。简约而优雅的圆形木制外壳，充分展现了 20 世纪初的工艺美学。

第二章 电唱机

THE HISTORY
OF WORLD AUDIO
DEVELOPMENT

第一节　电唱机发展史

1922 年，贝尔实验室的 H·C.Harrison 成功研发了电唱片技术。

1924 年，马克斯菲尔德和哈里森成功设计了电器唱片刻纹头，贝尔实验室成功地进行了电器录音，录音技术得到很大提高。

1925 年，世界上第一架电唱机诞生。

1925 年，胜利留声机公司发行第一张电子录音的虫胶唱片。

1928 年，Thorens 公司推出自己品牌的第一台电动式电唱机。

1929 年，Thorens 公司推出首款电磁式唱头。

1931 年，美国无线电公司（RCA）试制成功 33 ⅓ 转 / 分钟的密纹唱片（LongPlay，简称 LP）。

1936 年，立体声录音的先驱 Arthur C. Keller 在贝尔实验室任职时，就取得了类似现代动圈唱头的专利。

20 世纪 40 年代，H. G. Baerwald 提出了 Overhang（超距）和 Offset Angle（补偿角）修正循迹误差，大部分唱臂都被设计成圆弧循迹唱臂（包括 J 形、S 形和 I 形），如 Ortofon、SME 等。

1940 年，Thorens 公司推出了专业的黑胶刻纹机。

1945 年，英国迪卡公司用预加重的方法扩展高频录音范围，录制了 78 转 / 分钟的粗纹唱片 (Standard Play，简称 SP)。

1948 年，美国哥伦比亚公司开始大批量生产 33 ⅓ 转 / 分钟的新一代的密纹唱片（Microgroove），这成为唱片发展史上具有划时代意义的大事。同年，美国无线电公司 RCA 推出 45 转的唱片。

1950 年，黑胶材质唱片面世，随后有了模拟专业的黑胶电唱机，只负责读取模拟讯号。

1950 年，马达直接驱动技术面世。

1951 年，Decca 推出动铁式唱头，后又推出立体声唱头。

1953 年，英国 Garrard 发表了惰轮驱动式黑胶唱机。

1955 年，第一台晶体式放大电唱机发明，因价格过于昂贵，无法在大众市场取得成功，因此隔年就停止了销售。

1958 年，立体声陶瓷唱头推出。

1958 年，美国无线电公司第一张立体声唱片发行，编号 LSC1806。

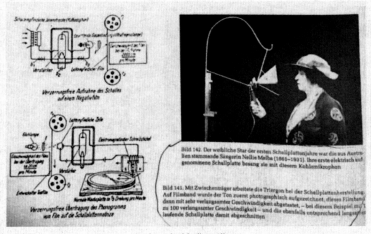

电唱机技术研发

SME 唱臂广告

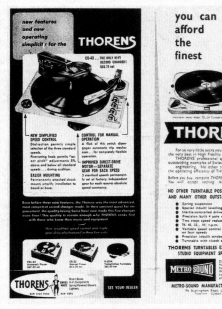

Thorens 电唱机广告

20 世纪 60 年代，随着黑胶电唱机的技术更新，黑胶唱盘也开始讲究盘上盘下的各种做法，包括抑振、唱头、唱臂等细节，而转盘驱动方式尤其重要，也是黑胶唱盘的分类之一。早期主流为惰轮传动和皮带驱动。在那个年代，以惰轮传动为代表的公司有 EMT、Garrard、Lenco、Thorens 等，以皮带驱动为代表的公司则有 Acoustic Research、Linn、VPI 等厂家较为知名。当时直驱唱盘相对少一些，经典品牌有 Denon、Micro Seiki、Technics 等。

1968 年，乌克兰裔美国人 Jacob Rabinow 在美国成立 Rabco，推出直切唱臂 SL-8。

1969 年，松下 Technics 推出 SP-10 电唱机，这是第一台使用直驱唱盘的唱片电唱机。当时，直驱唱盘相对较少。

1970 年，日本与美国同时开始发展数字录音，多数唱片公司在 20 世纪 70 年代末跟进。

20 世纪 70 年代，涌现了各种唱盘结构的变革。为了降低驱动时的摩擦，出现了以 Forsell、JR Transrotor、Clearaudio 为代表的气浮、磁驱、磁浮三种技术结构设计。

GARRARD 电唱机广告

1977 年，美国工程师 William K. Heine 提出激光读取 LP 技术的概念，称为 "Laserphone"。

模拟黑胶电唱机发展到 20 世纪 80—90 年代，逐渐被 CD（Compact Disc）唱机取代。电唱机后来退出历史舞台，只有部分复古怀旧爱好者仍在使用。

近代经典电唱机

第二节 电唱机品牌和厂家介绍

一、瑞士多能士 Thorens

Thorens Reference

Thorens TD-124 系列电唱机

多能士 Thorens 是瑞士著名的电唱盘品牌，公司成立于 1883 年，早期生产爱迪生蜡筒留声机，1906 年开始生产唱片式留声机。1928 年，公司成功研制出电动式留声机，一年后成功研发公司第一代电唱头。1943 年，公司推出第一台可自动换唱片的唱盘 Thorens CD-30。早期，Thorens 唱盘都采用马达直接驱动金属齿轮式设计，唱盘有 78 转、45 转、33 ⅓ 转等转速供选择。

1957 年，Thorens 推出在音响界久负盛名的唱盘 Thorens TD-124，它是一款针对专业电台的产品，一经推出就让欧美电台争相采用，后来也为民用 Hi-Fi 市场所追捧。

20 世纪 80 年代的金字招牌旗舰 Thorens Reference 和次旗舰 Pristage 历久弥新，盘面与底座没有密合，从缝隙中就能看见转盘与底座相接，属于软盘与硬盘结合的设计，前后左右的制衡结构非常坚实，抑振效果佳。

Thorens 电唱机宣传单

二、美国哥伦比亚 Columbia

哥伦比亚 Columbia 是一家在 1888 年成立于美国的公司，起初是一家唱片公司，后来逐渐涉足唱机制造。20 世纪初，Columbia 推出了磁性唱片，从而成了全球唱片界的领导者。Columbia 因其创新技术以及精湛品质赢得了许多爱好者和收藏者的青睐。Columbia 的唱片和唱机一直都是世界音响行业的代表。

Columbia 电唱机的历史可以追溯到 1920 年，当时国内外越来越多的听众开始关注电唱机的新技术，Columbia 公司也开始投入更多的资源进行电唱机的研发。直到 20 世纪 40 年代，Columbia 推出了世界上第一台可重放唱片的电唱机，也就是我们所熟悉的 LP 唱片，Columbia 电唱机的出现对当时的音乐市场具有划时代的意义。

三、英国杰拉德 Garrard

Garrard 是英国著名的音响唱盘品牌。这家公司的前身是 1721 年于英国伦敦创办的 Garrard and Company。当时，其主要业务是为英国皇室设计、生产皇冠及珠宝首饰。

Garrard 在 20 世纪 20 年代已开始制造留声机用的电动马达，在 20 世纪 30 年代开始便推出第一代电唱盘 Garrard 201 唱盘，此后还有 Garrard RC Record Changer 系列。这系列可转换唱片式唱盘系统，包括 Garrard RC-1、RC-2、RC-3、RC-4 和 RC-100 等。

Garrard 1961 年广告

Garrard 301 唱盘

第二次世界大战后，Garrard 推出了战后第一个 Garrard TC-70 可转换唱片式唱盘，之后又分别推出 Garrard RC-70、Garrard RC-75A、Garrard RC-80、Garrard RC-90 及 Garrard RC-65 这几部可转换唱片式唱盘，还有 Garrard CC-1 及 Garrard CC-6 可携式可转换唱片式唱盘，以及 Garrard Model T 唱盘和 Garrard 201 的改良型——Garrard 201-V 唱盘等。

1954 年，Garrard 推出了在唱盘界最负盛名的 Garrard 301。该机是一款同时针对专业电台及民用 Hi-Fi 市场的产品，当年 BBC 及很多欧美电台均使用它为电台播放唱片。

四、德国 EMT

EMT（Elektro Mess Technik）曾经是一家在广播和 Hi-Fi 领域都很知名的德国企业。EMT 由 Wilhelm Franz 于 1938 年成立，初期生产用于广播行业的测量仪器。他于 1940 年在德国成立 Electrical Measuring Technology William Franz KG 公司，以简称 EMT 作为品牌的商标，直到现今已超过半个世纪，而且经历了不少变迁和时代洗礼。随着第二次世界大战的爆发，EMT 迅速解体，又在战后于 1948 年再次重组继续艰苦经营。

EMT 948 电唱机

EMT 在 1951 年开始生产黑胶唱机。20 世纪 60 年代初，EMT 升级成立体声系统，也开始自产唱臂和唱头。EMT 在 20 世纪 70 年代开发的第一款直驱唱机是一款定位高端的专业级别唱机。EMT 又于 1979 年开发了 EMT 948 唱机，同样也是面向专业电台的一款唱机。进入 20 世纪 80 年代，由于私人电台的兴起，EMT 于 1982 年推出了 EMT 938 唱盘，是 EMT 最后一款专业唱盘。后来，电台都使用 CD 设备，EMT 也就失去了市场。最后在 1989 年被比利时的 Barco 公司收购，改名为 Barco-emt。2003，EMT 又重新独立，更名为 EMT Studiotechnik Gmbh。

五、中华牌

中国唱片厂的前身为北京人民唱片厂与上海唱片厂。中华人民共和国成立以后，为了满足广大人民群众对音乐艺术的需求，着手组建国营唱片厂。

1949 年 5 月 29 日，上海市军管会接管大中华唱片厂。同年 6 月 3 日，大中华唱片厂开始录音；6 月 6 日，出版第一批唱片。

1949 年 10 月，新中国成立，中国唱片厂、上海录音器材厂、上海亚洲无线电厂、北京无线电唱机厂等先后研制生产了多款多速电唱机。

1950 年 1 月 6 日，大中华唱片厂改名为人民唱片厂（厂址迁往北京，改称北京人民唱片厂，出版人民唱片）。

中华牌 206 晶体管电唱机

1952 年，上海唱片厂开始生产新中国第一台唱机"中华牌"101 手摇留声机。

1955 年，人民唱片厂改名为中国唱片厂，开始使用天安门图案商标出版《中国唱片》牌号。

1958 年 6 月 17 日，中央广播事业局成立中国唱片社。

1959 年，中国唱片厂开始生产新开发的中华牌 201 和 203 四速电唱机，这标志中国唱片厂已成为能生产唱片、唱机和唱针的专业工厂。

1965 年，中国唱片厂研制成功经典款中华牌 206 四速单声道电唱机。中华牌 206 唱机一直为国内样机翻版的母版。之后，中国唱片厂还研发了中华牌 207、208、209 多速电唱机，供广播电台、列车等专业场所用。

1975 年，中国唱片厂开始研制立体声唱片、唱机。

2013 年 3 月，中国唱片整体并入中国华录集团有限公司，但是中国唱片的品牌保持不变。

中国唱片厂的唱片

中国唱片公司 logo

第三节　馆藏电唱机概览

一、外国藏品

◀ **布伦瑞克 Brunswick 柜式电唱机**
20 世纪 30 年代
美国
长 60cm，宽 54cm，高 101cm

　　布伦瑞克 Brunswick 这个品牌由 The Brunswick Balke Collender Company（布伦斯维克 – 巴尔克 – 科伦德公司）生产，属于唱机中的贵族品牌。早期的布伦瑞克豪华机型，大部分由皇室及贵族所拥有和使用。该唱机是多针唱头并支持各种制式的 78 转 / 分钟唱片。

▶ **Mastertone BS136 电唱机**
20 世纪 50 年代
英国
长 38.5cm，宽 34.5cm，高 15.3cm

　　该款电唱机采用皮质外壳，在唱机盖上标有 Mastertone 品牌的商标，唱盘上的铁质保护盘能在外出携带时起到固定唱片的作用。唱机有三种转速，分别是：78-45-33 ⅓ 转 / 分钟

▶ **HMV 电唱机**
20 世纪 40 年代
英国
长 37.6cm，宽 33.5cm，高 17.2cm

　　该款电唱机采用木质外壳，属便携式唱机。有四种转速可选择：78-45-33 ⅓ -16 ⅔ 转 / 分钟。

　　HMV 原名为 His Master's Voice（它的主人的声音），而它的商标起源于"小狗 Nipper 听留声机"的故事。1899 年，The Gramophone Company 买了弗朗西斯·巴罗（Francis Barraud）的画作 *His Master's Voice*（首字母缩写为 HMV），该画作的内容后来成为后来著名的商标。

▶ **HMV SHF-7 电唱机**
20 世纪 50 年代
美国
长 63.5cm，宽 51cm，高 33cm

　　该款电唱机可以播放立体声，具有多碟连播的特色，有四种转速可选择：78-45-33 ⅓ -16 ⅔ 转 / 分钟。右侧有 3 个旋钮可分别用于调节高低音以及音量大小。

▶ **飞利浦 PHILIPS 电唱机**
20 世纪 60 年代
荷兰
长 37.5 cm，宽 32 cm，高 17.5 cm

　　该款飞利浦电唱机使用 6 个大电池，转速有三种可以选择，分别是 78-45-33 ⅓ 转 / 分钟。唱机声音响亮，唱完会自动停机，移动唱臂就是开关，拨动两边的金属锁即可打开机器，盖子上方装有喇叭。

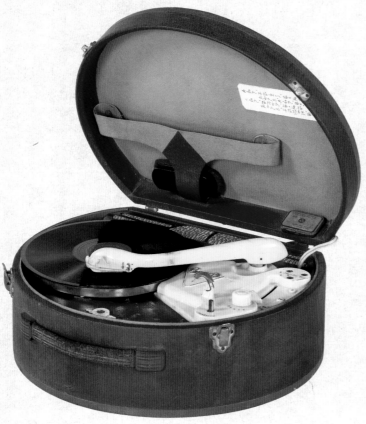

▶ **晶体管电唱机**
20 世纪 60 年代
苏联
长 36.2cm，宽 30.5cm，高 14.8cm

　　该款晶体管电唱机造型美观大方，为圆形皮箱外壳，带有把手便于携带，内置一盒三五牌的唱针。此外，唱机盒上还标有：电唱机外接喇叭插口、连接收音机的电唱机输入插口，电唱机可以外接扬声器。该款唱机有两种转速可以选择，分别是 78-33 ⅓ 转 / 分钟。

▶ **黑客 Hacker GP.15 晶体管电唱机**
20 世纪 70 年代
英国
长 38cm，宽 43cm，高 27.5cm

　　该款电唱机外形简约，木箱上采用了深灰色和奶油色两种色调，里面采用 Garrard 四速自动转换器开关。转速可选择：78-45-33 ⅓ -16 ⅔ 转 / 分钟。该装置可以从单声道调整为立体声，只需要更换唱头并添加独立的 GP15/ST 放大器即可。此外，该款电唱机还有多碟自动连播功能。

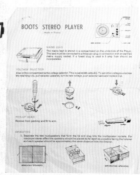

说明书

◀ **Fidelity 晶体管电唱机**
20 世纪 70 年代
欧洲
长 38cm，宽 41cm，高 22.2cm

　　该款电唱机内有扬声器插座，右侧有音调控制、音量控制、速度选择器（转盘转速三种：78-45-33 ⅓ 转 / 分钟）、指示灯的按键，以及多碟自动连播功能。

◀ 雅佳 Akai AP-X1 立体声电唱机
20 世纪 80 年代
日本
长 43.8cm，宽 34.5cm，高 10cm

　　该款电唱机是皮带传动 2 速的半自动电唱机，为银灰色机体，外带清洁防尘罩。转速两种：45-33 ⅓ 转 / 分钟。

▶ 建伍 KENWOOD KD-47F 立体声电唱机
20 世纪 80 年代
日本
长 41.6cm，宽 33.5cm，高 10.5cm

　　该款电唱机是皮带传动 2 速的全自动立体声电唱机，转速两种：45-33 ⅓ 转 / 分钟。电唱机外壳配有可拆卸有机玻璃盖。

◀ 索尼 SONY PS-LX62 立体声电唱机
20 世纪 80 年代
日本
长 35.7cm，宽 34.5cm，高 9.5cm

　　该款立体声电唱机有全自动放针功能，带有较好的动力驱动器装置，配原装音频铁三角唱针，外带防尘罩。转速两种：45-33 ⅓ 转 / 分钟。

▶ 先锋 Pioneer PL-X55Z 立体声电唱机
20 世纪 80 年代
日本
长 35.8cm，宽 36.5cm，高 9.5cm

　　先锋电子 1938 年创立于日本。该款电唱机有两种转速：45-33 ⅓ 转 / 分钟。

▶ **EMT 948 立体声电唱机**
20 世纪 80 年代
德国
长 48.5cm，宽 47cm，高 24cm

扫码观视频

　　这台是广播电台专用的电唱机，其特殊的机身下方可以安装脚轮且可锁定。转盘不是皮带驱动的，而是由电机直接驱动。盘面材料由特殊的铝制成，不包括胶垫重量只有 200 克左右；而橡胶垫本身的重量有 550 克。EMT 948 是框架式上下层结构，插件式电路板模块分别负责唱机运行和唱机信号放大，配 TSD 15 MC 唱头。转盘面板与底座采用弹簧避震，两边安装了把手便于搬运。转速三种：78-45-33 ⅓ 转 / 分钟。

扫码观视频

◀ **美歌 Micro Seiki BL-71 立体声电唱机**
20 世纪 80 年代
日本
长 51cm，宽 40cm，高 15cm

　　该款电唱机是从 20 世纪 80 年代初开始生产的，它由马达传输皮带驱动转盘，有钛管 J 形唱臂和 Ortofon 高度风 MM 唱头，并且配备了各种自动化控制转盘关停装置。其速度通过拨动杆调节，但没有内置频闪，可另配置测速仪。转速两种：45-33 ⅓ 转 / 分钟。

二、中国品牌电唱机

▶ **绿宝牌电子管电唱机**
20 世纪 50 年代
上海亚洲无线电机厂
长 40cm，宽 29cm，高 15.5cm

这台绿宝牌电子管电唱机由上海亚洲无线电机厂设计生产，是日本投降后我国国内首次上市自产的产品，也称"国货第一机"。由于质量稳定，受到消费者欢迎。绿宝牌产品曾为北京人民大会堂等场所装备并提供全套高质量扩音设备。

该款电唱机使用 78 转 / 分钟唱片，盖内有张货物完税证，当时由中央人民政府财政部税务总局统一印发。该税政是我国在 20 世纪 50 年代实行的货物完税证明之一，持有此证即可进行运输及销售。

◀ **绿宝牌 821 晶体管电唱机**
20 世纪 60 年代
上海录音器材厂
长 32cm，宽 27.2cm，高 13.7cm

该电唱机所用电动机为单线圈两极式，使用 78 转 / 分钟唱片。

◀ 国光牌电子管电唱机
1957 年
上海凯乐电机厂
长 40cm，宽 30cm，高 14cm

　　该款是便携式电唱机，外壳为金属材料，内壳标有国光牌的品牌标志及厂家名称，右侧贴有出厂证，内容包含该款唱机的编号以及出厂日期的信息。使用 78 转 / 分钟唱片。电源：110V 或 220V。

▶ 国光牌电子管电唱机
20 世纪 50 年代
上海凯乐电机厂
长 32.9cm，宽 28cm，高 13cm

　　该款电子管电唱机是公私合营的上海凯乐电机厂于 20 世纪 50 年代出品，外壳装有把手方便携带，使用 78 转 / 分钟唱片。

◀ **821 电唱机**
20 世纪 50 年代
上海录音器材厂
长 32cm，宽 28cm，高 13cm

本唱机所用之电动机为单线圈两极式，可播放 78 转 / 分钟。

▶ **831 三速电唱机**
20 世纪 50 年代
上海录音器材厂
长 33cm，宽 29cm，高 15cm

831 是三速电唱机，是 20 世纪 50 年代我国家庭用普及式高传真度电唱机，设有三种转速，分别是：78-45-33 ⅓ 转 / 分钟，方便使用者选择使用各种规格唱片，内装有密纹及普通唱片两用的电唱头，不需要经常换针。

▶ **中华牌 201 型电子管电唱机**
20 世纪 60 年代
中国唱片厂
长 39cm，宽 33.5cm，高 16cm

　　该款电唱机可放唱直径为 17cm、25cm、30cm 的各种唱片。
　　转速四种：78-45-33 ⅓ -16 ⅔ 转 / 分钟。电源：交流 50 周 /s，110V/220V。电压：110V 或 220V。

◀ **中华牌 201 型电唱机**
20 世纪 60 年代
中国唱片厂
长 38.5cm，宽 36cm，高 15.5cm

　　该款电唱机可放唱直径为 17cm、25cm、30cm 的唱片。转速四种：78-45-33 ⅓ -16 ⅔ 转 / 分钟。
　　该唱机顶盒打开可见中国芭蕾舞剧白毛女场景图。
　　1949 年 5 月 29 日，上海市军管会接管大中华唱片厂，标志着新中国唱片事业的开端。1949 年，大中华唱片移交中央广播事业处管理。1950 年，大中华唱片厂更名为人民唱片厂。1955 年，人民唱片厂更名为中国唱片厂，开始使用天安门图案商标，出版《中国唱片》。

▶ **中华牌 203 型电子管电唱机**
20 世纪 60 年代
中国唱片厂
长 38.5cm，宽 33cm，高 22.5cm

该款电唱机内置唱机放大部分，机箱外右侧设有音量音调旋钮各一只（前旋钮控制音量，后旋钮控制音调），电唱机采用四极罩极感应罩。可放直径 17cm、25cm、30cm 的唱片。转速四种：78-45-33 ⅓ -16 ⅔转 / 分钟。

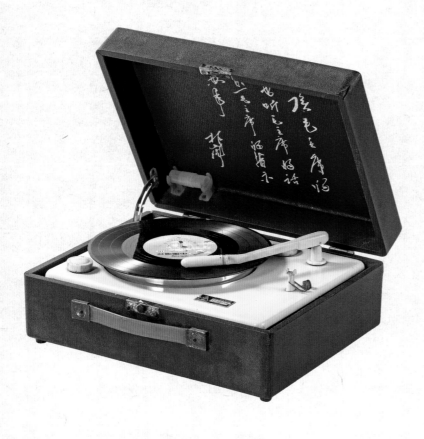

◀ **中华牌 206 型电唱机**
1967 年
上海中国唱片厂
长 38.5cm，宽 30.5cm，高 16cm

该电唱机频率响应为 100 ～ 7000Hz，频响不均匀度小于 12dB。由于采用了多级避震装置，使得整机转盘信号噪声比大于 26.4dB。拾音器是晶体式，采用耐磨的人造红宝石唱针。转速四种：78-45-33 ⅓ -16 ⅔转 / 分钟。针压：10 士 2g。拾音器输出：大于 500 毫伏 (6.5cm/s，1000Hz)。

◀ 中华牌 206 型电子管电唱机
1968 年
上海中国唱片厂
长 41.5cm，宽 37cm，高 17cm

　　206 四速电唱盘可播放各种粗纹和密纹唱片。除外形分为全木壳、铁木壳、台式外，唱盘结构和使用方法完全相同。拾音器为可卸式（顺音臂往前拔即可取下），可选用粗纹、密纹宝石唱针，可以旋转拾音器调整。放粗纹唱片时对准绿点，放密纹唱片时对准红点。转速四种：78-45-33 $\frac{1}{3}$ – 16 $\frac{2}{3}$ 转 / 分钟。频率特性：100 ~ 7000Hz。不均匀度不大于 12dB。针压：10 ± 2g。拾音器输出：大于 500 毫伏（6.5cm/s，1000Hz）。

▶ 上海牌 941A 电唱机
20 世纪 60 年代
上海录音器材厂
长 45.9cm，宽 35.7cm，高 18.9cm

　　上海牌 941A 四速电唱机采用四极式感应电动机作为动力，并配有机械避震装置，噪音及震动等比一般的唱机更稳定。这款唱机有四种转速，可以自由选择，能使用各种规格的唱片，并装有转速微调装置及转速指示镜。电源开关与唱头联动，每次播完唱片时自动关断，这款唱机可配用 912 或 832 唱头。转盘转速：78-45-33 $\frac{1}{3}$ -16 $\frac{2}{3}$ 转 / 分钟。

◄ C842 电唱机

20 世纪 60 年代

上海漕河泾镇电唱机厂

长 33cm，宽 25cm，高 13cm

　　该款电唱机可在工厂、学校、机关、文化馆及家庭等场所作各种粗纹或密纹唱片还音之用。转速四种：78-45-33 ⅓ -16 ⅔转 / 分钟。频率特性：100 ～ 7000Hz。不均匀度 ≤ 10dB。

► C842 晶体管电唱机

1967—1976 年

上海漕河泾镇电唱机厂

长 33.5cm，宽 26cm，高 13cm

　　该款电唱机可在工厂、学校、机关、文化馆及家庭等场所作各种粗纹或密纹唱片还音之用。转速四种：78-45-33 ⅓ -16 ⅔转 / 分钟，频率特性 100-7000Hz，不均匀度 ≤ 10dB。

　　1965 年左右，宁波圆珠笔厂收购了上海漕河泾镇电唱机厂并承接其电机业务，1966 年开始自行研发生产电唱机，同时成立宁波电唱机厂。宁波电唱机厂第一台四速电唱机复制了上海漕河泾镇唱机厂生产的 C842 四速电唱机，在生产过程中得到了该厂一位宁波籍工程师的支持，为其提供了唱机相关参数资料，保证了产品的质量，加快了生产进度，使之成为浙江省内唯一一家电唱机厂。1978 年，宁波唱片厂从宁波第三无线电厂唱片科分出独立建厂，隶属于中国唱片公司。

▶ **山鹰 441 电唱机**
20 世纪 70 年代
南通无线电四厂
长 38.5cm，宽 32cm，高 18.5cm

　　本电唱机可以播放 16 ⅔、33 ⅓、45、78 四种转速的唱片，用压电晶体或压电陶瓷作拾音器，罩极式电动机作放唱动力。频率特性：100 ～ 7000Hz。不均匀度 < 14dB。针压：10 ± 2g。拾音器输出：用压电晶体唱头时大于 500 毫伏，用压电陶瓷唱头时大于 250 毫伏（6.5cm/s，1000Hz）。

◀ **三友电唱机**
20 世纪 70 年代
江苏镇江电讯器材厂
长 35cm，宽 28cm，高 17.5cm

　　该款电唱机的外壳采用的是绿色皮革，外壳上有各式花纹围绕。转速四种：78-45-33 ⅓ -16 ⅔ 转 / 分钟。电源：交流 220V；直流 9V。

◄ 中华牌 206 晶体管电唱机
1970 年
中国唱片厂
长 39.5cm，宽 30.5cm，高 16cm

　　该款电唱机用压电晶体管作为拾音器，罩极式电动机作放唱动力。拾音头为可卸式，顺着音臂向前拔，即可取下。分四种转速：78-45-33 $\frac{1}{3}$ -16 $\frac{2}{3}$ 转 / 分钟。
　　频率特性：100 ~ 7000Hz。不均匀度 < 10dB。针压：10 ± 2g。拾音器输出：> 500 毫伏 (6.5cm/s，1000Hz)。

► 中华牌 206FY 电唱机
1970 年
中国唱片厂
长 39.5cm，宽 30.5cm，高 15cm

　　206FY 电唱机采用压电晶体作为拾音器，罩极式电动机作放唱动力。机内装有集成电路低频放大器，能直接用箱内扬声器播放各种单声道唱片。音量电位器带推拉式电源开关、双线切断。同时，该机备有线路输出插口供转录、扩音用。分四种转速：78-45-33 $\frac{1}{3}$ -16 $\frac{2}{3}$ 转 / 分钟
　　频率特性：100 ~ 7000Hz。不均匀度 ≤ 2dB。针压：10 ± 2g。

▸ 百灵牌 206 型电唱机
20 世纪 70 年代
青岛电唱机总厂
长 38cm，宽 31cm，高 15.5cm

百灵牌 206 型电唱机可以播放各种唱片，
分四种转速：78-45-33 ⅓ -16 ⅔转 / 分钟。它
用压电晶体唱头作拾音器，罩极式电动机作放
唱动力。这款唱机头上装有粗纹密纹宝石唱针，
放粗纹唱片时红点对准绿点，放密纹唱片时红
点对齐，可以旋转拾音器进行更换。

▸ 南方牌交流电唱机
20 世纪 70 年代
广州南方无线电厂
长 38cm，宽 28cm，高 15.5cm

该款电唱机采用四极交流感应电动机
作为动力，各部件均有避震装置，具有机
电噪声小、防震度高、转速稳定等优点。
本机可以根据播放唱片的转速规格自由选
择变换，电源开关采用与唱头联动的形式。
转速三种：78-45-33 ⅓转 / 分钟。

▶ **嘉陵江牌 DC-3 型交流电唱机**
20 世纪 70 年代
重庆嘉陵无线电厂
长 38.5cm，宽 30.5cm，高 15.5cm

　　该款电唱机是仿照红灯牌电唱机生产。在当时算最畅销的产品之一。转速三种：78-45-33 ⅓ 转 / 分钟。频率特性：100 ～ 7000Hz。不均匀度 ≤ 12dB。

◀ **笙牌 DC-2 电唱机**
20 世纪 70 年代
鸡西市无线电一厂
长 39cm，宽 31cm，高 16cm

　　该款电唱机是采用红色皮质外壳，外带把手的便携式唱机，左侧旋钮可以选择四种不同的转速，使用人造红宝石唱针。转速：78-45-33 ⅓ -16 ⅔ 转 / 分钟。

▶ **红波牌 7516 型电唱机**
20 世纪 70 年代
旅大市中心区电唱机厂
长 38cm，宽 31cm，高 15.5cm

　　红波牌 7516 型四速电唱机以木质为壳体，外装人造革手提把手。该款电唱机通用国内外唱片型号，用压电晶体作拾音器，用电动机作放唱动力，可供广播站、学校、企业、事业单位、家庭学习和娱乐之用。转速四种：78-45-33 ⅓ -16 ⅔ 转 / 分钟。频率特性：100 ～ 7000Hz，不均匀度 ≤ 10dB。

◀ **201 型交流电唱机**
20 世纪 70 年代
重庆嘉陵无线电厂
长 31.5cm，宽 23.5cm，高 12cm

　　该款电唱机采用木质外壳，左侧旋钮可以选择两种不同的转速，分别是 78-33 ⅓ 转 / 分钟。右侧带有把手，方便携带。

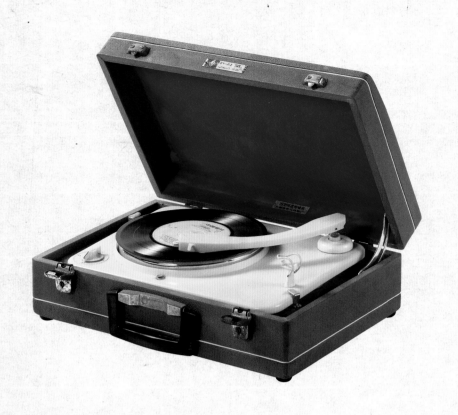

◄ 长风牌 79 型电唱机
1977-1979 年
上海华丰无线电厂
长 35.5cm，宽 26cm，高 12cm

长风 79 型两速电唱机，可用于播放粗密纹唱片，适用于各种场合，便于携带。转速：78-33 ⅓ 转 / 分钟。拾音器为压电式，上装粗纹，密纹两支宝石唱针，放粗纹唱片时拨钮之绿点向上，放密纹唱片时红点向上。频率特性：参照拾音器生产技术要求。

► 红旗 C691 电唱机
1979 年
宁波航海仪器三厂
长 33cm，宽 24.4cm，高 14cm

C691 四速电唱机，适合于工厂、学校、机关、文化馆等场所，可作各种粗纹或密纹唱片还音使用。分四种转速：78-45-33 ⅓ -16 ⅔ 转 / 分钟。频率特性：100 ~ 7000Hz，不均匀度 ≤ 10dB。

▲红旗 C691 电唱机
1979 年
宁波航海仪器三厂
长 33cm，宽 24.7cm，高 12.5cm

　　C691 四速电唱机，安装在咖啡色手提箱内。频率特性：100 ～ 7000Hz，不均匀度 ≤ 10dB。分四种转速：78-45-33 ⅓ -16 ⅔ 转 / 分钟。

▶宁波牌电唱机
20 世纪 60—80 年代
宁波无线电三厂
长 35.3cm，宽 25.3cm，高 15.5cm

　　该款唱机可以调节音量和音调，配有两个喇叭，配有宝石绿色防尘盖。转速四种可选：78-45- 33 ⅓ -16 ⅔ 转 / 分钟。

◄ 飞碟牌 Z901-1 电唱机
20 世纪 60—80 年代
上海 101 厂
长 38.2cm，宽 31.5cm，高 14.1cm

　　该款电唱机采用晶体压电拾音器，使用交流感应罩极式四极马达，可以放三种转速的唱片：78-45-33 ⅓ 转 / 分钟。拾音器有宝石唱针两个，分别是密纹和粗纹，唱机外壳底上有三个软性垫脚，既能避震，又使机器容易放平。

▶ SEG ST 3000 立体声电唱机

20 世纪 80 年代
中国
长 34.7cm，宽 35.6cm，高 10.5cm

　　该款电唱机采用的是动磁式的唱头。转速两种：45-33 ⅓ 转 / 分钟。

▶ 中华牌 F-2011C 立体声电唱机

20 世纪 80 年代
中国唱片厂
长 37.5cm，宽 32.2cm，高 13.2cm

中华牌 F-2011C 立体声唱机是 F-2011 电唱盘的改进型产品，唱头是陶瓷压电的立体声，面板和机箱都比 F-2011 大，可以盖着箱盖放唱直径为 30cm 的唱片。这是 20 世纪 80 年代初期的产品了，当时还是密纹唱片盛行的年代，立体声才刚刚开始在国内的"发烧友"中流行，马上就被立体声卡式录音机、CD 唱机取代了。这台中华唱片厂生产的 F2011C 立体声电唱机，估计是该厂最后的"绝响"。在用料方面，该款电唱盘比单声道的 206 好多了，机器很重，调速仍然采用该厂宝塔轮变速方式，运行相当平稳。其转速为 45-33 ⅓ 转 / 分钟。

◀ 中华牌 F-2014 立体声电唱机

20 世纪 90 年代
中国唱片厂
长 41.5cm，宽 34.5cm，高 11.5cm

中华牌 F-2014 立体声自动电唱机，可变速，自动起臂、放唱，播放完毕自动回至原位，33 ⅓ -45 转 / 分钟手动调速。该款电唱机是国产第一代全自动电唱机。

◀ 蝙蝠牌 F971 立体声电唱机
20 世纪 90 年代
国营长江机器厂
长 37cm，宽 30cm，高 12.5cm

　　蝙蝠牌 F971 立体声电唱机是专为
工厂、学校、企业，以及家庭设计的
一种优质电唱机，可以与各种放音设
备配合使用。转速：78-45-33 ⅓ 转 /
分钟。
　　频率响应：100 ～ 7000Hz。

▶ 鸳鸯牌 795 型立体声电唱机
20 世纪 90 年代
上海吉安电唱机厂
长 46cm，宽 34cm，高 13.5cm

　　该款唱机使用的是 J 型唱臂。
　　转速分为四种：78-45-33 ⅓ -16 ⅔
转 / 分钟。 频率响应：100 ～ 7000Hz。
电压为 220V。

◀ 威龙牌 HR-338 立体声电唱机

20 世纪 90 年代

顺德北滘镇华润唱机厂

长 41.2cm，宽 33.4cm，高 11.2cm

　　该款唱机使用的是"I"形唱臂，带有防尘罩、在唱机左下角有按钮。可以选择转速。
　　转速分为两种：45-33 ⅓ 转 / 分钟。

▶ 浪花牌 75-1 立体声电唱机

20 世纪 90 年代

上海漕河泾电唱机厂

长 35.8cm，宽 27.6cm，高 13.5cm

　　该款电唱盘既可以播放立体声唱片，也可放单声道唱片。它采用压电陶瓷拾音器，能耐温抗压。转速三种：78-45-33 ⅓ 转 / 分钟。频率特性：100 ~ 7000Hz。不均匀度 ≤ 10dB。

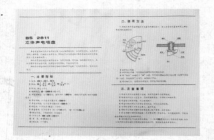

▶ BS 2811 立体声电唱机

20 世纪 80 年代
中国成都国营新兴仪器厂
长 45.5cm，宽 26.5cm，高 15cm

扫码观视频

　　该款电唱机与相应的立体声放大器相配套，可播放立体声唱片，也可以与普通收音机配套播放单声道普通唱片。

　　本机采用压电陶瓷立体声拾音头，具有不怕潮、耐高温、性能稳定的优点。本机唱臂可手动控制升降，自动复位同时停机，并且针压可调。

　　本机的驱动电动机采用高转速侧极式单相异步电机，它具有体积小、噪音低的优点。

　　20 世纪 80 年代经典 BS 2811 老木壳黑胶立体声电唱机，可能是当年的军工厂出品的，标注了 made in xinxing instrument factory，后属于中国航天工业总公司国营新兴仪器厂。

　　转速：78-45-33 ⅓ 转 / 分钟。

　　频率特性：100 ～ 7000Hz。不均匀度 ≤ 10dB。

◀ FL-8202 电唱机

20 世纪 90 年代
中国
长 41.6cm，宽 34.2cm，高 11cm

　　本机可播放不同尺寸及各种转速的唱片。转速分别为：78-45-33 ⅓ - 16 ⅔ 转 / 分钟。

◀ 鸳鸯牌 794 立体声电唱机
20 世纪后期
上海吉安电唱机厂
长 38.5cm，宽 30.8cm，高 16cm

　　该款电唱机采用红色皮质外壳，使用的是 "I" 形唱臂。转速分为以下四种：78-45-33 ⅓ -16 ⅔ 转 / 分钟。电压 220V。频率 50HZ。

▶ 红灯牌 2L565 立体声电唱机
21 世纪初
上海无线电二厂
长 41.5cm，宽 34.5cm，高 12cm

　　上海无线电二厂于 1960 年 7 月由上海多个厂家合并组成。其生产的唱机采用红灯牌商标，产品除畅销国内市场外，还在 20世纪 60 年代出口东南亚、南美及非洲等地区。该厂于 1961 年 11 月开始试制军工装备产品，产品结构走向军民结合，生产出来的产品曾在全国科学大会上获 "重大科技成果奖" "国家质量银质奖" 等荣誉奖项。

　　本机可播放不同尺寸及各种转速的唱片，转速为 45-33 ⅓ 转 / 分钟。

第四节　黑胶自动点唱机

黑胶自动点唱机是一种可储存大量音乐作品、投币后启动的音乐播放器,有点像今天的 KTV 点歌系统,只不过当年储存的不是数据,而是货真价实的唱片。

点唱机在 20 世纪 40—60 年代中期很受欢迎。

1890 年,格拉斯 (Louis Glass) 和阿诺德 (William S. Arnold) 对爱迪生发明的留声机进行了改进,发明了一种需靠投币启动的留声机。它有四个听筒,使用者可以通过任意一个聆听音乐。他们将其命名为"投币驱动式留声机",并获得了专利技术。当然,起初这种装置比较简单,仅能播放一张固定的唱片。1918 年,尼布莱克 (Hobart C.Niblack) 将其改装,使唱片可以更换。这种唱机后来被知名的 AMI 公司于 1927 年首度介绍给公众。

1928 年,西博格 (Justus P. Seeburg) 将自动钢琴、电扬声器和唱机加工制造成一个通过投币启动的装置,可供选择的唱片增至八张。这种唱机大且笨重,在一个摩天轮似的旋转驱动上有八个独立的转盘装置,可令使用者选择其中任意一张唱片。

1940 年,Jukebox 的称谓首先在美国出现,是从"Juke joint"一词派生出来的,来源于美国东南部的词语 Juke 或 Joog,意为无序的、嘈杂的、奇怪的。

在 20 世纪 40—60 年代中期,点唱机是十分时髦的娱乐设备。在 20 世纪 40 年代中期,从早期摇滚乐到古典音乐、从歌剧到摇摆乐,美国有四分之三的唱片都是在点唱机上播放的。在 20 世纪 50 年代,点唱机极为盛行,常出现在酒吧、餐厅里。当时,年轻人围着它投币、点歌,和友人同赏或共舞一曲的场景,是当时再平常不过的画面。

沃利策黑胶自动点唱机宣传海报

▲ **西博格 Seeburg 黑胶自动点唱机**
20 世纪 40—60 年代
美国
长 86cm，宽 78cm，高 146.5cm

  Seeburg 是于 1907 年在美国伊利诺伊州芝加哥成立的公司，当时为管弦乐器和自动钢琴的制造商。

  1927 年，公司业务转向制造投币式点唱机。那时大部分的自动点唱机只能播放 20—40 首歌曲，但 Seeburg 的 M100A 自动点唱机可以播放 100 首歌曲。

  Seeburg 在自动点唱机技术上使用了创新的导轨系统，该导轨系统将唱片水平放置而不是垂直放置。同年，Seeburg 推出了 Wall-O-Matic（又名 3W1 Wallbox）。接下来的 20 年里，Seeburg 点唱机在餐厅中非常受欢迎。1950 年，Seeburg 继续创新，成为第一家在自动点唱机中使用 45 转 / 分钟记录而不是 78 转 / 分钟记录的制造商。此款点唱机可以选择播放 20 张唱片。

▲ 沃利策 Wurltitzer 黑胶自动点唱机
20 世纪 40—60 年代
美国
长 97cm，宽 65cm，高 153.5cm

　　沃利策 Wurltitzer 是一家历史悠久的公司，其音乐业务可以追溯到 17 世纪的萨克森州。Wurltitzer 在 20 世纪 50 年代初一直在市场上占据主导地位，当时他们有个响当当的口号："Wurltitzer is Jukebox"（沃利策是点唱机）。Wurltitzer 的名字是黄金时代黑胶自动点唱机的代名词。它的机器不仅质量一流，而且聘用了有史以来最伟大的自动点唱机设计师的保罗·富勒设计。此款点唱机有 24 张唱片可供选择播放。

▶ 沃利策 Wurltitzer 黑胶自动点唱机
20 世纪 40—60 年代
美国
长 85cm，宽 60cm，高 150cm

　　这是二战后的 Wurltitzer 黑胶自动点唱机，可以选择播放 24 张唱片。在美国，有超过 56000 个舞厅和餐馆使用这款点唱机。此机的设计者是瑞士移民 Paul Fuller。当播放音乐时，两侧半透明塑料壳内有走珠灯闪烁，这种特殊效果是第一次在自动点唱机中使用。

◀ 沃利策 Wurltitzer 黑胶自动点唱机
20 世纪 40—60 年代
美国
长 56cm，宽 50cm，高 59cm

　　沃利策 WuriTurz 公司于 1890 年由 Rudolph Wurltitzer 鲁道夫·沃利策与他的长子 Howard Wurltitzer 霍华德·沃利策共同创立。19 世纪末，沃利策成为美国最早生产和销售的投币式钢琴和管弦乐器的专业生产商。20 世纪 20 年代，除传统的钢琴和演奏钢琴之外，沃利策还制造了大量的不同种类的机械乐器。在 20 世纪初，沃利策公司拥有并控制着其他一些品牌和商标，包括 Apollo 阿波罗、Julius Bauer 朱利叶斯·鲍尔、Melville Clark 梅尔维尔·克拉克、De Kalb 德·卡尔布、Ellwood 埃尔伍德、Farny 法尔尼、Kingston 金士顿、Merriam 梅里亚姆、Strad 斯特拉德和 Underwood 安德伍德等。
　　此款点唱机有 12 张唱片可供选择播放。

第一节 收音机发展史

一、外国收音机发展史

1837 年，美国发明家摩尔斯成功制造出世界上第一台电报机。

1843 年，在摩尔斯的组织下，在美国华盛顿到巴尔的摩之间架设了世界上第一条长达 40 英里的电报线。

1844 年，摩尔斯用自己制造的电报机在这条电报线路上进行了通报实验，成功发出人类历史上的第一份有线电报。

1888 年，德国科学家赫兹发现了无线电波的存在。

阿姆斯特朗和他的新婚妻子在使用第一台便携式收音机收听

德国科学家赫兹

1895 年，俄罗斯物理学家波波夫宣称在相距 600 码的两个地方成功地收发无线电讯号。同年，年仅 21 岁的意大利无线电工程师伽利尔摩·马可尼（Guglielmo Marconi）在他父亲的庄园内用无线电波成功地进行了一次发射。

1896 年，伽利尔摩·马可尼成功研发无线电通信技术。

1897 年，波波夫以他制作的无线通信设备，在海军巡洋舰上与陆地上的站台进行通信并取得成功。

1901 年，伽利尔摩·马可尼发射无线电波横越大西洋。

1906 年，发明家费森登在马萨诸塞州海岸发送出无线电波信号，收音机首次接收到了声音信号。无线电广播就此开始，也由此开启了长达百年的声音信息传递，从此人类信息时代的大门被打开。同年，美国工程师格林里夫·惠特勒·皮卡德（Greenleaf Whittier Pickard）基于黄铜矿石晶体，发明了著名的矿石检波器（Crystal Detector），也被称为"猫胡须检波器"，有力推动了无线电通信的发展。基于矿石检波器制造的收音机产品大量普及，极大加强了人类信息的传递。

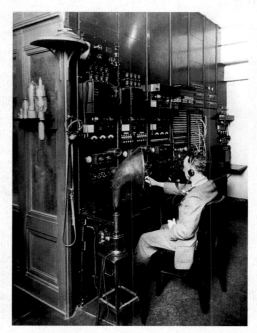

1924 年百老汇 195 号的 WEAF 音频控制室

1910 年，邓伍迪和皮卡尔德利用矿石晶体研究出无线电接收机，但只能供一个人收听且接收效果差。

1912 年，"再生电路"被发明，收音机接收无线电信号的能力前进了一大步。

1913年，法国人吕西安·莱维研究出超外差电路收音机，使收音机的接收灵敏度和音质再次提高。同年，德国物理学家亚历山大、迈斯纳利用电子管研制成功了电子管无线电发射机，使无线电广播真正插上了腾飞的翅膀。

第一次世界大战期间，无线电通信开始被广泛使用，大战结束后间接促使了民用收音机的普及。

1920年，美国第一个也是世界上第一个取得营业执照的商业广播电台匹兹堡 KDKA 广播电台开始播音，此后无线电广播如雨后春笋般在世界各国普及，与此同时，收音机产品开始进入大众消费市场。

1922年，英国 BBC 电台诞生。

1926年，美国 NBC 和美国 CBS 广播电台开张。

1947年，美国贝尔实验室的肖克莱、巴丁和布拉顿三人研制成功世界上第一个晶体管，并于1948年6月向美国专利局申请晶体管发明专利；1956年，肖克莱、巴丁和布拉顿三位科学家因发明晶体管共同获得诺贝尔物理学奖。

1954年，由美国工业发展工程协会（I.D.E.A.）和德州仪器（Texas Instruments）联合发明了世界上第一台商用晶体管收音机 Regency TR-1，它配备了四个晶体管来代替电子管，但无法达到电子管收音机的音质。不久后，德国、日本、苏联、荷兰等国都相继研制和大规模生产晶体管收音机，至此无线电广播真正走进了千家万户。

世界上第一台商用晶体管收音机 Regency TR-1

二、中国收音机发展史

民国时期市面上流行的收音机主要有三大类：一是舶来品；二是组装机；三是国产机（其实未全部国产，至少电子管要进口）。如果将民国时期的收音机状况作一简单分期，大致可以划分为三个时期：1923—1934 年为一期，洋货一统天下；1935—1945 年为二期，以亚美公司 1651 型五灯收音机问世为标志，国产收音机开始参与国内收音机市场的竞争；1946—1949 年为三期，进口的美国收音机以及引进美国生产线组装的美国收音机成为收音机市场的主流。

1923 年 1 月 23 日，美国人奥斯邦氏与华人曾君创办中国无线电公司，在上海成立了中国第一家广播电台并首次播送广播节目，同时出售收音机。当时上海地区约有 500 台收音机接收该电台的广播节目，这是上海地区出现的最早一批收音机。之后，随着永安、新孚、开洛等广播电台相继建立，收音机在上海地区逐渐兴起，均为舶来品，以美国的品类最多，其种类一是矿石收音机，二是电子管收音机，市民多喜用矿石收音机。

中国无线电厂早期播送广播节目图

中国无线电厂大楼
（今上海外滩广东路 51、59 号）

1924 年 8 月，北洋政府交通部公布装用广播无线电接收机暂行规定，允许市民组装收音机，收音机以再生式接收电路为主。同年 8 月，上海俭德储蓄会颜景熠成功研制超外差式收音机。翌年 10 月，亚美无线电股份有限公司在松江图书馆内试验组装的矿石收音机与电子管收音机获得成功，不仅接收到上海电台的无线电电波，同时也接收到日本电台所播的音乐节目。

1933 年 10 月，亚美无线电股份有限公司生产了 1001 号矿石收音机，其外形小巧美观，价格低廉，收音良好，受到市民欢迎。1935 年 10 月，该公司生产出第一台 1651 型超外差式五灯收音机。该机除电子管和碳质电阻外，所用的高周与中周变压器及电源变压器和线圈均自行设计制造。此后，一批无线电制造厂相继开始生产收音机。其中以中雍无线电机厂规模较大，仅次于亚美无线电股份有限公司，1936 年生产出标准三回路一灯收音机与直流三灯收音机等产品。此外，尚有华昌无线电机厂、亚尔电工社等，都先后生产过一灯到五灯收音机。虽然生产手段较为落后，产品数量也不多，但这些产品在国内无线电制造业中占有一定地位。

亚美第 1001 号矿石收音机海报　　　　　　　　　　　　　　　　五管外差式收音机海报

　　1936 年，随着广播电台事业的发展，收音机在上海全市逐步普及，总数在 10 万台以上，但几乎都是国外制品，使得国内民族无线电制造业发展缓慢。1937 年 7 月，抗日战争全面爆发，上海无线电制造业进一步受到打击。1942 年，侵沪日军禁止市民使用七灯以上的收音机，并强迫市民拆除收音机的短波线圈，各无线电制造厂在日伪统治下，生产陷于停滞状态。

　　1945 年抗日战争胜利后，上海民族无线电制造业得到恢复，同时又发展了一批新的无线电厂商。1947 年，上海电器工商业共有 590 家，其中无线电工商业为 235 家。同年，国民政府资源委员会在上海建立研究所，制成资源牌台式和落地式八灯高档收音机。但由于官僚资本企业从国外进口大批成套无线电零件，低价销售组装收音机，给民族无线电制造业带来新的打击。至上海解放前夕，上海电讯工业约有 30% 以上的工厂处于停工或半停工状态，从事收音机及其零件制造的工厂仅剩 7 家，从业人员共 113 人。

　　1949 年新中国成立，经济还非常落后，政府采取"举国体制"，集中力量研制收音机，建立一批重点骨干无线电企业，南京无线电厂、上海广播器材厂、北京无线电厂应运而生。

1986 年南京无线电厂全貌图

1953 年，中国制订第一个五年计划，774 厂开始组建，苏联、德国援建，曾经一度是中国乃至亚洲最大的电子管厂，后转型为京东方（BOE）。1956 年，周恩来总理发起"向科学进军"的号召，国产第一部半导体著作《半导体物理学》由此诞生，同时国家发布《1956—1967 科技发展远景规划》，半导体作为国家生产与国防紧急发展领域。随后，教育部将北京大学、复旦大学、吉林大学（原东北人民大学）、南京大学和厦门大学 5 所高校相关师生召集到北京大学，开办中国第一个半导体培训班，谢希德和黄昆主讲半导体物理学，并指导学生进行半导体物理研究。这个培训班培养了中国第一批半导体人才，后来都成为半导体领域有名的院士、专家，包括中科院院士王阳元、工程院院士许居衍、微电子专家俞忠钰等。

1953 年，南京无线电厂生产了中国第一台"红星牌"电子管收音机。该厂生产的红星牌 502 型收音机是第一部全国产化的五灯收音机定型产品，在中国收音机工业史上具有重要的地位。

1958 年 3 月 11 日，工程师张元震领导试制小组，试制出国内第一台晶体管收音机，木质外壳带提手，整机长 27cm，成为名副其实的便携式收音机。

中华人民共和国第一台晶体管收音机

上海无线电器材厂用国产锗晶体管，于 1959 年国庆十周年前夕组装出美多牌 872-1-1 型便携式 7 管中波段超外差式收音机 300 台并投放市场，首次实现了国产晶体管收音机商品化。

1962 年 9 月 15 日，上海无线电三厂在上海元件五厂和电子元件制造业各厂的配合和支持下，试制成功国内第一台全部采用国产元器件的美多牌 28A 型便携式八管中短波段晶体管收音机。10 月投入生产，并建成第一条晶体管收音机流水生产线。该机采用超外差式线路，中短波用磁性天线，机内有特制高灵敏度扬声器，声音洪亮动听，上市后就引起了轰动。1963 年底，该厂试制成功美多牌 27A 型袖珍式七管中短波段晶体管收音机。27A 型、28A 型及其后续改进型系列产品成为上海无线电三厂 20 世纪 60 年代到 70 年代的主要产品，深受用户欢迎。

美多牌 28A 型半导体收音机海报   美多牌 28A 型收音机制作现场

从 1967 年开始，国产电子管收音机的生产开始大幅收缩，新品种的开发几乎停滞，1970 年后，国产收音机逐渐迈入晶体管阶段。

1971 年，改名红旗的牡丹收音机恢复使用牡丹品牌。它是那个年代的高档家电、少有的创汇高科技产品，还曾被作为国礼送给亚非拉的外国友人。

1971 年 10 月，北京无线电厂接到了"北京市关于在北京饭店及主要星级饭店配备国产高级半导体收音机"的任务。那一年，"乒乓外交"使中美关系迅速解冻，联合国恢复了中国的合法席位。

为了展示中国电子工业水平，亦为了使来中国大饭店居住的国际友人能够及时地收听到来自自己国家的消息和声音，北京无线电厂立即组成了北京饭店高级半导体收音机设计小组，确定了牡丹 2241 调频调幅全波段台式一级收音机的设计方案。

经过一段时间的研制，牡丹 2241 傲然开放。北京无线电厂前总工程师严毅回忆说，测试接收效果时，将牡丹 2241 收音机与日本索尼（SONY）的一台同类的收音机进行了比较，牡丹 2241 型的接收效果毫不逊色。那台索尼的机器在日本被称作收音机之王，牡丹 2241 应该是中国的收音机之王。

牡丹 2241 型全波段半导体收音机海报

牡丹 2241 是北京无线电厂牡丹系列晶体管台式机的经典作品，但北京无线电厂值得骄傲的却远不止 2241。实际上，20 世纪 50 年代至 90 年代，北京无线电厂的牡丹牌收音机在北京乃至全国一直占据着主导和领先地位，它曾被誉为中国收音机的"四大名旦"之一，名扬海内外。

　　1975 年，上海一〇一厂开发成功海燕牌 T241 型十二管四波段交流二级台式收音机，以晶体管取代电子管。该机在全国第七、八届收音机评比中连续获得一等奖，1981 年 9 月，为上海广播电视制造业首获国家质量银质奖。该机质量稳定可靠，平均无故障工作时间达 7300 小时。灵敏度高，选择性好，输出功率大，城乡、边疆地区均适用。机内装有 6 英寸和 4 英寸 ×6 英寸扬声器各一只，配以大型木壳，外形布局合理，富有时代感，声音洪亮，音质优美。

海燕牌 T241 型收音机

　　1981 年，上海群益无线电厂开始研制单片集成电路收音机，翌年，试制成功蝴蝶牌 200-A 型调频调幅三波段便携式集成电路收音机，成为上海地区较早实现收音机生产集成化的工厂之一。该厂 202 型收音机在全国第八届收音机质量评比中获一等奖，200-A 型便携式调频调幅三波段收音机获国家经济委员会优秀新产品奖。

　　1984 年 5 月，上海科学仪器厂研制成功 S-201 型袖珍式调频调幅立体声收音机，填补了国内袖珍式立体声收音机的空白。1984 年 12 月 26 日，上海无线电四厂预选台汽车收音机技术及设备改造项目竣工验收，并投入生产。1985 年，上海群益无线电厂推出蝴蝶牌 115 型袖珍式调频调幅立体声超薄型收音机，全机采用四块集成电路，性能稳定可靠，是国内最薄的袖珍式立体声收音机之一。20 世纪 80 年代中期，上海无线电三十五厂先后生产了单价仅 14 元的世界牌单波段袖珍式收音机和价格 20 元的单波段便携式收音机。这些收音机或以名牌优质或以款式新颖和价格低廉之优势，在市场总需求量下降的趋势下仍然供不应求。

　　可以说收音机是中国在电子设备领域核心元器件国产化程度上最早也最完备的一类产品。

第二节 收音机品牌和厂家介绍

一、外国收音机品牌和厂家

（一）美国阿特沃特肯特制造公司 Atwater Kent Manufacturing Company

阿特沃特肯特制造公司由阿特沃特·肯特（Atwater Kent，1873—1949 年）创立，于 1902 年至 1936 年间在美国费城运营。

1921 年，该公司生产了第一个收音机组件，并销售由早期收音机爱好者可以组装的"breadboards（面包板）" DIY 套件。同年推出了 Model 5 作为主要的促销产品。1923 年，阿特沃特肯特制造公司生产出完整的收音机，并于当年的圣诞节推出了 Model 10 。随后推出了 Model 9 以及一系列"breadboards" DIY 套件。1924 年，公司搬迁至位于费城北部的 Wissahickon 大道 4745 号、耗资 200 万美元的新工厂。该工厂分部分建造，最终占地 32 英亩（13 公顷）。

Atwater Kent 收音机工厂 （Ballinger 于 1923 年设计）

1925 年，阿特沃特肯特制造公司成为美国最大的收音机制造商，还赞助了广受欢迎的"阿特沃特肯特时光"（The Atwater Kent Hour），这是一个从 1926 年到 1934 年在 NBC 和 CBS 上播出的收视率最高的广播音乐会音乐节目。该节目以顶级娱乐节目为特色，成为那个时代美国最受欢迎和最受好评的常规广播节目之一。在 1929 年的鼎盛时期，该公司雇用了 12000 多名工人，生产了近 100 万台收音机。其型号包括售价 105 美元的金属柜七电子管 Model 57 和售价 80 美元的木柜八电子管 Model 60 。该工厂本身保持一种有趣的桁架设计，每年接待数百名游客前来观看。到 1931 年，该公司宣称已生产超过 300 万台收音机。

Atwater Kent 收音机工厂组装车间

大萧条的爆发导致大众对阿特沃特肯特昂贵收音机的需求大大减少。该公司通过生产更小的桌面收音机来适应消费者的需求，但肯特在质量上绝不妥协。但由于公司超外差电路专利的到期，导致了廉价的超外差五电子管收音机的扩散，加剧了其销量的下降。其他公司可以轻松进入收音机制造市场，而无须投入像肯特公司同等水平的投资资本用于生产，其生产过程依赖于重金属压力机来生产该公司相对较大的调谐射频（TRF）型收音机底座。肯特于 1931 年解散了他的设计工程设备部门，并于 1936 年关闭了他的收音机工厂。当地的主要竞争对手 Philco 收购了这家关闭的工厂并在那里生产冰箱。

1938 年，肯特购买了富兰克林研究所前总部大楼并将其捐赠给费城政府，帮助建立了费城城市历史博物馆，该博物馆于 2012 年更名为阿特沃特肯特费城历史博物馆。

（二）美国珍妮斯电子 Zenith Electronics

Zenith Electronics 由 Ralph Matthews 和 Karl Hassel 在 1918 年创建于美国芝加哥，很快就以其高质量的收音机和电子创新而闻名。珍妮斯电子在 1924 年推出了第一台便携式收音机，1926 年推出了第一台可批量生产的交流收音机，1927 年推出了按钮调音收音机，20 世纪 30 年代推出了宣称不需要使用单独发电或电池的型号为 460 的汽车收音机，当时售价高达 59.95 美元。1940 年，Zenith 建立了美国最早的 FM 电台之一——芝加哥的"WWZR"，后被称为"WEFM"，它是最早的 FM 调频多路立体声电台之一，于 1961 年 6 月首次播放立体声广播。

该公司还发明了无线遥控器和 FM 多重立体声等技术。1995 年，韩国 LG 电子收购了 Zenith 的股份获得了其控股权，Zenith 于 1999 年成为 LG 的全资子公司。

（三）德国萨巴公司 Saba

Saba 最初是一家钟表制造公司，由 Joseph Benedikt Schwer 于 1835 年在德国特里贝格创立。1918 年，该公司将其业务转移到维林根以继续扩张，并开始生产广播接收器的零部件。

1918 年的 Saba 厂房

1923 年，Schwarzwälder Apparate-Bau-Anstalt（Saba）作为一个德国电子设备品牌正式成立。不久，创始人的孙子 Herman Schwer 开始制造耳机和收音机零件。在此基础上，他开发了从无线电元件和配件到无线电接收器的全系列产品。1927 年，Saba 成为一家真正的收音机制造商。1931 年，就销售而言，这是非凡的一年。传奇的 Saba Radio Type S-35 一年产量超过 100000 台。Saba 首次向市场推出动圈式扬声器，该扬声器很快成为畅销产品。

公司不断发展壮大，几年后员工人数达到 800 名，并开发出世界上第一台具有广播节目搜索和所有波段自动微调功能的无线电收音机。

1960—1970 年，Saba 在弗里德里希港的新工厂开始生产磁带录音机。

1975 年，Saba 成为美国 GTE International 公司 100% 控股的子公司。

随后，欧洲消费电子集团 Thomson-Brandt（总部位于巴黎）收购了 Saba 的制造和分销业务。

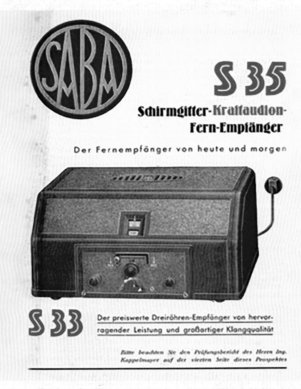

1931 年 Saba Radio Type S-35 产品海报

1994 年，Saba 推出了由著名的 Philippe Starck（时任 Thomson-Brandt 消费电子首席创意总监）设计的多款产品，其中有创新外形的小型收音机 Oye-Oye。

2011 年，Technicolor（前 Thomson-Brandt）集团开始发展 Saba 在电视、音像、小家电和大家电等各个品类的商标授权业务。

（四）德国德律风根无线电报公司 Telefunken

　1903 年 5 月 27 日，在德皇威廉二世的领导下，西门子 & 哈尔斯克有限公司和德国通用电气公司的无线电报部门合并，成立了德律风根无线电报公司。

　1923 年，德律风根开始生产收音机。

1967 年 Telefunken 工厂照片

　1925 年，德律风根第一个广播网开播。

　1935 年，在柏林举行的第八届德国广播展上，德律风根展示了世界上第一款磁性录音机。

　1950 年，德律风根展示了第二次世界大战后的第一个便携式移动无线电收音机。

　1970 年，德律风根带来了视听系统 TED（电视光盘）的全球首次演示，并创造了数字数据存储媒介——迷你光盘（MD）。

　1979 年 6 月 21 日，公司更名为 AEG-Telefunken 股份公司。

　2007 年，Live Holding AG 公司收购了德律风根的商标所有权。

（五）德国根德公司 GRUNDIG

　1945 年，法国人马克斯·根德正式注册“GRUNDIG”根德品牌，将自己初期成立的靠收音机修理和出售零件和配件的 Radio-Vertrieb 公司改名为“根德公司”。

　1947 年，根德公司正式生产一种三波段超外差收音机，这是德国战后第一部超外差收音机。1948 年，根德公司生产出第一台完整的四电子管六通道外差收音机—— the Weltklang，到 1949 年根德公司已生产 15 万台收音机。1950 年，根德公司已经成为一家大量生产 FM 收音机的厂家。

　1952 年，根德公司研制出了第一台便携式磁带录音机——Reporter 500 L 并取得很大成功。

德律风根收音机海报

1956 年，根德公司推出德国第一部手提式晶体管收音机。1958 年推出第一对立体声音箱和第一部立体声磁带录音机。

20 世纪 60 年代，根德推出晶体管迷你收音机并开始生产 HiFi 调谐器，小型卡带录音机。1968 年，根德公司推出欧洲第一款带有内置均衡器的 HiFi 放大器。

20 世纪 70 年代，根德公司除生产各种收音机外，还生产卡式录音机座、电视机、汽车收音机、开盘式磁带录音机等产品。

1972 年，根德公司改组为根德股份公司。此后飞利浦开始增持根德公司的股份，直至 1993 年，完全控股了根德。1998 年，因业绩不佳，飞利浦将根德公司出售给一家巴伐利亚的财团。

（六）日本松下电器株式会社 Panasonic

松下创始人：松下幸之助

松下电器，全名为 Panasonic 控股株式会社（日语：パナソニックホールディングス株式会社），是源自日本的跨国电机制造商，也是日本前八大电机企业之一，创立于 1918 年，总部位于大阪府门真市。公司旧称松下电器产业株式会社，于 2008 年改名，包含生产白色家电与居家用品的"国际牌"（National）在内，品牌于全世界同步改名为"Panasonic"。

松下收音机产品生产历程如下：

1931 年，开始生产收音机。

1932 年，收购收音机重要部分的专利，无偿向同行业厂商公开，有助于战前电子行业的发展。

1992 年 8 月，发售了支持 AM 立体声广播的第 1 号便携式收音机 RF-U09。

2006 年 11 月，完全停止生产支持 AM 立体声广播的收音机，最终生产型号为 RX-FT53。

松下 1933 年总部

（七）日本三洋公司（SANYO）

三洋公司

三洋 SANYO 是日本的一家有悠久历史的大型企业集团，总部位于日本大阪，产品涉及众多电子领域。

三洋电机由井植岁男（1902—1969 年）于 1947 年成立，并于 1950 年组成株式会社，创办人为松下幸之助的内弟以及松下电器前雇员。该公司的名字在日语中的意思为"三个海洋"，指的是该公司的创办人有将他们的产品销售到世界各地，横跨大西洋、太平洋与印度洋的抱负。

收音机产品历史：

1952 年，第一批 SS-52 塑料壳收音机开始销售。

1956 年，开始生产第一批 6C-1 晶体管收音机。

1958 年，与美国频道老板公司签订关于晶体管收音机的协议，开始了三洋 OEM 的历史。

1960 年，住道收音机厂开始生产 S-21MR 型录音机。

二、中国收音机品牌和厂家

（一）公私合营上海亚美电器厂

1924 年 10 月，由民族工商业者苏祖斐、苏祖光姐弟等 7 人合资创办的亚美股份有限公司是中国自行生产并经营国产电子管收音机最早的企业之一，先后设立制造厂、门市部、修理部、无线电广播电台和编辑出版部，制造供应无线电零件、器材和出版图书，并自行设计制造矿石收音机和电子管收音机。出版《无线电经营汇刊》向全国发行，出版《业余无线电精华》《实用无线电修理要诀》《无线电初学阶段》等，传播无线电知识。

1935 年 10 月，该公司自行设计、生产出国内第一台 1651 型超外差式五灯中波收音机，成为国内第一家实现收音机商品化的企业。

1952 年 7 月，亚美无线电股份有限公司及修理部、制造厂与亚南制造厂和衷行合并，更名为亚美机电股份有限公司，下设亚美机电股份有限公司第一制造厂、第二制造厂。

1955 年 9 月 28 日，亚美机电股份有限公司第二制造厂改名为公私合营上海亚美电器二厂，隶属第三机械工业部十局，转为生产电子测量仪器的专业厂。

1957 年 5 月 6 日，公私合营上海亚美电器二厂改名为公私合营上海亚美电器厂。

1966 年 10 月，改名为上海无线电二十六厂。

上海无线电二十六厂

亚美电器厂厂区

（二）上海一〇一厂

该厂前身系日商同兴纺织株式会社戈登路（今江宁路 1433 号）第一工场（简称同兴纱厂），1920 年由谷田房雄氏创办，1941 年改为侵华日军的同兴小川工业公司军服工厂。抗战胜利后，改为国民党军政部上海被服总厂第二分厂。1946 年又改为联合勤务总司令部上海被服总厂。上海解放后，改为中国人民解放军总后勤部军需生产第一〇一厂。1958 年改称上海服装厂，专营服装生产。1969 年 9 月 30 日，由生产军服转产为生产广播电视整机工厂，仍名"一〇一厂"，划归上海市仪表电讯工业局管辖。上海一〇一厂产品使用红波、海燕、云燕、一〇一牌等商标。1981 年，该厂收音机产量突破 100 万台，居全国同行业之首。

20 世纪 80 年代末，由于改革开放，一〇一厂效益下滑，被电真空公司兼并。

上海一〇一厂工人体验产品

（三）上海广播器材厂

上海广播器材厂，原名华东人民广播器材厂，创建于 1952 年 7 月 21 日，是上海市第一家国营无线电骨干企业，也是无线电相关的军工企业，技术和质量都在国内居于领先地位，曾生产全国第一批彩色电视

上海广播器材厂 160、161 系列收音机

机和电视转播设备，主要产品有军用雷达、收音机、电视机。上海广播器材厂简称"上广"或"上广电"，生产的收音机使用"上海牌"商标。

1952年7月21日，以原上海人民广播电台所属的广播材料科（服务部）为基础，扩建成为上海的第一家国营无线电整机骨干企业——华东人民广播器材厂。

1953年4月，更名为上海人民广播器材厂。

1955年1月，再次更名为国营上海广播器材厂，2月，该厂生产出第一批国产化155型五灯电子管收音机。

1952—1959年间，该厂生产的主要民用产品是收音机和扩音机，其中收音机共研制生产了13种58个型号。1953年到1957年，该厂收音机总产量一度占同期全国收音机总产量的25.6%。

（四）上海无线电二厂

上海无线电二厂的前身是上海利闻无线电机制造厂，成立于1939年11月，生产的第一台收音机是飞乐牌一灯矿石两用收音机。

1959年7月，上海利闻无线电机制造厂与东方电气厂合并。

1960年7月，上海利闻无线电机厂进行拆分重组，其中无线电和放大器车间与上海申新第二棉纺织厂、上海高频电炉厂、万利电机厂、王松记电镀厂合并组成"上海无线电二厂"，简称"上无二厂"。扬声器车间更名为"上海第十一无线电厂"，其余部分重组为"复旦电气设备厂""万里电气设备厂""天河电气和化工工业团体"和"中兴无线电设备厂"。

1962年，上海131工厂并入上海无线电二厂。建厂初期主要生产收音机、扩音机以及各种电讯变压器等，生产的收音机采用飞乐、红灯、工农兵牌商标，除畅销国内市场外，在20世纪60年代出口香港、东南亚、南美及非洲等地区。自1971年到1983年，共生产红灯牌711型收音机185.5万台，创国内单一型号产品销售量的最高纪录。

1985年5月，建成了一条年产3万台"红灯"牌收录机生产线。产品质量已达到名牌产品要求。

20世纪70年代上海无线电二厂红灯牌753型收音机生产流水线

1985 年，上海无线电二厂车间图（张刘仁　摄）

（五）上海无线电三厂

1958 年 4 月，宏音无线电器材厂、公利电器厂等合并成立上海无线电器材厂。1960 年 8 月，上海无线电器材厂的一部分和永安第三棉纺织厂合并组建上海无线电三厂，生产的收音机使用"美多""春雷"牌商标。

1962 年 9 月，该厂研制成功了国内第一台全部用国产元器件的美多牌 28A 型便携式中短波晶体管收音机。1964 年 5 月，该厂自行设计生产了国内第一台 239 型全晶体管短波通信机。

上海无线电三厂

春雷牌收音机

重 要 说 明

我厂生产的收音机，原名美多牌，这是过去资本家取的臭名字。

随着无产阶级文化大革命的深入开展，我们决不让它再继续存在下去。因此，我厂经过革命群众的讨论，定名为红旗牌。

但我厂为了节约国家资金，而将原美多牌的说明书及后门板上的结构排列图，仍予利用，祈请谅解。

上海无线电三厂启

一九六六年十月四日

美多牌改红旗牌情况说明

（六）上海无线电四厂

1960 年 7 月，由 80 余家小厂合并到开利无线电机厂，改名为上海无线电四厂，简称"上无四厂"，曾获得"国家一级企业"的光荣称号。生产的收音机使用"凯歌牌""宝石牌"商标。主要生产五灯电子管收音机、电唱收音两用机、电视机等。该厂还是第四机械工业部定点的军舰雷达生产厂家，也是当时汽车用收音机的国内唯一生产厂。

1961 年 10 月，全国第三届广播接收机评比中，该厂生产的凯歌 593-2 型、593-4 型收音机分别获得第一、第二名。1962 年 11 月，上海仪表专用机械厂并入该厂。

上海无线电四厂

凯歌牌、宝石牌收音机海报

上海无线电四厂车间图

（七）国营汉口无线电厂（上海无线电厂）

上海无线电厂的前身为 1949 年 8 月在上海建立的 710 空军通信器材维修厂，1953 年 7 月更名为上海无线电厂，1957 年 5 月由上海迁至汉口，改名为国营汉口无线电厂。该厂是中国高档收音机研制的先行者，"上海""东方红""卫星"等是该厂收音机产品的著名品牌。早在 1955 年，该厂便已生产出东方红 723 型七管高级电子管收音机。1956 年《无线电》第 9 期详细介绍了已经上市的东方红牌 723 型收音机。同年第 12 期又介绍了该厂另一款产品——友谊牌 722-551 收音电唱两用机，收音部分也是 7 管，与东方红收音机相同。此后更生产出远程牌 9 管高级转播收音机。该厂早期的收音机与他厂不同，除整流管与调谐指示管外，均采用小型电子管，以便今后更换。

国营汉口无线电厂产品海报

（八）中原无线电厂

中原无线电厂是由上海早期私营小企业合并而成，1949 年 8 月在上海建立，1957 年 3 月内迁武汉，此厂是国家重点大型企业，除早期生产收音机外，后来主要从事军工生产。1962 年中原无线电厂试制的半导体收音机就是著名的东湖牌 B-341 型四管便携式半导体收音机。

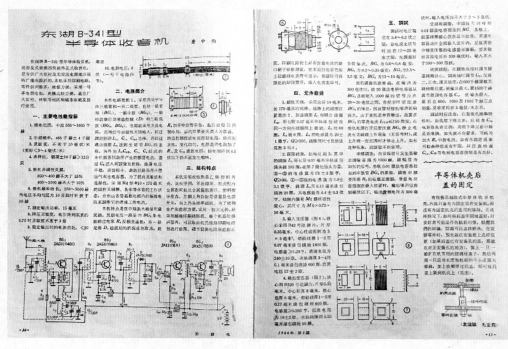

中原无线电厂 B-341 型收音机说明书

（九）北京无线电厂

北京无线电厂成立于 1956 年 3 月，初名公私合营北京广播器材厂；1958 年 7 月改为国营，更名为北京无线电器材厂；1959 年 1 月更名为北京电子仪器厂；1964 年 6 月更名为北京无线电厂。北京无线电厂成立之初便是北京市的骨干电子企业，同时也是当时国家收音机研制生产的三大基地之一（另两家是南京无线电厂和上海广播器材厂）。国标特级、一级电子管收音机基本上都出自上述三家无线电厂。

北京无线电厂全景

1970 年北京无线电厂组装车间

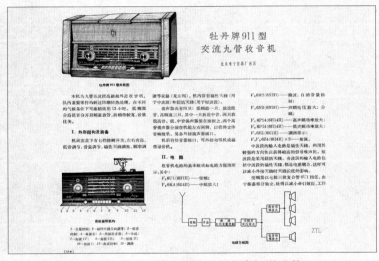

北京无线电厂牡丹牌 911 型收音机说明书

（十）南京无线电厂

南京无线电厂，军工代号"714 厂"，前身是湖南电器制造厂，1936 年在湖南成立，是中国最早的国营无线电厂。1941 年迁到南京，改名为中央无线电器材有限公司，中华人民共和国成立后更名为南京无线电厂，是当时全国规模最大、技术力量最雄厚的无线电厂。以制造收音机、无线电通信设备为主。抗战时期生产的发射机被美国援华空军的飞虎队使用。

1949 年中华人民共和国成立后，工厂回到人民怀抱，以生产大众需要的家用电器和收音机为主，也生产军用的报话机。抗美援朝时期，志愿军的部分报话机就产自这里。

1952 年，该厂利用剩余的美国 RCA 元件加上部分国产件，生产出红星牌 501 型电子管五灯收音机。1953 年，南京无线电厂制造了中国第一台全国产化的电子管收音机——红星牌 502 型五灯收音机，并大量投放市场。当时为了给产品注册一个新商标，有人建议，熊猫是国宝，可以此命名，于是"熊猫牌"成为南京无线电厂产品的商标，之后工厂又改名为 714 厂。

20 世纪 40 年代工厂全貌

后新建南京无线电厂

工人们在制作熊猫牌收音机

1956 年 1 月毛主席视察南京无线电厂

1959 年，为了向国庆十周年献礼，特生产了"熊猫牌"收、录、唱用一体机高级组合音响，这部音响主要是给中央首长和国家重要机关单位使用，包括人民大会堂。同时也被周总理作为国礼送给外国元首。20 世纪 90 年代后，改名为中国熊猫电子集团。

熊猫电子集团工厂

（十一）南京东方无线电厂

南京东方无线电厂是南京无线电厂的副牌，后改名南京大桥机器有限公司，从事收音机整机生产，成立于 20 世纪 50 年代，主要生产大八脚电子管收音机、晶体管收音机、扩音机等，1963 年开始规模化生产销售半导体收音机，于 20 世纪 90 年代停产。其中红星 504 型电子管收音机是其经典产品。

南京东方无线电厂

（十二） 吉林省无线电厂

吉林省无线电厂是国内研制半导体收音机较早、产品覆盖面较广、影响较大的厂家。该厂生产的梅花鹿牌 JB163-AJB363、JB464 型台式机、JB664 六管袖珍半导体收音机，不但当时深受市场欢迎，而且是今日收藏者热捧的机型。

吉林省无线电厂生产的 梅花鹿牌收音机

（十三）广州市曙光无线电仪器厂（广州曙光无线电厂）

广州市曙光无线电仪器厂成立于 1956 年，原名为广州曙光无线电修配生产合作社，主要从事收音机、扩声机的修理，并开始试制收音机和扩音机，同年开始试制海鸥牌电子管五灯交流收音机。

1957 年开始小批量投产，当年共生产了 181 台，1958 年正式改名为地方国营广州曙光无线电仪器厂，后改为广州曙光无线电厂。1959 年，开始生产红棉牌六灯电子管交流电收音机。

1963 年，推出复式三管中波段珠江牌晶体管收音机，这种收音机经多次改进，成为华南地区最早的收音机出口商品。从此，广东省收音机逐步由电子管向晶体管过渡。

20 世纪 70 年代初，广州曙光无线电厂成功研制的珠江牌 SB6-8 型袖珍式收音机，因其外形小、灵敏度高、音质好，成为国内市场上的畅销品，也是广州曙光无线电厂首次推向国际市场的产品，曾大量出口东南亚各国。1974—1987 年，该厂累计生产收音机 140 多万台。

广州市曙光无线电仪器厂产品海报

（十四）广州无线电厂

广州无线电厂成立于 1956 年，前身是国营广州无线电装修厂，以维修收音机、扩音机为主，同年开发红棉牌五灯交流收音机。

1958 年，改为地方国营广州无线电厂，是中国最早部属的电子骨干企业之一，主要研制和生产通信、导航、航空管制等设备以及收录机、电视机、高级音响等家用电器，为中国通信导航领域的多个重大成果作出了重要贡献。

广州无线电厂大楼及产品海报

广州无线电集团

自 1959 年开始生产红棉牌六灯电子管交流收音机，同年生产的广州牌 231 型收音机获第一届全国收音机观摩评比一等奖。20 世纪 60 年代生产的金穗牌系列超外差三波段收音机很受市场欢迎。

1979 年，广州无线电厂自行设计、研发、生产了其第一台收录机。

1995 年 2 月 28 日，广州无线电厂通过转型改革成立了广州无线电集团。

（十五）广州南方无线电厂

广州南方无线电厂成立于 1956 年，原名为广州南方无线电机生产合作社，主要维修收音机、扩音机。

1964 年，该合作社的无线电车间与两个无线电修理门市部合并，成立广州南方无线电仪表生产合作社。

1969 年，南方无线电仪表生产合作社与广州无线电元件二社、七社及无线电机箱社合并，成立了广州无线电合作一厂。

1974 年更名为南方无线电厂，生产南方牌电子管交流收音机和四波段超外差晶体管收音机。

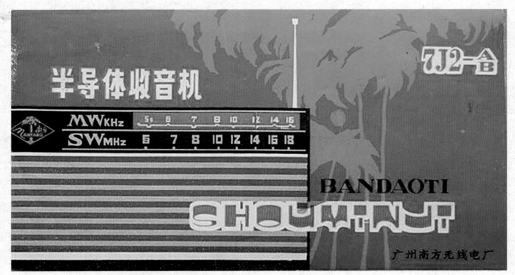

广州南方无线电厂产品海报

（十六）广东省佛山市无线电一厂

1979 年，在第七届全国收音机评比中，广东省佛山市无线电一厂生产的钻石 771 型袖珍收音机获二等奖。

钻石牌晶体管收音机产品海报

1979 年，该厂引进国外收音机生产线，使广东国产收音机的质量和产量大大提高。1980 年被评为省优产品。同时还生产组合音响，当年该厂有一句广告词"钻石音响，人人赞赏"，深入人心。

（十七） 东莞市德生通用电器制造有限公司（Tecsun）

东莞市德生通用电器制造有限公司于 1994 年成立，以生产收音机等消费类电子电器产品为主。德生公司收音机产品包括调频调幅收音机、数字调谐式收音机、短波二次变频收音机、数字显示多波段收音机、手摇发电环保型收音机、广播爱好者收音机以及专业型收音机等，德生（Tecsun）已经成为收音机行业中一个受用户信赖的品牌。

自 1996 年起，德生公司开始为国际名牌厂商生产收音机，同时也用自己的品牌生产出口产品，收音机产品远销美国、加拿大、俄罗斯、欧洲、东南亚、中东等国家和地区。

东莞市德生通用电器制造有限公司

第三节 馆藏收音机概览

一、矿石收音机

现在人们习惯把那些不使用电源，电路里只有一个半导体元件的收音机统称为"矿石收音机"。矿石收音机是指用天线、地线以及基本调谐回路和矿石做检波器而组成的没有放大电路的无源收音机，它是最简单的无线电接收装置，主要用于中波公众无线电广播的接收。1910 年，美国科学家邓伍迪和皮卡尔德用矿石来做检波器，故由此而得名。

由于矿石收音机无需电源，结构简单，深受无线电爱好者的青睐，一直有不少爱好者喜欢自己 DIY 和研究。 矿石收音机一般只能供一人用耳机收听，而且接收性能也比较差，这在当时也客观上制约了无线电广播的普及和发展。

（一）外国藏品

▶ Radiola Kristall 矿石收音机
20 世纪 30 年代
欧洲
长 13.5cm，宽 13.5cm，高 8cm

该收音机玻璃管内置 1 颗活动矿石，中间旋钮作调频用，表面有 2 个天线接口、2 个地线接口、6 个耳机接口，通过外接一款 2000Ω 阻值的 OMEGA 牌耳机收听广播。

◀ Skara Elektriska Affar 矿石收音机
20 世纪 30 年代
欧洲
长 12.5cm，宽 11cm，高 12.5cm

该收音机外部为木质外壳，玻璃管内置 1 颗活动矿石，中间旋钮作调频用，可根据电台远近选择面板上对应的插孔接收信号，通过外接一款 2000Ω 阻值的耳机收听广播。

◄ 矿石收音机
20 世纪 30 年代
欧洲
长 11.5cm，宽 10.5cm，高 14cm

　　该收音机外部为金属外壳，玻璃管内置 1 颗活动矿石，中间旋钮作调频用，底部左边 2 个插孔为耳机接口，右边为天线、地线，通过外接一款 2000Ω 阻值的 Telefunken 牌耳机收听广播。

▲ Esne RDN 矿石收音机
20 世纪 20—30 年代
欧洲
长 12cm，宽 13cm，高 13cm

　　该收音机由 Sachsenwerk 和 Telefunken 两家公司联合出品，外部为金属外壳，玻璃管内置 1 颗活动矿石，中间旋钮作调频用，有 3 个天线接口和 1 个地线接口，侧面有低频放大器接口可外接功放，通过外接一款 2000Ω 阻值的 NORA 牌耳机收听广播。

（二）中国藏品

▶ **个人 DIY 矿石收音机**
20 世纪 50 年代
中国
长 12cm，宽 4cm，高 8.2cm

　　该收音机是个人 DIY 作品，采用绍兴市电讯厂生产的塑料外壳，机器内置 1 颗活动矿石，面板上有 1 个低频接口和 1 个高频接口可外接耳机，还分别有天线和地线的插孔，中间旋钮作调频用，可接收短波、中波。

◀ **个人 DIY 140-1 矿石收音机**
20 世纪 70 年代
中国
长 18.7cm，宽 10cm，高 7.5cm

　　该收音机属于个人 DIY 产品，玻璃管内置 1 颗活动矿石，面板上有天线、地线和 2 个听筒接口，使用时可滑动线圈来调谐，可接收中波。

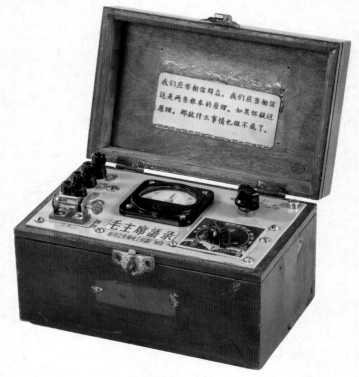

▶ **个人 DIY 矿石收音机**
20 世纪 60 年代
中国
长 21cm，宽 13.5 cm，高 12.5cm

　　该收音机面板和外壳由牡丹江先锋电工仪器厂制造，原产品猜测应是仪器表，后经收音机爱好者改造成矿石收音机，玻璃管内置 1 颗活动矿石，有 4 个接口，分别调节天线、地线、听筒 2 个，有 1 个调谐旋钮和 1 个灵敏度调节旋钮，可接收中波，木箱上贴有毛主席语录。

二、电子管收音机

电子管，又称真空管，是一种在气密性封闭容器（一般为玻璃管）中产生电流传导，利用电场对真空中的电子流的作用以获得信号放大或振荡的电子器件。电子管是电子时代的鼻祖，发明电子管以后，收音机的电路和接收性能产生了革命性的进步和完善。

1904 年，英国物理学家 John Ambrose Fieming 成功研发全球第一只二极真空管。人类第一个电子管的诞生，标志着世界从此进入了电子时代。但这只电子管的主要作用是把交流电变成直流电，即我们俗称的"整流"。

1906 年，Lee De Forest 成功研发全球第一个三极真空管。当年电子管之父弗莱明在屏极与阴极之间加上栅极，让电子管有了放大电流的功能，这时电子管的作用才真正发挥出来。

1930 年以前，几乎所有的电子管收音机都是采用两组直流电源供电，一组作灯丝电源，另一组作阳极电源，而且耗电较大，用不了多长时间就需要更换电池，因此收音机的使用成本较高。1930 年后，使用交流电源的收音机研制成功，电子管收音机才较大范围地走进人们的家庭。但是电子管有体积大、功耗大、发热严重、寿命短、电源利用效率低、结构脆弱而且需要高压电源的缺点，20 世纪 80 年代基本被淘汰。

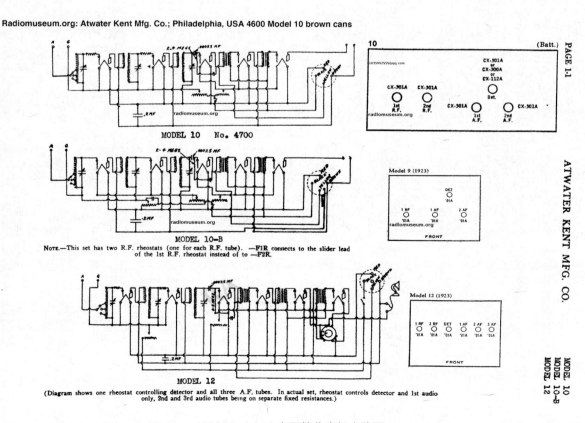

4600 Model 10 电子管收音机电路图

▲ 阿特沃特肯特 Atwater Kent 10 型五灯 * 电子管收音机 +MAGNAVOX R3 扬声器组合
20 世纪 20—30 年代
美国
长 80cm，宽 43.5cm，高 140cm

　　这款组合收音机由美国旧金山的米罗华商业无线电开发有限公司生产的 R3 舌簧喇叭和美国费城的阿特沃特肯特制造有限公司生产的 4600 Model 10 电子管收音机组合而成，其中 4600 Model 10 电子管收音机品相完好，十分珍贵，是 Atwater Kent 推出的 breadboard 系列中最为经典的一款，有 5 个电子管，3 个刻度盘，均用来接收 AM 广播，使广播更加精准和清晰，使用直流电源供电，当时使用一次就需要消耗一块干电池，上市价格高达 104 美元。而 MAGNAVOX R3 则是一款 14 英寸的直颈扬声器，整体采用金属外壳，上市价格为 45 美元。

　　* 注：电子管收音机的"电子管"通常称为"灯"，五灯即为五个电子管。

◀ 阿特沃特肯特 Atwater Kent E3 扬声器
+Atwater Kent 49 六灯电子管收音机组合
20 世纪 20—30 年代
美国
长 53.5cm，宽 16.5cm，高 16.5cm

　　该组合底座是 49 型收音机，采用木质
外壳，内含 6 个电子管，有 4 个功能旋钮，
其中一个调节 AM 广播，使用直流电源，该
收音机上市价格高达 68 美元。外接同品牌
E3 的舌簧扬声器，该扬声器采用金属外壳，
中间是花卉造型，配有棕色网格布，上市价
格高达 80 美元。

▶ 阿特沃特肯特 Atwater Kent F2 扬声器 +Atwater
Kent 46 八灯电子管收音机组合
20 世纪 20—30 年代
美国
长 43.5cm，宽 26cm，高 21cm

　　该组合底座是 46 八灯电子管收音机，采用金属外
壳，内含 8 个电子管，有一个开关拨杆，两大一小共 3
个功能旋钮，其中一个调节 AM 广播，上市价格高达 83
美元。外接同品牌 F2 型号的励磁喇叭，该喇叭为 11 英
寸，采用金属外壳，中间是菱形图案，配有棕色网格布。

◀ **四灯电子管再生收音机**
20 世纪 40 年代
日本
长 46cm，宽 32cm，高 32.5cm

　　该收音机采用木质底座，两侧后期各装配一块半透明塑料板，可从外部直接观察内部结构。内含 4 个电子管，外接 MA 牌的舌簧喇叭。有 3 个功能旋钮，分别调节"调频""音量"和"再生"，面板中间加装了 1 个电源开关，可接收中波。

▶ **五灯电子管超外差收音机**
20 世纪 40—50 年代
日本
长 49cm，宽 25.5cm，高 25cm

　　该收音机外壳采用木质外壳，机器正面左右各有一个蛛网线圈用作接收广播信号，内含 5 个电子管，右边旋钮调节高低音、中间旋钮调节音量且是电源开关，左边旋钮调节频道，正中央的调频大旋钮只作装饰用，本机接收 AM 广播，外接 Lion 牌的舌簧喇叭。

◀ **Regentone 五灯电子管超外差收音机**
20 世纪 20—30 年代
欧洲
长 50.5cm，宽 26cm，高 33.5cm

　　该收音机采用木质外壳，内含 5 个电子管，装配 1 个钕磁喇叭，有 4 个功能旋钮，分别调节音调、音量、波段、调谐，可接收长波、中波、短波，使用 110 ～ 240V 的交流电源。

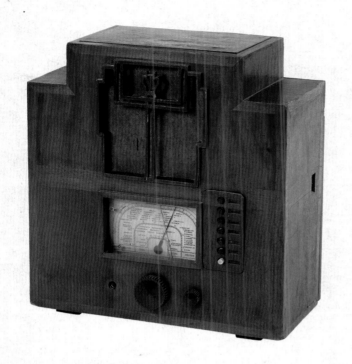

◄六灯电子管收音机
20 世纪 20—30 年代
英国
长 49cm，宽 20.5cm，高 52cm

　　该收音机采用木质外壳，原机内含 5 个电子管，后期额外加装了 1 个电子管，装配 1 个励磁喇叭，有 7 个预设电台按钮，3 个功能旋钮，其中大的为调频旋钮，可接收长波、中波、短波，后期加装 FM 模块。

►GEC 五灯电子管收音机
20 世纪 20—30 年代
英国
长 47.5cm，宽 20cm，高 29cm

　　该收音机由通用电器公司制造，采用胶木外壳，装配 1 个励磁喇叭。内含 5 个电子管，有 6 个预设电台按钮和 4 个功能旋钮，分别调节音调、音量、波段、调谐，可接收中波和长波，使用 190 ～ 250V 交流电源。

◄中波三灯电子管再生收音机
20 世纪 30 年代
日本
长 51.6 cm，宽 31 cm，高 26.5 cm

　　该收音机采用木质外壳，内含 3 个电子管，有 5 个可调节按钮，其中 2 个旋钮调节 AM 广播，需要外接喇叭，使用 110V 交流电源。

◀ Cossor 三灯电子管收音机
20 世纪 30 年代
英国
长 41.7cm，宽 25cm，高 50.5cm

　　该收音机采用木质外壳，内含 3 个电子管，装配 1 个励磁喇叭。有 10 个预设电台按钮，1 个同轴式旋钮调节音量和音调，1 个调谐调节旋钮，可接收长波和短波，使用 200 ~ 250V 交流电源。

▶ Rogers Majestic 11-6C 六灯电子管落地式收音机
20 世纪 30 年代
英国
长 61cm，宽 35cm，高 102cm

　　该落地式收音机采用木质外壳，造型精美，装配 1 个励磁喇叭，内含 6 个电子管，可接收中波，有 4 个功能旋钮，分别调节音调、音量、波段、调谐，由 Fourwave Limited 公司生产。

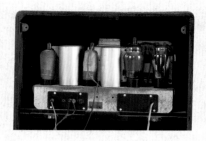

◀ 墨菲 Murphy A30C 四灯电子管落地式收音机
20 世纪 30—40 年代
英国
长 48cm，宽 22cm，高 89cm

　　该落地式收音机采用木质外壳，装配 1 个励磁喇叭，有 4 个功能旋钮，分别调节音调、音量、波段、调谐，内含 4 个电子管，可接收中波 1、中波 2，使用 110 ～ 250V 交流电源。

▶ Marconi 279 六灯电子管超外差收音机
20 世纪 30—40 年代
英国
长 38 cm，宽 22cm，高 46.5cm

　　该收音机由 Marconi Phone 公司制造，采用木质外壳，装配 1 个励磁喇叭，内含 5 个电子管，有 2 个同轴式功能旋钮，可接收长波、中波，使用 200 ～ 250V 交流电源。

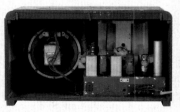

◀ Defiant MSH950 六灯电子管收音机
20 世纪 30—40 年代
英国
长 58cm，宽 26cm，高 34.5cm

　　该收音机采用木质外壳，内含 6 个电子管，装配 1 个 Plessey 牌励磁喇叭，有 3 个功能旋钮，分别调节波段、调谐、音量，使用 200 ～ 250V 交流电源。

◀ R.G.D 196 六灯电子管超外差落地式收音机
20 世纪 40 年代
英国
长 46cm，宽 33cm，高 76.5cm

　　该落地式收音机采用木质外壳，内含 6 个电子管，装配 1 个励磁喇叭。有 10 个功能按钮，其中 6 个是预设电台按钮；3 个功能旋钮，分别调节音量、音调和波段，可接收长波、中波、短波，使用 200 ～ 250V 交流电源。

◀ 费兰蒂 Ferranti145 五灯电子管超外差收音机
20 世纪 40 年代
英国
长 33.7cm，宽 22.3cm，高 46cm

　　该收音机是费兰蒂厂家在"二战"后推出的第一款收音机模型，采用胶木外壳，金属网罩，造型大气，内含 5 个电子管，装配 1 个励磁喇叭，可接收短波、中波、长波。该款收音机受英国专利保护，有 4 个功能旋钮，分别调节开关和音量、高低音、调谐、波段，使用 200 ～ 250V 交流电源。

◀ 飞利浦 PHILIPS 745A 五灯电子管收音机
20 世纪 40 年代
英国
长 47.2cm，宽 30.5cm，高 38.5cm

　　该收音机采用木质外壳，装配 1 个钴磁喇叭，内含 5 个电子管，可接收长波、中波、短波，有 2 个同轴式功能旋钮，分别调节音量、音调、调谐、波段，使用 110 ～ 245V 交流电源。

▶ Kolster-Braudes GR4 六灯电子管收音机
20 世纪 40 年代
英国
长 57.8cm，宽 25cm，高 37.5cm

　　该收音机采用木质外壳，装配 1 个钴磁喇叭，内含 6 个电子管，有 4 个功能旋钮，分别调节音量、音调、波段、调谐，可接收中波、长波，使用 100 ～ 250V 交流电源。

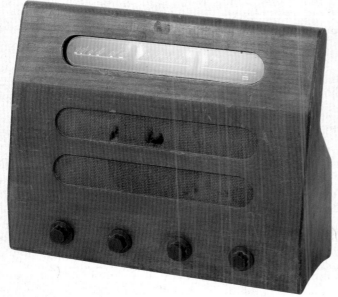

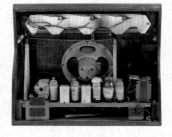

◀ 墨菲 Murphy A112 五灯电子管收音机
20 世纪 40 年代
英国
长 56cm，宽 19.5cm，高 46cm

　　该收音机采用木质外壳，内含 5 个电子管，装配 1 个钴磁喇叭，有 4 个功能旋钮，分别调节音量、音调、调谐、波段，可接收短波、中波、长波，使用 200 ～ 250V 交流电源。

◄ 西敏寺 Westminster ZA617 六灯电子管收音机
20 世纪 40 年代
欧洲
长 50.5cm，宽 27cm，高 30.5cm

　　该收音机采用木质外壳，配置 1 个励磁喇叭，内含 6 个电子管，有 4 个功能旋钮，分别调节音量、音调、调谐、波段，可接收短波、中波、长波，使用 220 ~ 240V 交流电源。

► 西屋 Westing House 西屋 六灯便携式收音机
20 世纪 40 年代
美国
长 14cm，宽 12.5cm，高 23cm

　　该收音机外壳两侧采用胶木、中间采用金属，配置 1 个钴磁喇叭，内含 6 个电子管，可接收中波，有 1 个调谐旋钮、1 个音量控制旋钮，带有便携式提手设计，方便户外使用。

◄ 珍妮斯 ZENITH 十一灯电子管超外差收音机
20 世纪 40—50 年代
美国
长 72 cm，宽 38 cm，高 41cm

　　该收音机采用木质外壳，内含 11 个电子管，有 12 个预设电台按钮，1 个波段调节旋钮，带自动收音功能，可接收长波、中波，需外接扬声器使用，有电视伴音功能。正面有 1 个调谐指示管，俗称"猫眼"，随着电台信号强度变化，光栅也会发生变化。

▲ HMV 五灯电子管收音机
20 世纪 50 年代
英国
长 49cm，宽 23cm，高 34.5cm

　　该收音机采用木质外壳，装配 1 个钴磁喇叭，内含 5 个电子管，侧面有 4 个功能旋钮，分别调节音量、音调、调谐、波段，设备内置天线，可接收长波、中波、短波。使用 195 ～ 255V 交流电源。

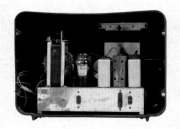

▶ Ferranti 005 五灯电子管收音机
20 世纪 50 年代
英国
长 43cm，宽 24.5cm，高 31.5cm

　　该收音机采用胶木外壳，内含 5 个电子管，装配 1 个钴磁喇叭，有 4 个功能旋钮，分别调节音量、音调、波段、调谐，可接收长波、中波、短波，使用 110 ～ 250V 交流电源。

▲ 珍妮斯 ZENITH Trans-oceanic H500 五灯电子管收音机
20 世纪 50 年代
美国
长 43.5 cm，宽 19.5 cm，高 27.5 cm

　　该收音机外壳采用皮革、帆布、塑料组装而成，内含 5 个电子管，装配 1 个永磁喇叭，有 7 个预设波段按钮，4 个音调调节开关，2 个调谐旋钮。可接收中波、短波 1、短波 2。
　　Zenith H500 是著名的"Trans-oceanic"系列中最经典的一款，几乎每个收音机收藏家都见过它，它曾在欧洲广为流传。H500 增加了 2-4mHz 和 4-8mHz 两个更宽的频段，因此总共有 7 个频段可用。这主要是因为驻扎在热带地区的美国人需要 B 波段的中波（3 ~ 5mHz），以及游艇驾驶者想要收听 2mHz、3mHz 和 7mHz 左右频率的气象和无线电导航电台。当打开前盖会看到可拆卸的中波（BC）磁铁。H500 在游艇爱好者中很受欢迎。从 1951 年到 1954 年共售出 24.5 万台。

▶ Bush A.C.31 四灯电子管收音机
20 世纪 50 年代
英国
长 41cm，宽 17.5cm，高 34cm

　　该收音机采用木质外壳，装配 1 个 6.5 英寸的励磁喇叭，喇叭前面为金属网罩，内含 4 个电子管，可接收长波、中波、短波，有 3 个功能旋钮，分别调节音量、调谐、波段，使用 100 ~ 250V 交流电源。

◀ 墨菲 Murphy A252 八灯电子管收音机
20 世纪 50 年代
英国
长 53.5cm，宽 21.5cm，高 43cm

　　该收音机采用木质材料，装配 1 个 8 英寸钕磁喇叭，内含 8 个电子管和内置天线，可接收长波、中波、短波、超短波。有 4 个功能调节按钮，分别调节音量、音调、调谐、波段，使用 200～250V 交流电源。正面有 1 个调谐指示管，俗称"猫眼"，随着电台信号强度变化，光栅也会发生变化。

▶ 墨菲 Murphy A262 六灯电子管收音机
20 世纪 50 年代
英国
长 48cm，宽 22cm，高 41.5cm

　　该收音机采用木质外壳，装配 1 个 6.5 英寸的钴磁喇叭，内含 6 个电子管，有 4 个功能旋钮，分别调节音量、音调、调谐、波段，可接收长波、中波、超短波，使用 200～250V 交流电源，上市价格是 31 英镑。

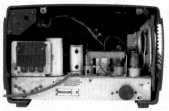

◀ 飞利浦 PHILIPS 342A 五灯电子管钟控收音机
20 世纪 50 年代
英国
长 32.5cm，宽 15.5cm，高 20cm

　　该收音机采用胶木外壳，装配 1 个 5 英寸的钴磁喇叭，内含 5 个电子管，钟表上有 3 个功能按钮，1 个音量调节旋钮，1 个波段切换旋钮，带有时钟，可观察时间，可接收中波 1、中波 2、中波 3 和长波，使用 200～250V 交流电源。

▲飞利浦 PHILIPS 1002（BD583A）九灯电子管收音机
20 世纪 50 年代
德国
长 65.5cm，宽 24.5cm，高 39cm

　　该收音机采用木质外壳，装配 2 个永磁喇叭和 2 个压电陶瓷喇叭，内含 9 个电子管。有 12 个功能按钮，4 个功能旋钮，分别调节音量、音调、调谐、波段，其中波段旋钮下方有中波天线位置调整拨片，可省去接收信号时调整机器方位的操作。可接收长波、中波、短波、超短波，使用 110 ~ 220V 交流电源。

▶根德 GRUNDIG 2010 六灯电子管收音机
20 世纪 50 年代
德国
长 48.5cm，宽 23.5cm，高 32.5cm

　　该收音机采用胶木外壳，装配 1 个励磁喇叭，内含 6 个电子管，可以接收长波、中波、短波、超短波。有 2 个同轴式功能旋钮，6 个功能按钮，其中 4 个为波段切换按钮，使用 120 ~ 240V 交流电源。正面有 1 个调谐指示管，俗称"猫眼"，随着电台信号强度变化，光栅也会发生变化。

▲ 博朗 99UKW（RC61B）七灯电子管收音机
20 世纪 60 年代
德国
长 80cm，宽 27.5cm，高 38.5cm

　　该收音机采用木质外壳，装配 1 个钴磁喇叭和 2 个钕磁喇叭，内含 7 个电子管。有 7 个功能按钮，5 个功能旋钮，其中一个旋钮为中波天线位置调整，可省去接收信号时调整机器方位的操作。可接收长波、中波、短波、超短波，使用 110 ～ 240V 交流电源。正面有 1 个调谐指示管，俗称"猫眼"，随着电台信号强度变化，光栅也会发生变化。

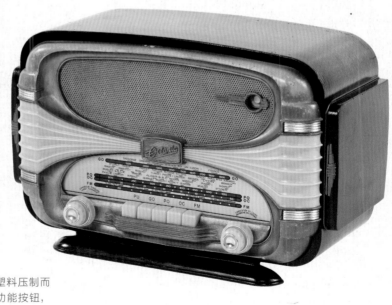

▶ Oceanic Surcouf 六灯电子管收音机
20 世纪 60 年代
法国
长 48cm，宽 22cm，高 31cm

　　该收音机采用木质外壳，面板采用色彩鲜艳的塑料压制而成，内含 6 个电子管，装配 1 个钴磁喇叭，有 5 个功能按钮，2 个同轴式功能旋钮，可接收长波、中波、短波、超短波，使用 110 ～ 240V 交流电源。

（二）中国藏品

◀ **592 五灯电子管收音机**
20 世纪 50 年代
开利无线电机厂
长 39cm，宽 18cm，高 18cm

　　该收音机外壳采用木质外壳，面板采用塑料和金属拉丝网，内含 5 个电子管，装配 1 个上海无线电十一厂生产的飞乐牌永磁喇叭，可接收中波和短波。有 3 个功能旋钮，分别调节音量、调谐、波段，使用110 ～ 220V 交流电源。

▶ **电子 591-A 五灯电子管收音机**
20 世纪 50 年代
上海市电讯电器公司、开利无线电机厂
长 37cm，宽 18cm，高 19cm

　　该收音机外壳采用木质外壳，面板采用塑料和金属网格，内含 5 个电子管，装配 1 个永磁喇叭。有 3 个功能旋钮，分别调节音量、波段、调谐，可接收短波、中波，使用 110 ～ 220V 交流电源。

◀ **五灯电子管收音机**
20 世纪 50 年代
公私合营公利电器厂
长 38 cm，宽 16cm，高 23.5cm

　　该收音机采用木质外壳，内含 5 个电子管，装配 1 个亚美出品的永磁喇叭，可接收中波和短波，有 3 个功能旋钮，分别调节音量、波段、调谐，使用 110 ～ 220V 交流电源。

▶ **五灯电子管收音机**
20 世纪 50 年代
公私合营公利电器厂
长 39cm，宽 20cm，高 24cm

　　该收音机采用木质外壳，内含 5 个电子管，装配 1 个亚美出品的永磁喇叭。可接收中波和短波，有 3 个功能旋钮，分别调节音量、调谐、波段旋钮，使用 110 ~ 220V 交流电源，可外接音源。

▲ **牡丹一〇一 A 北京 511 六灯电子管收音机（对外出口型）**
20 世纪 50 年代
公私合营广播器材厂
长 42cm，宽 22cm，高 18cm

▲ **牡丹一〇一 A 北京 511 六灯电子管收音机（内销型号）**
20 世纪 50 年代
公私合营广播器材厂
长 42cm，宽 22cm，高 18cm

　　牡丹一〇一 A 和北京 511 为同一机型，前者是中国首次对外出口的电子管收音机型号，后者是内销型号，正面形似猴脸。该收音机采用木质外壳，内含 6 个电子管，装配 1 个上海东亚扬声器制造厂生产的雷声牌永磁喇叭，有 4 个功能旋钮，分别调节音调、音量、调谐、波段旋钮，可接收中波和短波，使用 110 ~ 220V 交流电源。左侧机型比右侧机型正面多 1 个调谐指示管，俗称"猫眼"，随着电台信号强度变化，光栅也会发生变化。

◄ 五灯电子管收音机
20 世纪 50 年代
上海亚美电器厂
长 38cm，宽 20cm，高 22cm

　　该收音机采用木质外壳，内含 5 个电子管，装配 1 个亚美出品的永磁喇叭，有 3 个功能旋钮，分别调节音量、波段、调谐，可接收中波和短波。使用 110 ～ 220V 交流电源。

► 五灯电子管收音机
20 世纪 50 年代
中国
长 38.5cm，宽 20cm，高 23.5cm

　　该收音机采用木质外壳，布面带有绣花，内含 5 个电子管，装配 1 个天津市电声器材厂出品红声牌的永磁喇叭，有 3 个功能旋钮，分别调节波段、音量、调谐，可接收中波和短波，使用 110 ～ 220V 交流电源。

◄ 新时代 104 五灯电子管收音机
20 世纪 50 年代
上海无线电器材厂
长 37cm，宽 28cm，高 22cm

　　该收音机采用木质外壳，内含 5 个电子管，装配 1 个上海东亚扬声器制造厂生产的雷声牌永磁喇叭，有 3 个功能旋钮，分别调节音量、波段、调谐，可接收中波和短波，布面印有万里长城图案，使用 110 ～ 220V 交流电源。本机为交流五灯二波段超外差式收音机，备有拾音器插口，可外接音源。

◀ 北京牌四灯电子管收音机
20 世纪 50 年代
中国
长 29cm，宽 15cm，高 18cm

　　该机型是仿制苏联收音机款式，采用胶木外壳，内含 4 个
电子管，装配 1 个永磁喇叭，有 1 个音量调节旋钮、1 个调谐旋钮、
1 个波段切换拨杆，可接收中波和短波，使用 110 ~ 220V 交流
电源。

▶ 红叶 5202 四灯电子管收音机
20 世纪 50 年代
北京无线电二厂
长 30cm，宽 14cm，高 19cm

　　该机型是仿制苏联收音机款式，采用胶木和金属网格外壳，
内含 4 个电子管，采用 1 个永磁喇叭，有 3 个功能旋钮，分别
调节音量、波段、调谐，可接收中波和短波，使用 110 ~ 220V
交流电源。

◀ 503 五灯电子管收音机
20 世纪 50 年代
国营无线电厂
长 36cm，宽 16.5 cm，高 19cm

　　该收音机采用胶木外壳，内含 5 个电子管，装配 1 个飞
马牌永磁喇叭。有 3 个功能旋钮，分别调节音量、调谐、波段，
接收中波、短波 1、短波 2，使用 110 ~ 220V 交流电源。

▶ **红棉牌 252 五灯电子管收音机**
1958 年
广州无线电装修厂
长 44cm，宽 20cm，高 26.5cm

　　该收音机采用木质外壳，内含 5 个电子管，装配 1 个上海利闻无线电机厂生产的飞乐 501 型永磁喇叭。有 4 个功能旋钮，分别调节调谐、音量、音调、波段，可接收中波、短波，使用 110 ~ 220V 交流电源，红棉是广州出品的为数不多的收音机品牌。

◀ **熊猫牌 601 六灯电子管收音机**
20 世纪 50 年代末
南京无线电厂
长 39.5 cm，宽 19 cm，高 27.5 cm

　　该收音机采用胶木外壳，内含 6 个电子管，装配 1 个上海利闻无线电机厂生产的飞跃牌永磁喇叭，有 2 个同轴式功能旋钮，一个调节音量和音调，另一个调节波段和调谐，可接收广播、短波 1、短波 2，使用 110 ~ 220V 的交流电源。正面有 1 个调谐指示管，俗称"猫眼"，随着电台信号强度变化，光栅也会发生变化。

▶ **熊猫牌 601-3 六灯电子管收音机**
20 世纪 60 年代
南京无线电厂
长 42cm，宽 21cm，高 28cm

　　该收音机采用木质外壳，内含 6 个电子管，装配 1 个上海广播器材厂生产的上海牌永磁喇叭。有 2 个同轴式功能旋钮，一个调节音量和音调，另一个调节波段和调谐。可接收中波、短波 1、短波 2，使用 110 ~ 220V 交流电源。正面有 1 个调谐指示管，俗称"猫眼"，随着电台信号强度变化，光栅也会发生变化。布面上印有"Panda"英文丝印，为出口产品，品相完好，具有极高的收藏价值。

▲ 飞乐牌 265-1 六灯电子管收音机
20 世纪 60 年代
上海无线电二厂
长 49.5cm，宽 24cm，高 30cm

　　该收音机采用木质外壳，内含 6 个电子管，装配 1 个上海利闻无线电机厂出品的飞乐牌永磁喇叭。有 5 个功能按钮，2 个同轴式功能旋钮，可调节音量、音调、调谐和波段，接收中波、短波 1、短波 2，使用 110 ～ 220V 交流电源。正面有 1 个调谐指示管，俗称"猫眼"，随着电台信号强度变化，光栅也会发生变化，上市价格高达人民币 265 元。

▶ 凯歌牌 455 五灯电子管收音机
20 世纪 60 年代
上海无线电四厂
长 42cm，宽 20cm，高 24cm

　　该收音机采用木质外壳，装配 1 个上海无线电十一厂生产的飞乐牌永磁喇叭，内含 5 个电子管。有 2 个同轴式功能旋钮，一个调节音量和音调，另一个调节波段和调谐，可接收中波、短波。使用 110 ～ 220V 交流电源。

　　凯歌牌 455 五灯电子管收音机为 20 世纪 60 年代收音机经典畅销款，随着时代的变迁和电子管收音机的消失，此款也成了收音机界的收藏款佳品。

▲雄鸡牌 SY-601 六灯电子管收音机
20 世纪 60 年代
上海电子仪器厂
长 44cm，宽 18cm，高 27.5cm

　　该收音机采用木质外壳，内含 6 个电子管，装配 1 个永磁喇叭。有 2 个同轴式功能旋钮，分别调节音量、音调、波段、调谐，可接收中波、短波，使用 110 ～ 220V 交流电源。正面有 1 个调谐指示管，俗称"猫眼"，随着电台信号强度变化，光栅也会发生变化。

▶红星牌 504-5 五灯电子管收音机
20 世纪 60 年代
南京无线电厂
长 42cm，宽 20cm，高 23cm

　　该收音机采用木质外壳，内含 5 个电子管，装配 1 个上海广播器材厂生产的上海牌永磁喇叭。有 3 个功能旋钮，分别调节音量、电台、波段，可接收短波 1、短波 2，使用 110 ～ 220V 交流电源，上市价格是人民币 148 元。

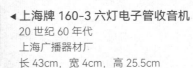

◀上海牌 160-3 六灯电子管收音机
20 世纪 60 年代
上海广播器材厂
长 43cm，宽 4cm，高 25.5cm

　　该收音机采用木质外壳，内含 6 个电子管，装配 1 个上海广播器材厂生产的上海牌永磁喇叭，可接收中波、短波 1、短波 2。有 5 个功能按钮，其中 3 个可切换波段，2 个同轴式功能旋钮，一个调节音量和音调，另一个只能调谐，使用 110 ～ 220V 交流电源。正面有 1 个调谐指示管，俗称"猫眼"，随着电台信号强度变化，光栅也会发生变化。
　　本机是采用新型按键式波段开关及磁性天线的三波段交流六灯收音机，适合于家庭团体等收听国内外广播节目，机后备有拾音器插孔，供外接音源用。

◀ 牡丹牌 102-C 六灯电子管收音机
20 世纪 60 年代
北京无线电厂
长 44cm，宽 21cm，高 27cm

　　该收音机采用木质外壳，内含 6 个电子管，装配 1 个上海利闻无线电机厂出品的飞乐牌永磁喇叭。有 2 个同轴式功能旋钮，一个调节音量和音调，另一个调节波段和调谐。有 5 个功能按钮，其中 3 个可切换波段，可接收中波、短波 1、短波 2，使用 110 ~ 220V 交流电源。正面有 1 个调谐指示管，俗称"猫眼"，随着电台信号强度变化，光栅也会发生变化。

▶ 东方红牌 803 七灯电子管收音机
20 世纪 60 年代
中国汉口无线电厂
长 60cm，宽 28.5cm，高 40.5cm

　　该收音机采用木质外壳，内含 7 个电子管，装配一大一小 2 个永磁喇叭，大的产自国营华北无线电器材联合厂，小的产自南京无线电元件二厂。有 2 个同轴式的功能旋钮，还有单独的高低音调节旋钮，以及 7 个功能按钮，可接收中波、短波 1、短波 2、短波 3、短波 4，使用 110 ~ 220V 交流电源。正面有 1 个调谐指示管，俗称"猫眼"，随着电台信号强度变化，光栅也会发生变化。

◀ 美多牌 663-2-6 六灯电子管收音机
20 世纪 60 年代
上海无线电三厂
长 49cm，宽 24cm，高 29cm

　　该收音机采用木质外壳，装配 1 个上海无线电十一厂生产的飞乐牌永磁喇叭，内含 6 个电子管。有 2 个同轴式功能旋钮，一个调节音量和音调，另一个调节波段和调谐，可接收中波、短波 1、短波 2。使用 110 ~ 220V 交流电源。正面有 1 个调谐指示管，俗称"猫眼"，随着电台信号强度变化，光栅也会发生变化。

▶ **工农兵牌 254-3 五灯电子管广播收音机**
20 世纪 60 年代
上海无线电二厂
长 39.5cm，宽 17.5cm，高 21.5cm

　　该收音机采用木质外壳，内含 5 个电子管，装配 1 个上海无线电十一厂生产的飞乐牌永磁喇叭。有 4 个功能旋钮，分别调节音量、音调、波段、调谐，可接收中波、短波，使用 110～220V 交流电源，面板上印有毛主席语录。

◀ **三勤牌 58-2 五灯电子管收音机**
20 世纪 70 年代
中国南京无线电工业学校附属工厂
长 41cm，宽 17.3cm，高 22cm

　　该收音机采用木质外壳，内含 5 个电子管，装配 1 个永磁喇叭。有 3 个功能旋钮，分别调节音量、波段、调谐，可接收广播、短波 1、短波 2，使用 110～220V 交流电源。
　　"三勤牌"由朱德同志命名，该收音机是南京无线电工业学校附属工厂生产的机型，这所学校当时由苏联援建，为国内的无线电厂培养了大批无线电技术工人。

▶ **红灯牌 711-4D 六灯电子管收音机**
20 世纪 70 年代
上海无线电二厂
长 54cm，宽 22cm，高 29cm

　　该收音机采用木质外壳，内含 6 个电子管，装配 1 个上海飞乐电声总厂生产的飞乐牌永磁喇叭，可接收中波、短波；有 3 个功能旋钮，分别调节低音、高音和音量；1 个按压式功能旋钮，可调节波段和调谐。布面绣有花卉图案，时尚大气，使用 110～220V 交流电源。上市价格为人民币 124 元。
　　红灯 711 系列收音机是 20 世纪 70 年代中国流行的收音机机型，是红灯产品中最先进的一款带磁性天线的型号，也许也是单一品种全世界产量最大的收音机型号，估计总产量接近千万台。当年为了适应形势与市场，全国搞起了联合设计（可以节省成本并提高性能），红灯产品主要是由上海无线电二厂生产的，后来供不应求，有好几家工厂都用这个外观、电路和品牌在销售。

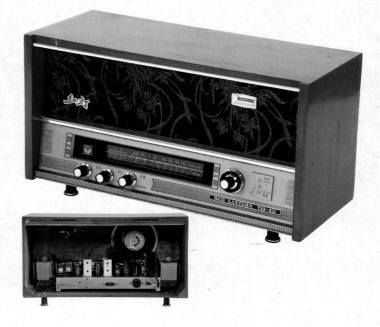

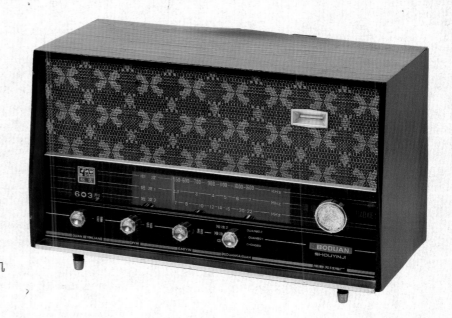

▶ 越秀牌 603 六灯三波段交流电子管收音机
20 世纪 70 年代
中国广州南粤无线电厂
长 45cm，宽 20.5m，高 29.3cm

　　该收音机采用木质外壳，内含 6 个军工电子管，装配 1 个杭州电声厂生产的迎春牌永磁喇叭。有 5 个功能旋钮，分别调节音量、低音、高音、波段、调谐。可接收中波、短波 1、短波 2，使用 110 ～ 220V 交流电源，是广州出品的为数不多的收音机。正面有 1 个调谐指示管，俗称"猫眼"，随着电台信号强度变化，光栅也会发生变化。

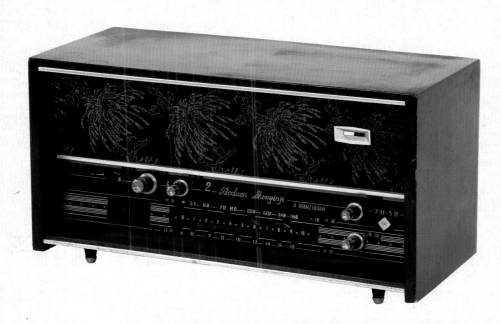

▲ 新凤牌 731-5 六灯二波段电子管收音机
20 世纪 70 年代
上海无线电三厂
长 51cm，宽 23cm，高 27.5 cm

　　该收音机采用木质外壳，装配 1 个上海无线电十一厂制造的飞乐牌电动式永磁喇叭，内含 6 个电子管，有 5 个功能旋钮，可控制音量、低音、高音、波段和调谐，接收中波和短波。正面有 1 个调谐指示管，俗称"猫眼"，随着电台信号强度变化，光栅也会发生变化。

三、晶体管收音机

晶体管的三位发明者：威廉·萧克利（正前）、约翰·巴丁（左后）和华特·布莱登（右后）

晶体管是一种固体半导体器件，可以用于检波、整流、放大、开关、稳压、信号调制等功能（金银铜铁等金属，它们导电性能好，叫做导体。木材、玻璃、陶瓷、云母等不易导电，叫做绝缘体。导电性能介于导体和绝缘体之间的物质，就叫半导体。晶体管就是用半导体材料制成的，这类材料最常见的便是锗和硅两种）。

1947 年，第一块晶体管在美国贝尔实验室诞生，这是 20 世纪的一项 重大发明，是微电子革命的先声，从此人类步入了飞速发展的电子时代。晶体管收音机是一种小型的基于晶体管的无线电接收机。

晶体管收音机以其耗电少、可使用交直流电源、小巧玲珑使用方便而赢得消费者的喜爱，并逐渐在市场上占据了主导地位，并成为最普及和有性价比的电子产品。

（一）外国藏品

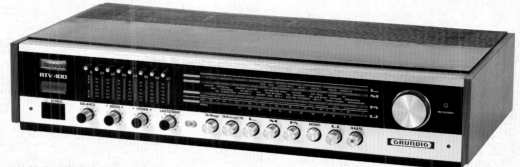

▲ 根德 GRUNDIG RTV400 晶体管多波段收音机
1969—1972 年
德国
长 56cm，宽 12cm，高 28cm

　　该机是一款立体声收音机，采用木质外壳和塑料面板，内含 43 个晶体管，有 8 个频道记忆按钮，4 个音调调节旋钮，1 个调谐旋钮，可接收长波、中波、短波、超短波。使用 110 ～ 130V/220 ～ 240V 交流电源。

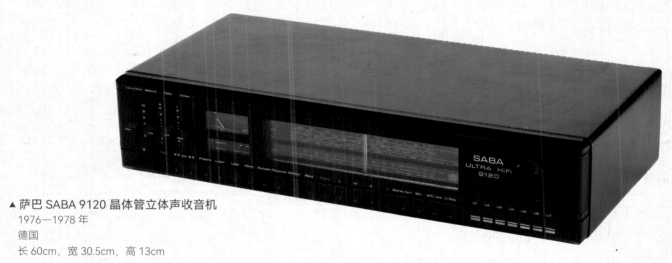

▲ 萨巴 SABA 9120 晶体管立体声收音机
1976—1978 年
德国
长 60cm，宽 30.5cm，高 13cm

　　该收音机是超高保真立体声收音机，采用黑色塑料外壳，可接收长波、中波、短波、超短波。有 20 个功能按钮，7 个频道记忆按钮，4 个音调调节推杆，使用 220V 交流电源。

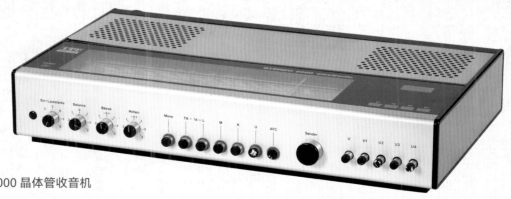

▲ ITT 5252 01 13 立体声 2000 晶体管收音机
20 世纪 70 年代
西德
长 49cm，宽 28cm，高 9cm

　　该收音机外壳采用塑料和金属结合制成，装配 2 个永磁喇叭，高端大气上档次，内含 23 个晶体管，有 7 个功能按钮，5 个频道记忆按钮，4 个音调调节旋钮，1 个调谐旋钮，可接收长波、中波、短波、超短波，使用 110 ～ 127V/220V 交流电源。

◄ 松下 National Panasonic RF-577 13 晶体管交直流收音机
20 世纪 70 年代
日本
长 17cm，宽 5cm，高 12.5cm

　　该收音机采用迷人的黑色塑料外壳和 LED 调谐屏，装配 1 个钕磁喇叭，可接收 AM 和 FM，拥有 13 个晶体管，装配 3.5 英寸的永磁喇叭，有 1 个调谐旋钮，1 个音量调节旋钮，1 个高低音切换拨杆，可外接耳机，使用 4 节 1.5V 干电池或 100V 交流电源供电。

► 日立 HITACHI KH-993 晶体管收音机
20 世纪 70 年代
日本
长 19.5cm，宽 5.3cm，高 14.5cm

　　该收音机采用迷人的黑色塑料外壳，装配 1 个钴磁喇叭，可接收 AM 和 FM，频率范围为 FM：76 ～ 90MHz，AM：530 ～ 1605kHz。有 1 个调谐旋钮，1 个音量调节拨杆，1 个高低音拨杆。使用 4 节 1.5V 干电池或 100V 交流电源供电。

◄ РОССИЯ 303 晶体管收音机
20 世纪 70—80 年代
苏联
长 22cm，宽 5cm，高 12.5cm

　　该收音机采用塑料外壳，内含 8 个晶体管，装配 1 个钕磁喇叭，可外接耳机，可接收长波、中波、短波 1、短波 2。有 3 个功能调节旋钮，使用 4 节 1.5V 干电池供电。

（二）中国藏品

▶ 卫星牌 6J03 2 波段六晶体管收音机
20 世纪 70 年代
天津海河无线电厂
长 24.2cm，宽 5.5cm，高 12.8cm

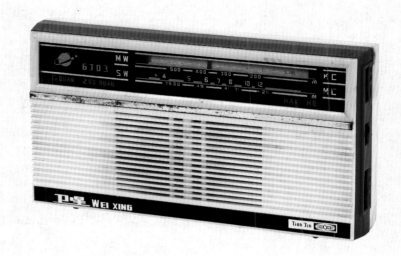

　　该收音机采用塑料外壳，装配 1 个天津市电声器材厂生产的红星牌永磁喇叭，内含 6 个晶体管。接收中波和短波，可外接耳机，有 2 个功能调节旋钮，分别控制音量和调谐，使用 3 节 1.5V 干电池供电。

◀ 昆仑牌 7015A 六晶体管收音机
20 世纪 70 年代
中国
长 15cm，宽 4.3cm，高 9cm

　　该收音机采用塑料外壳，内含 6 个晶体管，可接收中波，装配上海无线电元件八厂生产的永磁喇叭，可外接耳机，有 1 个音量调节旋钮，1 个调谐旋钮，使用 1 节 1.5V 干电池供电。

▶ 葵花牌 SUNFLOWER 272 2 波段七晶体管收音机
20 世纪 70 年代
北京朝阳区无线电厂
长 19cm，宽 4.5cm，高 10cm

　　该收音机采用塑料外壳，装配 1 个钴磁喇叭，内含 7 个晶体管。可接收中波和短波，可外接耳机。有 3 个功能调节旋钮，分别控制音量、调谐、微调，使用 3 节 1.5V 干电池供电。

◀ **东风牌 205 晶体管收音机**
20 世纪 70 年代
上海群益电讯厂
长 15cm，宽 3.8cm，高 9cm

　　该收音机采用塑料外壳，内含 7 个晶体管，可接收中波信号，有 1 个音量调节旋钮，1 个调谐旋钮，可外接耳机。

▶ **百乐牌晶体管收音机**
20 世纪 70 年代
浙江平阳无线电厂
长 6.5cm，宽 4.5cm，高 10.5cm

　　该收音机采用塑料外壳，内含 6 个晶体管，配置 1 个福州无线电元件二厂生产的电动式扬声器，有 1 个音量调节旋钮，1 个调谐旋钮，可接收中波，造型小巧，方便携带。

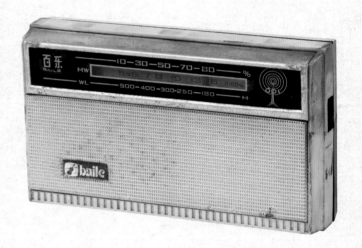

◀ **蝴蝶牌 772 二波段七半导体收音机**
20 世纪 70 年代
上海群益无线电厂
长 27.5cm，宽 5cm，高 12.5cm

　　该收音机采用塑料外壳，内含 7 个晶体管，装配 1 个上海无线电元件十厂生产的红灯牌永磁喇叭，接收中波、短波，可外接耳机。有 2 个功能调节旋钮，分别控制音量和调谐，使用 3 节 1.5V 干电池供电。

▶ 南方牌 NTS-5 型七半导体管两波段交直流台式收音机

20 世纪 70 年代

南方无线电厂

长 46.6cm，宽 18cm，高 25.5cm

　　该收音机采用木质外壳，面板覆盖大面积的金属拉丝网格，显得高端大气。内含 7 个晶体管，装备 2 个上海无线电十一厂生产的飞乐牌永磁喇叭。可接收中波和短波，有 4 个功能调节旋钮，分别控制音量、音调、波段和调谐。使用 1.5V 干电池或 220V 交流电源供电。

◀ 飞乐牌 736 型 3 波段十一晶体管交直流两用收音机

20 世纪 70 年代

上海无线电二厂

长 50cm，宽 22cm，高 25cm

　　该收音机采用木质外壳，内含 11 个晶体管，装配 1 个上海无线电十一厂生产的飞乐牌永磁喇叭，可接收中波、短波 1、短波 2。有 3 个功能调节旋钮，分别控制音量、调谐、波段，1 个交直流切换按钮，1 个低音调节拨杆，1 个高音调节拨杆，使用 6 节 1.5V 干电池或 220V 交流电源供电。

▶ 星月牌二波段晶体管收音机

20 世纪 70 年代

上海长城无线电厂

长 58cm，宽 23.5cm，高 27.5cm

　　该收音机采用木质外壳，内部含有 13 个晶体管，装配 2 个上海方泰电讯器材厂生产的礼花牌喇叭。有 4 个功能调节旋钮，可控制音量、低音、高音、调谐，1 个波段 / 拾音切换旋钮，可接收中波、短波。

▲ 金穗牌 6J3-1 晶体管收音机
20 世纪 70 年代
国营广州无线电厂
长 35cm，宽 14.5cm，高 21cm

　　该收音机采用塑料外壳，铝合金底板，装配 1 个广州无线电元件三厂生产的广州牌永磁喇叭，内含 6 个晶体管，可接收中波和短波，是较早期的超外差式晶体管收音机。1 个音量调节旋钮，1 个调谐旋钮，有电唱机的拾音口，可切换收音 / 电唱功能，外接 6V 直流电源，是广州出品的为数不多的收音机。

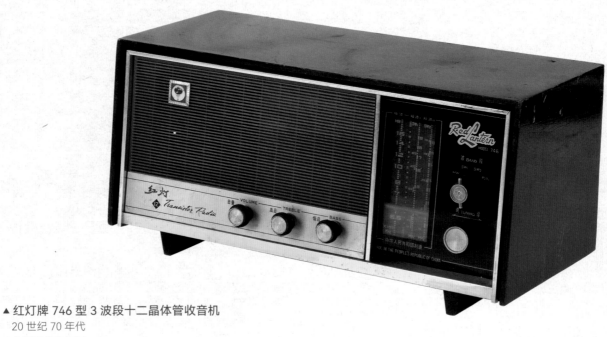

▲ 红灯牌 746 型 3 波段十二晶体管收音机
20 世纪 70 年代
上海无线电二厂
长 50cm，宽 21cm，高 24cm

　　该收音机采用木质外壳和塑料面板，造型美观时尚，内有 12 个晶体管，装配 1 个上海无线电十一厂生产的飞乐牌永磁喇叭。可接收中波、短波 1、短波 2，有 4 个功能调节旋钮，可控制音量、高音、低音、调谐，1 个波段 / 拾音切换旋钮，使用 220V 交流电源供电。

◀ **春雷牌 3T4A 3 波段十二半导体管收音机**
20 世纪 70 年代
上海无线电三厂
长 49.5cm，宽 35cm，高 93cm

　　该落地式收音机采用木质外壳、面板是塑料和布面组合，内含 12 个晶体管，装配 2 个永磁喇叭，可接收中波、短波 1、短波 2。有 5 个功能按钮，1 个调频旋钮，有音量、低音、高音共 3 个调节拨杆，使用 220V 交流电源供电。

▶ **海鸥牌 SH-723 七半导体管二波段收音机**
20 世纪 70 年代
上海长空无线电厂
长 24.8cm，宽 5.5cm，高 12cm

　　该收音机采用塑料外壳，装配 1 个石家庄无线电五厂生产的红梅牌永磁喇叭，内含 7 个晶体管，可接收中波和短波，有 1 个调谐旋钮，1 个音量旋钮，背面有 AM 和 FM 切换按钮，使用 2 节 1.5V 干电池供电。

◀ **南方牌 NBS-2 两波段晶体管收音机**
20 世纪 70 年代
广州南方无线电厂
长 21.8cm，宽 5.5 cm，高 12.5cm

　　该收音机采用塑料外壳，装配 1 个上海飞乐电器总厂生产的电动式扬声器，内含 7 个晶体管，可接收中波、短波。有 1 个音量控制旋钮，1 个波段切换拨杆，顶部有提手方便携带，使用干电池供电，是广州出品的为数不多的收音机。

◀ 熊猫牌 PANDA B-737A 晶体管收音机
20 世纪 80 年代
中国南京无线电公司
长 12cm，宽 2.8cm，高 7.5cm

　　该收音机为塑料外壳，装配 1 个南京牌钕磁喇叭，内含 6 个晶体管，接收中波，可外接耳机。有 1 个音量调节旋钮，1 个调谐旋钮，使用 2 节 1.5V 干电池供电，体积小，方便携带。

▶ 珠江牌 SB6-8 型六半导体管收音机
20 世纪 80 年代
广州曙光无线电仪器厂
长 6.5cm，宽 3cm，高 10.5cm

　　该收音机采用塑料外壳，内含 6 个晶体管，可接收中波，有 1 个调谐旋钮，1 个音量调节旋钮，内置 2.25 英寸的永磁喇叭，小巧，方便携带，使用 2 节 1.5V 干电池供电。

◀ 海燕牌 T241 型 4 波段十四晶体管交流收音机
20 世纪 80 年代
上海一〇一厂
长 59cm，宽 24cm，高 29cm

　　该收音机采用木质外壳和塑料面板，含有 14 个晶体管，装配 2 个上海无线电十一厂生产的飞乐牌永磁喇叭。有 6 个功能按钮，1 个磁性天线旋钮，1 个调谐旋钮，3 个推杆分别调节高音、低音、音量，可接收中波、短波 1、短波 2、短波 3，使用 220V 交流电源供电。

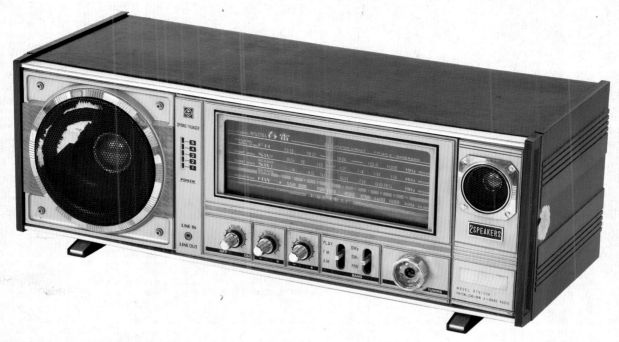

▲ 春雷牌 RT5720A 四波段晶体管收音机

20 世纪 80 年代

上海无线电三厂

长 63.5cm，宽 24 cm，高 23.5cm

　　该收音机采用木质外壳和塑料面板，装配 6.5 英寸 +2 英寸的由上海飞乐电声总厂生产的飞乐牌永磁喇叭，可接收 FM、中波、短波 1、短波 2，频率范围是 FM：88MHz ～ 108MHz、MW：525kHz ～ 1600kHz、SW1：3.9MHz ～ 8.5MHz，SW2：8.5MHz ～ 18MHz。有 4 个功能调节旋钮，可调节音量、低音、高音、调谐。1 个波段切换推杆，1 个 AM/FM/Play 切换拨杆。使用 220V 交流电源供电，总重量近 10 千克，声音优美，收台信号强劲，功率大。该收音机在全国第八届收音机评比比赛中荣获一等奖。

◀ 珠江牌 PR-845 多波段晶体管收音机

21 世纪初

佛山市银聚电子有限公司

长 21cm，宽 5.5cm，高 13cm

　　该收音机采用塑料外壳，装配 1 个 4 英寸的永磁喇叭，声音优美。接收 FM、AM、SW3 个波段，频率范围是 FM：88 ～ 108MHz，SW：6 ～ 16MHz、AM：525 ～ 1605MHz，具有高灵敏度、高信噪比。有 2 个功能调节按钮，分别调节频道和音量，可外接耳机。带有便携式提手设计，使用 3 节 1.5V 干电池或 220 ～ 240V 交流电源供电。

四、集成电路收音机

1958 年，杰克·基尔比（Jack Kilby）研制出世界上第一块集成电路。从此，集成电路逐渐取代晶体管，使微处理器的出现成为可能，为现代信息技术奠定了基础，开创了电子技术历史的新纪元。

在一块几平方毫米的极其微小的半导体晶片上，将成千上万的晶体管、电阻、电容，包括连接线集中在一起，作为一个具有一定电路功能的器件来使用的电子元件，叫做"集成电路"。集成电路具有体积小，重量轻，引出线和焊接点少，寿命长，可靠性高，性能好等优点，同时成本低，便于大规模生产。本质上，集成电路是最先进的晶体管，集成电路使电子元件向着微小化、低功耗和高可靠性方面迈进了一大步。用集成电路来装配电子设备，其装配密度比晶体管可提高几十倍至几千倍，设备的稳定工作时间也可大大提高。

1982 年，中国也出现了集成电路收音机。

▲ 日立 HITACHI KH-993 集成电路收音机
20 世纪 70 年代
日本
长 19.5cm，宽 5.3cm，高 14.5cm

　　该收音机采用迷人的黑色塑料外壳，配置 1 个钴磁喇叭，可接收 AM 和 FM，频率范围为 FM：76 ～ 90MHz，AM：530 ～ 1605kHz。有 1 个调谐旋钮，1 个音量调节拨杆，1 个高低音拨杆。使用 4 节 1.5V 干电池或 100V 交流电源供电。

▲ 朝日 ELPA DR-04A 2 波段集成电路收音机
20 世纪 80 年代
日本
长 6.8cm，宽 2.7cm，高 11.2cm

　　该收音机由朝日电器株式会社生产，配置 1 个钕磁喇叭，采用塑料外壳，可接收 AM 和 FM，有 1 个音量调节旋钮，1 个调谐旋钮，1 个 AM/FM 切换键。外形小巧，方便携带，使用 2 节 1.5V 干电池供电。

▲ REALISTIC 12-137A 集成电路收音机
20 世纪 80—90 年代
美国
长 6cm，宽 1.8cm，高 11cm

　　该收音机采用塑料外壳，可接收 AM 和 FM 2 个波段，频率范围是 AM：560 ~ 1610kHz，FM：87.5 ~ 107.9MHz，有 5 个电台记忆按钮，带耳机插孔，使用 2 节 1.5V 干电池供电。

▲ 索尼 SONY ICF-S28V 三波段集成电路收音机
20 世纪末 21 世纪初
日本
长 19.5cm，宽 3.5cm，高 9.3cm

　　该收音机采用质感上乘的黑色塑料外壳，装备 1 个永磁喇叭，有 3 个可调节旋钮，分别控制音量、调谐和波段，可接收 TV、FM、AM 共 3 个波段，可外接耳机。背面带有便携式提手和支架设计，使用 3 节 1.5V 干电池供电。

▲ 松下 Panasonic RF-2400 集成电路收音机
21 世纪初
中国
长 21cm，宽 5.8cm，高 12cm

　　该收音机采用质感上乘的塑料外壳，装配 1 个 3.9 英寸的永磁喇叭，有 3 个功能旋钮，分别调节音量、音调、频道。可外接耳机，接收 AM 和中国 / 日本两国的 FM 波段。带有便携式提手设计，使用 4 节 1.5V 干电池供电。

▲ CHEMISTRY 集成电路收音机
20 世纪 80 年代
中国
长 8cm，宽 13.5cm，高 2.8cm

　　该收音机采用塑料外壳，装配 1 个永磁喇叭，有 1 个调谐按钮，1 个电源开关，1 个频道切换键，可接收 AM 和 FM，频率范围为 AM：525 ~ 1730kHz，FM：75 ~ 108.5MHz，采用 2 节 1.5V 干电池供电。

第五章　电子录放机

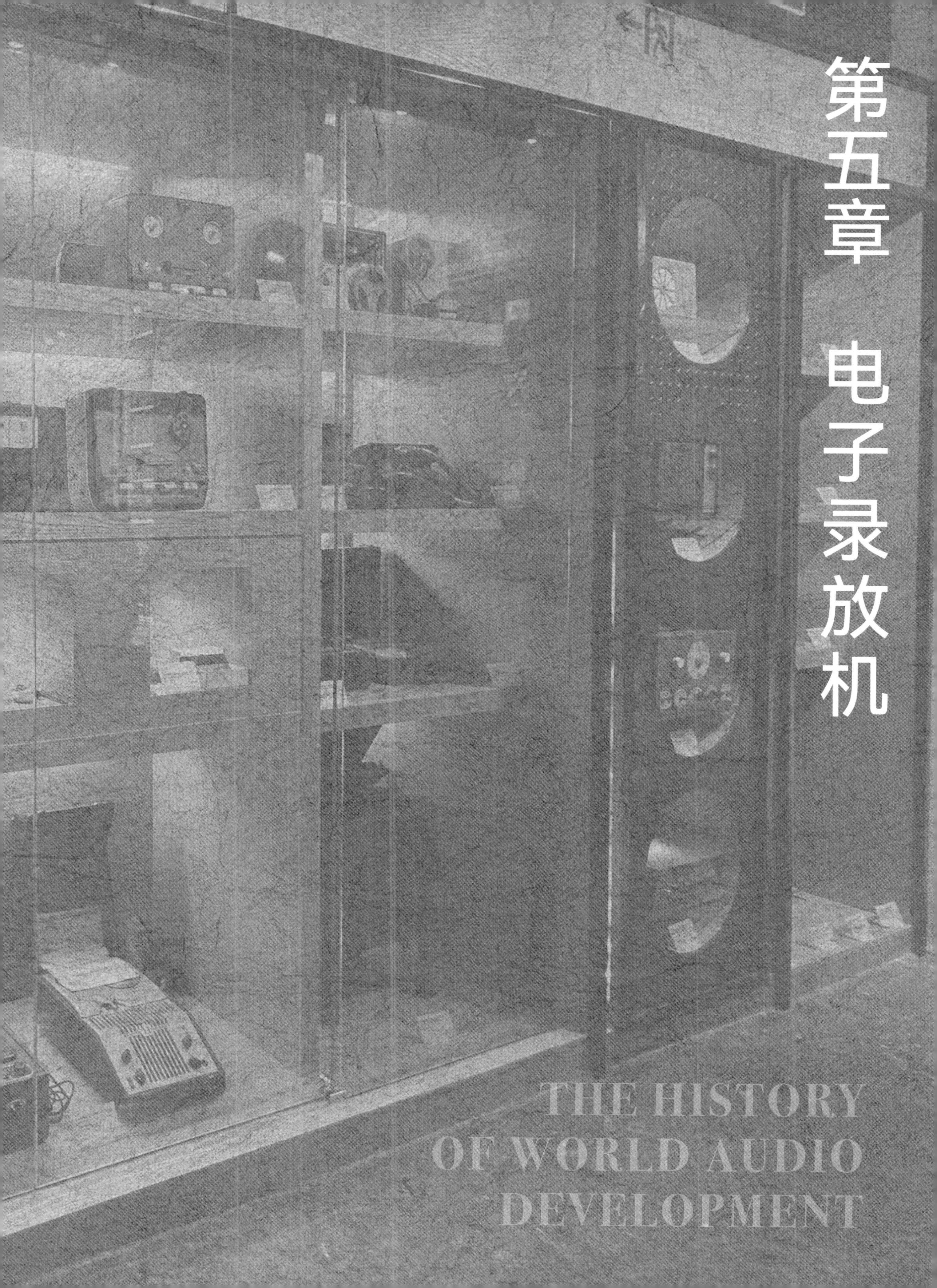

THE HISTORY
OF WORLD AUDIO
DEVELOPMENT

第一节　录放音设备及存储媒介发展史

1857 年，法国发明家斯科特·德·马丁维尔（Scott de Martinville）发明了第一台仿照人耳结构的"声音"机器——声波振动记录器。声波振记器的功能是捕捉声音并记录到纸上，用漏斗形状的圆筒或者两端开口的桶作为收集声音的装置，一端对着发声的地方，另一端绷上羊皮纸或者其他有韧性又很薄的材料，在薄膜上固定一根猪鬃毛，当有音源对着桶口发声时，另一端的薄膜就会震动，猪毛也就会被带动，猪毛的另一头放有一个圆筒，筒上卷上一张被油灯熏上一层薄薄炭黑的纸张，这是人类记载的最早刻录声音的媒介。当猪毛震动的时候，操作者转动圆筒，猪毛就会在纸上刮掉薄薄的炭黑，留下一条白色的声音振动的曲线。这就是最早的原始录音机，是留声机的鼻祖。

声波振记器

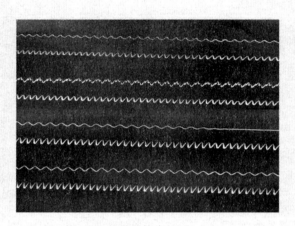

记录的声纹

1877 年，美国发明家托马斯·阿尔瓦·爱迪生（Thomas Alva Edison）发明了世界上第一台手摇锡箔滚筒留声机，使用锡箔滚筒作为声音的载体，使人声和现场声音可以储存和再现。当时的留声机由大圆筒、曲柄、两根金属小管和模板组成，通过声波变换成金属针的震动，然后将振动刻录于包裹在圆筒形蜡管的锡箔滚筒上，当针再一次沿着刻录的轨迹行进时便可发出原先刻录的声音。

爱迪生第一代留声机

爱迪生在纸上记录下来的声音

1886 年，美国发明家亚历山大·格拉汉姆·贝尔（Alexander Graham Bell）和泰恩特改良了爱迪生的锡箔筒式留声机。他们用蜡质滚筒代替了锡箔滚筒。由于录音是通过膜的振动用针刻录声音，而蜡比锡箔软，这导致在蜡筒上获得的刻痕深度比锡箔的圆筒上获得的刻痕深得多。因此，贝尔和泰恩特改良的留声机的音质明显好于爱迪生发明的留声机。

蜡质滚筒

1887 年，旅美德国人艾米利·伯林纳（Emil Berliner）研制出圆盘式留声机，他用抛光圆形锌板代替了唱筒，同时也可以制成母板复制，大大增加了唱片商业化量产的可能性，成为今天圆形唱片的始祖。但 1888 年至 1900 年，唱片留声机的转速还未统一，主流是每分钟 90 ~ 110 转，70 转和 78 转。1900 年后，手摇唱片机才统一成每分钟 78 转，频宽 250 ~ 2500Hz，这时唱片可以像印刷一样复制而成。

艾米利·伯林纳发明的圆盘式留声机

1891 年，埃米尔·贝利纳利用虫胶成功研制出每分钟 78 转的唱片，又称虫胶唱片或粗纹唱片。

1898 年，丹麦工程师瓦蒂玛·保尔森（Valdemar Poulsen）成功研发出磁性卷轴式录音技术，并发明了第一台可用的钢丝录音机，开了电磁录音的先河。原理就是（录音状态）用一根钢丝匀速穿过磁头，磁头的磁场受音频信号的调制，使钢丝记录下音频信号。放音时则反过来，钢丝匀速穿过磁头，磁头线圈感应到磁场变化并转变为电流，人们可以通过耳机听到录制的声音。

1898 年的 Valdemar Poulsen 人像　　　　Valdemar Poulsen 于 1898 年发明的磁线录音机

1900 年，美国发明家托马斯·兰伯特运用一种早期的硬塑材料赛璐珞用模具大量生产出留声机圆筒。

1903 年，瓦蒂玛·保尔森成功研发 Reel-to-Reel 录音技术的前身——Telegraphone 录音技术。

1908 年，托马斯·阿尔瓦·爱迪生推出一种名义上能够播放四分钟的"爱迪生琥珀蜡筒"，而一般唱筒只能播放两分钟。这款播放时间长达四分钟的琥珀蜡筒是一种槽口较小的产品。

1912 年，托马斯·阿尔瓦·爱迪生用赛璐珞制造的"蓝色琥珀"唱筒取代了"琥珀蜡筒"。这是一个较为显著的改善，因为琥珀蜡筒材质非常脆弱，破损很快，容易受潮，且音质比"蓝色琥珀"赛璐珞唱筒差。同年，爱迪生和埃尔斯·沃斯发明了康顿赛（Condensite）唱片。

爱迪生赛璐珞滚筒

1927 年，德国工程师弗里茨·普弗勒默（Fritz Pfleumer）发明了录音磁带，可以存储模拟信号，标志着磁性存储时代的正式开启。其工作原理是：将氧化铁粉末用粘合剂固定在纸条或薄膜上，制备成磁带。磁带在移动过程中，随着音频信号强弱，磁带被磁化程度也会发生变化，从而记录声音。

　　1931 年，美国无线电公司（RCA）试制成功 33 $\frac{1}{3}$ 转的密纹唱片。

Fritz Pfleumer, 1928

　　1932 年，德国通用电气公司（AEG）在弗里茨·普弗勒默的发明中看到了发展前景，与巴斯夫公司（BASF）一起开发了一种新的磁带，该磁带由作为载体材料的醋酸纤维素箔组成，涂有作为磁性颜料的氧化铁漆和作为粘合剂的醋酸纤维素，磁带速度为每秒 150cm，播放时间达 70 分钟。在 1935 年柏林无线电博览会上，德国通用电气公司展出了世界上第一台磁带录音机（Magnetophone）——AEG K1 首次装载了这款新磁带。

　　1935 年，德国科学家福劳耶玛发明了代替钢丝的磁带。这种磁带是以纸带和塑料带作为带基，带基

AEG K1 Magnetophone

上涂了一种叫四氧化三铁的铁性粉末，并用化学胶体粘在一起，不但重量非常轻，而且有韧性，便于剪切。随后，福劳耶玛又将铁粉涂在纸带上代替钢丝，并于 1936 年获得成功。

1948 年，美国哥伦比亚公司推出聚氯乙烯（PVC）材料制成的 33 ⅓ 转的新一代密纹唱片。

1949 年，美国无线电公司发明出音质更好但容量较小的 45 转 PVC 密纹唱片。

1949 年 6 月，上海市军管会接管的大中华唱片厂生产出新中国第一批 78 转粗纹唱片《解放区的天》，是中华人民共和国唱片事业的开端。

1949 年，美国的马格奈可德（Magnecord）公司开发出双轨式立体声录音机 ——Magnecorder SD-1，比第一张商用的立体声唱片足足早了近十年，有了立体声录音机之后，1952 年纽约古典音乐电台开始播送立体声的 FM 广播。

Magnecorder SD-1 高保真立体声录音机

1953 年，美国无线电公司推出全球首个开盘式立体声录音磁带（Reel-to-Reel Tape）。

1954 年，美国 Audiosphere 公司发行了第一卷商业性的立体声录音带，音响世界正式进入立体声时代，

RCA 录音磁带宣传海报

并间接推动了立体声唱片的发展。此后，磁带录音机进入百家争鸣时期，也进入美国普通人的家庭中。

磁带录音机发明之初是以开盘机为主，开盘式录音机效果虽好，但装带不方便。后来，美国克利夫兰一位发明家 George H·Eash 就把一个 5 寸的盘带装到塑料盒中，再加上一些压轮与导杆，这样操作就便捷了，即使在颠簸的汽车中声音也不受影响，George H· Eash 的这项发明就是我们所说的"匣式录音带"。

1958 年 9 月，中国唱片厂研制成功密纹 33 ⅓ 转唱片（每面容量 17 分钟），第一批出版的密纹唱片有《黄河大合唱》等六种。

1963 年，荷兰飞利浦公司工程师劳德维克·奥登司（Lou Ottens）研制出世界上第一款盒式磁带（卡式磁带）——PHILIPS EL1903-01，大小仅为盘式磁带的 1/4，同年研制出世界上第一台袖珍盒式磁带录音机—— PHILIPS EL3300。

PHILIPS 盒式磁带

PHILIPS EL3300

1963 年，美国工程师威廉·蒙茨（Earl William Muntz）进一步改良乔治·H·伊什（George H·Eash）的设计，让匣式录音带大量用于汽车、轮船之上。此外，威廉·蒙茨在匣式录音机中使用了四声轨的录音头，设计原是要延长播放时间，后来却意外地成为四声道录音的优良储存设备。

1966 年 4 月，中国唱片厂自行研制薄膜唱片成功。

1966 年，荷兰飞利浦公司推出了家庭用的卡式录音座，美国 Ampex 公司随即推出商业用卡式录音带，随着日本的索尼、建伍 等厂商快速加入，使得卡式录音机快速发展，势不可当。

模拟录音从最初的蜡筒、钢丝、虫胶到黑胶唱片再到后来的磁带，一路走来，科技日益成熟，但始终无法排除记录载体的噪声问题。1965 年，美国杜比实验室创始人瑞·杜比（Ray Dolby）发明了 A、B、C 三种降噪系统，在磁带录音及重播时，能大幅提升信噪比，这种减弱杂音的电子线路，我们称为"杜比降噪系统"，它为磁带录、放音提高音质开创了一条新路。

1966 年，美国物理学家詹姆斯·罗素（James Russell）成功发明了第一个数字光学记录和回放系统（Compact Disk/CD），并于 1970 年获得 CD 的专利。

1972 年，DENON 和 NHK 科技研究所共同研制出了世界上第一款 PCM 数码录音机——DN-023R，数字规格为 13bit/47.25kHz，同年 DENON 推出了首张数字录音的 LP 唱片。

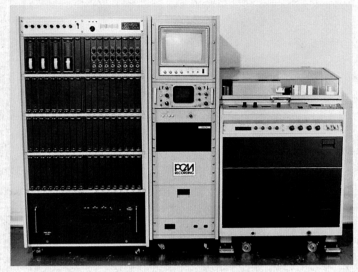

Denon_DN-023R_PCM 数码录音机

1972 年，荷兰飞利浦公司发明了一种新型音频介质，被称为"Video Long Play"（VLP），同时推出 VLP 模拟光学播放机。1974 年，飞利浦研发出直径 20cm 的光学音频光盘（还是模拟格式），音质显然优于黑胶唱片。1977 年，他们又研制出直径为 11.5cm 的数码光盘，可以录制 60 分钟的音频。

1976 年，索尼公司向世界展示了第一张光学数码音频光盘。一年后，索尼推出了直径 30cm 的可播放 60 分钟的音频光盘。

1977 年，索尼与 NHK 合作开发出 PAU-1602 数码录音机，数字规格达到 16bit/44.1kHz，这台录音机采用了索尼的 3/4 英寸（0.75 英寸）磁带宽度的 U-Matic 盒式录像带作为存储载体，也意味着数码录音机的载体体积大幅度缩小。同年，索尼又推出全球第一台商品化的 PCM-1 家用型 PCM 处理器，数字规格为 16bit/44.1kHz。

1979 年，索尼公司和飞利浦公司达成协议，确定以 44.1kHz 采样频率和 16bit 量化标准，新产品起名为：Compact Disc（简称 CD）。

1979 年 5 月，中国第一批立体声盒式录音带《朱逢博独唱歌曲选》由太平洋影音公司发行。

1980 年 1 月，中国唱片社出版第一批立体声大密纹唱片（33 ⅓ 转，每面容量 25 分钟），包括了《春江花月夜》、小提琴协奏曲《梁山伯与祝英台》等民乐、交响乐和戏曲节目。

20 世纪 80 年代至 20 世纪 90 年代开始流行新的影像储存媒体——镭射影碟（Laser Disc，简称 LD），主要用于电视、电影和卡拉 OK。

1985 年，日本索尼公司和荷兰飞利浦公司制定了 CD-ROM 镭射数码唱片黄皮书标准。

1987 年 10 月，中国第一张激光唱片《蒋大为电视主题曲》由太平洋影音公司发行。

1987 年底，日本索尼公司和德国根德公司推出了被称为"DAT"的数字录音机，它几乎可以无损拷贝 CD。无奈 DAT 录音效果太好，即使加上防拷贝装置，所有的软件厂商仍然害怕它会造成盗版音乐泛滥，因此极力抵制，最后使 DAT 只能留在录音室里为少数人服务。

1989 年，国际标准化组织运动图像专家组（MPEG）选定德国 Fraunhofer IIS 公司研发的 ASPEC 技术作为国际音频标准，该项技术于 1995 年被命名为"MP3"。1998 年，韩国 Saehan 公司制造出世界上首台个人 MP3 音乐播放器——MPMan F10。MP3 的出现意味着可以节省大量的存储成本，进行以较小容量在网络传输，同时 MP3 还促使了 MP3 硬件播放器的出现，它颠覆了索尼和 Walkman 时代。从某种意义上来讲 MP3 是一个时代的革命者。

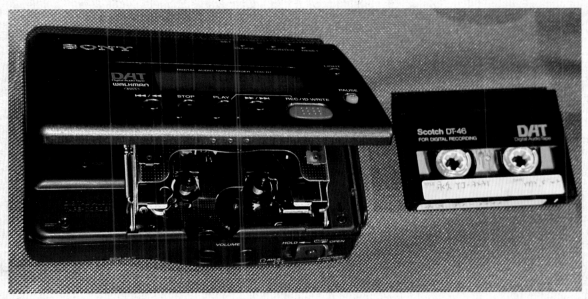

MPMan F10 MP3 音乐播放器

MPMan F10 MP3 音乐播放器

　　1992 年，在拉斯维加斯音响展中，飞利浦公司发布了 Digital Compact Cassette（DCC）数码录音带，可以兼容以前的模拟盒式磁带播放，并推出 DCC900 数码录音座。

　　1992 年，日本索尼公司正式批量生产迷你磁光盘（Mini Disc）机，使用与 MO 磁光盘一样的磁光技术 MD，可以进行高达 100 万次的重复擦写，盘片尺寸为 7×8cm，大概只有 CD 的一半，并且具有数码录音、选曲、编辑操作等优势，MD 所采用的压缩算法是 ATRAC 技术（压缩比是 1∶5），录放时长为立体声 80 分钟，单声道时长为 160 分钟，是数码音响发展历史上的一个创举。

飞利浦 DCC900 数码录音座

1993 年，飞利浦、索尼、JVC、松下等电器生产厂商联合制定视频压缩格式 MPG-1 标准，也就是后来人们熟知的 VCD。同年 9 月，中国万燕公司创始人姜万勐研制出世界上第一台 VCD 机。

万燕第一台 VCD 机——VCD830

1995 年，Keith Johmson 和 Pflash Pflaumer 两人发布了高清晰度兼容性数码技术（HDCD），是一种用于光盘和 DVD 音频录制的数字编码和解码过程。HDCD 过程设法将 20 位的音频信息编码转换到传统的 16 位光盘信道中，这样在解码时就能产生一个更大的动态范围和更逼真的声音。

20 世纪 80 年代出现的数字技术包括使用数字信号来录制声音并进行储存和再生的录音技术。它利用电子和数字技术来拾取声音，并将其转换为数字信号。数字声音的优势在于提供超高的声音质量、优秀的声像定位、更高的信噪比、动态范围和大容量。另外，数字录音可以完美地拷贝和重复录音，而不会损失音质，音色保持纯粹。进入 21 世纪，随着互联网技术的迅猛发展，数字化技术录音成为主流。

第二节 电子录放机品牌和厂家介绍

一、外国录放机品牌生产厂家

（一）美国韦伯斯特–芝加哥公司 WEBSTER-CHICAGO Corp

1914 年，28 岁的鲁道夫·F·布拉什（Rudolph F. Blash）在芝加哥创办了韦伯斯特新奇公司。在迅速发展的"会说话的机器"（又名留声机）行业中，这家公司是众多竞争企业之一。具体来说，其开发了一种"用于留声机的重复记录器"，并最终申请了专利。其作用是"从记录的介质的任何选定部位复制声音"。

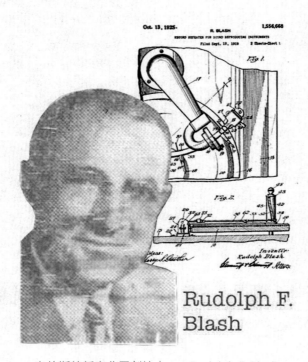

韦伯斯特新奇公司创始人——Rudolph F. Blash

位于美国芝加哥西湖街 3825 号的前韦伯斯特公司工厂，摄于 20 世纪 30 年代

目录号 139"明日之声"海报

到 1940 年，公司正式更名为韦伯斯特–芝加哥公司，布拉什仍然担任总裁，更换了更大的厂房，各种音频电子部件的生产迅速增加，包括为大乐队时代的留声机交易而设计的新型唱片自动更换机。

20 世纪 40 年代的韦伯斯特–芝加哥工厂的装配线以及韦伯斯特–芝加哥自动换片机的广告

位于布卢明代尔大道西 5622 号的韦伯斯特工厂，分别摄于 20 世纪 30 年代和 21 世纪

韦伯斯特–芝加哥公司在第二次世界大战期间接受军方订单生产军用钢丝录音机。在 1947 年和 1948 年，韦伯斯特公司就开发了几种型号的钢丝录音机，并售出了 4 万多台。该公司的营销目标并不仅仅是技术人员和音响发烧友，而是强调其设备的日常吸引力、易操作性和实惠价格。它不仅是一台录放机，更是一种记录广播节目、教室里的课程、法庭上的诉讼程序等的新方法。

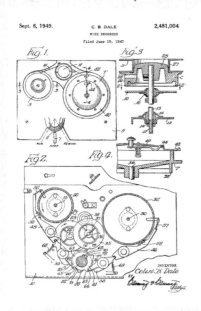

1949 年 Colin B. Dale 为韦伯斯特的钢丝录音机申请的专利

1949，年 180 型钢丝录音机广告

20 世纪 50 年代韦伯斯特–芝加哥工厂钢丝录音机装配线

20 世纪 50 年代早期，钢丝录音机泡沫开始破裂，这对韦伯斯特 – 芝加哥公司来说是一个很大的打击，该公司开始研发在钢丝、留声机和自动换片机的产品线中加入新的磁带录音设备，并开始使用"Webcor"作为新的公司品牌标志。

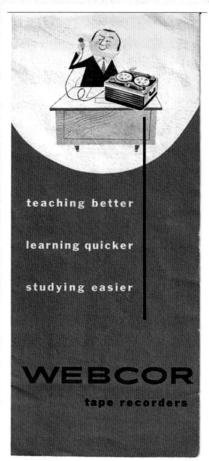

Webcor 的留声机和录音机的广告

1958 年，"Webcor"作为新的公司品牌标志被使用

　　20 世纪 60 年代，钢丝录音机行业在磁性塑料录音带和现代高保真音响的时代挣扎着前进。1967 年，韦伯斯特–芝加哥公司申请破产。1969 年，"Webcor"的商标归美国工业公司所有，存活了几年后便消失了。

（二） 美国录音机公司 Dictaphone

Dictaphone 是由亚历山大·格雷厄姆·贝尔（Alexander Graham Bell ）创立的一家生产录放机的美国公司，后成为 Nuance 通信公司的一个部门，总部设在马萨诸塞州的伯灵顿。

亚历山大·格雷厄姆·贝尔（Alexander Graham Bell ）

虽然"Dictaphone"这个名字是一个商标，但它曾经泛指任何录放机。

1881 年，亚历山大·格雷厄姆·贝尔在华盛顿特区建立了沃尔塔实验室（Volta Laboratory）。当实验室的录音发明在查尔斯·萨姆纳·泰恩特和其他人的帮助下得到充分发展时，贝尔和他的同事建立了沃尔塔留声机公司（ Volta Graphophone Company ），该公司后来与美国留声机公司（成立于 1887 年）合并，后者后来发展为哥伦比亚留声机公司（成立于 1889 年）。

哥伦比亚留声机公司于 1907 年将"Dictaphone"这个名字注册为商标，该公司很快成为这种设备的主要制造商，并延续了蜡筒录音的使用。1923 年，在 C. King Woodbridge 的领导下，Dictaphone 被分拆成一家独立的公司。

1947 年，在第二次世界大战结束前一直依赖蜡筒录音的 Dictaphone 推出了 Dictabelt 技术——这将一个机械槽切割成 Lexan 塑料带，而不是蜡筒。Lexan 塑料带的优点是录音是永久的，并且可以在法庭上使用。最终，IBM 公司推出了一种口述录放机，它使用一种由磁性塑料带制成的可擦写磁带，使用户能够纠正口述错误，而不是在纸标签上标记错误。又增加了录音机的磁记录模型，同时仍然记录在 Lexan 塑料带上的录音带。20 世纪 70 年代末，以磁带记录为基础的机器被引进，最初使用标准的小型或 C 型盒式磁带，但很快，在口述录放机中使用迷你盒式磁带或微型盒式磁带代替。使用更小的卡带尺寸对于制造商减小便携式录音机的尺寸是很重要的。

在日本，JVC 被授权生产由 Dictaphone 公司设计和开发的机器。Dictaphone 和 JVC 后来联合开发了超微磁带（Picocassett），在 1985 年发布，它甚至比微型磁带更小，但保留了良好的录音质量和持续时间。

1979 年，Dictaphone 被皮特尼·鲍斯（Pitney Bowes）收购，并作为其全资独立子公司保留。

1995 年，皮特尼·鲍斯以 4.62 亿美元的价格向康涅狄格州的投资集团斯托宁顿合作伙伴出售了 Dictaphone。

（三）英国百代集团 EMI

EMI 全称为 Electric and Musical Industries Ltd，即电子和音乐工业有限公司，即后来的百代集团有限公司（也被称为百代唱片有限公司或简称 EMI），是一家英国跨国集团，于 1931 年 3 月在伦敦成立，由哥伦比亚留声机公司（Columbia Graphophone Company）和留声机公司（Gramophone Company）合并而成，生产录音设备以及录音和回放设备，旗下"他主人的声音"（His Master's Voice）唱片公司的历史可以追溯到录音的起源之时。该公司的留声机制造业使其在大规模的电子和电气工程中取得了成功。

1979 年 10 月，百代公司与索恩电器工业公司合并，成立了索恩百代公司。

2011 年 2 月，百代集团被花旗集团收购，同年 11 月宣布将其音乐部门以 19 亿美元的价格出售给环球音乐集团，其出版业务以约 22 亿美元的价格出售给索尼 /ATV 财团。

在 2012 年解散时，它是音乐行业第四大商业集团和唱片公司集团，也是"四大"唱片公司（后来的"三巨头"）之一。其旗下的唱片公司包括 EMI 唱片、Parlophone 唱片、Virgin 唱片和 Capitol 唱片，这些后来都归其他公司所有。

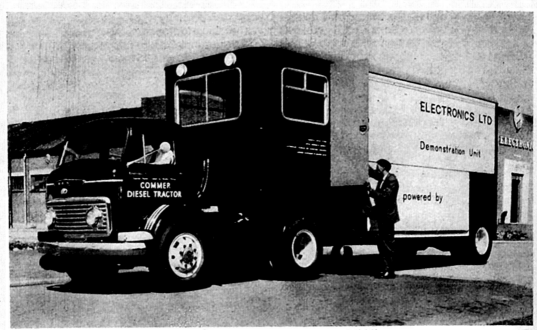

E.M.I. Electronics. Ltd.. Hayes, Middlesex,
Mobile demonstration unit fitted out as a complete workshop with an electrically controlled milling machine,
a programmer's office and a closed-circuit television system

EMI 电子产品

（四）瑞士斯图德-瑞华士公司 STUDER-REVOX

斯图德公司

斯图德公司创始人威利·斯图德

1948 年，威利·斯图德（Willi Studer）在瑞士黑里绍创立了威利·斯图德电子设备工厂。随着高压示波器的开发和制造，这家年轻的公司很快就转向了开盘录音机的研发，最初使用 Dynavox 的品牌名称进行销售。

1951 年，威利·斯图德推出了第一台以自己品牌 REVOX 命名的磁带录音机——REVOX T26，该设备是在 Dynavox 的基础上发展而来的，质量非常好，被用于专业的广播领域。

1952 年，威利·斯图德展示了他的第一台专业录音室磁带录音机——STUDER A27，用这个名字一举建立了两条产品线和品牌名称。从此以后，Studer 这个名字便代表着专业录音室系列，而 REVOX 则成为私人音乐爱好者的高端品牌。

1960 年，REVOX D36 是市场上第一款用于二轨或四轨录音的立体声磁带录音机。全新开发的用于录音和回放的放大器部分，为业余和业余音乐家提供了使用两个麦克风进行高质量立体声录音的可能性。

1967 年，披头士乐队的《佩珀中士的孤独之心俱乐部乐队》可以说是当时最具创新性的流行专辑，是在伦敦阿比路录音室用 STUDERJ37 录制的。STUDER-REVOX 公司几十年来一直在先进的录音室技术领域占据主导地位。

1970 年，利用近 20 年的开发专业知识和世界级录音室技术的深度经验，公司推出了传奇级开盘磁带录音机——REVOX A77。A77 通过增加一个匹配的 FM 调谐器和放大器而得到增强，从而形成一个统一设计的高保真音响系统。

该公司生产的 A80 开盘机经历几个版本，是世界上各大广播电台的首选主录音机。

Studer 的音响产品在广播、剧场、教堂等领域有着广泛的应用和良好的口碑。他们的音响产品在音质、稳定性和可靠性方面都有很高的水平，能够满足各种复杂环境下的声音处理需求。Studer 的音响产品包括数字调音台、音频处理器、功率放大器等，其中 Vistonics 和 FaderGlow 技术是 Studer 的专利技术，能够提供先进的声音处理和用户界面设计。

1990 年，STUDER- REVOX 集团及旗下所有子公司被出售给 Motor-Columbus 集团。1991 年，Motor-Columbus 集团将 STUDER-REVOX 集团拆分为独立的 STUDER、REVOX 和制造部门。

1994 年 3 月，多次重组最终导致了 STUDER 集团被出售给哈曼（Harman）国际工业集团，REVOX 集团被排除在外并出售给了私人投资者。 1994 年 3 月 17 日，哈曼集团完成了从 Motor-Columbus 集团手中获得 Studer-REVOX 集团 100％股权的收购。

STUDER-REVOX 总部及产品

（五）荷兰皇家飞利浦公司 PHILIPS

　　飞利浦（PHILIPS），全称荷兰皇家飞利浦公司，是荷兰的跨国电子公司，总部设在阿姆斯特丹。由赫拉德·飞利浦（Gerard Philips）和父亲弗雷德里克·飞利浦（Frederik Philips）于 1891 年在荷兰埃因霍温创建，起初研发销售白炽灯。

飞利浦公司创始人

飞利浦公司早期生产车间

　　飞利浦曾有三个主要部门：飞利浦消费电子产品（原飞利浦消费电子、飞利浦家电及个人护理），飞利浦医疗保健和飞利浦照明。2021 年，飞利浦公司将旗下家电部门和品牌名称使用权卖给了中国的高瓴资本集团。

飞利浦公司产品宣传海报

飞利浦公司产品宣传海报

20 世纪 60 年代，为了应对流行文化和消费者的消费能力的变化，飞利浦专注于使其技术易于使用。其生产的第一款紧凑型盒式磁带音频播放器立即获得了成功。它为磁带录音设定了全球标准，随后出现了第一台立体声紧凑型盒式磁带播放器，以及汽车和便携式盒式磁带收放机。

20 世纪 70 年代，随着视频时代的到来，飞利浦于 1971 年推出了第一台盒式录像机（VCR）。虽然 VCR 和持续的创新使飞利浦保持在消费产品水平的最前沿，但随着世界全球化，该公司也在经历进一步的变化。

20 世纪 80 年代，凭借其在图像、声音和数据方面的开创性工作，飞利浦在 20 世纪 80 年代一直处于新兴消费数字技术的前沿。推出的产品包括激光视觉光盘、光通信系统，以及与索尼共同成功开发的 CD 光盘。

1983 年，推出压缩光盘。

1985 年，和索尼公司联合推出 CD——ROM 激光数码唱片。

1992 年，飞利浦推出 DCC 数码录音带。

1997 年，飞利浦与索尼公司合作推出了另一项创新产品——DVD。

1999 年，和索尼公司合作推出 SACD 激光数码唱片。

飞利浦是欧洲最大的收音机、组合音响、家庭影院音响、CD 机、DVD 生产厂家之一。

（六）日本索尼公司 SONY

索尼（SONY，曾译作"新力"）是源自日本的跨国综合企业，由拥有技术研发背景的井深大与擅长公关、营销的盛田昭夫于 1946 年共同创办，以研制电子产品为主要事业，经营领域横跨消费电子产品、电子游戏、金融、娱乐产业、半导体、智能手机、相机摄影机、音响等，拥有全世界的品牌知名度，旗下品牌有 Xperia、Walkman、索尼音乐、哥伦比亚影视、PlayStation、Alpha 等。

1977 年，发布与 NHK 合作开发的 PAU-1602 数码录音机。

1978 年，发布 16 轨数字录音机 PCM-1600。

1979 年 7 月，发布革命性的 Walkman 世界第一台随身听产品 TPS-L2。

索尼工厂录音机生产车间

索尼录音机录音现场

1981 年，发布便携型 PCM-F1 数码录音机。

1983 年，联合荷兰飞利浦公司共同发布激光唱盘（CD），并主导公布 74 分钟标准。

1983 年，发布 3.5 英寸软碟（1.44MB 磁盘）。

1987 年，发布旋转磁头 DAT 录音机 PCM2500。

1992 年 11 月，推出 MD（Mini Disc）音乐技术。

2002 年 2 月，发表新一代 DVD 光盘存储格式蓝光光盘标准。

SONY 工厂

（七）日本爱华电气产业株式会社 AIWA

1951 年，池尻光夫创立了爱兴电气产业株式会社，1959 年 10 月更名为爱华。1969 年 2 月，索尼买下爱华 50.6% 的股权，使其成为自己的下属企业。旗下品牌包括用于纯音频的"EXCELIA"（1987—1990年）和用于通用音频的"STRASSER（施特拉瑟）"（1988—1991 年）。

1966 年，日本首款紧凑型盒式录音机 TP-707P 上市。

1991 年 9 月上市的高级盒式磁带卡座 XK-S9000，首次安装了新一代杜比降噪系统以及录音专用主动伺服偏置系统。

爱华在日本推出了第一台面向消费者的 DAT 卡座机，以 EXCELIA 品牌销售，便携式及迷你组合卡座机以 STRASSER 品牌销售。

1992 年，AM 立体声广播开始播送后，与索尼一起积极推出了支持 AM 立体声的机种，但实际上比索尼推出了数量更庞大的支持 AM 立体声的机种。

20 世纪 90 年代前半期，在音响市场处于领先地位，似乎安安稳稳地渡过了难关，但后半期由于未能创造新市场，开始跟不上时代潮流，前景开始变得暗淡，进入 2000 年后爱华最终与索尼合并。

AIWA 在裕廊的第二家工厂

二、中国电子录放机品牌生产厂家

（一）上海录音器材厂

上海录音器材厂

上海录音器材厂前身是 1951 年创建的钟声电器工业社，1955 年 5 月由九家小厂合并，建立公私合营钟声录音器材厂，生产出钟声 810 型电子管开盘录音机。1958 年，以亚洲无线电机厂为主，又并进二十四家小厂组成上海录音器材厂，是全国最早生产录音机、录像机和磁带记录仪的国家定点专业厂，试制成功国内第一台不带面罩的钢丝录音机，研制成功国内第一台磁带录音机，是国家通信广播电视行业的重点企业，国家录像机定点生产厂之一。主要生产家用和广播用录像机、录音机、收录机和音响设备，产品使用上海、钟声、上录牌商标。该厂生产的 L601 型和 L602 型磁带录音机是国内各级广播电台使用的机型，20 世纪 70 年代中期研制出 LY321 型交直流两用晶体管便携式录音机，为各级广播电台外出采访时使用机型。

1987 年，上海录音器材厂被评为国家二级企业，获国家一级计量单位称号。

（二）上海永建录音器材厂

上海永建录音器材厂前身是永建玩具厂，1966 年开始生产仪器开关，1973 年小批量生产盘式录音机，1974 年生产 701 型盘式收录两用机，1978 年改名为上海永建录音器材厂。

1980 年，该厂开始研制 HA 磁头（盘式）及 SZ—1 循环放音机，1981 年开始生产 HA 盒式录音机磁头，并被列为国家专业磁头定点生产厂之一。生产的 E2083、2183、2383 型磁头获上海市优质产品奖，R2B2A 二级录放磁头、EA2C1 消音磁头于 1989 年获全国质量评比一等奖。1988 年，该厂被评为上海市先进企业。

（三）中央广播事业局录音器材厂

20 世纪 60 年代初，中央广播事业局成立录音器材厂，专业生产开盘式磁带录音机。1963 年 5 月，中央广播事业局录音器材厂在北京自主研发出中国第一代广播专业录音机——LY-635 型电子管开盘式录音机，并研制出晶体管机型 LY-636 型开盘式录音机。同期，还有一款专供广播电台使用的大型开盘录音机 LY-637 型。

1968 年，中央广播事业局录音器材厂以战备名义由北京迁往山西晋中市榆次，1971 年后挂出"中央广播事业局录音器材厂"厂牌，改革开放后改成中央广播电影电视部录音机厂。

20 世纪 80 年代，中央广播事业局录音器材厂在江苏省苏州市筹建新厂。1984 年 10 月 1 日，广播电视部苏州录像机厂正式建成；1994 年 2 月，更名为苏州中广录像机厂。

工厂于 1987 年迁至石家庄，与河北电子光学设备厂合并组建国营石家庄广播录音机厂，是国内生产广播录音机的主要工厂，主要生产 LY 系列单、双声道录音机，以及和瑞士 Studer 公司合作生产 A807 型中级录音机。

中央广播事业局录音器材厂 LY 系列磁带录音机产品海报

第三节　馆藏录放机概览

一、钢丝录音机

　　钢丝录音是利用钢丝的可磁化原理通过磁头把声频信号转变为磁信号记录在钢丝上的一种技术，是丹麦科学家保森于1898年发明的，当时这个机器叫"留声电话机"。但保森发明的钢丝录音机因受当时条件限制，构造还非常简陋，无法付诸使用，直至1924年由德国通用电气公司根据保森的发明，经精密设计后才完成一台可实用的钢丝录音机。1934年，英国马可尼公司亦有一种录音机出品。自此以后，经各国科学家多方改造，钢丝录音机和磁带录音机进一步完善。

　　钢丝录音机是人类从机械录音（爱迪生留声机）向电磁录音过渡的重要节点，它与留声机相比较有以下优点：①录音时间长；②修整录音容易；③即时录放音；④耐久性存贮；⑤频率响应好；⑥携带方便；⑦成本低。

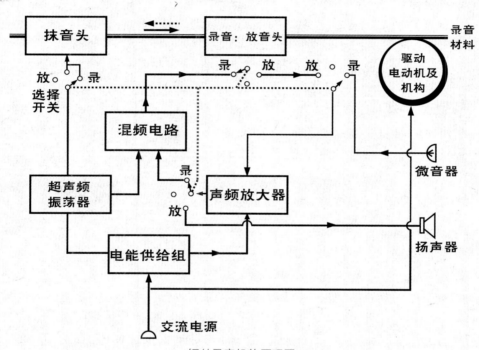

钢丝录音机的原理图

　　钢丝录音机的原理图如下：

　　钢丝录音机有四个功能：①录音；②倒线；③放音；④抹音。

　　参考图：录音时选择开关旋向"录"方，钢丝受驱动电机及机构的驱动，向右运动，依次经过抹音磁头、录音磁头、放音磁头，此时由传声器输出的信号经声频放大器放大，再输入混频电路与超声频振荡发出的超声频信号混合，然后进入录放磁头，使钢丝逐段磁化。

　　录音时，超声频振荡器一方面送到混频电路外，另一方面送去抹音磁头产生磁力，所以一卷已经磁化过的钢丝经过抹音头时，可使钢丝上的剩磁全部被抹去。

　　放音时，先将钢丝倒至起始位置，选择开关旋向"放"方，钢丝向右运动，钢丝经过放音磁头，磁头内的线圈感应到磁场而产生电流，此电流经过声频放大器放大后经扬声器发声。

▶ RCA 钢丝录音机
20 世纪 40 年代
美国
长 24cm，宽 31cm，高 25cm

　　这是较为罕见的一款电子管钢丝录音机，它一问世便被称作"便携式录音机"，它是由美国无线电公司出品的，全部机件装于一黑色塑料机箱内，它的顶部特意设计为手柄型，外出携带录音更为方便。
　　技术参数：电源：输入电功率 103W（电源电压为 125V 时）；电压 105 ～ 125V，60 周；钢丝盒容量：30 分钟，录音或放音；声频放大器阻抗：负载，6Ω（外接扬声器）

◀ Silverstone 70 钢丝录音机
20 世纪 40 年代
美国
长 29.5cm，宽 43cm，高 22cm

　　这是一台"二战"后生产的便携式钢丝录音机，全部机件装在棕红色的包皮木质机箱内，是一款电子管机型，使用外接麦克风进行录音，控制面板上有播放、倒带、录音切换旋钮、调速切换拨杆、输入及输出切换拨杆。扬声器位于正面，背面有电源和麦克风插孔，使用 117V 交流电源。

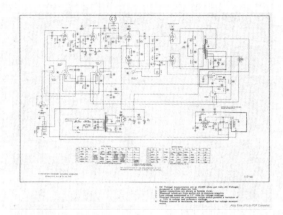

WEBSTER -CHICAGO 288 钢丝录音机电路图

▶ 韦伯斯特·芝加哥 WEBSTER-CHICAGO 180-1 钢丝
录音机
20 世纪 40 年代
美国
长 30cm，宽 46cm，高 20cm

扫码观视频

　　这两款都是韦伯斯特 - 芝加哥公司于"二战"后推
出的电子管钢丝录音机，全部机件装在深红色包皮的木
质机箱内，操作面板颜色两者有所不同，可挂载钢丝盘
数量180-1是 3 个，288-1R 则是 6 个。两者都使用 0.0036
英寸的不锈钢线，以每秒 24 英寸的速度移动，通过垂直
移动的磁头，将钢丝均匀地散布到绕线轴上。机器的磁
头含有录音、放音、抹音三种功能，带运行时间指示器，
需外接麦克风进行录音。机身前方有内置扬声器，使用
105 ～ 120V、60 周的交流电源。

扫码观视频

▲ 韦伯斯特·芝加哥 WEBSTER-CHICAGO 228-1 钢丝录音机

20 世纪 50 年代

美国

长 28cm，宽 26.5cm，高 13.5cm

　　该机在 0.036 英寸标准的不锈钢钢丝上进行磁性录音和放音，作为一个完整的钢丝录音机，228 包含一个脚踏启动开关，停止和逆转机制，方便录音或回放录音、口述等。228 也包含了麦克风，有一个内置的启动/停止开关，这方便使用户控制机器。本机中包含的经过时间指示器以刻钟和分钟为间隔进行校准，该指标在 15 分钟内完成整圈。

　　228 在 105～120V、50/60 周期交流电下工作，50 周期电流会导致机器运行稍慢一点儿，但这不会损害电机或损害记录仪的质量。切勿尝试使用直流（DC）或频率非 50/60 周期的电源进行操作。

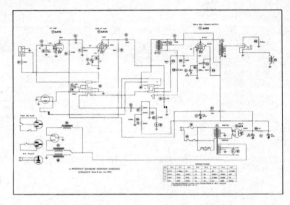

WEBSTER-CHICAGO Model 228 钢丝录音机电路图

▶ Astra Sonic 748 钢丝录音机

20 世纪 50 年代

美国

长 37.5cm，宽 48cm，高 26.5cm

　　这是由美国 Pentron 公司生产的一款多功能组合机，集唱机、收音机和钢丝录音机三种功能于一身，全部机件装在包皮的木质机箱内。该机是电子管单声道机型，可播放 78 转的黑胶唱片和收听 AM 广播，钢丝运行速度为 38cm/s，机身前方有内置扬声器，需外接扬声器进行录音，也可接收音机和麦克风当放大器使用，适用于 105～120V 的交流电源。

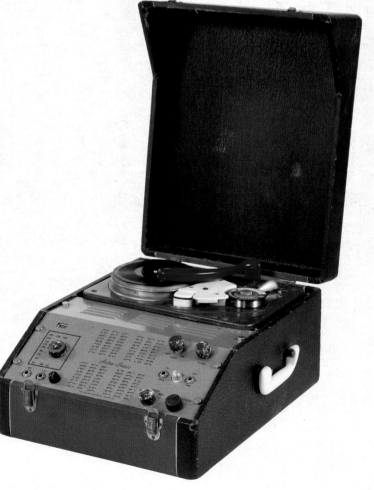

▲ 韦伯斯特 – 芝加哥 WEBSTER–CHICAGO 7 号钢丝录音机
1955 年
美国
长 28cm，宽 26.5cm，高 23cm

　　这是韦伯斯特的一款经典造型的钢丝录音机，需使用外置麦克风进行录音，前面板内置扬声器，配有 5 个电子管，作用如下：6SJ7 麦克风前置放大，6SN7 音频放大和用于电平指示器的音频整流，6V6 音频输出（播放模式）和偏置振荡（录音模式），6X5 整流，6E5 眼管电平指示。

▶ POLYFIL 钢丝录音机
20 世纪 50 年代
法国
长 39cm，宽 31cm，高 20.5cm

　　这是一款便携式的电子管钢丝录音机，全部机件装在褐色包皮的木质机箱内，使用外接麦克风进行录音，控制面板上有播放 / 倒带 / 录音切换 / 音量控制 / 输入输出切换等多个控制旋钮，麦克风插孔位于面板上。扬声器位于正面，背面有电源插孔，使用 230V 交流电源。

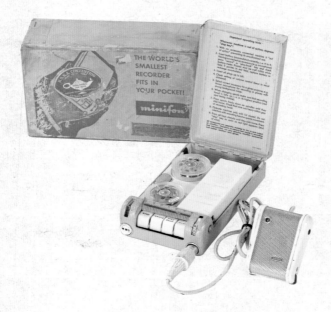

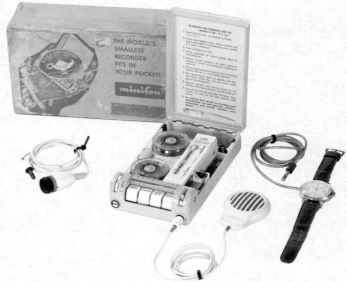

▲ MinifonP55 ITT 微型间谍钢丝录音机
20 世纪 50 年代
德国
长 10cm，宽 17.5cm，高 4cm

▲ MinifonP55 微型间谍钢丝录音机
20 世纪 50 年代
德国
长 10cm，宽 18cm，高 4cm

　　这两款都是 MinifonP55 系列的微型钢丝录音机，造型精美小巧，由 Protona GmbH 公司在德国汉堡生产，左图机型放大电路采用电子管制造，右图机型放大电路采用晶体管制造，两款机型都是通过钢丝来录制声音，该系列也有使用磁带录音。通过外接设备，如麦克风、手表等进行声音录制。

二、开盘式磁带录音机

开盘式磁带录音机有两个独立的磁带盘，磁带从一盘卷到另一个盘，卷完后换另一盘。故此种录音机叫做开盘式磁带录音机。

开盘式磁带录音机的优点是带速可以依据录音品质的需要自行选择。速度越快，录音音质越好，但磁带的用量越大。另外，由于卷在带盘上的磁带可以任意抽出或卷回，所以利于剪接和编辑。

开盘式磁带录音机的磁带音轨有以下几种：单轨、二轨、四轨、八轨、十六轨、二十四轨，二十四轨主要用于多轨录音、母带录制和母带录音编辑。

磁带录音机之所以能在磁带录音，是靠音频电流在录音磁头产生音频磁场来磁化磁带上面的磁畴而改变磁带的极性和剩磁强度变化的，当磁带离开录音磁头后磁畴极性就被磁带记忆，而放音则靠放音磁头来拾取磁带上的磁畴，来还原记录在磁带上面的音频信号，抹音磁头是用来抹去磁带上已有的录音。三种功能的磁头的排列：抹音在最前面，录音在中间，放音在最后。

一般开盘式磁带录音机有二磁头、三磁头、四磁头、六磁头等。二磁头开盘式录音机有一个抹音磁头和一个录放音磁头，磁带运行时经过抹音磁头消除磁带上的杂音或不用的内容，再经过录、放音磁头录音或者放音。它的问题是录音过程中不能放音监听。三磁头就可以一边录音一边监听，从而知道录音效果。四磁头机器多是两轨录放兼容四轨播放。六磁头机器则是双向录放无须重新安装磁带。一般六磁头录音机比较常见，主要是为了不用倒带就可以录制或播放另一面的声音。

开盘式磁带录音机的驱动和传动机构：它们的主要任务是把磁带由一个带盘，按设定速度（常见速度是：15 英寸／秒；7.5 英寸／秒；3.75 英寸／秒）与磁头接触的这一段上保持固定的张力卷向另一个带盘。驱动动力有单马达驱动、双马达驱动、三马达驱动。单马达驱动是用一个马达驱动两个带盘和定速导带的工作，所以机械结构非常复杂，同时还要完成三种以上不同转速的动作，因此其稳定性较差；双马达驱动是两个带盘用一个马达，另一个马达用在定速导带工作上，传动机构简单了，稳定性比较好；三马达则是驱动时两个磁带盘分别用一个马达，主导带轮用一个马达，这种结构更简单，易于控制，走带稳定性很高，方便加入电子控制线路来实现遥控、编辑功能。

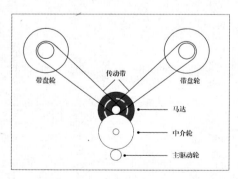
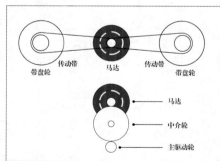
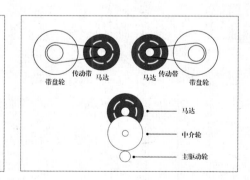

▶ 韦伯斯特 WEBSTER-ELECTRIC Ekotape 230 开
盘式磁带录音机
20 世纪 50 年代
美国
长 36.5cm，宽 35.5 cm，高 25.5cm

　　这是一款电子管磁带录音机，包含 6 个电子
管，型号及数量分别是：1 个 5879、2 个 6AV6、1
个 6V6GT、1 个 6AQ5、1 个 5Y3GT。全部机件装于
军绿色包皮木箱内，有两种带速，分别是 19cm/s 和
9.5cm/s，需要外接扬声器进行录音，有两个输入插
口可接唱机、收音机和麦克风当放大器使用，内置高
低音双喇叭，适用于 105 ～ 117V、60 周的交流电源。

◀ 索尼 SONY TC-101 开盘式磁带录音机
1959 年
日本
长 32cm，宽 26.5cm，高 18cm

　　TC-101 是索尼出品的一款便携式、晶体管化、紧凑型
单声道半轨磁带录音机，具有 19cm/s 和 9.5cm/s 两种带速，
内置放大器和 6 英寸 ×4 英寸的扬声器。虽然是入门级机器，
但它可以使用 7 英寸的磁带盘，功能包括麦克风和线路混音、
VU 仪表和暂停控制。驱动器由单个电机驱动，记录仪采用
标准的双头设计，为麦克风和收音机提供输入，为 15Ω 外部
扬声器提供输出。该录音机配有索尼 F-7 动圈麦克风，使用
90 ～ 105V 交流电源，上市售价为 97.50 美元。

▶ REALISTIC 电子管开盘式磁带录音机
20 世纪 60 年代
英国
长 34cm，宽 26cm，高 17cm

　　该款磁带录音机采用 Olson 公司的 AM-232A 开盘机
模型生产，是一台两速双轨单声道的电子管开盘机，带速
为 9.5cm/s 和 19cm/s，装配 6 个电子管（6AR5、5MK9、
6AV6、6AV6、6AV6、6E5C），内置扬声器，音量 / 音调
控制，麦克风输入插孔，Aux（无线电）输入插孔，扬声
器输出插孔，使用 110 ~ 120V、60Hz 交流电源。

◀ 德律风根 Telefunken Magnetophon M-200TS 开
盘式磁带录音机
20 世纪 60 年代
德国
长 38.5cm，宽 30.5cm，高 16cm

　　该机是一款双轨单声道晶体管磁带录音机，磁带速度
为 9.5cm/s，最大使用直径 18cm 的磁带盘，有 1 个 A/W
组合磁头和 1 个擦除磁头，带有便携式提手，可外带使用。

▶ 飞利浦 PHILIPS EL-3531D/22a 开盘式磁带录音机
20 世纪 60 年代
德国
长 37cm，宽 31.5cm，高 16 cm

　　这是飞利浦的一款双轨道单声道便携式磁带录音机，内含 7 个
电子管，磁带速度为 9.5cm/s，最大使用直径 18cm 的磁带盘，使
用 110 ~ 130V/220 ~ 240V 交流电源。

◀ 飞利浦 PHILIPS EL-3541/15k 开盘式磁带录音机
20 世纪 60 年代
荷兰
长 33cm，宽 29.5 cm，高 16cm

　　这是飞利浦最受欢迎的双轨道单声道便携式录音机之一，
亦是一款有 5 个电子管的磁带录音机，有两个磁头，磁带速
度为 9.5cm/s，最大使用直径 18cm 的磁带盘，内置 10cm 的
扬声器。该型号只生产了数年，并在 20 世纪 60 年代初进行
了细微的修改和变化。

▶瑞华士 REVOX G36 开盘式磁带录音机
1963—1967 年
瑞士
长 46cm，宽 34cm，高 31cm

REVOX G36 是磁带录音机在电子管技术中发展的最高成就，内置 12 根电子管，可以放置直径为 26.5cm 的磁带盘，具有 9.5cm/s 和 19cm/s 两种磁带速度，内置直径 21cm 的扬声器。在 REVOX G36 中，同步电机首次被用作音调电机。REVOX G36 有两个版本的机械开关。在设备编号 36500 之前，使用微动开关。从设备编号 36501 到 58000，传感器操作镀金线触点。从序列号 58001 开始，对磁带端进行光电扫描。用于电位器和旋转开关的超长杆提供短信号路径、电子管、相关的电阻器和电容器。

▶纳格拉 NAGRA 4.2 开盘式磁带录音机
20 世纪 70 年代
瑞士
长 33cm，宽 24cm，高 11cm

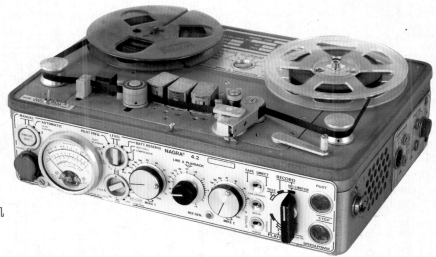

NAGRA 4.2 最初于 1971 年推出，是一款便携式单声道全音轨 6.35mm 模拟磁带录音机，专为广播、电影和电视应用而设计。

该开盘机有三种带速：38.5cm/s、19.5cm/s 和 9.5cm/s，NAB 或 CCIR 标准。音频输入可以与两个内置麦克风和前置放大器一起使用（根据所安装的麦克风和前置放大器可在动态、T 功率和 P 功率之间切换），也可以通过 QCE 电缆作为线路输入。

NAGRA 4.2 包含单独的录音和放音磁头，内置监控扬声器可切换到音源或磁带，一个标准信号发生器，调制表，电源供给和走带机构的报警指示器。它还具有用于录制或回放的高通滤波器和可切换的自动电平控制和限制器。

该机器可以配备可选的 NEOPILOT 50/60Hz 同步系统，内置石英发声器，也可以由外部电源（ATN-4）或内部电池供电。

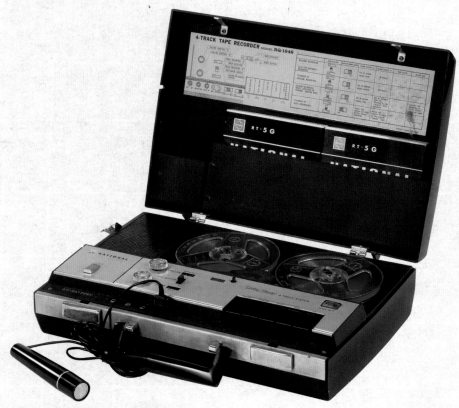

▲ 松下 NATIONAL RQ-194S 四轨开盘式磁带录音机
20 世纪 70 年代
日本
长 37.5cm，宽 26.5cm，高 11cm

　　这是松下公司最初于 1970 年 8 月 12 日在日本本土出售的一款便携式四音轨、双通道、单声道系统的磁带录音机，最大使用直径为 12.7cm 的磁带盘，具有 4.76cm/s 和 9.5cm/s 两种磁带速度，需使用麦克风进行录音，交直流电两用，使用国际交流电源。

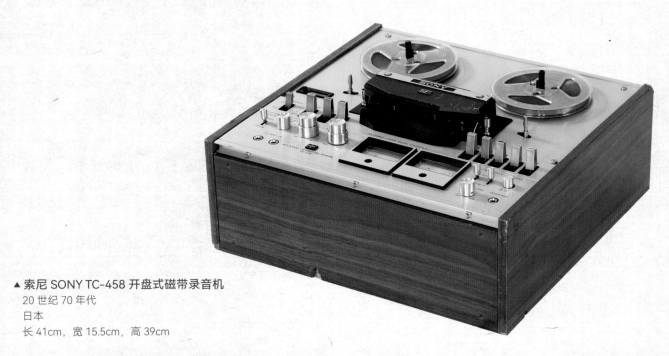

▲ 索尼 SONY TC-458 开盘式磁带录音机
20 世纪 70 年代
日本
长 41cm，宽 15.5cm，高 39cm

　　该机是一款四轨双声道立体声的磁带录音机，最大使用直径为 18cm 的磁带盘，具有 9.5cm/s 和 19cm/s 两种磁带速度，使用直径 18cm 带盘长度 550 米的磁带在 9.5cm/s 下可进行 1.5 小时的立体声录音。

▶ **索尼 SONY TC-5520-2 立体声开盘式磁带录音机**
1976 年
日本
长 30cm，宽 28.8cm，高 13.5cm

　　这是索尼性能很出色的一款开盘录音机，在日本以
TC-5550-2 的型号出售，上市价格为 178000 日元，该机
为双通道双轨迹，具有 19cm/s 和 9.5cm/s 两种带速，且带
速可微调，可使用干电池或 12V 直流电源。
　　该机是索尼设计的非常可爱的音频设备之一，增加了
黑色外观，通过石英锁，XLR 插头，用于同步和相关 XLR
I/O 的中心轨道，低切（高通）开关取代了线路 / 麦克风选
择器，并且设有音高控制功能。

扫码观视频

◀ **斯图德 STUDER B67 立体声开盘式磁带录音机**
20 世纪 70—80 年代
瑞士
长 48.5cm，宽 48.5cm，高 22.5cm

　　STUDER B67 是一款两轨立体声磁带录音机，使
用 6.35mm 宽度的磁带，具有 38.1cm/s、19.05cm/s 和
9.5cm/s 三种磁带速度。该机被认为是 A80R 的紧凑型，
它于 1973 年面市，生产到 1982 年，最终被其继任者
A810 取代。在一个紧凑的版本中，它的功能与 A80R
相同，除了编辑和清零功能。
　　所有电路板的校准微调都可以在前后面板轻松实
现，一旦移除，就会显示由 A80 继承的可移动模块化
板制成的美丽架构。B67 系列是 Studer 迈入紧凑型开
盘机领域的第一步。

▲ 瑞华士 REVOX B77 MK II 立体声开盘式磁带录音机

1981–1993 年

瑞士

长 45cm， 宽 20cm，高 41.5cm

扫码观视频

REVOX B77 MKII 二轨开盘机，原装瑞士制造，MKII 是电台专用，非普通的 B77 可比，和 PR99 MKI 只是外观不同，磁头和放大电路完全一样，用料豪华。

通过进一步打磨 B77，将开盘面板改进至完美。B77 MKII 有三种款型：4 型、2 型和 HS 型。4 型具有 4 个磁道和 2 个通道，磁带速度为 9.5cm/s 和 19cm/s。2 型是两轨 2 通道规格，磁带速度为 9.5cm/s 和 19cm/s，并且通过加宽磁道宽度来扩大动态范围。HS 型有 2 个磁道和 2 个通道，磁带速度为 19cm/s 和 38cm/s。这三种类型仅在磁头和磁带速度上有所不同，并且都具有相同的基本设计。走带部分采用压铸底盘坚固构造，机构部分采用三电机系统，带盘采用久负盛名的 FG 伺服外转子型 DD 电机。磁头组件由压铸制成，确保耐用性，可在很长一段时间内表现出较高的初始性能。运算部分采用全逻辑控制，采用 Studer Lubox 专门开发的专用 LSI 实现快速、可靠地运行。配备提示按钮和磁带切割器。配备可变带速机构，可调范围为 ±10%。提供回声录音、光学磁带传感器、与所使用的卷轴相匹配的磁带张力切换机构以及独立的左右耳机输出控制。

扫码观视频

扫码观视频

▲ 斯图德 STUDER A80-R 立体声开盘式磁带录音机
1970—1988 年
瑞士
长 70cm，宽 60cm，高 111cm

▲ 斯图德 STUDER A80 VUIV 立体声开盘式磁带录音机
1970—1988 年
瑞士
长 70.5cm，宽 60cm，高 111cm

　　STUDER A80 系列开盘式磁带录音机是录音史上最经典的母带录音机，在 1970 年到 1988 年间生产，许多人认为它是有史以来设计得最好的磁带机。通过更换制动轮、带盘适配器、磁带导轨和主动轮电机轴，可以运行从 1/4 英寸到 2 英寸宽度的磁带。也可以根据需要配置此磁带录音机从 1 个通道（单声道）到最多 24 个通道。

　　这两台机的机械结构毫不妥协，就像 STUDER 产品一样：可用的工作空间和磁带路径是最好的，以温和快速的方式管理磁性支架，特别是当磁带陈旧而脆弱时。因此这款磁带录音机非常适合从未使用过专业磁带录音机的人操作。

　　伟大的演出是人们对主录音机的期望，A80 录音机在专业领域制作过许多大型演出录音，记录了所有音乐流派的无数国际热门歌曲。两者都带有可拆卸轮子的手推车，其所有部件都易于维护和修理。VU 仪表在录音时方便监控输入信号，包括一个小型服务监视器和耳机输出。

　　各版本区别：
◆ 7.5/15 ips 或 15/30 ips 两种型号均可选
◆ 有 R 和 RC 两个版本
◆ R 版本不带 VU 表
◆ RC 版本有 VU 表选项，RC 版本是较新的，包含 RC MK1、MK2 和 MK4

　　主要技术特点：
◆ 二轨立体声主录音机，使用 1/4 英寸（6.35 mm）磁带
◆ 磁带尺寸：最大 12.5 英寸（31.8cm）
◆ 数字定时器显示：小时、分钟、秒
◆ VU 表带有用于线路输入和线路输出的独立电位器
◆ VU 表带有监视输入或输出信号开关

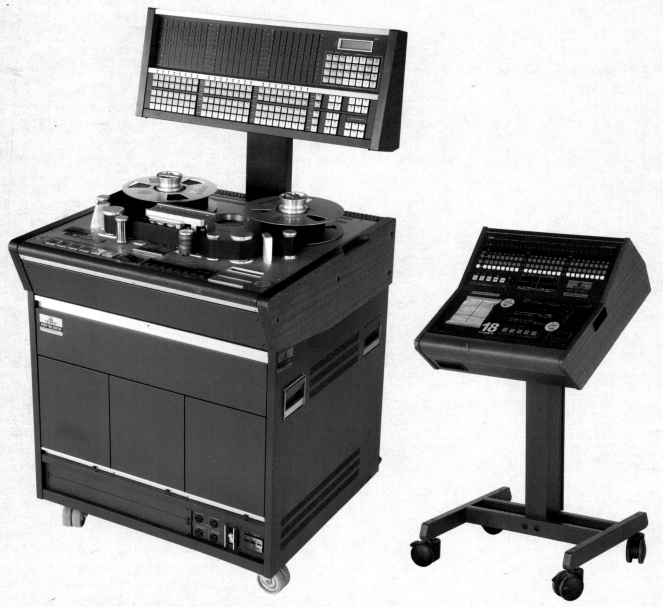

▲ 斯图德 STUDER A820 二十四轨开盘式磁带录音机
1986 年
瑞士
开盘机：长 77cm，宽 72cm，高 141cm
控制台：长 49.5cm，宽 47cm，高 98cm

扫码观视频

　　"STUDER A820 结合了最先进的技术，瑞士工艺和多年的经验都用在这款录音机设计中。"这句话摘自 1984 年 A820 的原始宣传册。A820 是 STUDER 商业版图的顶部机型，它被认为是模拟磁带录音机的最大发展，它是为所有可用的磁带格式制作的，从 1/4 英寸二轨到 2 英寸二十四轨，它继承了 A80 享有盛誉和令人印象深刻的录音口碑。

　　A820 是 A80 的后代，其新的磁带传输架构是专为直径 14 英寸的带盘而设计，是区别于 STUDER 其他型号的。由于这一特性，A820 配备了直流电机，可提供独特的机器扭矩功能以及安装带盘的最佳加速和制动时间性能。

　　至于两年前通过 A810 引入的电子和设备控制，A820 上实施了机器管理的新设计和演变。A812 和 A816 型号也将使用相同的功能，参考设置是软件定义的，其管理是通用和实用的。

　　A820 在 CD 市场上首次亮相后立即推出，尽管与数字录音技术共存了 30 年，但它仍然在全球录音室中占一席之地。这就是为什么它是录音工作室和发烧友最罕见和最渴望得到的开盘录音机之一。

　　主要技术特点：二轨立体声主录音机，使用 1/4 英寸（6.35 mm）磁带；磁带速度：30/15/7.5 ips（76.2/38.1/19.05cm/s）；磁带 A 和磁带 B 可切换选择，具有独立设置和内存存储；带盘尺寸：最大为 14 英寸（35.5 cm）；3 种速度数字实时显示：小时、分钟、秒；内置监听扬声器和耳机输出（插孔 6.3mm），用于输入或输出信号；内置监听扬声器

◀ 小谷 OTARI MX-55N-M 立体声开盘式磁带录
音机

20 世纪 80—90 年代
日本
长 44cm，宽 72cm，高 102cm

　　MX-55 系列由日本小谷公司生产，是一款高科技和高性能的 0.25 英寸磁带录音机，安装在压铸铝合金甲板和侧框架上。该系列主要生产了两款型号：MX-55N 和 MX-55D，"D"表示 DIN 或"蝶形"构造磁头，欧洲标准。"N"型有一个标准的平行轨道磁头。第三种（不太常见的）型号是 MX-55T，有一个中央时码轨道（与 N 头一起），具有三个磁带速度，分别是 9.5cm/s、19cm/s 和 38cm/s。

　　该系列中的所有机器都可以挂载从 3 英寸到 11.8 英寸的 DIN hub 和各种尺寸的磁带。前面板的可变速度控制提供 ±20.0% 的变速范围，每次以 0.01% 的数值增加。主动轮电动机速度也可以由外部源的接口与同步器或类似的控制器控制。带盘尺寸可分别选择左右带盘。数字磁带计数器具有 GoTo 和 3 个单独的内存设置。读取小时、分钟、秒。

▶ 小谷 OTARI MTR-12 II -2 立体声开盘式磁带
录音机

1985 年
日本
长 63.5cm，宽 62cm，高 89cm

　　MTR-12 系列由日本小谷公司生产，包含了一个完全由微处理器控制的磁带传输装置。在所有操作条件下，计算机监控磁带的运动和装载，并与所有三个直流电机通信，以实现最平稳、最快的磁带处理。微处理器控制通过减少电子和机械部件的数量和更少的连接来确保可靠性。

　　MTR-12 系列的磁带张力控制是当时市场上最先进的，软件程序将两个带盘电机的旋转速率与磁带转速轮的输出进行比较，以实现极其精确的恒定张力。另外，红外线带盘尺寸探测器可感应所有带盘尺寸，不需要手动切换，这种灵活的系统提供了不同的带盘尺寸的任何组合。并且允许你用一只手"转动"磁带，而不会出现胶带松弛或脱出的情况。直流伺服绞盘电机提供非常准确的磁带速度，播放和记录速度分别是 9.5cm/s、19cm/s 和 38cm/s，或 19cm/s、38cm/s 和 76cm/s 在顶部面板切换。

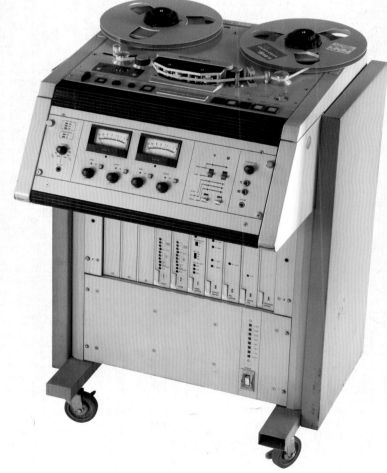

（二）中国藏品

中国开盘式磁带录音机发展史：开盘式磁带录音机并不是中国人发明创造的，但中国人对录音机的利用率却很高。有记载早在 20 世纪 60 年代，为了通过保证良好的录音效果，戏剧院的工作人员不得不从广播电台租借重达 150kg 的 635 型开盘式磁带录音机，用车拉到演出现场进行录音工作。随后的几十年里，录音机与它所服务的领域发生了质的变化，开盘式磁带录音机也完成了它的历史使命，退出历史舞台，我们今天重新把这些老旧机型收集起来不单单只是为了展示，这些开盘式磁带录音机作为集机械、电子、磁等诸多学科技术为一体的精密工业产品，它的发展水平与当时的社会背景、政治环境、经济基础、技术状况等息息相关。纵观我国开盘式磁带录音机的发展历史，通过不同时期生产的录音机在设计风格、产品命名、内在质量等方面的不同同样能透视到当时的历史背景和社会状况，具有较强的时代特色，所以研究中国录音机不单纯是一种对普通工业产品的了解和汇集，更是一部中国工业科技和社会发展史真实的缩影。

我国生产的开盘式磁带录音机要追溯到 20 世纪 50 年代。1955 年，上海钟声电器工业社（也就是上海录音机厂的前身）成功研制出国内第一台开盘式磁带录音机——钟声牌 591，该机除电子管外，其他都是国产材料制成。并于 1956 年正式投产，但由于当时时代背景等诸多因素的影响，该机产量较少。1957 年钟声 631 开盘式磁带录音机投产，作为 591 的升级机型，该机服务过广播、部队、机关等机构。1958 年 3 月，此时钟声电器工业社已改名为上海录音器材厂并试制成功 810 携带式开盘式磁带录音机，不久后投入生产。该机功能比较齐全，有快慢速录音，当年被作为国礼赠送给朝鲜民主主义共和国领导人。在这期间，上海中国唱片厂生产出中国首台以机械发条为动力的 301 手摇式开盘式磁带录音机，该机是我国最早的便捷式采访机型。

到了 1960 年，上海录音器材厂开始研制 L—601 开盘式磁带录音机，并在 1963 年 10 月通过生产定型。该机采用大面积铝压铸骨架、磁头座板以及自制的双速电动机，简化了机械传动结构，提高了产品的可靠性。从 1963 年投产到 1981 年，累计产量达 257563 台，是这一时期国内同类产品中产量最高、销售面最广的产品，还作为国家援外物资，出口到罗马尼亚、越南、阿尔巴尼亚、老挝和柬埔寨等国。综上所述，我国开盘式磁带录音机制造工业兴起于 20 世纪 50 年代，但那时期的产品工艺水平与技术指标远远达不到广播级水准，到了 60 年代中期，中央广播事业局录音器材厂生产的 635 开盘式磁带录音机的问世，中国才真正意义上拥有了广播级水准的录音器材。在我国，开盘式磁带录音机主要服务于广播事业，从 60 年代一直到 90 年代，635 型开盘式磁带录音机作为广播电台的主力机型，它的身影出现在中央及地方各大广播电台的录音室中，并出口 20 多个国家。30 年里，它为新中国广播事业立下汗马功劳。635 开盘式磁带录音机不仅是中国录音机制作工艺的分水岭，同时也是一个时代的象征，它承载着我国科技工业的骄傲，记录着我国广播事业的辉煌。

1963 年，上海录音器材厂开始研制 L301 晶体管开盘式磁带录音机，该机是我国首台晶体管开盘式磁带录音机，也是我国国产开盘式磁带录音机型中体积最小的便携式机型，该机于 1966 年正式投产。1968 年，上录厂生产 L-302、L-302A 晶体管开盘式磁带录音机。这些机型主要用于教学领域。1969 年，上海永建玩具厂开始研制环球牌 701 晶体管盘式收录两用机，1976 年定型生产，该机型定位于民用，也是我国生产的最早的民用机型。20 世纪 80 年代，我国石家庄广播录音机厂（前身为中央广播事业局录音器材厂）引进、消化、组装、国产化了瑞士 STUDER A807 开盘式磁带录音机。组装的 A807 开盘式磁带录音机在国内的各大省市广播电台、电视台占据了一定的数量。国产后的 A807 其外观和功能和进口的 A807 没有太大的变化，铭牌商标上用 LY-807 取代了 STUDER 的标志，电子元件不再是瑞士 STUDER 原厂提供。

70 至 80 年代，由于采访录音工作的需要，我国急需录音水准高性能稳定的高质量便携式开盘式磁带录音机，北京东城录音器材厂、北京青云仪器厂纷纷引进瑞士纳格拉（NAGRA）型开盘式磁带录音机，并进行仿制，成功研制了长城 DTL、青云 DL 系列机型，这两种系列机型做工精致、用料上乘，电子元件更是发烧级别，不计成本，填补了我国便携式开盘式磁带录音机录音质量不高、性能不稳定、体积大的空白。同期，广播电台主力机型 635 型逐步被晶体管 636、637、730 系列机型取代，其中，730 开盘式磁带录音机机械结构、外观以及制造工艺完全仿照瑞士 STUDER A80 机型设计，在当时被称为"中国的 A80"，636-2 开盘式磁带录音机为立体声机型，在当时属于国产音质最出众的机型。

我国生产的开盘式磁带录音机从 20 世纪 50 年代一直生产至 90 年代，在这四十年中，各生产厂家生产的各种机型种类丰富，202、221、301、321、551、601、690、701、730、810 等机型相继问世，北京、长城、红旗、海燕、常州、广州、环球、黄河、青云、鹦鹉等品牌层出不穷，从单声道到立体声，从落地式到背包式，从中央到地方，从专业到民用，可谓百花齐放。这些产品的投产凝聚着前人的智慧和精神支点，在那个国力空虚，资源和资料都极度匮乏的年代，能自主研发出这么多款录音器材并出口是非常了不起的事情，每一台机型的外观、用料及电路的设计都值得我们欣赏和尊重，每个细节都值得我们品味。

▲ **301 开盘式磁带录音机**
20 世纪 50 年代
中国唱片厂
长 41cm，宽 22cm，高 17.5cm

这是中国首台便携式开盘录音机，也是我国唯一一款手摇动力的便捷式电子管开盘机，采用发条作动力，以干电池作电源，发条一次上好可连续转动 3 分多钟。在录音过程中，可连续上发条，不会影响录音。在缺乏交流电源的地方，可供电台及广播站记者外出探访录音之用。该机带速为 19.05cm/s，磁头为录音与放音两用，面板上有频闪观测器装置，可用 125Hz/s 音叉检视调整，机内附有晶体耳机便于监听，并有标准音义，校正速度，但无消磁及正规放音系统，须与固定标准磁带录音机配合使用。

◀ 钟声牌 810 开盘式磁带录音机
20 世纪 50 年代
上海钟声录音器材厂
长 41cm，宽 34cm，高 22.5cm

　　本机是性能较好的一款便携式磁带录音机，最大可使用直径 18cm 的磁带盘，具有 19.05cm/s 和 9.5cm/s 两种带速。机内包括一台磁带传动机械部分，一只录、放音复用扩音机及其电源部分，具有高度的传真性，不但能保持一般言语录音的清晰，并能使所录的音乐与歌唱保持原来的音色，是一台多功能的仪器，无论在科学、文化、教育、娱乐以及工业方面都有它的用途，是依据最新的磁性录音理论，结合了先进的生产技术所制成的录音设备。
　　810 机型是中国完全自主研发的产物，是中国首台大量投产的盘式录音机，也是最早用于国礼赠送给国外领导人的机型，标志着中国开盘式录音机的开篇。

▶ 钟声牌 631A 开盘式磁带录音机
1957 年 7 月
上海钟声录音器材厂
长 52cm，宽 38cm，高 32cm

　　本机是上海钟声录音器材厂早期生产的电子管磁带录音机，带速为 19.05cm/s，是一台应用于多方面的仪器，无论在科学、文化、教育、娱乐以及工业方面都有它的用途。它适用宽为 6.25mm 的磁带，可录放一般语言、音乐等节目。使用 110 ～ 220V、50Hz 的交流电源，功率为 125W。

◀ L-301 开盘式磁带录音机
20 世纪 60 年代
上海录音器材厂
长 18.5cm，宽 20.5cm，高 7cm

　　本机为晶体管两速双音轨交直流电两用携带式磁带录音机，配用宽为 6.25mm 的薄型磁带，于 1963 年研制，1966 年正式投产，是中国首台晶体管磁带录音机，也是当时国产体积最小的开盘式录音机。本机水平放置和垂直放置都能工作。话筒上设有遥控电源开关，可根据录音情况，随时控制机器运转。

▶ 上海牌 L-323 开盘式磁带录音机
20 世纪 60 年代
上海录音器材厂
长 35.5cm，宽 35cm，高 19cm

　　本机为双通道四轨迹晶体管录音机，两个通道可单独或同时录音、放音，亦可一个通道录音，另一个通道放音作为跟读使用。具有 19.05cm/s 和 9.53cm/s 两种磁带速度，适用于教学、国防、医学、科研，以及广播站、剧院、工矿企业、家庭等领域作为记录和重放科研信息、讲话、音乐等的重要工具，亦可作为立体声录音机。本机适用于 6.25mm 的磁带，带盘直径可用 φ127mm 和 φ178mm 两种。机内扬声器能在录音时监听未录信号。本机也可作扩音机使用。本机与上海永建玩具厂生产的环球 703 型并为国产仅有的两款双通道盘式录音机。

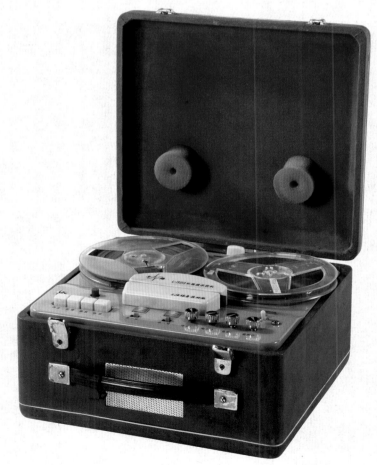

▶ **上海牌 L-601A 开盘式磁带录音机**
20 世纪 60 年代
上海录音器材厂
长 40.5cm，宽 34.5cm，高 15cm

　　本机为双轨携带式录音机，具有 19.05cm/s 和
9.53cm/s 两种磁带速度，适用于工矿企业、农村、部队
和文化教育事业等领域，用来记录语言、音乐、广播、
信息等。该机适用宽为 6.25mm 的磁带，使用磁带的上
半幅工作，在一条磁带上可以录下二道音轨，因此当一
盘磁带放在录音机上从头至尾录好音后，可以将磁带盘
翻过来再利用另外半幅磁带录音，录好音的磁带可长期
保存，在不再需要保存时可将磁带用作新的录音，磁带
上原有的讯号被自动抹去。该机型于 1960 年开始研制，
1963 年投产，到 1981 年，累计产量达 25 万多台，占
同期全市录音机累计产量的 30%，是这一时期国内同类
产品中产量最高、销售面最广的产品，还作为国家援外
物资，出口到罗马尼亚、越南、阿尔巴尼亚、老挝和柬
埔寨等国。

◀ **鹦鹉牌 102-1 开盘式录音机**
20 世纪 60 年代
中国
长 36cm，宽 32 cm，高 21 cm

　　本机为单速双音轨携带式电子管录音
机，带速为 9.53cm/s，它适用宽为 6.25mm
的磁带，可录放一般语言、音乐等节目。

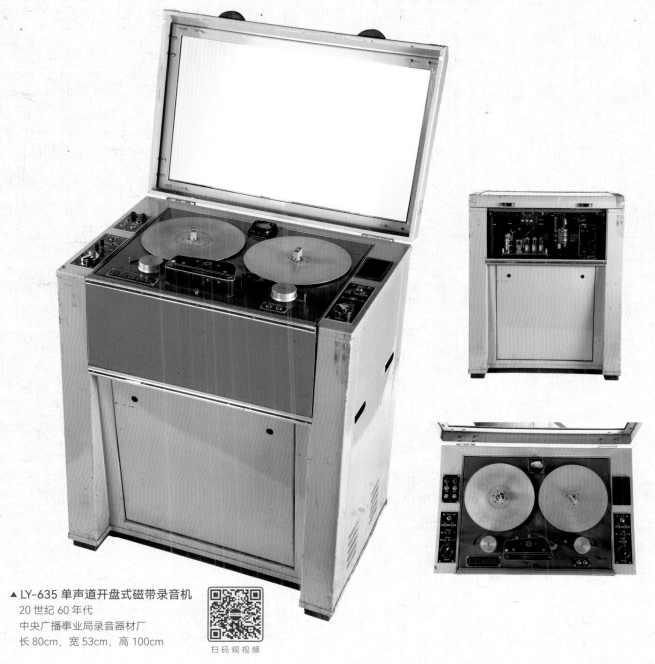

▲ **LY-635 单声道开盘式磁带录音机**
20 世纪 60 年代
中央广播事业局录音器材厂
长 80cm，宽 53cm，高 100cm

扫码观视频

　　LY-635D 型录音机是性能较好的一种专业用磁带录音机，本机可以单机、两机或三机并列交替使用，整机由牵带、录音、放音放大器和电源整流器四部分组成。放音第一级采用北京电子管厂军用 Q 级管并经筛选以取得更高的信噪比。

　　1963 年 5 月，中央广播事业局录音器材厂在北京自主研发出中国第一代广播专业录音机——LY-635 型电子管开盘式录音机。这是一台重达 300 多斤的电子管机型，是中国自行设计的第一代广播专业录音机，代表着中国真正意义上拥有了广播级水准的录音器材，是广播级电台落地式主力机型之一。

　　该机型荣获全国科学大会和全国工业新产品一等奖，音质通透温暖，中频突出，走带极为稳定，做工十分精良，出口至 20 多个国家和地区。同时，它还以体积最大、重量最重、音质最好、故障率最低、服役年限最长这五个之最，问鼎国产开盘录音机。LY-635 录音机不仅代表了中国广播录音机制作工艺的最高水准，同时也是一个时代的象征，它承载着中国科技工业的骄傲，记录着中国广播事业的辉煌。

　　LY-635D 型录音机是从 635 型录音机改进而来，原 635 型录音机只能用盘芯式开盘磁带，635D 将收、供带盘改为盘芯式和盘架式两用；将 635 型原频带展宽，使其优于国标广播专用录音机乙级标准；取消外部调整放音音量电位器，以改善频响稳定性，减小放音失真度。

LY-635D 主要性能：

额定带速：

635 II型：双速 38.1cm/s 及 76.2cm/s。

635 III型：双速 19.05cm/s 及 38.1cm/s。

带速误差：≤ ±0.2%（指 1000m 磁带头尾的速度）。

速进速退所需时间：满盘 1000m 磁带≤ 2.5 分钟。

▲ LY-635D 开盘式磁带录音机
20 世纪 80 年代
中央广播事业局录音器材厂
长 80cm，宽 53cm，高 100cm

　　LY-635D 录音机是从 635 型录音机改进而来，原 635 录音机只能用盘芯式开盘磁带，635D 将收、供带盘改为盘芯式和盘架式两用；将 635 原频带展宽，使其优于国标广播专用录音机乙级标准；取消外部调整放音音量电位器，以改善频响稳定性，减小放音失真度。
　　LY635 主要性能：
　　额定带速：
　　635 II 型：双速 38.1cm/s 及 76.2cm/s。
　　635 III 型：双速 19.05cm/s 及 38.1cm/s。
　　带速误差：≤ ±0.2%（指 1000m 磁带头尾的速度）。
　　速进速退所需时间：满盘 1000m 磁带≤ 2.5 分钟。

▲ LY-636 开盘式磁带录音机
20 世纪 80 年代
石家庄广播录音机厂
长 67cm，宽 61cm，高 108cm

▲ LY-636-2 开盘式磁带录音机
20 世纪 80 年代
石家庄广播录音机厂
长 67cm，宽 61cm，高 108cm

　　LY-636 录音机为高质量广播专用大型录音机，也可供对音响作研究分析的科研和文艺等单位使用。本机使用国产甲级 6.3mm 宽磁性录音带。本机的机械和电气性能以及测试方法均按广播专业乙级录音机标准设置，它具有失真小、噪声低、频响宽、抖动小等特点。操作使用可靠，维修方便。

　　本机可分为：LY-636 单声道、LY-636-2 双声道（立体声）。

　　继 LY-635 问世后，中央广播事业局录音器材厂又研制出晶体管机型——LY-636 开盘式录音机。在外观上仿造世界名机瑞士施图德 A80，这是专供广播电台使用的高质量大型录音机，它体积比 LY-635 略小，重量只有 LY-635 的一半，不到 200 斤，并且在机器底部安装了轮子，方便移动。是广播级电台落地式主力机型"三剑客"之一。

　　LY-636-2 开盘磁带录音机是 LY636 的衍生款，从外观上看，只有表头和监听位置与 LY-636 有区别。LY-636 是全轨单声道，自带监听功能，LY-636-2 取消了监听功能，并由单声道升级为立体声，是国产为数不多的立体声开盘机中顶级的机型，音质非常好，高频突出，可以和高端进口机媲美，整机重量不到 200 斤，并且在机器底部安装了轮子，方便移动。

　　技术性能：

　　音轨方式：单声道单轨，双声道双轨（立体声）。

　　带速：38.1cm/s 及 19.05cm/s。

　　带盘：盘芯式及盘架式两种

扫码观视频

◀ **LY-637 单声道开盘式磁带录音机**
20 世纪 80 年代
国营石家庄广播录音机厂
长 67cm，宽 61cm，高 109cm

　　本机是广播用落地式录音机，也可供音响研究和文艺团体等单位使用。该机保留了 LY-635 稳定可靠的优点，采用集成块和晶体管混合电路，电声指标优于国标《广播用单声道录音机》GB1778.1-89 的规定。具有失真小、噪声低、频响宽、抖动小、操作灵活、维修方便等优点。并有录放音内置与外调转换，工作磁平选择、电子计时、监听放大等装置。两部或三部联用，可以复制节目。该机机架采用带有锁定的脚轮，便于移动。
　　技术性能：
　　音轨方式：单声道单轨。
　　带速：38.10cm/s 和 19.05cm/s。
　　带盘：盘芯、盘架式两用，磁带最大容量 1000m。磁带宽度：6.3mm。

▶ **LY-653 开盘式磁带录音机**
1987 年
中央广播事业局录音器材厂
长 60.5cm，宽 45cm，高 81.5cm

　　LY-653 开盘机是一台单轨单声道机型，具有 19.05cm/s 和 38.1cm/s 两种带速，适用宽度 6.3mm 的磁带，带盘为盘芯式、盘架式两用。该机外观非常接近 221 开盘机，体积、重量都很相似，它的早期版本是 652，两款机器单纯从外观上看只是操作面板略有不同，652 存世量十分稀少。653 录音机是中国各广播电台不可或缺的机型之一，也是以外出使用为主的广播专业录音机，亦可在室内固定使用。该机主要技术指标达到国标 GB1778-79 规定之广播专业录音机乙级机标准。主要使用对象为地、市广播电台、广播站，以及科研教育单位、文艺团体等。
　　该机的主要特点是：结构简单、牢固可靠、操作方便、维修容易。它主要包括以下几部分：
　　主导电机：磁滞同步电机（4/8 极）。
　　磁带电机：感应电机（4 极）收、供各一。
　　操作部分：手动机械操作，无继电器，无电磁铁，采用机床用微动开关，操作简便。
　　放大器部分：全机放大电路在一块印刷板内，无转接插头，简单可靠。
　　整机：体积紧凑，重量轻，装有机箱大盖便于外出。

▲ LY-730 开盘式磁带录音机

20 世纪 80 年代

中央广播事业局录音器材厂

长 70cm，宽 60cm，高 111cm

　　LY-730 开盘机磁带录音机是仿瑞士 Studer A80 机生产的，部件加工精度优良，主导电机控制板与 A80 不同，内部结构和逻辑控制部分与 Studer A80 基本相同，而按键指令由 A80 按键接点触发改成手指感应触发。这个触摸式按键是国产开盘机首创，国产机中仅 LY-730 有这个设计，纵观全世界开盘机型号，采用此设计的也寥寥无几。当年在装配技术上我国稍落后于 STUDER 工厂，但随着机械加工及晶体管电子技术的发展落后于国外，受零器件品质影响，730 不得已放音前级仍然选用小型电子管，马达驱动前级大功率三极管也受到很大限制，并且 3DD50 功率管耐压不好，筛选合格率较低，而且在长时间运行中容易被击穿。由于此等原因，LY-730 只生产了两批约 40 台之后不得不停产，因而该机成为罕见的大型高端国产开盘式磁带录音机。

▶ **红旗牌-5 携带开盘式磁带录音机**
1971 年
中央广播事业局录音器材厂
长 33cm，宽 23.5cm，高 12cm

　　本机为单声道单轨的晶体管磁带录音机，具有
19.05cm/s 和 9.5cm/s 两种磁带速度，可装配 5 英
寸或 7 英寸的开盘磁带。本机供电方式为直流 18V
（1 号电池 12 节）或交流 220V（需使用外附整流
器），可供记者采访录音、剧场实况录制文艺节目（需
加多路话筒前级）、广播车或流动电台的录放音使
用。红旗-5A 型是带有电影同步装置的电影同步录
音机，加上附件同步器等装置，可供电影制片录音用。
本机使用国产上海牌广播专用 6.25mm 宽的磁带，
并按 CCIR 特性进行校测、调试，本机具有失真小、
噪声低、频响宽、抖动小等特点，且操作简单可靠，
维修方便。

◀ **黄河牌 DL-1 开盘式磁带录音机**
1972 年
焦作市电线电总厂
长 33.8cm，宽 23.6cm，高 11.5cm

　　本机是全晶体管的便携式磁带录音机，使用 5 英
寸或 7 英寸开盘磁带，具有 38.10cm/s、19.05cm/
s 和 9.53cm/s 三种带速，单通道双轨迹，交直流两
用，可使用干电池供电，具有较宽的频响和较小的
失真，可供工厂、机关、学校、广播站、人民公社
和家庭使用。亦可用于电影、专业广播、记者采访、
科研等领域。

▶ **长城牌 DBL-2A 开盘式磁带录音机**
1973 年
中国
长 33.5cm，宽 25cm，高 12.5cm

长城 DBL-2A 为单声道全轨迹的全晶体管携带式磁带录音机，使用上海牌 6.25mm 广播磁带，具有 19.05cm/s 和 9.5cm/s 两种磁带速度，可装配 5 英寸或 7 英寸的开盘磁带，按国际标准 CCIR 特性校正，可用于新闻采访录音、广播电台和各级广播站、广播车以及文化教育、科学实验等方面。

本机为同步录音机，与 DBT-1A 同步器配套可用于电影、电视等方面做同步录音使用。

本录音机使用直流马达、电子稳速技术，机内各单元印制线路板采用插接式，并有紧固卡，使用可靠、维修方便。

本录音机采用交直流供电，机内设计有电池盒，可选择 18V 直流电流（1 号干电池 R20 12 节）或 220V、50Hz 的交流电源（使用外附 BLD-1 整流电源），使用方便、经济。

▶ **上海牌 L-602A 开盘式磁带录音机**
1974 年 1 月
上海录音器材厂
长 40cm，宽 50cm，高 25cm

该机型是全国首创第一款双轨三马达四通机，是接近专业机的优质录音机，具有 19.05cm/s 和 9.5cm/s 两种磁带速度，可作一般信号及语言的记录与重放之用。本录音机适用宽 6.25mm 的磁带作半个幅面的录音，所以在一条磁带上可录下两道音轨，亦即当一盘磁带从头至尾录了一次后，可将磁带倒过来再利用另外半幅录音。机内备有扬声器，便于直接听取放音，亦可外接扬声器（4Ω）或线路（600Ω）。在正常工作环境下，可连续工作 8 小时。

◀ 长城牌 DBK-2B 开盘式磁带录音机
1977 年
中国
长 33.5cm，宽 24.5cm，高 12.55cm

　　本机是全晶体管的便携式录音机，使用 5 英寸或 7 英寸开盘磁带，具有 19.05cm/s 和 9.5cm/s 两种带速，单声道单轨迹，使用 18V 交流电，具有较宽的频响和较小的失真，主要用于外场采访、剧场实况录音、广播车或流动电台录放音、电影同步录音，亦可用于电影、专业广播、记者采访、科研等领域。

▶ JL-781 开盘式磁带录音机
20 世纪 70 年代
江苏吴江录音器材厂
长 32.5cm，宽 30cm，高 12.5cm

　　本机是性能较好的一款便携式磁带录音机，使用 5 英寸或 7 英寸开盘磁带，具有 4.7cm/s 和 9.5cm/s 两种带速，单通道双轨迹，可使用干电池供电，作一般信号及音乐、语言的记录与重放之用。该机适用宽 6.25mm 的磁带，采用录、放、抹三磁头，电路采用印刷结构。机内备有扬声器，便于直接监听录音效果。

▶ **JL72A 开盘式磁带录音机**
1977 年
杭州无线电四厂
长 27.5cm，宽 27cm，宽 10cm

　　本机是性能较好的一款便携式磁带录音机，作一般信号及音乐、语言的记录与重放之用。该机适用宽 6.25mm 的磁带，采用录、放、抹三磁头，电路采用印刷结构。机内备有扬声器，便于直接监听录音效果。

◀ **L201A 晶体管开盘式磁带录音机**
1979 年
中国
长 32.5cm，宽 23.1cm，高 13.5cm

　　该机是晶体管便携式交流磁带录音机，使用 5 英寸或 7 英寸开盘磁带，具有 19cm/s 和 9.5cm/s 两种带速，单声道双轨迹，除录取语言、音乐等声响信号外，还可以记录电信号，或以电信号表示的物理参数，所以它既是广播事业、新闻采访的工具，又能作为科学实验的记录设备。由于使用印刷电路和主要另一部件的小型化，与相当水平的电子管机器相比较，它的体积小、重量轻，操作方便，不需用热开机即可使用，但因采用交流电机，在无交流电的地方不能使用。

▶ 长城牌 LK-10 开盘式磁带录音机

20 世纪 70 年代
北京市西城区录音机厂
长 33.5cm，宽 25cm，高 12.5cm

　　本机是全晶体管的便携式录音机，使用 5 英寸或 7 英寸开盘磁带，具有 19.05cm/s 的带速，单通道双轨迹，交直流两用，可使用干电池供电，具有较宽的频响和较小的失真，可供工厂、机关、学校、广播站、人民公社和家庭使用，亦可用于电影、专业广播、记者采访、科研等领域。

◀ 北京牌 DL-2 开盘式磁带录音机

20 世纪 70 年代
中国
长 33.5cm，宽 24cm，高 12cm

　　本机是全晶体管的便携式录音机，使用 5 英寸或 7 英寸开盘磁带，具有 19.05cm/s 和 9.53cm/s 两种带速，单通道单轨迹，交直流两用，可使用干电池供电，具有较宽的频响和较小的失真，可供工厂、机关、学校、广播站、人民公社和家庭使用，亦可用于电影、专业广播、记者采访、科研等领域。

▶ L-741 晶体管开盘式磁带录音机

20 世纪 70 年代
北京东城电子仪器三厂
长 29.5cm，宽 29.5cm，高 10cm

　　本机是全晶体管的便携式录音机，使用 5 英寸或 7 英寸开盘磁带，具有 19.05cm/s 的带速，单通道双轨迹，使用 9V 直流电输入，可供记者采访录音、剧场实况录制文艺节目（需加多路话筒前级）、广播车或流动电台的录放音使用。

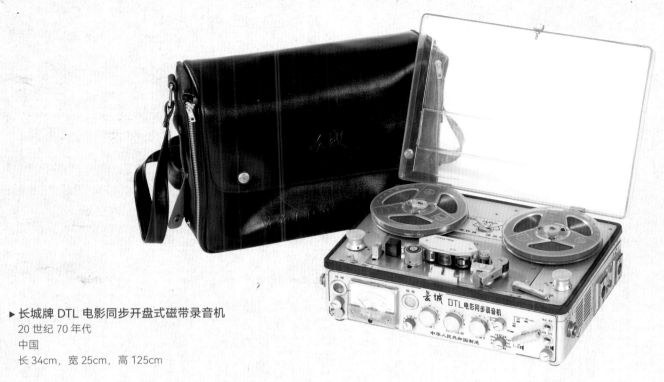

▶ **长城牌 DTL 电影同步开盘式磁带录音机**
20 世纪 70 年代
中国
长 34cm，宽 25cm，高 125cm

　　本机是全晶体管的便携式录音机，使用 5 英寸或 7 英寸开盘磁带，具有 38.1cm/s、19.05cm/s 和 9.53cm/s 三种带速，单通道双轨迹，交直流两用，可使用干电池供电，具有较宽的频响和较小的失真，可供工厂、机关、学校、广播站、人民公社和家庭使用，亦可用于电影、专业广播、记者采访、科研等领域。

◀ **黄河牌 PL-3 开盘式磁带录音机**
20 世纪 70 年代
河南省焦作市电线电总厂
长 34cm，宽 23.6cm，高 11.5cm

　　本机是全晶体管便携式录音机，具有 19.05cm/s 和 9.53cm/s 两种带速，单通道双轨迹，交直流两用，具有较宽的频响和较小的失真，可供工厂、机关、学校、广播站、人民公社和家庭使用。

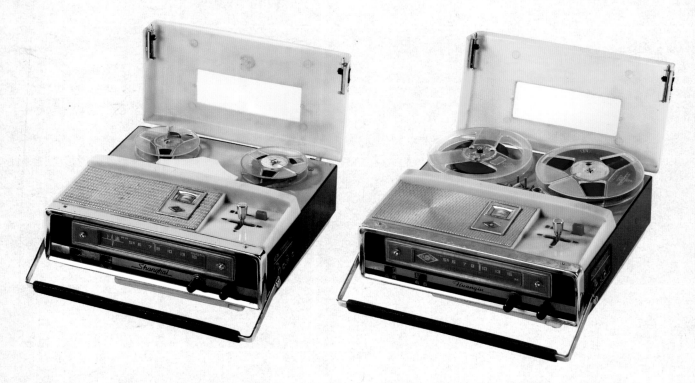

▲ 上海牌 701 开盘式晶体管收录两用机
20 世纪 70 年代
上海市永建玩具厂
长 27cm，宽 25cm，高 11cm

▲ 环球牌 701 开盘式晶体管收录两用机
20 世纪 70 年代
上海市永建玩具厂
长 27cm，宽 25cm，高 11cm

　　上海 701 和环球 701 是同一厂家生产的同一机型，于 1969 年研制，1975 年投产，前期使用上海牌商标，由于销量巨大，厂家改使用环球牌，厂名也改为永建录音器材厂。

　　该机型是全晶体管化的收音、磁带录音、便携式两用机。具有体积小、重量较轻、操作简便等特点，因此用途广泛，适用于工矿企业、教学单位、广大农村和无交流电源地区，是宣传马列主义、毛泽东思想的重要工具。

　　整机收音部分采用超外差式。灵敏度较高，选择性亦较好，而且便于检修、调整。低频放大器部分和录放音部分公用，具有失真小、频响宽、输出功率大等特点。

　　整机录放音部分采用两磁头、单通道、双音轨方式，适用国内外宽为 6.25mm 的磁带。在一条磁带上可以录下两道音轨。因此当一盘磁带录好音后，可以将磁带盘翻过来再录音。使用 85mm 直径磁带时，整机后盖可盖上，进行随身携带录放音。最大可用 127mm 直径磁带盘，适用在固定场所进行录放音。

　　整机可用机内电池进行工作，也可用交流电源供电，并备有外接直流电源插孔，以适应无交流电源时的长期使用需要。

　　本机电子电路部分采用印刷线路，结构牢固，检修简便。机械传动系统主要部件采用微型轴承，转动灵活，寿命亦长。电机系采用特制永磁直流稳速电机，并利用晶体管稳速的电子电路，效率高、耗电量较小、工作较为稳定。用拨动开关可迅速变换 19.05cm/s 和 9.53cm/s 两种带速。

　　本机备有外接扬声器插孔，以及高阻抗输出作扩大机拾音器输入，并备有话筒输入插座及拾音器输入插座，以适用于各种不同方式的录音。

　　主要技术性能：

　　音轨形式：双轨迹。

　　带速：9.53cm/s、19.05cm/s。

　　偏磁方式：交流偏磁 交流抹音。

　　电源：交流：220V±10%（50Hz、60Hz）。

　　直流：电池 9V（1 号电池 6 节）。

◄ 环球牌 703-LL 开盘式磁带录音机
20 世纪 70—80 年代
上海市永建玩具厂
长 30cm，宽 28cm，高 13.5cm

　　本机为双通道晶体管录音机，适用于教学、国防、医学、科研以及广播站、剧院、工矿企业、家庭等作为记录和重放科研信息、讲话、音乐等的重要工具，亦可作为立体声录音机。本机适用于宽 6.25mm 的磁带，机内扬声器能在录音时监听未录信号，交直流两用。本机与上海录音器材厂生产的 L323 并为国产仅有的两款双通道盘式录音机。

► KL-4 开盘式磁带录音机
20 世纪 70—80 年代
上海新华无线电厂
长 37.5cm，宽 34cm，高 18cm

　　本机是全晶体管的便携式录音机，整机做工精致，使用 5 英寸或 7 英寸开盘磁带，具有 19.05cm/s 和 9.5cm/s 两种带速，单通道单轨迹，使用交流电，具有较宽的频响和较小的失真，主要适用于农村有线广播站、工矿企业、部队、教育等单位。该录音机具有结构牢固、经久耐用、操作方便、外形新颖等优点。

◀ L-302 开盘式磁带录音机
20 世纪 70—80 年代
上海录音器材厂
长 32cm，宽 28cm，高 11.5cm

本机是全晶体管携带式磁带录音机，录音方式为单通道，双音轨，即一卷磁带可以往返使用两次，可以高保真地记录语言讯号及某些科研讯息。

本机可以交直流两用，使用宽 6.25mm 磁带，采用录、放、抹三个磁头，录音时可以监听，从而保证录音效果良好。

电路采用印制结构，接插灵活牢固，便于检验与维修，机器可以使用 127mm 或 178mm 磁带盘。机械系统采用直流电机传动，由晶体管电路稳速，波段开关方便转换三种不同的带速（19.05cm/s，9.5cm/s，4.75cm/s）。这也是中国最早的具有三速调节的国产开盘式录音机。

机器使用直流 15V（1 号干电池 10 节）或交流 220V（使用外附整流器）电源。由于双基极管温度影响，只能在较狭（常温）范围内使用，在气温过热或过冷时带速均有变快趋势，使用时需细心调整。

▶ 上海牌 LY-321 开盘式磁带录音机
20 世纪 70—80 年代
上海录音器材厂
长 32cm，宽 28cm，高 12cm

本机是晶体管磁性录音机，可作一般信号及音乐语言的记录与重放之用。录音方式为单通道，双音轨，具有 9.5cm/s 和 4.75cm/s 两种带速，该机适用宽 6.35mm 的磁带作半个幅面录音，所以在一条磁带上可以录下两道音轨，因此当一盘磁带从头到尾录好音后，可将磁带倒过来再利用另外半幅录音。录音后的带可长期保存在阴凉干燥及避免磁场影响的地方。在无须保存时，可将磁带重新录音，磁带上原有的信号自动被抹去。

本机电路采用印制结构，交直流两用，可使用直流 15V（1 号干电池 10 节）或交流 220V、50Hz。在干电池运用时能够连续工作 4 小时，机械系统采用直流电动机传动，由晶体管电路加以稳定速度。机内备有扬声器，便于直接监听录音效果，也可外接 8Ω 的扬声器。

▶ **金鸟 4L-1 晶体管开盘式磁带录音机**
20 世纪 70—80 年代
上海电子器材四厂
长 32.2cm，宽 27.9，高 11cm

　　金鸟 4L-1 磁带录音机是晶体管磁带录音机，可作一般信号及音乐、语言的记录与重放之用。录音方式为单通道，双音轨，具有 9.5cm/s 和 4.75cm/s 两种带速，该机适用宽 6.25mm 的磁带，采用录、放、抹三磁头，电路采用印刷结构，交直流两用，在干电池运用时能连续工作 4 小时，机械系统采用直流电动机传动，由晶体管电路加以稳定速度。机内备有扬声器，便于直接监听录音效果，也可外接 8Ω 的扬声器。

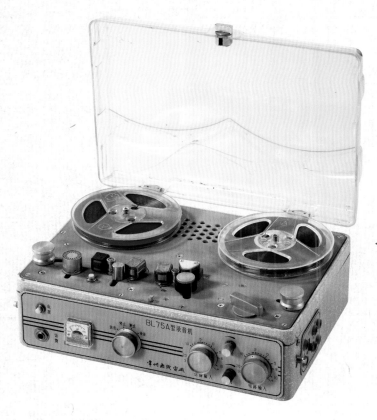

◀ **BL75A 开盘式磁带录音机**
20 世纪 70—80 年代
常州无线电厂
长 33cm，宽 23.5cm，高 12.5cm

　　本机是全晶体管的便携式录音机，整机做工精致，使用 5 英寸或 7 英寸开盘磁带，具有 19.05cm/s 和 9.5cm/s 两种带速，单通道，单轨迹，交直流两用，具有较宽的频响和较小的失真，可供工厂、机关、学校、广播站、人民公社和家庭使用，亦可用于电影、专业广播、记者采访、科研等领域。

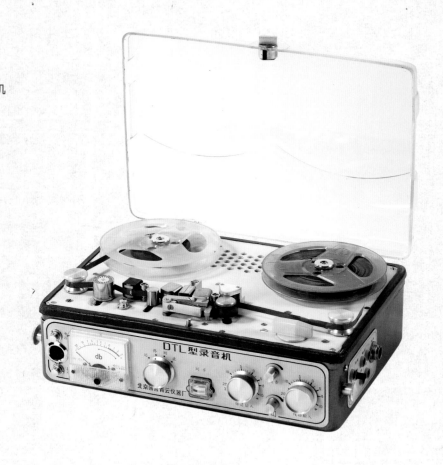

▶ 青云牌 DTL 型开盘式磁带录音机
1978 年
北京国营青云仪器厂
长 33.5cm，宽 23cm，高 11.5cm

◀ 青云牌 DL 型开盘式磁带录音机
1980 年
北京国营青云仪器厂
长 33cm，宽 23cm，高 12cm

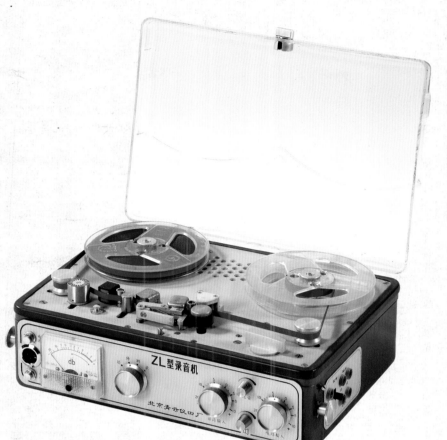

◀ **青云牌 ZL 型开盘式磁带录音机**
1980 年
北京青云仪器厂
长 34cm，宽 23cm，高 11.5cm

　　DTL、DL 、ZL 型录音机是便携式专业磁带录音机，可供电影、广播、 采访、科研等使用。由于采用电动机轴作为主传动轴，直接拖动磁带及电子调速方式。机械结构简单，稳定可靠，主传动轴及速控轮加工精度高，磁带传输系统有张力自动调节结构，使得声音频率的抖动很小。

　　DTL、DL、ZL 型录音机的基本结构是完全一样的。DTL 型录音机是在 DL 型录音机上增加同步装置，主要是增设一个同步头，它可在磁带上录上 50Hz 的导引信号，在还音时导引信号由同步头还原出来送到 DLT-1 同步器，使得还音时的带速与录音时的带速一致。如果导引信号是由摄影机供给录音机录到磁带上，则还音时的声音便能和放映出的画面同步，亦即对口形或舞蹈与音乐协调，动作与音响一致。

　　ZL 型录音机是 DL 型录音机的高速版，带速从 DL 型的 19.05cm/s 和 9.5cm/s 提升到 38.1cm/s 和 19cm/s，ZL 型可以装配一个带盘附加器，安装 10 英寸 750mm 的磁带使用。

　　录音系统和还音系统（包括磁头和电子线路）是独立的，可以在录音的同时由还音系统立即检查录音的质量。用耳机可以很方便地监听录音前的声音和录在磁带上的声音。由录前和录后声音的比较，很容易判断录音的质量。这就可以避免录音工作上的差错和保证录音的质量，对于重要的录音是很有用的。录音系统和还音系统的噪声低、频带宽、失真小、保真度好。

　　录音输入有话筒输入、线路输入和混合录音输入，录音电平由前面板上的电平表指示。

　　机内装有 0.4 VA 的扬声器可作简便的还音监听，对于高音质的监听须用高音质耳机或高音质扬声器。

　　电子线路采用插接方式安装或正面焊接，便于检修。

　　DTL 型、DL 型主要参数及性能：

　　录音方式：交流偏磁，全迹录音。

　　磁带宽度：6.25mm。

　　带盘直径：127mm；启盖后 178mm。

　　带速：19.05cm/s；9.5cm/s。

　　供电方式：电池供电——R20 电池 12 节，整流器供电——DLZ 整流电源或任何 12 ～ 24V 整流器供电。

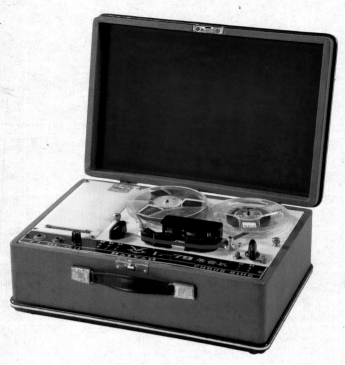

▶ **海燕牌 L-79 开盘式磁带录音机**
1980 年
重庆
长 40.5cm，宽 27.5cm，高 16cm

　　本机是全晶体管的便携式录音机，使用 5 英寸或 7 英寸开盘磁带，带速为 19.05cm/s，单通道双轨迹，使用交流电，可供工厂、机关、学校、广播站、人民公社和家庭使用。

▶ **SZ4 型开盘式磁带记录仪**
1982 年
上海电表厂
长 35cm，宽 27cm，高 14.5cm

　　本机是全晶体管的便携式录音机，可手动或遥控控制，使用 5 英寸或 7 英寸开盘磁带，具有 9.5cm/s、19.05cm/s、38cm/s 和 76cm/s 四种带速，双通道四轨迹，使用 24V 直流电，具有较宽的频响和较小的失真，主要用于公安系统录音使用。

◀ **上海牌 L-202 开盘式磁带录音机**
20 世纪 80 年代
上海录音器材厂
长 40cm，宽 34.5cm，高 18cm

　　本机是全晶体化的便携式录音机，使用 5 英寸或 7 英寸开盘磁带，具有 9.5cm/s 和 19.05cm/s 两种带速，单通道双轨迹，使用 220V 交流电输入，具有较宽的频响和较小的失真，可供工厂、机关、学校、广播站、人民公社和家庭使用，亦可用于电影、专业广播、记者采访、科研等领域。

▲ LY-221 开盘式磁带录音机
20 世纪 80 年代
中央广播事业局磁记录设备厂
长 48cm，宽 39.5cm，高 17cm

　　本机为广播乙级磁带录音机，带速为 19.05cm/s（也可选择 38.1cm/s），具有消、录、放三个磁头，主要使用对象为各省、市广播电台、广播站以及科研、教育、文体单位等。落地、台式两用，立体声单声道两用，配有落地机架。该机主要技术指标达到国标 CB1778-79 规定之广播专业录音机乙级机标准。
　　其特点：
　　1. 立体声双轨及单声道全轨、半轨通用可与 L601、L602 单声道半轨格式以及 635 单声道全轨格式的录音机兼容使用。
　　2. 控制电路采用广为熟悉的继电器和电磁铁来完成各种功能，可以遥控。
　　3. 录音放大器和放音放大器在一块印刷电路板上，无插接件，可翻转，可靠，便于维修。
　　4. 结构简单，牢固可靠，操作方便，维修调整容易。
　　5. 拉带机构采用（8/4 级）磁带同步电机作主导电机，直接传动，收供带采用软特性 4 极感应电机，有自动张力调节。
　　6. 适用带宽 6.3mm 的磁带，盘芯式与盘架式带盘兼用，可安装 1000m 长度的磁带。
　　7. 有机械剪辑和电气剪辑动作，并有简单的磁带计长表。

▲ LY-261 开盘式磁带录音机
20 世纪 80 年代
广播电影电视部苏州录像机厂
长 43.5cm，宽 46cm，高 15.5cm

　　本机为开盘式 6.3mm 磁带录音机。有全轨 LY-261 和半轨 LY-261-½ 两种。全轨的一种可供广播电台、电视台，与 LY-635 录音机替换使用；半轨的一种供有线广播站与 L601 和 L602 录音机替换使用。有一路话筒输入和一路线路输入可以混合录音，有机内监听扬声器，并可以外接音箱，技术指标略优于国家标准 GB1778-79 广播录音机乙级标准和广播电影电视部标准 GY15-84 农村有线广播站内设备技术要求甲级录音机的规定。可作录音、复制、剪辑、播出、外出交换节目、审听，工矿企业、厅堂、会场以及电化教育使用。
　　本机的设计采用先进技术和优选的国内外元器件。因而具有体积小、重量轻、技术指标优越、结构简单、便于维修等特点，可称为新一代的产品，配装脚轮机架可代替过去体大而笨重的落地式录音机。
　　性能指标：
　　带速：19.05s/cm。
　　带盘：托盘直径 265mm。
　　话筒输入阻抗：≥ 60KΩ（不平衡）。
　　线路输入阻抗：≥ 5KΩ（不平衡）。
　　线路输出负载阻抗：600Ω（平衡）。
　　电源：220V 50Hz 135VA。

◄KL-1 开盘式磁带录音机
20 世纪 80 年代
上海新华无线电厂
长 30.5cm，宽 23.5，高 9cm

　　本机为盘式交流电子管磁带录音机，录音方式为单通道，双音轨，具有 19.05cm/s 和 9.53cm/s 两种带速，主要适用于农村有线广播站、工矿企业、部队、教育等单位。该录音机具有结构牢固、经久耐用、操作方便、外形新颖等优点。

▶LY-551 开盘式磁带录音机
1990 年
石家庄广播录音机厂
长 46.7cm，宽 46.5cm，高 16.5cm

　　本机主要是为各市、县级广播电台（站）录制节目和播出而研制的一种新型台式录音机，也适用于电化教育、科学研究、文艺团体、工矿企业、铁路、港口、公安、部队等行业。录音方式为全轨，使用 6.3mm 的磁带，带速为 19.05cm/s。该机在设计时吸取了瑞士 STUDER 公司和日本 OTARI 公司同类产品的优点，机械结构灵巧、简单、稳定、可靠。控制、走带、磁头、刹车、电源、机架、音频、监听等均为"积木式"组件结构。按键操作有速进、速退、录音、放音、剪辑、停止等功能。电路为集成电路和晶体管混合电路，有话筒输入和机内监听，放音输出有电平表指示，技术性能指标符合国标 GB1778.1-89《广播用单声道录音机》乙级标准。

　　该机还可配专用话筒、遥控器，监听耳机和音箱。装在机架上可组成落地式录音机。

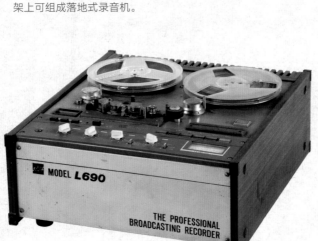

◄MODEL L690 开盘式磁带录音机
1991 年
上海录音器材厂
长 40.5cm，宽 47cm，高 18cm

　　本机是全晶体管的便携式录音机，使用 5 英寸或 7 英寸开盘磁带，具有 9.5cm/s 和 19.05cm/s 两种带速，单通道双轨迹，使用 220V 交流电输入，具有较宽的频响和较小的失真，可供工厂、机关、学校、广播站、人民公社和家庭使用，L690 盘式磁带录音机是上海录音器材厂的末代产品，外观设计仿照日本开盘机。

▶ 广州牌 XH-30 开盘式磁带录音机

1992 年

广东先河广播电视实验厂

长 44.5cm，宽 39.6cm，高 16.9cm

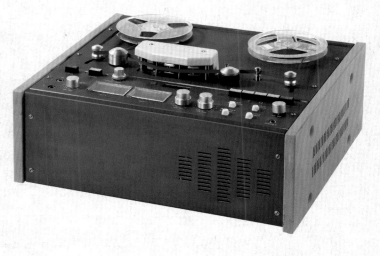

　　该款开盘机是广东先河广播电视实验厂生产，在市面上非常少见，机型共有两个版本，一款是立体声，另一款是半轨单声道，机身上的信息标牌标示该机为 1992 年生产，产品编号为第九台，从这台机器的生产日期和产品编号上看，可以大致判断出该机产量不高的原因：一是可能为出口机型，并未在国内普及销售，二是可能"生不逢时"。因为开盘机在中国一直都服务于广播系统领域，并不用于民用领域，20 世纪 90 年代，大部分广播电台早已引进瑞士、日本等进口立体声开盘机，且部分电台已陆续引进数字化音频记录设备，20 世纪 90 年代中期，正值中国广播的转型时期，一些广播电台率先将录播改为直播，随着直播形式在全国普及，广播开盘机的时代也逐渐走向了尾声，所以，对于一台 1992 年出厂的立体声开盘机来讲着实是一种"生不逢时"的打击。

◀ LY271 开盘式磁带录音机

1992 年

苏州录像机厂

长 38.5cm，宽 34cm，高 14.5cm

　　本机是全晶体管的便携式录音机，使用 5 英寸或 7 英寸开盘磁带，具有 19.05cm/s 的带速，单通道双轨迹，使用 220V 交流电源，具有较宽的频响和较小的失真，可供工厂、机关、学校、广播站、人民公社和家庭使用。

▶ SDR930 开盘式磁带录音机

20 世纪 90 年代

北京海淀四方广播设备厂

长 44.5cm，宽 39.5cm，高 16.5cm

　　该款开盘机由北京海淀四方广播设备厂生产，也是非常少见的一款机型。该机有两个版本，一种是全轨单声道，另一种是立体声，机身全部为金属材质，但和其他广播台式机比，此款机整体比较小巧，重量也比较轻便。这款录音机是中国国产高质量录音器材的缩影，也是中国广播开盘机技术更新、发展的真实写照。

三、其他录放设备

（一）外国藏品

◀ **爱迪生 EDISON VOICEWRITER Ediphone 电子管声音记录仪**
20 世纪 30 年代
美国
长 30cm，宽 26cm，高 94cm

　　这款机器由美国托马斯爱迪生公司制造，序列号为 QVC149，NO.52361，自爱迪生商用留声机于 1906 年问世后，爱迪生启动"Ediphone"品牌生产电动录音机。该机器装配 5 个电子管，采用电动马达驱动，可调节转动速度。面板上正中央旋钮可选择"录音内部触发源""录音外部触发源"和"发射"三种功能，有一个录音音量调节旋钮和一个输出音量调节旋钮，两侧是触发源插孔。下半部分是一个置物架，可放置录音媒介，底座带有轮子，方便移动。

▶ **RECOIDON T.P.503 唱片录放机**
1950 年
英国
长 27.5cm，宽 30cm，高 13.5cm

　　该录放机是一台电子管唱片录放机，外壳为胶木材料制作，使用 78 转的 7 英寸黑胶唱片进行刻录，需外接音源才可放音，驱动方式为惰轮驱动，适用国际交流电压。

◀ **Emidicta 薄膜软磁盘录放机**

20 世纪 50 年代

美国

长 32cm，宽 33.5cm，高 20cm

这是一款由 EMI 公司生产的便携式磁盘录放机，以磁性方式记录在磁性材料的平盘上，结合了转盘磁记录的机制。这个便携式版本可以追溯到 20 世纪 50 年代，它有一个发条传动装置来驱动转盘和一个小型发电机为记录磁头供电。磁头在磁盘上方的手臂上，麦克风在前面。不使用时，录音光盘可以储存在盒盖内，所用材料与磁带相同。

▶ **Emidicta 2400 薄膜软磁盘录放机**

20 世纪 50 年代

英国

长 34.7cm，宽 38cm，高 18.5cm

这是一款由 EMI 公司生产的便携式磁盘录放机，以磁性方式记录在磁性材料的平盘上，结合了圆盘切割车床和磁记录的机制。整机外壳是一个涂有橄榄绿的大型金属盒，两侧各有两个皮革提手，顶部有转盘和磁性圆盘，顶部有两个臂，用于固定磁盘和录音。速度开关位于转盘侧面，转盘右侧有"转录 / 听写"控制杆。磁铁手柄位于前面的槽中。前控制面板有多个开关、旋钮、转盘、插孔和显示屏。正面有扬声器格栅，背面有电源和麦克风插孔。

◀ **Stenocord D 录放机**

20 世纪 40 年代

德国商业印刷公司

长 28.5cm，宽 23.5cm，高 10cm

该机由西德制造，采用金属外壳，磁带最长可录制 12 分钟。录音机在磁筒上记录语音。该磁筒具有预定的凹槽，可为唱臂提供引导。语音被磁头拾取并播放。唱臂上有一把尺子，因此可以轻松找到录音的轨道。使用麦克风上的两个按钮，可以很好地控制设备。绿色按钮播放，红色按钮录制。如果按住绿色按钮，倒带将打开。该设备配备了用作放大器的电子管，可提高录音质量，需外接扬声器放音，适用国际交流电压。

◀ 格雷 GRAY AUDOGRAPH 薄膜软磁盘录放机

20 世纪 40 年代

美国

长 24cm，宽 23.5cm，高 16.5cm

GRAY AUDOGRAPH 唱片录放机是由位于美国康涅狄克州哈特福德的格雷制造公司于 1945 年推出的，用于记录音频信号，所用的唱片是蓝色柔性带槽的中间是星形的乙烯基软盘。唱针是固定的，软盘在唱针下以恒定的速度运转，唱针通过把凹槽压入软盘来记录声音，通过以大约 15 转 / 分钟到 33 ⅓ 转 / 分钟的可变转速旋转唱盘来实现，从中心开始向外边缘运转，与传统的留声机唱盘相反。软盘槽之间的间距约为 0.1mm（0.4 英寸），可以"重新擦写"以去除凹槽，实现重复使用。

软盘有三种不同的尺寸：直径 6 英寸的每面提供 10 分钟的录制和播放时间，直径 6.5 英寸的每面提供 15 分钟的录制和播放时间，直径 8.5 英寸的每面提供 30 分钟的录制和播放时间。

▶ 桑德斯克莱伯 SOUND SCRIBER 薄膜软磁盘录放机

20 世纪 40 年代

美国

长 25.6cm，宽 29.5cm，高 20.5cm

该机是由桑德斯克莱伯公司（纽黑文）[SoundScriber Corp.（New Haven）] 于 20 世纪 40 年代推出的一款录放机。整机采用胡桃木箱体，顶部有一个木制旋钮，正面和两侧都有通风格栅，黑色硬橡胶转盘，黑色搪瓷钢甲板凹陷在机盖下，转盘左侧是铝制唱臂和音量调节旋钮，转盘右侧是铝制录音臂、电子管开关和转盘启动 / 暂停开关；正面黄铜铭牌上刻印 "SOUNDSCRIBER LISTEN/TALK" 字样，下面是放音 / 录音切换旋钮。

机器通过唱针把凹槽压印到柔软的乙烯基软盘来录制声音。这台机器可以在一个薄的（0.01 英寸）柔韧的 6 英寸乙烯基软盘的每一面记录 15 分钟的声音，以每分钟 33 ⅓ 转的速度旋转，密度为每英寸 200 个凹槽。这些软盘最初的价格约为每张 10 美分。这台机器有两个臂：一个由带轮驱动的录音臂，用钻石唱针形成凹槽；另一个带钻石唱针的拾音臂，用于播放。

与当时的一些其他录音机的技术不同，该款录音机录音头不是通过切割乙烯基，而是通过压纹（塑料变形）表面来创造凹槽，这样就不会留下废弃的塑料片进入机械。

在被磁带录音机取代之前，这种形式仍流行了 20 年，部分原因是软盘的坚固性和邮寄的便利性。乙烯基软盘具有其特色的方形中心孔，有三种尺寸：6 英寸每面提供 15 分钟的录制和播放时间，5 英寸每面提供 10 分钟的录制和播放时间；4 英寸每面提供 8 分钟的录制和播放时间。柔软的乙烯基材质限制了一张光盘在不降低音质的情况下的播放次数。

◀ 桑德斯克莱伯 SOUND SCRIBER 放音机
20 世纪 40 年代
美国
长 25.6cm，宽 29.5cm，高 20.5cm

　　该机是由桑德斯克莱伯公司（纽黑文）[Sound Scriber Corp.（New Haven）] 于 20 世纪 40 年代推出的一款放音机。整机采用胡桃木箱体，正面和两侧都有通风格栅，黑色硬橡胶转盘，黑色搪瓷钢甲板凹陷在机盖下，转盘左侧是音量调谐旋钮，转盘右侧是铝制唱臂、电子管开关和调谐指示管；外接插孔下方的黄铜铭牌上刻印"插入收听设备，SOUND SCRIBER"字样。

▲ Dictaphone 薄膜滚筒录音机
20 世纪 40 年代
美国
长 32cm，宽 23.5cm，高 11.5cm

　　这款机器采用金属外壳，内置永磁动态扬声器，使用 12V 的直流电源，可外接录音扬声器等配件，通过话筒把声音刻录在圆筒薄膜上，再通过切换旋钮，回放录制在圆筒薄膜上的音源，从而实现录制及播放。

▲ 德律风根 TELEFUNKEN 薄膜软磁盘录放机
20 世纪 40 年代
德国
长 19.5 cm，宽 17cm，高 6cm

　　这款录放机通过外接的话筒将声音保存在磁性的薄膜软盘里，磁盘基底为乙烯薄片，表面涂上磁性材料，一般录制的磁盘直径多为
15cm，录音时间是 10 分钟。可用于电话信息录制，录制时需语气自然、吐字清晰，语调换句需停顿，才能记录清晰。内置的音量控制器
会自动消除声音录制时的音量差异，使转录更加容易。可用于日常口语记录及重要会议记录，录音时需把话筒放于桌子中央。

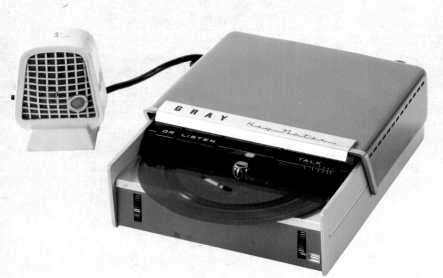

◀ 格雷 GRAY 薄膜软磁盘录放机
20 世纪 50 年代
美国
长 16.5cm，宽 22cm，高 6.5cm

　　这款机器采用金属和部分塑料外壳，使用
12V 的直流电源，可外接话筒等配件，可用话
筒录音刻录在直径 6 英寸的乙烯基软盘上，再
通过切换旋钮，回放录制在唱片薄膜上的信号，
从而实现录制及播放。录音时间是 10 分钟。可
用于日常口语记录及重要会议记录。

▶ 爱迪生 Edison VPD-3 录放机
1952 年
美国
长 30.5cm，宽 24cm，高 7.5cm

　　这款机器采用金属和部分塑料外壳，整机
为便携式套装，使用 105 ～ 125V 的交流电源，
可外接话筒等配件，可用话筒录音刻录在唱片
上，再通过切换旋钮，回放录制在薄膜唱片上
的音源，从而实现录制及播放。录音时间是 10
分钟，可用于日常口语记录及重要会议记录。

◀ 爱迪生 Edison 薄膜软磁盘录放机
20 世纪 50 年代
美国
长 20.6cm，宽 27.9cm，高 8cm

　　Edison 唱机录放机通过外接话筒将声音压入直径 6
英寸的柔性乙烯基薄膜软磁盘上录制，从内到外录制，
与传统的留声机记录相反，录制时可以随心所欲地大声
说话，也可以轻声说话，录放机在转录录音时可以自动
调整音量，录音时间是 10 分钟。可准确记录旅行时使用
的费用，在会议结束后立即口述会议和会议采访报告。
当特定采访需要更大的拾音范围时，可使用内置单级晶
体管放大器的高灵敏度特殊采访麦克风。

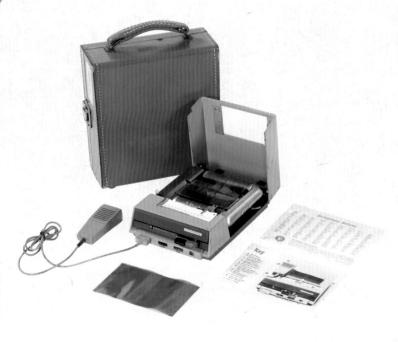

▶ Dictaphone 薄膜滚筒录放机
20 世纪 50 年代
英国
长 15.5，宽 22cm，高 7cm

　　这款机器采用金属及塑料外壳，使用 12V 的直流
电源，可外接话筒等配件，通过话筒把声音刻录在滚
筒薄膜上，再通过切换旋钮，回放录制在圆筒薄膜上
的音源，从而实现录制及播放，日常可用于普通听写
和会议记录。

▲**REX-RECORDER TN-3 录音机**
20 世纪 50 年代
美国
长 34cm，宽 27.1cm，高 15.5cm

该机器由美国口述录放机有限公司
（American Dictating Machine Co., Inc）
生产，是一款磁盘刻录机，使用直径为
22cm 的圆盘。带遥控器的独立麦克风，可
以使用单独的脚踏板和耳机，做一般的口述
录音使用。

▶**IBM 224 磁带袖珍录音机**
1965 年
美国
长 15.5cm，宽 11.9cm，高 4.5cm

224 型是 IBM 公司于 1965 年发布的便携式录音机，是 214 型
的后续产品，该设备旨在用于办公室语音录制，然后在打字机上打
印文本。其重量轻才 790g，外形小巧、集成麦克风和非常安静的
电机相结合，使其在销售上取得了成功，特别是因为它非常容易演
示。机器可使用 12V 直流电源或内置的 11.2VIBM 品牌碱性电池供
电，满电情况下可以使用 16 小时。使用 3 英寸 76 mm 的磁带（一
种涂有铁磁材料的聚酯薄膜带），每条磁带可容纳 10 分钟的录音，
每次通过录音头记录 6 秒，并允许用户通过触摸按钮重播最后的 6
秒。这种皮带尺寸便于将其邮寄回用户办公室进行转录。机器可以
连接可选的脚踏控制板和耳机。

◀**IBM 233 磁性薄膜滚筒录放机**
1969 年
美国
长 8.5cm，宽 24.5cm，高 9.5cm

该机是一款远程电话网络中心录音机，将电话线连接到
机器，可以从任意数量的电话向秘书提供远程录音。外壳采用
塑料制成，内置晶体管，使用一种称作"Magnabelt"的磁带
（涂有铁磁材料的聚酯薄膜带）记录声音，这种磁带可以保存
长达 14 分钟的记录，使用条形磁铁可以在 6 秒内完成对磁带
的完全擦除，可以重复使用 100 次。
面板有 1 个音量调节旋钮，1 个校音旋钮，1 个位置选择
拨杆，麦克风可操作录音、放音，可以使用单独的脚踏板和耳
机，做一般的口述录音使用，105 ～ 125V 的交流电源。

▶ 飞利浦 PHILIPS N2202 单声道盒式磁带录音机
20 世纪 70 年代
荷兰
长 2cm，宽 20 cm，高 5.5cm

　　N2202 是一款单声道的便携式盒式磁带录音机，飞利浦于 1971 年开始销售。主要特点是：2 个磁头、磁带类型选择并能够处理普通磁带、皮带驱动的单绞盘传输。该唱盘的典型特征是 20 世纪 70 年代的顶部装载布局，盒式磁带隔间位于唱盘的中央。磁带弹出是机械操作的，并且磁带需要将要播放的一面朝前放置在磁带槽中。

　　N2202 上使用的电平表是单模拟指针 VU 读数表，机械传输控制，用于可靠的传输功能选择。为了不受干扰地聆听，提供了用于一对单声道耳机的 DIN 连接器。所有主要传输指令都可以通过有线遥控器远程发出。

▶ 松下 National RQ-87 立体声磁带录音机
20 世纪 80 年代
日本
长 46cm，宽 23.5cm，高 39.5cm

扫码观视频

　　该机是一款八轨晶体管卡座录放机，录音磁带部为八轨单声道，卡带部为二轨单声道，具有 9.5cm/s 和 4.8cm/s 两种磁带速度，装配 20cm 和 6.5cm 的全频扬声器，在播放时，八轨磁带可以快速读取，配备 10 倍速专用机构。录音盒同时录制 8 个音轨的声音。配备可连接立体声的输出接口。

◀ 爱华 AIWA HS-736 立体声收录机
20 世纪 80 年代
日本
长 8.5cm，宽 3.3cm，高 11.5cm

　　这是一款小型的随身听管机器，带收音和磁带播放，功能多样化且小巧便捷，方便携带，也可外接耳机，机器上还有播放、暂停、调节快慢键及调频收音的旋钮。

▶ Pocket-Echo TR-101P 微型卡带录音机
20 世纪 80—90 年代
日本
长 6cm，宽 11cm，高 3cm

　　这是一款袖珍式的盒式磁带录音机，由 GAKKEN 公司生产，使用 2 节 UM-3 电池，可录音和放音，造型小巧，方便携带。

◀ 索尼 SONY TCD-D10 PROII 3RD 便携式 DAT 数字电影背包录音机
20 世纪 90 年代
日本
长 25cm，宽 18cm，高 4.5cm

　　索尼于 1992 年首次推出 TCD-D10 便携式 DAT 录音机，它借鉴了成功的 TC-D5 盒式录音机的许多设计元素，具有相同的质量、用户友好性和耐用的金属机身结构。与大多数便携式 DAT 录音机不同，TCD-D10 使用 PCM-2000 DAT 录音机中的全尺寸鼓组件，它还使用了索尼高端 DTC-1000ES DAT 卡座的相同电机。尽管它重约 2kg 且价格高昂，但 TCD-D10 非常受欢迎。1992—1998 年，索尼发布了 TCD-D10 的两个增强版本：TCD-D10 Pro 和 TCD-D10 ProII。

▶ Dictaphone 磁带录音机
20 世纪 90 年代
美国
长 11cm，宽 5cm，高 17cm

　　这款来自美国的便携式磁带录音机，造型小巧，还配有皮包和背带，方便外出携带。整机为金属外壳，可录音和放音，需外接耳机或麦克风，日常可用于普通听写和会议记录。

◀ 索尼 SONY ICD-PX333M 数码录音笔
20 世纪末 21 世纪初
日本
长 3.7cm，宽 11.4cm，高 2cm

　　该录音笔内置 4GB 闪存，最长录制时间可达 1073 小时，具有话筒和耳机插孔，带有 USB 接口，播放速度可控制在 0.5 ～ 2 倍速间，使用两节 LR03(AAA 尺寸)1.5V 碱性电池供电。

▶ 爱华 AIWATP-M700 微型磁带录音机
20 世纪末 21 世纪初
日本
长 6cm，宽 2.5cm，高 12cm

　　这是一款袖珍式的磁带录音机，磁带速度 1.2 ～ 2.4 cm/s，可调节语音传感器，噪声过滤录音，遥控器，暂停快速播放和重复功能，磁带计数器，内置麦克风，带遥控器的有线麦克风，单声道耳机，电源适配器 AC-207E，皮带袋。

◀ 松下 Panasonic RN-302 磁带录音机
20 世纪末 21 世纪初
日本
长 5.8cm，宽 12cm，高 2.5cm

　　RN-302 是一款微型录音机，采用纤薄的"手掌贴合"设计，具有 2 速磁带选择器（2.4cm/s、1.2cm/s），高灵敏度电容麦克风，音质极佳。它提供了多种功能，包括用于免提录音的语音激活系统，通过快速查看进行提示和审查。机器使用 2 节"AA"电池，提供可选交流适配器（RP-AC31）。

▶ 奥林巴斯 OLYMPUS PUMA3 数码录音机
20 世纪末 21 世纪初
日本
长 3.5cm，宽 11cm，高 1.5cm

　　该款数码录音机一般用于执法记录。机内包括一个双功能遥控器和麦克风，一个耳机孔、麦克风、遥控器插孔，磁带根据应用进行切换。用于数据下载的 USB 在底座可连接录音机和 PC。录音机也可用作可移动外部存储器读取器、写入器，带背光的大液晶屏使人在黑暗中也能进行阅读。使用 2 节 1.5V 干电池供电。

◀ 奥林巴斯 OLYMPUS DM-10 数码录音机
20 世纪末 21 世纪初
日本
长 4cm，宽 11cm，高 1.5cm

　　该款双功能录音机作为数字语音录音机和数字音乐播放器包括奥林巴斯 DSS 播放器软件和 Windows Media Player。包括一个双功能遥控器和麦克风，一个耳朵、麦克风、遥控器插孔，磁带根据应用进行切换，可通过底部的 USB 接口连接 PC 进行数据下载。录音机也可用作可移动外部存储器读取器、写入器。带背光的大液晶屏让人在黑暗中也能进行阅读。

▶ 索尼 SONY M-7 磁带录音机
20 世纪末 21 世纪初
日本
长 6cm，宽 2.5cm，高 11.2cm

　　这是一款袖珍式磁带录音机，二轨单声道，带自动记录系统和自动关闭机制。
磁带速度：2.4cm/s，1.2cm/s。
频率响应：2.4cm/s 时，200 ~ 5000Hz；1.2cm/s 时，200 ~ 3000Hz。
输出：耳机插孔（迷你插孔）用于 8Ω 耳机或负载阻抗 10KΩ 或更高。

◀ iPod A1099 多媒体播放器
2005 年
美国
长 6.2cm，宽 1.6cm，高 10.2cm

　　iPod 是苹果公司推出的系列便携式多功能数字多媒体播放器，具有录音、蓝牙和多媒体播放等功能。第一代 iPod 于 2001 年 10 月 23 日发布，iPod 系列的产品都提供设计简单易操作的用户界面，除 iPod touch 与第 6 ~ 8 代 iPod nano 外皆由一环形滚轮（点按式转盘）操作。2022 年 5 月 11 日，苹果宣布 iPod 产品线正式停产。

▶ 索尼 SONY MZ-N910 磁盘记录器
21 世纪初
日本
长 8cm，宽 9.5cm，高 2cm

　　MZ-N910 是索尼提供的 Net MD 录像机。它似乎是 2002 年的 MZ-N10 的更新版，后来被 2004 年的 MZ-N920 取代。它具有全铝机身，并提供蓝色、浅蓝色、橙色和银色版本供选择。与 N10 相比，最显著的变化是口香糖电池的回归，在电池耗尽时更容易更换。与 RM-MC35ELK 的遥控器通用。

◀ Craig 490 电子笔记本
20 世纪 80—90 年代
日本
长 9.3cm，宽 3.5cm，高 16.5cm

　　这款便携式晶体管录音机内置麦克风，采用电池供电，整机体积比一些麦克风还小，方便携带，可以在任何地方使用其进行录音工作，不需要任何附件。这款也可以触控操作，即时加载，无需穿线。牛皮的手提箱和背带，以及电池都包括在内，上市售价为 79.95 美元。

▶ 三洋 SANYO 微型盒式磁带录音机
20 世纪 90 年代
日本
长 13.5cm，宽 25 cm，高 65 cm

　　这是一款袖珍盒式磁带录音机，可录音和放音，有耳机和麦克风插孔，造型小巧，方便携带。

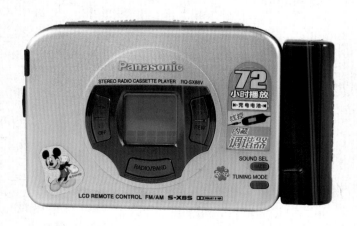

◀ 松下 Panasonic RQ-SX88V 收录机
1999 年
日本
长 13cm，宽 2cm，高 8cm

　　该机是松下出品的一款随身听，四轨双声道立体声，具有收音机和盒式磁带机两种功能，预设 10 个 AW 和 FM 频道、S-XBS 系统、频段类型选择器、暂停系统、电池充电指示灯、LCD 多信息显示、自动反转、远程控制、高速提示、九轨节目搜索、内置可充电电池，交直流电两用，适用国际交流电源。

▶ **福斯特 Fostex D-80 8 轨硬盘录音机**
1996 年
日本
长 48.2cm，宽 29.5cm，高 14.5cm

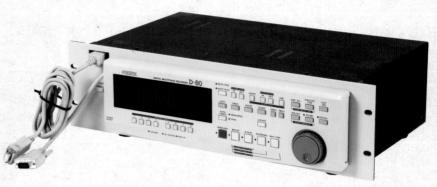

　　1996 年，为争夺经济实惠的硬盘录音机市场份额，Fostex 推出了新款机器——D80，这是一款八轨机架式硬盘数字录音机，录音方式为双声道立体声，具有 4.075mm/s、8.15mm/s 和 12.225mm/s 三种带速，配备 2 个复合式高输出旋转磁头。该机更像是 ADAT/DA88 的无带替代品，而不是全演唱的数字工作站。复制、粘贴编辑具有通常的硬盘优势，但没有虚拟轨道、虚拟效果或花哨的处理技巧来混淆问题。事实上，与 DMT8 一样，D80 的设计外观尽可能像磁带机，并设计了用于模拟混音器的接口，使用 230V 交流电源。

◀ **索尼 SONY MPS-JE480 MD 数码卡座录音机**
20 世纪 90 年代
日本
长 42.8cm，宽 26.5cm，高 9cm

　　该录音机有两种长时间记录模式：LP2 和 LP4（ MDLP 记录 ）。在 LP2 立体声模式下录制时，可以录制正常可录制时间的 2 倍，而在 LP4 立体声模式下，可以录制正常可录制时间的 4 倍。此外，单声道记录的可记录时间大约是立体声记录时间的 2 倍。LP4 立体声模式（ 4 倍长时间录制模式）通过使用特殊的压缩系统实现长立体声录制时间。如果注重音质，建议使用立体声录制或 LP2 立体声录制（ 2 倍长时间录制模式 ）。

▶ **索尼 SONY MPS-JE510 MD 数码卡座录音机**
20 世纪 90 年代
日本
长 43cm，宽 26.5cm，高 9.5cm

　　该卡座录音机使用 MiniDisc 尺寸的磁盘，有 2 个立体声通道，装配半导体激光器，转速（CLV）为 400 ～ 900rpm，采样频率 44.1kHz，自适应变换声学编码，使用 100 ～ 130V/220 ～ 240V 交流电压。

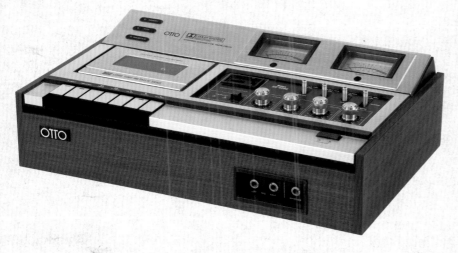

▲ 三洋 OTTO RD4450 立体声盒式磁带
录音机
20 世纪 80 年代
日本
长 45cm，宽 27.5cm，高 13.5cm

这是一款高保真立体声盒式磁带卡座，带直接驱动电机和杜比 NR 认证，自动返回和重复功能，带内存计数器，内置杜比测试生成器，带 VU 表和过载指示器的铰链仪表板。

▶ 德律风根 TELEFUNKEN RC200 立体声盒
式磁带录音机
1981 年
德国
长 43.5cm，宽 27cm，高 11cm

扫码观视频

德律风根 RC200 是一款具有高通信降噪功能的 4 音轨 2 声道的立体声盒式磁带录音机，磁带速度为 4.75 cm/s，有 1 个录音的重播磁头和 1 个擦除磁头，由德律风根于 1981 年推出，一年后停产。主要特点是：2 个磁头、模拟 3 位磁带计数器和记忆停止器、支持普通、镀铬、铬铁和金属材质的磁带类型选择、由皮带驱动的单绞盘运转。磁带弹出是机械操作的，盒式磁带需要直接放置在磁头上方，可以轻松清洁。为了进行现场录音，该卡座有 2 个麦克风输入，用于将麦克风与 DIN 连接器连接。为了不受干扰地聆听，提供了一副立体声耳机的插孔连接器。可以通过 RCA 电缆连接到其他音频组件，并通过 RCA 电缆从音源进行录制。

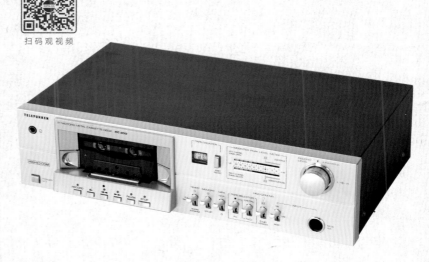

◀ 建伍 KENWOOD KAX-48 双卡式录音机
20 世纪 90 年代
日本
长 435cm，宽 279cm，高 256cm

KAX-48 环绕声双卡式合并功放，集卡带播放、音源输入操控和四声道功率放大于一体，配备卡座 A/B 连续播放和内录，杜比 DOLBY NR 降噪，A 卡座具备对外部输入讯源（TAPE、CD/AV、TUNER、PHONO）的录音功能，并能通过左右声道独立电平控制和 5 段均衡器对 100Hz-10kHz 音频进行调整。可接麦克风混音输入和耳机输出监听。可选择两声道立体声播放和四声道环绕声播放模式。

◀ 雅马哈 YAMAHA KX-W321 卡式录音机
20 世纪末
日本
长 435cm，宽 279cm，高 146cm

　　兼具多功能和高音质的双卡式录音机，四轨双通道，可自动倒带、回放和录音，卡座 A 和 B 均配备硬质坡莫合金播放磁头，带杜比 B/C 降噪系统和自动磁带选择器，配备卡座 A/B 连续接力播放和前后提示一首歌曲的功能。有峰值显示功能电平表。使用普通磁带时频率特性为 20Hz-16kHz（±3dB），使用金属带时为 20Hz-19kHz（±3dB）。录音磁头为双间隙铁氧体磁头，有自动录音静音功能，配备录音返回功能。另有配音功能，可在两种配音速度之间进行选择。附无线遥控器。

▶ 松下 Panasonic RS-D5 卡式录音机
20 世纪末
日本
长 43cm，宽 29cm，高 15cm

　　多功能双卡式高音质录音机，可自动倒带、回放和录音，卡座 A 和 B 均配备硬质坡莫合金播放磁头，带杜比 B/C 降噪系统和自动磁带选择器，配备卡座 A/B 连续接力播放功能，配备音乐选择器，使用此功能，当播放时按 FF 按钮将提示下一首歌曲的开头，按 REW 按钮将提示当前歌曲的开头。录音磁头为双间隙铁氧体磁头，配备自动录音静音和双速编辑功能。配备同步编辑功能，可通过连接 CD 播放器编辑磁带。附无线遥控器。

◀ 达斯冠 Tascam X-48 48 轨硬盘录音机
2007 年
日本
长 48.5cm，宽 42.5cm，高 18cm

　　Tascam 的新型是 X-48 是世界上第一个独立的 48 轨混合硬盘工作站。是与 SaneWave 共同开发，具有专用硬盘录像机的稳定性和易用性，以及基于计算机的数字音频工作站的 GUI，编辑和混音功能。

　　它拥有在所有 96 个轨道上高达 24kHz/24 位的录音。它的文件兼容性和同步性甚至超过了 TEC 获奖的 MX-2424，具有本机广播 WAVE 音频文件支持和 AAF 导出，可与 Pro Tools，Nuendo 和 Logic 等工作站兼容。对 FireWire 硬盘驱动器和千兆以太网的支持允许在系统之间进行简单的传输，使其成为高质量音乐、后期和现场录制应用的终极多轨解决方案。

　　然而，X-48 不仅仅是独立的录音机 —— 其内置的自动 48 通道数字调音台、VGA 显示输出、强大的编辑功能和 DVD+RW 备份驱动器更将其转变为一个完整的集成工作站。

▶ 达斯冠 Tascam DA-78HR 8 轨数字硬盘录音机

2007 年
日本
长 48cm，宽 33cm，高 13cm

DA-78HR 是一款模块化 8 轨 24 位 DTRS 录音机。该机器提供先进的同步 SMPTE 和 MTC 功能、磁带的直接可靠性以及高保真 24 位音频录制。

DA-78HR 代表了 Tascam Dtrs 系列的最新发展，将 DTRS 格式带入了 24 位世界。DA-78HR 上的 A/D 和 D/A 转换器均为 24 位，可立即访问完整的 24 位分辨率。为了向后兼容，DA-78HR 能够读写与 DA-38、DA-88 和 DA-98 等机器一起使用的 16 位 DTRS 磁带。

对于较大的录音系统，最多可以将 16 台任何年份的 DTRS 机器连接在一起，以实现多达 128 个音轨的采样精确回放。这意味着人们可以在同一台机器中连接 DA-38、DA-88、DA-98、DA-78HR 和 DA-98HR。可选的 RC-828 可用于单独控制多达 4 台 DTRS 机器。

DA-78HR 具有机载同步功能，可以追逐或生成 SMPTE 时间码，并且可以生成 MIDI 时间码。DA-78HR 也可以遵循 MIDI 机器控制。

◀ 美奇 Mackie HDR-24/96 24 轨硬盘录音机

21 世纪初
美国
长 43.5cm，宽 33.5cm，高 17.5cm

Mackie HDR-24/96 是一款专用的 24 轨硬盘录音机，能够以 16 位或 24 位运行，采样率为 44.1Hz、48Hz 甚至 96kHz。本机直接记录到内部 20GB IDE 驱动器，但也能够记录到可移动 IDE 驱动器，该驱动器旨在作为主要备份方式。HDR 具有多种 I/O 选项，包括模拟、AES、TDIF 和 ADAT，以及与所有类型的 SMPTE、视频黑脉冲、MIDI 或内部工作时钟的内置同步，以及通过 100BaseT 以太网端口与其他录像机通信。

尽管可以从前面板轻松访问本机的大部分功能，但当添加标准显示器、键盘和鼠标时，HDR 更像基于计算机的 DAW。然后，它成为一个非常强大的编辑器，能够轻松实现大规模功能。这是一个很棒的设计，因为不需要外部计算机即可查看要编辑的波形。事实上，HDR 确实有能力执行基本级别的自动化功能，可以将单声道或立体声交错的 AIFF 或 WAV 文件导入 HDR。

▶ 福斯特 Fostex FR-2 录音机

21 世纪初
日本
长 23.5cm，宽 22cm，高 7.5cm

新型 Fostex FR-2 专为高品质的现场声音录制、高质量的音效采集、电视和广播纪录片而设计；实际上，任何需要高质量录音的场景它都可以胜任。

FR-2 具有出色的录音质量（高达 24 位 /192kHz 录音 –CF 录音机的首创）、庞大的功能列表和具有成本效益的价格点，为便携式 DAT 和其他格式的用户提供了在不牺牲功能的情况下切换到更灵活、更高质量的音频采集机的机会。

在采用 BWF 广播 WAV 文件格式时，FR-2 提供了当时最受欢迎的专业录音选择。它可以设置为在从 22.05kHz 到 192kHz 的宽频率范围内录制具有 16 位或 24 位量化的单声道或立体声文件，以延长录制时间，实现最高质量的音频采集。通过连接到电脑上的 CF 读卡器传输文件以进行编辑或备份，既快速又简单。

（二）中国藏品

▲ 葵花 HL-1 型盒式磁带录音机
20 世纪 70 年代
上海玩具元件厂
长 13cm，宽 14cm，高 7.5cm

  该机是中国第一款盒式磁带录音机，采用盒式磁带和晶体管录、放音电路，因此具有体积小、重量轻（仅 1.5Kg）等优点，特别适合在无交流电源地区和流动场合作现场采访录音之用。音轨形式为双轨，即一条磁带，上下两半部共可录两道音轨，带速为 4.75cm/s，使用 9V 直流电源（机内装二号电池 6 节）。

▶ 3-5027A 便捷式磁带录放机
20 世纪 80—90 年代
中国
长 8.5cm，宽 3.5cm，高 12cm

  这是一款集录音和磁带放音功能为一体的便携式录放机，整机内置了麦克风系统和模拟磁带计数器，可以在一盘磁带上录制多段数据，利用计数器和快进、倒带按钮来查找不同的段落。

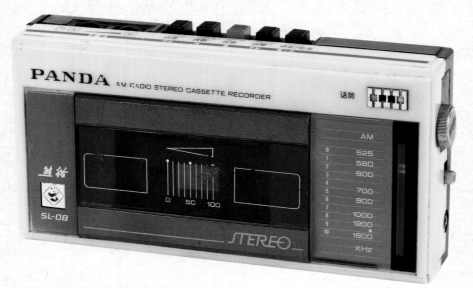

◀ 熊猫牌 PANDA SL-08 收录机
20 世纪 80 年代
中国
长 20.5cm，宽 4.5cm，高 10cm

  这是一款组合型的晶体管机器，带收音和磁带机功能，功能多样化且小巧便捷，方便携带，也可外接耳机，机器上还有播放、暂停、调节快慢键及调频收音的旋钮。

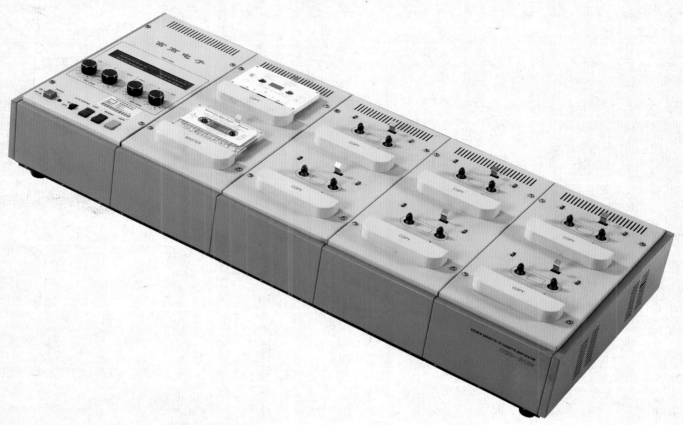

▲ 富高电子 CCD-2107 高速盒式磁带复录机
20 世纪 90 年代
中国
长 77cm，宽 32 cm，高 14 cm

　　该复录机产品录音方式为四轨四通道，磁带速度为 23.75cm/s，采用数字电路、进口直流电机及高档机芯，实现集中控制，确保机器长期工作带速走带稳定，使录音音质更可靠、逼真、更完美。A、B 两面四个声道同时复录，具有自动、手动倒带功能，能自动抹音，最多可同时复录 7 盒 c-60 盒式磁带，使用 220V、50/60Hz 交流电源。

第六章　组合音响、便携式收录一体机

第一节　组合音响发展史

1904 年，英国物理学家约翰·安布罗斯·弗莱明（John Ambrose Fleming）发明了电子管，无线电广播、收音机等开始高速发展，电唱机也开始普及。人们开始追求多功能的音响设备，因此组合音响应运而生。早期的组合音响由收音机、电唱机、音箱组成，通常都是单声道，高级一点的还带唱片刻录、话筒放大的功能。

1927 年，Bell Lab（贝尔实验室）的 Harold Black 成功研发 Negative Feedback（负回输技术）；H.A.Hartley 首先提出 High-Fidelity（高保真）这个音响名词。

1937 年，美国 Phitharmonic Radio 公司推出音响史上首个同时装有 AM 收音机和唱机、35W 推挽功放、12 寸扬声器的组合音响。当年这套音响的售价为 122 美元，这套组合音响也成了今天 Hi-Fi 音响的雏形，从此开启了一个全新的行业。

从 20 世纪 60 年代开始，立体声唱片和调频广播、晶体管技术逐渐成熟，组合音响迎来了新阶段。

20 世纪 70 年代末，中国才刚刚开始生产"小板砖"录音

电子管发明者约翰·安布罗斯·弗莱明

机和"盒式录音带"，并开始在一部分有钱人中流行的时候，日本先进的收录机悄悄地流向中国内地市场。国人第一次知道还有这样一种电器，能听收音机，能听录音磁带，还能录音。后来，中国才开始自主研究生产收录机。

20 世纪 80 年代，便携式手提收录机开始流行。

20 世纪 90 年代，CD 机技术普及，组合音响的功能更加齐全，集 CD 播放、收听广播电台、放送唱片、磁带录放、均衡器调节、功率放大等功能于一身的组合音响代替了手提式收录机。

到了 20 世纪后期，家庭影院、卡拉 OK 开始兴起。随着 DVD、VCD 技术的发展，家庭影院、卡拉 OK 进入千家万户。

从 21 世纪开始，随着集成电路、数字处理技术的发展与引入，组合音响开始向小型化发展，虽然体积变小了，但功能更加强大了。

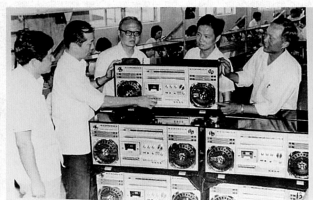

便携式收录一体机

第二节　组合音响品牌和厂家介绍

一、外国组合音响品牌

（一）英国弗格森 Ferguson

　　Ferguson 是英国历史最悠久的电子公司之一，与 Ultra、Dynatron、Pye 和 Bush 齐名。它根据当代美国型号的收音机为英国市场生产收音机。第二次世界大战后，它更名为 Ferguson Radio Corporation（弗格森无线电公司），继续生产收音机以及之后的电视机。后来，它成为英国无线电公司的一部分。在 20 世纪 50 年代末，它被索恩电气工业公司接管，但弗格森的名字继续被索恩公司和它的继任者索恩 EMI 公司使用。

　　到 20 世纪 60 年代初，公司产品涉及便携式晶体管收音机、实木液压盖收音机、全自动堆叠式唱机、多声道收音机、立体声扬声器、开盘式磁带录音机、高保真音响设备等。

　　20 世纪 80 年代推出新产品，包括个人卡带播放机、CD 播放机和录像机。1987 年，它被法国电子公司 Thomson（汤姆逊集团）收购。随后，汤姆逊集团退出了竞争激烈的欧洲电子消费市场。

（二）日本夏普 SHARP

　　一提到夏普，相信很多人都不陌生。自 20 世纪创立以来，夏普产品如收音机、电视机、音响设备、微波炉、计算器、液晶显示器等，在我们的生活中无处不在。

早川德司（右）测试水晶收音机（1925 年）　　　　夏普 SHARP 便携式收录机

夏普公司（SHARP corporation）是一家日本的电器及电子公司，于 1912 年由创始人早川德司在日本东京创立，原名"早川金属厂"。

1923 年，公司搬迁到日本大阪，开始设计第一代日本收音机，1925 年开始销售。

1959 年着手研究电子技术。1970 年，公司更名为夏普公司。

20 世纪 70 年代后期，冒险进入高端立体声市场；1976 年推出高端接收器、放大器、扬声器、唱机和卡带播放器。后来扩大生产线，引入了数字技术。

1981 年，夏普 Optonica 系列主要转向数字高端市场，具有先进技术功能的完整立体声系统，引领了数字时代的潮流。该生产线在 1981 年后停产，但 Optonica 生产线在 20 世纪 80 年代后期被再次推出，用于高端电视接收器和更高质量的大众市场音频产品，如录像机、环绕立体声接收器、CD 盒式音响和便携式卡带播放器。

2016 年 4 月 2 日，中国台湾鸿海精密工业股份有限公司收购夏普公司。从此，它开启了新征程。

SHARP 公司

（三）日本三洋 SANYO

三洋电机有限公司成立于 1947 年。1952 年制造了日本第一台塑料收音机，1954 年制造了日本第一台脉动式洗衣机。

自 1987 年以来的标志

三洋便携式电视收录一体机

20 世纪 70 年代中期，三洋将家用音响设备、汽车音响和其他消费电子产品引入北美市场，1975 年 8 月收购了美国 Fisher Electronics（费舍尔电子音频设备制造商），将其总部从纽约迁到洛杉矶，命名为 Fisher Corporation（三洋费舍尔公司），生产 SQ 和 Matrix 格式的四声道音频设备。大约从 1984 年开始，生产完全转向 VHS（家用录像系统）。

1976 年，三洋通过收购惠而浦公司的电视业务——华威电子公司（Warwick Electronics），扩大了其在北美的业务。

1986 年，三洋的美国子公司与费舍尔合并，成为美国的三洋舍尔公司 Fisher Corporation。

2004 年的中越地震严重破坏了三洋的半导体工厂，因此三洋当年遭受了巨大的经济损失。2009 年 5 月被松下公司收购。2010 年，松下公司终止使用三洋的品牌名称。

这家有着 60 多年历史、曾经一度辉煌的家电巨头退出历史舞台。

日本三洋 SANYO 公司

二、中国组合音响品牌

（一）凯歌

在 20 世纪中后期提起凯歌牌，无论是电视机还是收音机，都能在中国大多数家庭中找到它们的影子，凯歌作为我国自主民族工业品牌，在当时可是家喻户晓、耳熟能详。

1960 年，由 80 余家小厂合并的开利无线电机厂，改名上海无线电四厂，主要生产电子管收音机、收音电唱两用机及中频变压器，是全国很早生产袖珍半导体收音机的厂家之一。

1961 年 10 月，593-2、593-4 型五灯电子管收音机参加全国第三届广播接收机观摩评比，分别被评为一、二等奖。因为含有凯旋之意，故将产品商标定为"凯歌"。

1962 年初，上海无线电四厂试制成功 4261 收音电唱两用机，并形成批量生产能力，颇受消费者欢迎，还少量出口到东南亚地区。

1964 年 12 月，研制生产了 4B3 型袖珍晶体管收音机、4262 型电唱收音两用机，直至 1990 年，凯歌牌产品荣获国家质量银质奖，23 个产品获部、市级优质产品奖。

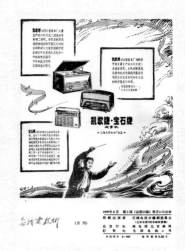

凯歌牌 4262 型收唱机

凯歌牌 4261 型收唱两用机

凯歌牌收音电唱二用机说明书封面

1996 年，上海无线电四厂正式宣布破产，从此"凯歌牌"永远留在了人们的记忆中，曾经的辉煌和耀眼的光芒，就这样在历史的进程中逐渐消失⋯⋯

（二）海燕

"海燕牌"是上海国营一〇一厂的名牌产品，该厂成立于 1969 年 9 月，原名上海纺织系统一〇一厂，其前身为民国 10 年日商在戈登路兴建的同兴纱厂。从民国 30 年到民国 38 年，工厂先后为日本和国民党军队生产军服。1949 年 5 月，中国人民解放军进驻该厂。1958 年 9 月，该厂移交给上海市纺织工业局，改名为上海一〇一厂。直到 1969 年初，该厂一直从事军服生产。

海燕牌收唱两用机

1969 年 6 月，上海一〇一厂转产雷达和锗二极管，划归仪表工业系统，成立无线电专业工厂。同年 11 月，开始生产收音机，和上海无线电二、三、四厂共为上海大型收音机生产专业厂。

生产车间

海燕牌 F321 型收唱两用机

海燕牌收音机自 20 世纪 60—70 年代开始生产，到八九十年代家喻户晓，为无数上海人所喜爱，这离不开海燕牌音响的高质量。又因其是本土制造，价格公道，质量又上乘，在当时的市场上，一时风头无两。在当时，想要购买一台海燕牌产品，甚至要托人几经波折才能买到。

（三）钻石

　　20 世纪 80—90 年代的钻石牌音响风靡整个中国，是当年佛山音响的"双雄"之一，更是当年时尚潮流的标配，也是当时嫁娶必备的"三转一响"中的产品。其音色优美、质量佳。

广东佛山无线电一厂生产车间

> 钻石牌组合音响设备

　　1987年，该厂成为广东省首家获得收录机生产许可证的无线电整机厂。无线电一厂出品的钻石牌音响被称为音响中的钻石。钻石牌系列视听产品曾多次荣获国家经委"金龙奖"和广东名牌、优质产品的称号。

　　1997年11月，以生产钻石牌音响闻名全国的佛山无线电一厂申请破产拍卖，成为我国第一家申请破产拍卖的国有企业。曾经风靡一时的钻石音响成为绝响，这让不少佛山市民感叹唏嘘。钻石牌音响已成为一段历史，但它永远是那个时代的"钻石"。

钻石牌 FL-301 型台式收录机

第三节 馆藏组合音响概览

（一）外国藏品

◀法恩斯沃思 Farnsworth 收音、黑胶唱片组合机
20 世纪 30—40 年代
英国
长 43cm，宽 69cm，高 63cm

这是一款收音、黑胶唱片组合机，于 20 世纪三四十年代用在家庭、酒店、大厦等场所，它具有内置天线，6 只电子管（包括整流器）接收器和功率放大器。只有一个中波波段，并配备 10 英寸永磁扬声器。并带有 33 ⅓ 转 / 分钟的自动换唱片机可以供人们欣赏音乐、收听广播。

▶迪卡 Beau-Decca 3378 收音、黑胶唱片组合机
1947 年
英国
长 75cm，宽 45cm，高 99cm

Beau-Decca 3378 收音、黑胶唱片组合机有 6 只电子管放大器和 2 个 PX4 电子管、8 英寸永磁扬声器。具有长波、中波、短波三波段调谐器可选。

迪卡公司是音乐史上最著名的唱片公司之一，有着 140 多年的历史，曾生产多种流行音乐唱片。Garrard 70 自动换唱片机配有 Decca FFRR 轻型拾取器 C 型，带有蓝宝石唱头，可自动播放 8 张 10 英寸或 12 英寸的 78 转 / 分钟唱片。

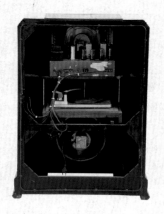

◀ 克罗斯利 CROSLEY 收音、黑胶唱片组合机
20 世纪 40 年代
美国
长 45cm，宽 20cm，高 103cm

　　这款组合机的最上方是具有中波、短波、超短波的三波段收音机部分，通过旋转按钮选择电台，收听广播新闻、电台节目。中间是具有 78-45-33 ⅓ -16 ⅔ 转 / 分钟的唱盘，可播放唱片。最下方是扬声器。
　　这样的一台组合机看着虽然笨重，但是在那个年代，几乎只有富裕的家庭才能享受这套组合音响带来的乐趣。换句话来说，能拥有这样一台组合音响，是身份和地位的象征。

◀ 弗格森 Ferguson 391R RG 收音、黑胶唱片组合机
20 世纪 50 年代
英国
长 55.5cm，宽 37cm，高 41cm

　　佛格森 391R RG 收音、黑胶唱片组合机是一款高质量的台式组合机，具有长波、中波、短波三个波段，6 只电子管接收器和推挽输出级。负反馈技术应用在音频放大和音调控制，电路上改善频率特性。带有 3.05 英寸椭圆形永磁扬声器唱头。搭配有蓝宝石的唱针，转速为 78-45-33 ⅓ 转 / 分钟。并配备内置天线。

▶ 西敏寺 Westminster GA.559 收音、黑胶唱片组合机
20 世纪 50 年代
英国
长 42cm，宽 38cm，高 29cm

　　这款组合机上方是唱盘部分，可以播放各种唱片。下方是收音机
部分，具有中波、长波两波段，可选择电台收听广播新闻节目。

▲ 迪卡 Decca schedule 收音、黑胶唱片组合机
20 世纪 50 年代
英国
长 56cm，宽 40cm，高 61cm

　　迪卡 schedule 收音、黑胶唱片组合机只有一个波段，配备一个永磁扬声器。并带有一个 78-45-33 ⅓ 转 / 分钟自动换唱片机。

▶ HMV 收音、黑胶唱片组合机
20 世纪 50 年代
英国
长 78cm，宽 38cm，高 79cm

　　HMV 收音、黑胶唱片组合机内置天线，具有长波、中波、短波三个波段，搭配永磁扬声器、33 ⅓ 转 / 分钟的电唱盘。
　　HMV 是 20 世纪最著名的唱片公司之一，以留声机和小狗尼珀的形象作为品牌标志，为无数人所喜爱。这台组合机内部可以清晰地看到 HMV 的品牌标志，可实现收音、放唱功能。

◀ 帕卡德贝尔 Packard Bell 收音、黑胶唱片、
录放组合机
20 世纪 50 年代
美国
长 84cm，宽 41cm，高 107.5cm

　　Packard Bell 收音、黑胶唱片、录放组合机的最上方是唱片刻录盘部分，可将声音转录至另一个唱盘中。中间部分是 33 ⅓ 转 / 分钟的唱盘和带有中波、短波两波段的收音机，可实现播放唱片、收听广播电台的功能。最下方是扬声器。可以在收听广播的同时，使用录音机记录美好的声音。

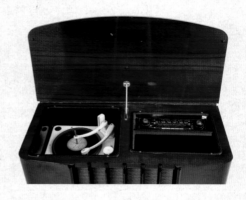

◀ 科拉罗 Collaro-rc54 收音、黑胶唱片组合机
1954 年
英国
长 97cm，宽 45cm，高 72cm

　　Collaro-rc54 收音、黑胶唱片组合机的左上方是 Collaro
牌 33 ⅓ 转 / 分钟的电唱盘，可播放唱片。右边是 rc-54 的长
波、短波、中波、调频四波段的收音机，可通过旋转按钮调
频选择电台，收听广播新闻、电台节目。收音机部分的旁边
有一个空格位置，可以收纳唱片。最下方是永磁扬声器。组
合机的背面内置了一个天线，用于接收电台信号。

▶ BSR-MONARCH & MCCARTHY 收音、黑胶
唱片组合机
20 世纪 70 年代
英国
长 76cm，宽 40cm，高 74cm

　　BSR 的 MONARCH 是一款内置天线，搭配四速
（78-45-33 ⅓ -16 ⅔ 转 / 分钟）自动换黑胶唱片的
电唱机，能播放直径 7 英寸、10 英寸和 12 英寸的
唱片。配备一个永磁扬声器、具有长波、中波、短
波三个波段的收音机。

▶ Crypto 收音、黑胶唱片组合机
20 世纪 70 年代
英国
长 110.5cm，宽 44cm，高 77cm

　　Crypto 收音、黑胶唱片组合机于 20 世纪应用于家庭、酒店、大厦等场所，供人们欣赏音乐、收听广播使用。

　　打开组合机的盖子，可以看到里面有唱盘和收音机，左边是来自 Crypto 的 33 ⅓ 转 / 分钟的自动换唱片机，可播放音乐唱片。右边是具有中波、长波两波段的收音机部分，可通过旋转按钮调频选择电台，收听广播新闻、电台节目。最下方是扬声器部分。

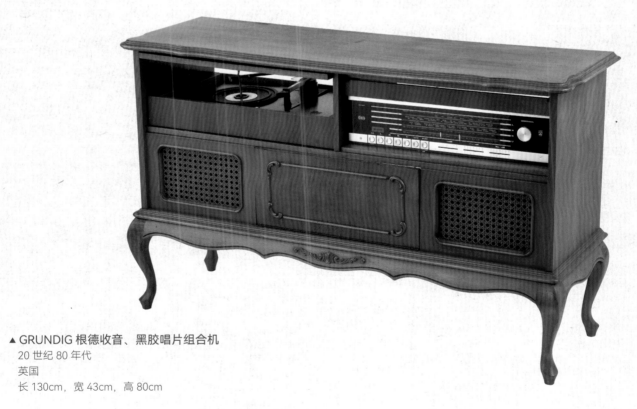

▲ GRUNDIG 根德收音、黑胶唱片组合机
20 世纪 80 年代
英国
长 130cm，宽 43cm，高 80cm

　　根德收音、黑胶唱片组合机是一款强大的台式组合机，它的外观就像是一张长条桌，左上方设置了一个抽屉式的三档可调节转速功能和带有自动换盘功能的立体声电唱盘，可自由伸缩，播放唱片。右边是收音机部分，内置天线，具有长波、中波、短波、超短波四波段，可选择收听广播新闻、电台节目。组合机的下方是 2 个永磁扬声器。它不仅是一台组合音响，更能充当一张桌子，最上方可摆设电视机、花瓶或日用品等。

▶ **三洋 SANYO M2409F 收录机**
20 世纪 60—70 年代
日本
长 33cm，宽 10cm，高 22cm

　　这款收录机具备单磁带卡座、单喇叭，可实现磁带、扩音的功能。除此之外还内置电池，可实现接收调频、调幅两个波段的收音功能。有一个提手，方便携带。

◀ **三洋 SANYO M2429F 收录机**
20 世纪 60—70 年代
日本
长 33cm，宽 10cm，高 22cm

　　三洋牌 M2429F 收录机内置 7 个晶体管，采用的是调频、调幅两波段的收音机和高低音扬声器，具备收音及扩音的功能，除此之外还内置电池和电容麦克风、耳机和外置麦克风连接器、可伸缩天线、盒式磁带录音机、机械式三位数计数器、自动停止和自动水平记录的功能。支持 120/200/240V 电压。在当时这是一款功能极其丰富的机器。

▶ **松下 National TR-3010 立体声收录机**
20 世纪 60—70 年代
日本
长 33cm，宽 10cm，高 22cm

　　这款收录机来自 National 品牌，National 原是松下的品牌名，后来改为 Panasonic。National TR-3010 收录机配备调频、调幅两波段的收音机和两个 14cm 的扬声器，Alnicon 磁铁扬声器在盒式中罕见，并且这台收录机具有播放黑白电视的功能，这是一个非常有趣的体验。

▶ 皇冠 Crown csc-840F 收录机
20 世纪 60—70 年代
日本
长 47cm，宽 10cm，高 26.5cm

　　皇冠牌 csc-840F 收录机配有一个提手、双喇叭、单磁带卡座，设备最上方的天线可以接收调频、短波 1、短波 2、中波这四个波段的广播电台信号。是一款集播放磁带、收音、扩音功能为一体的设备。

▲ 夏普 SHARP GF-777 立体声收录机
20 世纪 80 年代
日本
长 75cm，宽 18cm，高 39cm

　　夏普 GF-777 立体声收录机是一款经典的便携式立体声收录机，于 20 世纪 80 年代初期推出，广泛应用于音乐录制和播放领域。
　　该收录机具备调频、短波 1、短波 2、调幅四波段收音机功能和外部麦克风输入接口，功能多样化。此外，它还有四个低音扬声器和两个高音扬声器，可以在没有外部音响的情况下直接播放录制好的音频。
　　GF-777 收录机采用双盒式磁带驱动器为设计，以磁带作为录音介质，能够录制长达 90 分钟的音频，操作简单、方便，因此在 20 世纪 80 年代，夏普 GF-777 收录机普风靡一时，成为当时的音频录放领域的标志性产品之一。现在，虽然磁带录音已经逐渐淘汰，但 GF-777 型收录机仍然为许多音乐爱好者所珍藏。

◀ 夏普 SHARP V2-2000 立体声收录机
20 世纪 80 年代
日本
长 72.5cm，宽 18cm，高 47cm

　　夏普牌 V2-2000 立体声收录机是夏普公司在 20 世纪 80 年代推出的高端收录机产品之一，收音机部分采用调频、调幅二波段，其具备立体声唱盘、收音、磁带等功能，配备四个喇叭，深受音响爱好者的青睐。这架 VZ-V2 收录机是日本国内版的夏普 Vz-2000，由于它在音色方面优胜于一般的收录机，在当时的市场曾是热销款。

▶ 阿姆斯特拉德 Amstrad 8060 号黑胶电唱机立体声收录机
20 世纪 80 年代
英国
长 60cm，宽 14cm，高 34cm

　　这款是英国品牌 Amstrad 的 8060 带电唱盘立体声收录机，采用的是下拉 45-33 ⅓ 转 / 分钟的唱盘、四个扬声器、双卡带卡座。有调频、中波、短波三个波段无线电收音系统，支持 240V 交流电，移动使用时需要 8 节 1.5V 电池，虽然它是英国的品牌，但当时是在香港组装的产品。

◀ Yue Bo MT328 立体声磁带、黑胶电唱两用机
20 世纪 80 年代
日本
长 39.6cm，宽 16.8cm，高 47cm

　　这款组合机由双卡座、黑胶电唱机组成，可通过下方的按键实现立体声控制，感受美妙的音乐。

▶ 维克多 Victor M-66 无线电视盒式收录机
20 世纪 70 年代
日本
长 34cm，宽 11.5cm，高 27cm

　　这款收录机为调幅、调频、调频 AFC 三个波段设计，配置了一个 12cm 高性能扬声器。电视机可以接收 VHF、UHF 两个频道。通过电路设计，可以看到更加清晰、稳定的影像。另外，采用黑屏（聚碳酸酯保护器），长时间看电视也不会使眼睛疲劳。在观看时间方面，采用低耗电设计的显像管技术，6 节干电池，可以实现长时间观看电视节目，这满足了户外观看电视节目的需求。

◀ 维克多 Victor M-88 无线电视盒式收录机
20 世纪 70 年代
日本
长 43cm，宽 11.5cm，高 27cm

　　这款机型对比 M-66 机型在功能上有了较大的升级，M-88 型无线电视盒式收录机具有调频、短波、中波三波段收音机，VHF 和 UHF 两个频道电视接收机，搭配 4.5 寸黑白显示器、16cm 低音单元和 5cm 高音单元的扬声器、卡带式播放器等，其中 ALC（自动录音等级调整）电路可以轻松录出好声音，麦克风混合电路，可以唱卡拉 OK。

◀ 东芝 TOSHIBA TZ-2800 立体声黑胶唱片、收音
组合机

20 世纪 80 年代

日本

长 46cm，宽 34cm，高 14cm

　　东芝牌 TZ-2800 立体声黑胶唱片、收音组合机，
最上面是一个黑胶唱片机，下面配备调频、调幅两波
段的收音机，左下角为一个盒式磁带播放器，这是一
款功能丰富的组合机。

▲ 夏普 SHARP CT-6001 无线电视盒式收录机

20 世纪 70 年代

日本

长 55.5cm，宽 17cm，高 35.5cm

　　这款组合机型集合收音、电视、磁带录放功能于一身，是 20 世纪 80 年代日本夏普公司推出的一款组合音响设备。在当时音响技术"竞
争比拼"的时代，夏普与时俱进，根据市场需求将电视的功能也融入收录机中。

　　从这款机器上看到，最显眼的就是中间部分迷你型电视机，而下方是磁带卡座，两侧是四个喇叭，最上方的部分则是一些控制按键及
收音机部分。此外，还可以看到它有两根天线，除了可以收听调频、短波、中波三个波段的电台，还可以接收 VHF LOW、VHF HIGH、
UHF 三个频道的电视信号，观看新闻节目。

　　整台机器小巧玲珑，放置家中可节省空间。它还设有一个提手，可携带外出用于野餐、走访亲友等，携带起来比较轻松。

◀ 索尼 SONY FX-300 无线电视盒式收录机
20 世纪 70 年代
日本
长 16.5cm，宽 20cm，高 25cm

　　这台设备诞生于 20 世纪 70 年代，是索尼公司根据飞机驾驶舱理念设计制造的一款多功能一体机。集收音机、卡带、电视机于一体。它有一个迷你 CRT 电视屏幕，可以收看到 VHF LOW、VHF HIGH、UHF 三个频道的电视信号，顶部安装磁带播放器、录音机与调频、调幅两波段接收器，内置扬声器、耳机及麦克风外部端口。

▶ JVC 3060EU 无线电视盒式收录机
20 世纪 70 年代
日本
长 38.5cm，宽 10cm，高 26cm

　　JVC 3060EU 无线电视盒式收录机是一款集合收音、电视、录音功能于一身的组合机。收音机部分，可接收调频、短波、中波三波段的电台节目，有高低音控制器、混合平衡控制器。电视机部分，配备 3 英寸的黑白显示屏、图像翻转开关。盒式录音机部分，内置电容麦克风、磁带计数器、磁带睡眠定时器等。

◀ 三洋 SANYO T4100 无线电视盒式收录机
20 世纪 70 年代
日本
长 40.5cm，宽 11.9cm，高 27cm

　　这款收录机是 20 世纪 70 年代日本三洋公司推出的高端组合音响设备，它集合了盒式录音机，调幅、调频两波段收音机和 VHF LOW、VHF HIGH、UHF 三频道的电视机于一体。配备了两个 100mm×150mm 椭圆形扬声器和两个 50mm 高音扬声器。该组合音响具有线路输入和线路输出连接器以及耳机和麦克风连接器，可播放普通和镀烙的磁带。

▶ 日立 HITACHI K-50 无线电视盒式收录机
20 世纪 70 年代
日本
长 41.5cm，宽 11.5cm，高 31cm

　　这款收录机集收音、电视、磁带录放功能于一身，
是 20 世纪 70 年代日本日立公司推出的高端组合音响
设备。左边是电视机，右边是可接收调频、短波、中
波三个波段的收音机，上方是磁带卡座，4.7 英寸扬声
器，可以通过天线来接收信号，收听广播电台、接收
VHF LOW、VHF HIGH、UHF 三个频道电视信号。

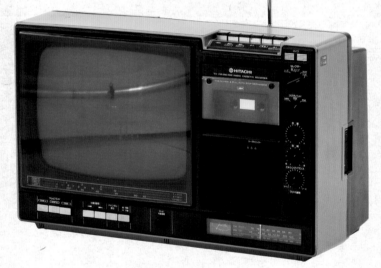

◀ 日立 HITACHI K-27 无线电视盒式收录机
20 世纪 70 年代
日本
长 50cm，宽 23.5cm，高 33cm

　　这款组合机集收音、电视、磁带录放功能于
一身，是 20 世纪组合音响设备的天花板级别。它
的左边是彩色 CRT 电视机屏幕，占据整台设备的
比例较大，给人带来较好的视觉感受。右上方有
一个可放磁带的卡座，可以使用录音、播放磁带
的功能，卡座的下方则是扬声器部分。再往右看，
有很多个旋钮，可以选择收听调频、短波、中波
三个波段的电台节目，以及 VHF1、VHF2、UHF
三个频道电视节目。

▶ 日立 HITACHI mark5 无线电视盒式收录机
1978 年
日本
长 50cm，宽 11.5cm，高 34cm

　　这款收录机集收音、电视、磁带录放功能于
一身。可以看见它的中间部分是电视机，两侧是
扬声器，上方是磁带卡座，还有两根天线，可以
通过天线来接收信号，收听调频、调幅两个波段
的广播电台、接收 VHF LOW、VHF HIGH、UHF
三个频道的电视信号。

▶ 夏普 SHARP WF-CD77H BK 组合音响
20 世纪 80 年代
日本
长 59.5cm，宽 20cm，高 23.5cm

　　这款组合机可播放 CD、VCD、DVD、磁带等，有两个可拆卸扬声器，也可接收调频、长波、中波、短波四个波段的广播电台节目，是 20 世纪 90 年代非常流行的组合音响设备。

◀ Weltron Prinzsound SM8 立体声收录机
20 世纪 70 年代
美国
长 26cm，宽 28cm，高 32cm

　　这款罕见且具有标志性的 Prinzsound SM8 收音机也被称为 Weltron 2001 "太空球"，由 James Pratt Winston 于 1970 年推出，因其标志性的太空时代风格而经常出现在电影和电视节目中，如电影《王牌大贱谍：国际神秘人》和《70 年代秀》。它可以接收 AM、FM 两个波段的电台，是当时第一款将多个音频单元组合到一个音箱中的立体声音响。凭借复古、未来主义的设计和便携性在市场上大受欢迎。

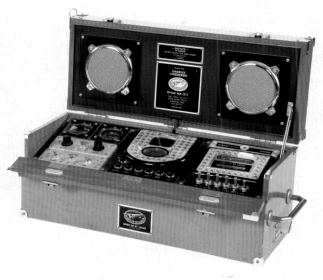

▶ 圣路易斯 SPIRIT OF ST.LOUIS 精神号音响设备
21 世纪初
美国
长 48cm，宽 19.5cm，高 22.2cm

　　圣路易斯精神号 Ryan NX-211 是一款集合调幅、调频两波段收音机、盒式磁带播放器和 CD 播放器为一体的组合音响设备。

（二）中国藏品

◀ **和平牌收唱两用机**
20 世纪 50 年代
中国
长 47cm，宽 34cm，高 25.5cm

　　此款设备主机箱为木质，可播放唱片、接收中波和短波的电台节目。

▶ **美多牌收唱两用机**
20 世纪 60 年代
上海无线电器材厂
长 52cm，宽 39cm，高 41cm

　　美多是 20 世纪 60 年代上海四大收音机品牌之一，最早是由公私合营宏音无线电器材厂出品。1958 年并入上海无线电器材厂。1960 年 8 月，永安第三棉织厂和上海无线电器材厂合并为上海无线电三厂。
　　此款两用机由美多收音机加装电唱机组成，可实现播放唱片、接收中波和短波的电台节目。

◀ 凯歌牌 4261 收唱两用机
20 世纪 60 年代
上海无线电四厂
长 49cm，宽 41.5cm，高 31cm

　　本机为交流六管两波段超外差收音电唱两用机，是根据凯歌牌 593 的电路改进，并增加调谐指示管和增装电唱机部分而成。

　　收音机部分可以接收中波、短波两个波段。机箱上部是一台四速电唱机，可以播放转速为 78-45-33 ⅓ -16 ⅔ 转 / 分钟的各种唱片。播放大孔唱片时，转轴上须加装机中所附的转轴。拾音器备有粗、密纹两种唱针，拨转拾音器头上的小钮即可调换唱针。

▶ 凯歌牌 4262 收唱两用机
20 世纪 60 年代
上海无线电四厂
长 47cm，宽 36cm，高 28cm

　　凯歌牌 4262 收唱两用机是当年中国外贸出口奖的获奖产品，堪称行业里的经典之作，是上海无线电四厂大量生产的六灯交流二波段收音电唱二用机。这款机型灵敏度高，式样新颖大方，具有音调调节器及语言开关，能收听中波、短波两个波段的电台播音节目，还可以播放 78-45-33 ⅓ -16 ⅔ 转 / 分钟这四种不同转速的唱片。

▶ **凯歌牌 4263 收唱两用机**
20 世纪 60 年代
上海无线电四厂
长 48cm，宽 36cm，高 71cm

　　凯歌牌收音机是 20 世纪 60—70 年代质量较好的产品，
其上端部分加装一台电唱机，收音机的下端部分加装脚架。
可收听中波、短波两个波段的电台节目，可播放 78-45-
33 ⅓ -16 ⅔ 转 / 分钟这四种不同转速的唱片。

◀ **中华牌收唱两用机**
1962 年
唱机部分：中国唱片厂
收音机部分：八一电影机械制造厂
长 51cm，宽 35cm，高 34cm

　　此款组合机上端部分是产自中国唱片厂的中华牌 201
型电唱机，可播放 78-45-33 ⅓ -16 ⅔ 转 / 分钟这四种不
同转速的唱片。下端部分是八一电影机械制造厂生产的收
音机，可接收中波、短波制造两个波段的电台节目。
　　中国唱片厂创建于 1955 年，是当时国内规模最大的
唱片生产企业，1959 年，中国唱片厂开始生产新开发的
201 型和 203 型四速电唱机，这标志着中国唱片厂已成为
能生产唱片、唱机和唱针的专业工厂。
　　八一电影机械制造厂创建于 1932 年，曾试制出中国
最早的电影放映机——标准牌 35mm 固定式放映机。

▶ 上海牌 2PR 收唱两用机
20 世纪 60 年代
上海新华元件厂
长 51cm，宽 36.5cm，高 25.5cm

　　这款组合机可实现播放 78-45-33 ⅓ -16 ⅔ 四种速度的唱片，收听 BC、SW、PU 三个波段的电台节目，可单独调节音量、波段、调谐。

◀ 上海牌 553 交流电子管收唱两用机
20 世纪 60 年代
上海广播器材厂
长 42cm，宽 34.5cm，高 23cm

　　本机为交流五灯二波段超外差式收音、电唱两用机，由 157H 型收音机加装电唱机而成。

▶ **上海牌 555 收唱两用机**
20 世纪 60 年代
上海广播器材厂
长 42cm，宽 34.5cm，高 23cm

　　在电子管收音机时代，上海广播器材厂生产了这种木盒收放两用机。收音机部分由六只国产电子管、双喇叭组成，设计了中波和短波二个波段。电唱机与收音机之间采用插件驳接转换。机箱外壳采用最好的楠木板，面板部分采用金属条块，镀了金色，显得富贵辉煌。

◀ **红星牌 504-3 收唱两用机**
20 世纪 60 年代
南京东方无线电厂
长 51cm，宽 39cm，高 38.5cm

　　这台组合机是由收音机和电唱机组合而成，其中收音机部分可接收中波、短波 1、短波 2 三个波段的电台节目。

◀ 宇宙牌电子管收唱两用机
20 世纪 60 年代
上海利闻无线电机厂
长 44.5cm，宽 34cm，高 28.5cm

　　这款两用机的特别之处在于它的竹编盖，方便收纳，伸缩自如，产自上海利闻无线电机厂。可播放唱片，接收中波和短波两个波段的电台信号。
　　上海利闻无线电机厂创于 1939 年，初名为利闻无线电行，1948 年更名为利闻无线电机厂，1949 年后逐步成为生产扬声器的专业厂，品牌是闻名海内外的"飞乐"。20 世纪 50 年代中期后出品的收音机为宇宙牌。

▶ 熊猫牌电子管收唱两用机
20 世纪 60 年代
南京无线电厂
长 53cm，宽 35cm，高 35cm

　　熊猫牌是 20 世纪中国的驰名商标，产品质量上乘，熊猫牌组合机曾被当作国礼赠送外国元首。此款组合机由收音机和电唱机组成。可播放唱片，接收长波、短波 1、短波 2 三个波段的电台信号。

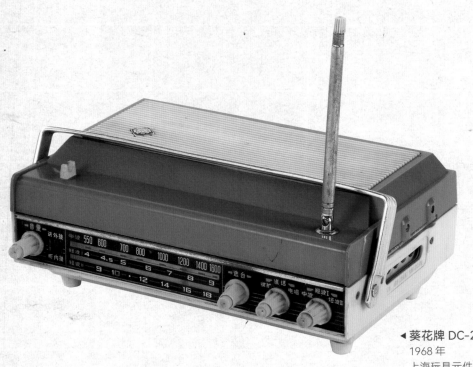

▶ 葵花牌 DC-2A 晶体管 3 波段四用机
1968 年
上海玩具元件二厂
长 28cm，宽 13cm，高 22cm

　　1968 年底，上海玩具元件二厂研制成功葵花牌
DC-2 型晶体管收音、电唱、扩大三用机，以及葵花
牌 DC-2A 晶体管收音、电唱、对讲、扩音四用机。
　　图中这款属于 DC-2A 7 晶体管 3 波段四用机，
可收听中波、短波 1、短波 2 的波段电台节目。整机
外壳采用塑料材质，配有一个提手，造型新颖、小巧
玲珑，方便携带。当时主要用于农村、部队。

▶ 长风牌 CF-1 晶体管 2 波段收音、电唱、
扩音三用机
20 世纪 70 年代
上海华丰无线电厂
长 42cm，宽 32cm，高 18.5cm

　　此款组合机为台式木结构交直流超外差式
收音、电唱、扩音三用机。收音机部分为 9 管
2 波段，可收听中波和短波的电台节目。并设
有高低音，可通过控制器分别调节音调，另可
外接话筒、扬声器。

▶ **中华牌 109 三用机**
20 世纪 50—60 年代
中国唱片厂
长 38.5cm，宽 27.5cm，高 18.5cm

　　这台三用机可以收听广播、播放唱片和作扩音机使用。
　　电唱机的内盒里印刷有毛主席语录："我们应当相信群众，我们应当相信党，这是两条根本的原理，如果怀疑这两条原理，那就什么事情也做不成了！"从中可以看出鲜明的时代特色。

◀ **收唱两用机**
20 世纪 60—70 年代
北京市电车公司
长 35cm，宽 26cm，高 17cm

　　这款机具有收音和播放唱片两种功能，可播放 78-33 ⅓ 转 / 分钟的唱片。

▶ **长白山牌 711 三用机**
20 世纪 70 年代
吉林省前郭无线电厂
长 32cm，宽 34.5cm，高 16.5cm

　　这款设备可实现播放转速为 78-33 ⅓ 转 / 分钟的唱片、收听中波段的电台节目和录音这三种功能。

◀ **东方红牌 101 三用唱机**
20 世纪 60—70 年代
北京无线电唱机厂
长 35cm，宽 27cm，高 17.5cm

　　该款三用唱机是北京无线电唱机厂的著名产品，被当时的广大工农兵、无电源边远地区等集体单位使用，在当时是手摇机的末代机型，此后已完全过渡到电唱机。这款机有扩音的功能，当唱机外接号筒式扬声器时，能满足 500 人左右的会场需要，作有线广播时，用 400Ω 高阻抗输出，能带动高阻抗舌簧式扬声器 30 只左右。还可以收听中波段电台广播和播放 78-33 ⅓ 转 / 分钟的两种转速唱片。

▶ **海燕牌收唱两用机**
20 世纪 70—90 年代
中国
长 35cm，宽 27.5cm，高 17.2cm

　　这款设备可实现播放唱片、收听电台节目的功能。设备内部储存有电池，通过手摇曲柄，提供动力，使得唱盘开始转动。后续由电池提供动力，唱盘可持续播放 30 分钟。
　　收音时，则需停止播放唱片，将唱臂搁在支架上，后打开电源，推动"调谐"旋钮到对应的频段，就能听到电台的广播。

◀ **海燕牌 F321 收唱两用机**
20 世纪 70 年代
上海
长 51cm，宽 32cm，高 14cm

　　这款组合机是海燕牌收音机加装飞碟牌 Z901-1 电唱机组成，可收听中波和短波的电台节目。
　　海燕牌收音机自 20 世纪六七十年代开始生产，到八九十年代，凭着高质量的收音机为无数的上海人所喜爱。Z901-1 电唱机采用新型的压电陶瓷拾音头，与一般的晶体拾音头相比较，具有耐高温、耐潮湿、频响宽、高音清晰、低音丰富、音质良好、经久耐用的显著优点。

▶ 电视塔牌 785-G3 收唱两用机
20 世纪 70 年代
广州家用电器七厂
长 35.7cm，宽 25.4cm，高 16cm

　　本机为交直流三速电唱机，附有七管中波超外差式收音装置和扩音装置，可播放唱片、收听中波段广播，具有较高的灵敏度，设置了二次自动增益控制电路，对强信号具有很好的抑制能力。低频放大采用直接耦合，并设有音调控制器，使放声清晰响亮。电源采用交直流两用，机内附有整流器，尤其适合偏远山区使用。

▶ 733 晶体管三波短交直流三用唱机
20 世纪 70 年代
上海无线电二十厂
长 29cm，宽 27cm，高 15cm

　　这款组合机可以实现收音、放唱、扩音三种功能。可以播放转速为 78-45-33 ⅓ -16 ⅔ 转 / 分钟的各种唱片，可收听中波、短波 1、短波 2 的波段电台节目。而且配有一个提手，方便携带。

◀ **109-B 四用唱机**
20 世纪 70—80 年代
上海中国唱片厂
长 32.9cm，宽 30cm，高 14cm

　　这款组合机可以实现收音、放唱、扩音、对讲四种功能，当时专供广大农村人民公社、生产队解放军部队以及山区、林区有关部门用来宣传毛泽东思想。
　　可播放 78-33 ⅓ 转 / 分钟两种转速的唱片，也能收听中央和其他省、市人民广播电台的中波广播。考虑到某些边远地区在白天收不到中波广播，它还备有两个短波波段，供选择收听中央人民广播电台之用。

▶ **山花牌 SH-I 收唱两用机**
20 世纪 70 年代
国营朝阳电机厂
长 48.8cm，宽 30.1cm，高 15.3cm

　　这款组合机具有收音和电唱两种功能，左边凸起部分是收音机，右边部分是电唱机。既可收听新闻广播，又可播放唱片。

► **海燕牌 9701A 收唱两用机**
20 世纪 70 年代
上海一〇一厂
长 50cm，宽 30cm，高 14cm

　　此款 9701A 收唱两用机产自上海一〇一
厂，海燕牌产品在当时的上海家喻户晓，为无
数上海人所喜爱。其外壳为木质箱体、皮革外
层，左侧部分为收音机，可收听新闻电台节目，
右边部分是电唱机，可播放四种转速的唱片，
感受悠扬舒畅的音乐。

► **鸳鸯牌 793B 电唱机**
20 世纪 80 年代
上海吉安电唱机厂
长 51.5cm，宽 31.5cm，高 14.5cm

　　这款组合机具有收音和电唱两种功能，左
边凸起部分是收音机，右边部分是电唱机。既
可收听新闻广播，又可放唱自己喜爱的戏曲音
乐，还可给孩子学习外语使用。另外，机器左
边还设有录音插口，可随时把需要的唱片声音
录制到磁带上。

◀ 鸳鸯牌 793-DR 交直流收唱两用机
20 世纪 80 年代
上海吉安电唱机厂
长 50cm，宽 30cm，高 14cm

　　上海吉安电唱机是 20 世纪 50—70 年代的老品牌，那时以拥有一台收唱两用组合机作为人们享受精神生活的象征。
　　此款组合机左侧部分为收音机，可收听中波段电台节目，右边部分是电唱机，可播放 78-45-33 -16 转 / 分钟四种速度的唱片。

▶ HD-011 军用三用机
1986 年 3 月
郑州无线电总厂
长 36cm，宽 32cm，高 24cm

　　这款组合机具有收音、拾音（录音）等功能。上端部分是飞碟牌 Z901-1 电唱机，该型号唱机采用新型的压电陶瓷拾音头，可外接话筒，实现收音、拾音功能。整体机箱材质为铁，重量较重。可接收中波、短波 1、短波 2、短波 3 四个波段的电台节目。

▶ **快乐牌 24-1 交直流晶体管三用机**
20 世纪 80 年代
江苏省武进电子器材厂
长 41.5cm，宽 30cm，高 14cm

　　此款组合机是晶体管电唱、收音、扩音三用机。电唱机采用电子调速电路，控制唱机转速。收音为 7 管 3 波段，具有衰减式音调控制，以改善收音、电唱的音质，可收听中波、短波 1、短波 2 三个波段的电台节目。本机备有独立的 4×6 英寸喇叭箱，可以从机箱内取出，在电唱机、收音机音量开大时有效地防止机震。

◀ **中华牌 206JS 收唱两用机**
20 世纪 80 年代
中国唱片厂
长 41.5cm，宽 30cm，高 14cm

　　这台 206JS-2 交直流收音放唱两用机可以收听中波段广播节目，也可以播放转速为 45-33 ⅓ 转 / 分钟的唱片。整机采用塑料材质，红色的边框、两只黑色的喇叭，使机器看起来很有年代感。

▶ **中华牌立体声三用机**

20 世纪 80 年代

上海中国唱片厂

长 40.5cm，宽 35.5cm，高 21cm

此款组合机上端部分是产自中华牌 206JS 电唱机，可播放转速为 45-33 ⅓ 转 / 分钟的唱片。下端部分是中华牌 LZH-8701 磁带机和收音机，可播放磁带、收听中波和短波的电台节目。

◀ **钱江牌 813-D 立体声收唱两用机**

20 世纪 60—80 年代

浙江萧山电子仪器厂

长 38cm，宽 28cm，高 15.5cm

此款设备主机箱为木质，面板为塑料材质，带两个喇叭。可播放唱片、接收中波和短波的电台信号。

▶ **上海牌电唱、收音两用机**
20 世纪 70—80 年代
中国
长 99cm，宽 44.3cm，高 81.6cm

　　此款落地式组合机上端部分是
产自丰贤肖糖农机厂的 206-A 型唱
机，下端部分是产自上海牌的收音
机。可播放唱片、接收中波和短波
的电台信号。

◀ **落地式收唱两用机**
20 世纪 70—80 年代
中国
长 50.1cm，宽 36cm，高 79cm

　　此款落地式组合机上端部分是产自中国九四一厂的
乐泉牌 124-1 型电唱机，下端部分是收音机。可播放唱
片，收听中波、短波 1、短波 2 三个波段的电台节目。

◀ 落地式电唱、收音两用机
20 世纪 70—80 年代
中国
长 49.3cm，宽 34.7cm，高 93cm

　　此款落地式组合机上端部分是产自中国唱片厂的 201 型电唱机，下端部分是产自国营上海广播器材厂的 160-A 型收音机。可实现收音、放唱功能。

▶ 海燕牌电唱、磁带、收音三用机
20 世纪 60—80 年代
上海一〇一厂
长 42cm，宽 35cm，高 15.5cm

　　这款组合机上方是立体声唱机，下方可播放磁带，收音机部分可接收中波、短波 1、短波 2、调频四个波段的电台节目。

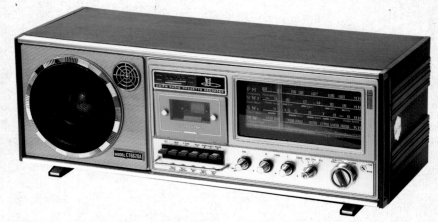

▶ **美多牌 CT6620A 半导体调频调幅收录机**
20 世纪 80 年代
上海无线电三厂
长 73.9cm，宽 34.4cm，高 24cm

　　这款美多牌收录机可收听中波、短波 1、短波 2、超短波四个波段的电台节目。美多是 20 世纪 60 年代上海四大收音机品牌之一，最早是公私合营宏音无线电器材厂的产品。1958 年该厂并入上海无线电器材厂。

　　1960 年 8 月，永安第三棉织厂和上海无线电器材厂合并为上海无线电三厂。主要生产"美多""春雷"牌收音机、收录机、录音机机芯、VHS 盒式彩色录像机、彩色监视器、彩色转发设备、通信机等。是原机械电子工业部的骨干企业，创造了多个中国无线电辉煌的"第一"，为我国的电子工业发展和经济建设、国防建设作出了突出贡献。

▶ **红灯牌 2L143 收录机**
20 世纪 80 年代
上海无线电二厂
长 74.5cm，宽 25.5cm，高 34.5cm

　　此款收录机是上海无线电二厂设计生产的高级台式收录机。充分发扬了红灯牌机器音质好、外形美观、性能稳定等特色。具有录音、收音功能，采用集成电路功放技术等。可收听短波 1、短波 2、中波三个波段的电台节目。

▶ **红灯牌 2L145 收录机**
20 世纪 80 年代
上海无线电二厂
长 62.1cm，宽 23cm，高 33.5cm

　　这款组合机是由上海无线电二厂研制的 2L145 交流大型台式中、短二波段全半导体管收录两用机。整台机器只设置了一个卡座，采用两只扬声器，输出功率为 6W，音质丰满。能在录、放走带结束时自动停止，录音部分电源会自动关闭。

▶ **上海牌 L-866 四波段六喇叭立体声台式收录机**
20 世纪 80—90 年代
上海录音器材厂
长 68cm，宽 25cm，高 31cm

　　这款收录机具备单卡座、六个喇叭，可实现收音、录放磁带等功能，也可外接立体声耳机、随时切换单声道或立体声。可接收短波 1、短波 2 和中波的电台节目。

▶ **红灯牌 2L565 立体声收录机**
20 世纪 80 年代
上海无线电二厂
长 49cm，宽 13.5cm，高 27cm

　　这是上海无线电二厂生产的大型七喇叭单卡立体声调频调幅四波段收录机。可播放磁带，接收中波、短波、短波 2 和调频波段的电台节目。属于当时红灯牌的高端收录机型，因其音色丰富、质量可靠、外形美观的特点风靡市场。

▶ **钻石牌 FD-401 型四波段立体声台式收录机**
20 世纪 80 年代
广东省佛山市无线电一厂
长 65.5cm，宽 15cm，高 17cm

　　20 世纪 80—90 年代的钻石牌音响设备风靡整个佛山，是当年时尚潮流的标配，也是当时嫁娶必备的"三转一响"其中的产品。
　　这款收录机具备单卡座、四个喇叭，可实现收音、录放磁带等功能，支持调频波段、调幅波段、短波 1、短波 2 四个波段，可以随心所欲地收听任何广播频段的广播节目。

▶ **钻石牌 FL-301 台式收录机**
20 世纪 80—90 年代
广东省佛山市无线电一厂
长 69cm，宽 28cm，高 33cm

　　可接收调频波段、短波、中波三
个波段信号的电台节目，也可播放各
种磁带曲目。

◀ **宝石花牌 SL-4 立体声收录机**
20 世纪 80—90 年代
南通无线电厂
长 69cm，宽 28cm，高 33cm

　　此款收录机具备单卡座、四个
喇叭，可收听中波、短波 1、短波 2、
调频波段四个波段的电台节目，也
可放唱各种磁带曲目。产自南通无
线电厂，该厂建于 1959 年 12 月，
由南通电机厂无线电车间、城西公
社无线电厂、南通人民广播电台服
务部合并组成。

▶ **南方牌 8208 台式三波段立体声
收录机**
20 世纪 80—90 年代
广州南方无线电厂
长 70cm，宽 18.9cm，高 25.3cm

　　这款南方牌收录机可收听中波、
调频波段、调幅三个波段的电台节目。
产自广州南方无线电厂。

▶ **新华牌 SY-168A 收录机**
20 世纪 80 年代
中国
长 39cm，宽 11cm，高 23cm

　　这款收录机不仅可以收听广播节目，还可以播放磁带、录音等。上面有前进、后退、播放、暂停等按钮，支持调频、中波、短波 1、短波 2 四个波段。

◀ **熊猫牌 SL-05 立体声收录机**
20 世纪 80 年代
中国南京无线电厂
长 58.5cm，宽 11cm，高 35cm

　　熊猫牌是 20 世纪中国的驰名商标。此款收录机可以收听中波、短波 1、短波 2、调频波段的广播节目、播放磁带曲目、用磁带录放语音和音乐。

▶ **红棉牌 HM-900 立体声收录机**
20 世纪 90 年代
广东红棉电子厂
长 34cm，宽 20cm，高 16cm

　　此款收录机具备双卡座、四个喇叭。它不仅可以收听广播节目，还可以播放 CD 碟片、磁带、录音等。可以收听短波、中波、长波、调频波段的电台节目。

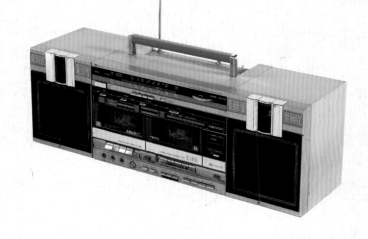

◀ 飞跃牌 TSR -585 立体声收录机
20 世纪 80—90 年代
中国
长 51.3cm，宽 11cm，高 32cm

　　这款飞跃牌收录机可收听中波、短波 1、短波 2、调频四个波段的电台节目。

▶ 神笛牌 Audiologic SCR-3466S 立体声收录机
20 世纪 80—90 年代
中国台湾
长 34cm，宽 20cm，高 16cm

　　这是当时台湾生产的神笛牌 SCR-3466S 收录机，带有双卡座、四个喇叭，可以收听中波、短波和调频波段的电台节目。神笛牌是台湾收录机中的佼佼者，它以做工优良、用料高档、造型典雅大气、功率强劲、音色优美的特点深受广大市民喜爱。

◀ 金业牌 CDP-3055 手提式立体声收录机
21 世纪初
广东东莞金业电子科技有限公司
长 34cm，宽 20cm，高 16cm

　　中国广东东莞市金业电子科技有限公司成立于 2001 年 11 月 22 日，主要产销收录音机、组合音响、音箱、CD 机、ＶＣＤ机、ＤＶＤ机、扩音机、复读机、点读机等。这款收录机可收听调幅波段、调频波段的电台节目。

◄ 美捷牌 KT-CD11 手提式立体声收录机
21 世纪初
广东东莞美捷电业有限公司
长 28cm，宽 15cm，高 23cm

　　这款收录机的外形就像一个电饭煲，且印有凯蒂猫的形象，粉粉嫩嫩，充满少女感，小巧可爱，收获了不少女生的欢心。它不仅可以收听广播节目，还可以播放 CD 碟片、磁带、录音等。

► 乐华牌 R-988A 电视立体声收录机
21 世纪初
广州广播设备厂
长 31cm，宽 22cm，高 20cm

　　这款乐华牌收录机的外形就像一个电饭煲，加装了迷你电视机，小巧可爱。它不仅可以收听调频和调幅波段的广播节目，接收两个甚高频和一个超高频频段的无线电波信号，还可以播放 CD、VCD、DVD 碟片、磁带、录音等，犹如一台"行走的电视机"，可随时带着它去郊游、旅行。

　　乐华品牌创立于 1982 年，其前身是国营广州广播设备厂，是国内较早生产电视机的企业之一。

◄ 钻石牌组合音响
20 世纪 80 年代
广东省佛山市无线电一厂
长 43.3cm，宽 24.5cm，高 28cm

　　此款组合机上端部分为钻石牌 2L1 双卡座控制器，下端部分为钻石牌 4F1 立体声调节器。钻石牌是当年组合音响设备的名牌产品，产自广东省佛山市无线电一厂。

► 达声牌 DS-2000J 组合音响
20 世纪 90 年代
中国深圳市达声电子有限公司
长 42cm，宽 33cm，高 30cm

　　深圳市达声电子有限公司成立于 1983 年，该公司生产的收录机、音响产品有数十种之多，达声牌音响曾是全国知名品牌，多次获得国家、省、市的产品设计优秀奖、科技奖与质量奖。1998 年和 1999 年还被外交部选为国礼，作为领导人出访时赠送给外国首脑的礼品。这款组合音响设备可播放录制卡带，收听中波、短波 1、短波 2、调频四个波段的电台节目。

◀ 星河牌 XH-660 组合音响

20 世纪 90 年代

广东省佛山市无线电八厂

长 43cm，宽 40cm，高 89.5cm

　　广东省佛山市无线电八厂星河电子电器分厂成立于 1900 年 9 月 9 日，该厂原是专门生产半导体器件的一间小厂。后为满足生产发展的需要，引进先进设备、技术人员，取得显著效果。星河牌音响设备曾连续五次荣获国际金奖，是国礼指定赠品，多次荣获部优、省优称号。

　　这款组合音响设备可收听中波、短波、调频三个波段的电台节目。配备双七段均衡器、磁带录放双卡座，是当时功能齐全的国产音响。

▶ 马爹利牌 MARTELL 台式组合音响

20 世纪 90 年代

广东省佛山市无线电八厂

长 41cm，宽 18cm，高 26.5cm

　　这款组合音响可收听调频波段、调幅波段的电台节目。可播放卡带和 CD，带功放和音箱。

第七章　专业音响

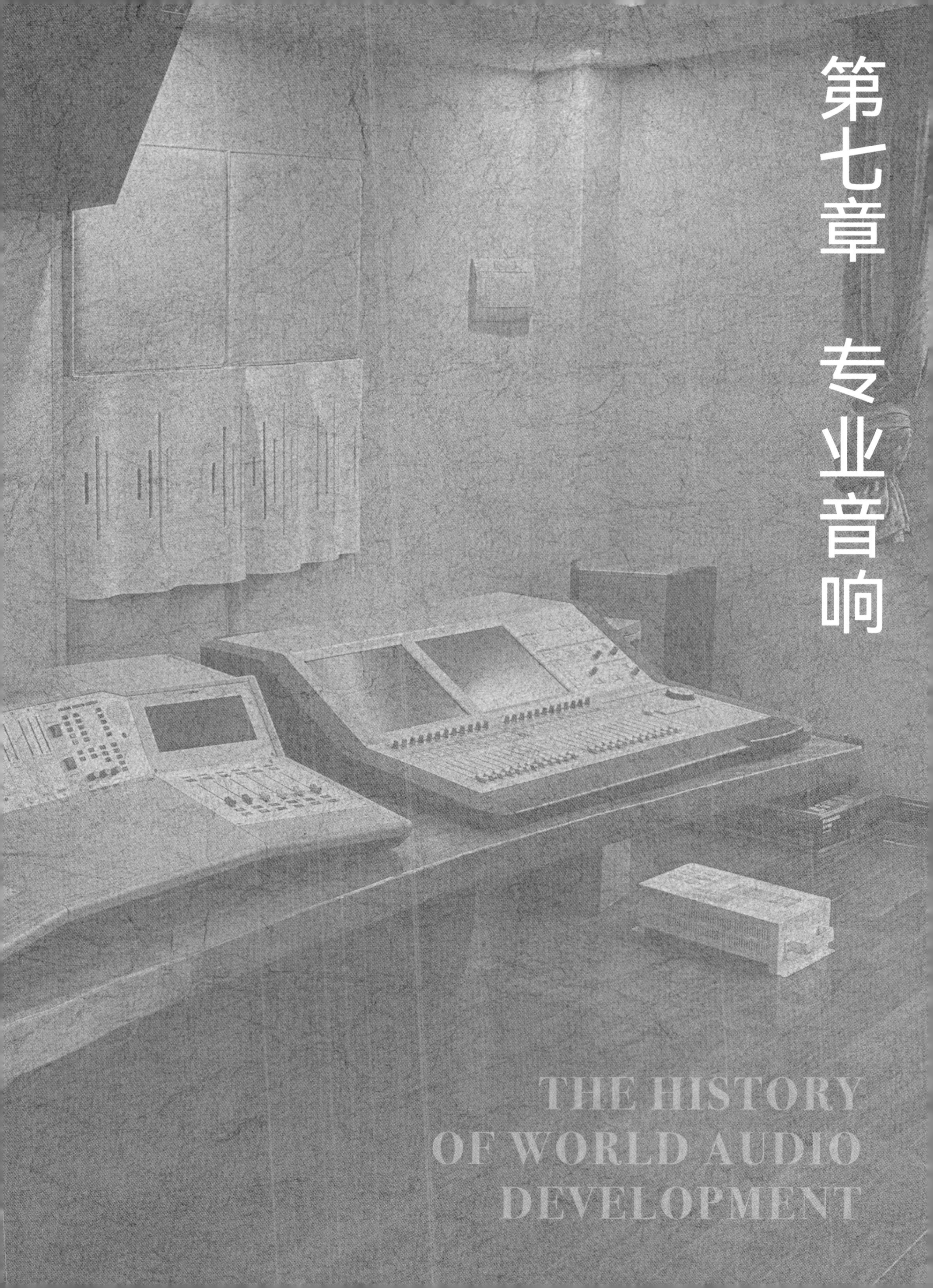

THE HISTORY
OF WORLD AUDIO
DEVELOPMENT

第一节　专业音响发展史

一、外国专业音响发展史

专业音响出现于 1910 年，是指用在公共场所，能够满足各种业务用途需要的音响设备器材，如电台、音乐厅、演唱会、电影院、公园景区，等等。专业音响包括公共广播音响、电影音响、舞台演艺音响、娱乐音响、会议音响、监听音响等。

1906 年，世界上第一个三极电子管诞生。

1910 年后，电子管功放开始应用在公共广播上，1919 年，美国托马斯·伍德罗·威尔逊总统演讲所使用的音响设备就是电子管功放和电动式扬声器，1921 年，美国西电公司为 AT&T 成功研制公共广播系统，并用于当年美国三藩市大会堂，为华盛顿 22.5 万人的盛会进行扩声。

1916 年，Bell Lab 的 E.C.Wente 成功研发 Condenser（电容）麦克风录音技术。

1922 年，美国西电公司开始研发有声电影。

1926 年，美国西电公司成功研制出号角扬声器系统。

1927 年，世界上第一部商业有声电影公演。同年，贝尔实验室成功研发"放大器负反馈"技术。

1928 年，Bell Lab 的 E.C.Wente 和 A.C.Thurs 成功研发 Dynamic（动圈）麦克风录音技术。

1933 年，西电公司推出剧院音响系统。该公司首先使用了三分频的扬声器技术，后来很多著名的音响品牌或多或少都与西电公司有着不可分割的关系。如 Altec、JBL、EV 等。

1937 年，西电公司为专业录音或扩音的市场生产永磁式监听扬声器，频响为 60 ~ 10000Hz，最大功率 20W。1947 年推出三分频监听扬声器，频响范围达到 60 ~ 16000Hz，最大功率为 30W。

在 30 年代中期，西电旗下 E.P.R.L 公司基本垄断了有声电影市场，导致美国政府于 1937 年运用反垄断法分拆 E.P.R.L 公司，由 E.P.R.L 公司内部员工新成立一家 Altec.Services company，生产 Altec（剧院之声）品牌的音响。

1939 年，出现多音轨录制和多声道回放技术，当年由迪士尼公司投资拍摄的动画片《幻想曲》（Fantasia）就率先采用了多音轨录制和多声道回放技术，这项技术也被迪士尼公司称为"Fantasound"。遗憾的是，由于第二次世界大战的战火不断扩大和蔓延，该技术的发展延误了很多年。

西电剧院扬声器系统

西电功放

1953 年，Rtephong 的 Robert Lee stephons 研发出功率放大器的 OTL 电路。

在监听扬声器方面,美国西电公司也走在音响行业前面。1922年,西电公司已经为剧院生产监听扬声器。在专业舞台音响方面，早期包括扬声器、功放、音源、拾音器、前级放大器外，1959 年，有鉴于市场对音响系统现场扩音的频率特性的要求越来越高，美国 BLonder-Tongue 公司推出了世界上第一台 9 个频点可调的图示均衡器，每个频点可以控制 ±14dB。

西电音响

1961 年，Rupert Neve 为著名音乐人 Desmond Lesley 设计开发了世界上第一台模拟调音台。Rupert Neve 被称为"调音台之父"。

1976 年，杜比实验室发明了四声道"杜比环绕声系统"。

1977 年，杜比实验室又成功研发出了多声道环绕系统——Dolby Stereo（杜比立体声），至此，音响才算正式进入多声道环绕时代。70 年代末的《星球大战》是第一部运用杜比环绕声系统的电影，对电影音响和家庭音响产生了巨大的影响。

多声道专业音响系统

1978 年，雅马哈公司推出世界上第一台数字调音台，专业舞台音响设备从此进入数字化时代。

进入 80 年代，随着大规模集成电路的诞生、DSP 技术的成熟，各种数字效果器、声频处理器相继出现。

20 世纪 90 年代至 21 世纪，电子计算机普及应用，电子一体化的音频媒体矩阵把均衡、压缩、放大、音调、激励、交互等功能集于一体，使得专业音响设备更加智能化，给应用和推广带来了更多便捷，专业舞台音响、演艺音响、剧院音响、体育场馆扩声、会议音响、智能广播音响等开始进入迅速发展阶段。

二、中国专业音响发展史

中国的专业音响发展史可追溯到 20 世纪 30 年代的有声电影和广播音响，如当时上海的歌舞厅、电台广播等设备和器材都是依靠从国外进口。而中国专业音响器材真正发展起来是在中华人民共和国成立之后，政府成立了多个国营无线电设备厂，使用民国政府遗留下来的旧设备以及从苏联"老大哥"处引进的电影扩声器材进行了仿制，广播音响和电影音响开始了国内组装，之后广播音响实现了村村通，电影音响也如雨后春笋般遍布全国各大中城市电影院，流动放映队更是活跃在小城镇乡村。当时的露天电影备受欢迎，一场露天电影，动辄大几百人甚至一两千人观看。

企事业单位、公园、景区、校园、会议室扩声，也在同一时期发展起来，使用的扩声器材多由各地广播器材设备厂开发生产，扬声器多用天津真美号筒单元。

1949年后，单位千人以内开会用的扩声"标配"是50W电子管放大器，搭配两只25W号筒扬声器。1957年，在大型足球场开几千乃至上万人的大会已相当普遍，用的扩声系统，功放都是一对805电子管组合成一个机柜组合音响，配有电子管收音机和虫胶唱片的电唱机，扬声器以天津真美的号筒为主，一台250W放大器，搭配8～10支25W号筒，声音就能够覆盖一个大型足球场。

在人民公社成立前，农村有线广播规模并不大，小喇叭户户通并不普遍。1958年后，农村有线广播飞速发展，每个公社都配置电子管功放加音箱。20世纪60年代前后，大型单位开始建立自己的广播站，如1964年底，武昌造船厂找厂家利用一对813簇射四极电子管（2500V屏极电压，发射管），定制了输出500W广播扩声系统，传输电压240V，有线广播效果很好。在技术层面上，这不仅打破了单机不超过250W的限制，也打破了高频管不能应用在低频电路、内阻高、不稳定的说法。

流动扩声，在"文革"期间开始盛行，用24V车载蓄电池供电，使用（锗）大功率管做轻便的大功率放大器，用3AD15×2功率管做50W放大器和用3AD18×2功率管做100W放大器，在车顶上配上号角喇叭。

舞厅扩声伴唱在1949年前的大城市已很流行；1949年，中华人民共和国成立后，所有公共舞厅被取消，但企事业单位每周两次的舞会依然可以进行，这些需求也推动了相关专业音响设备性能的不断提高，高保真放大器在一些国企开始研发生产。如60年代初，上海无线电二厂开发生产出20W电子管高保真放大器，1965年，武汉无线电厂为武汉话剧院设计定制50W电子管高保真放大器等。

1978年改革开放以后，给专业音响带来划时代的发展，体现在专业音响的种类扩展、技术水平提高、配套周边器材不断完善，从专业音箱和功放派生出了无线话筒、模拟调音台、压线器、均衡器、DSP前级处理效果器、DSP数字处理器、模拟功放、数字功放、电源时序器、打碟机等周边设备。

专业音响的使用场所扩展到大型体育场馆、影剧院、多功能厅、KTV包厢、迪厅，慢摇酒吧、演艺大厅，公共广播从学校公园扩展到购物商场、车站、机场、地铁、酒店、工厂、办公大楼等。巡回演出也从露天电影演变成几千到几万人的文艺会演和演唱会等。

20世纪80年代初，随着改革开放的大浪潮以及深圳特区的建设，全国的演出、电影及相关娱乐行业抓住了国家发展建设的政策机遇，从国外引进了很多著名品牌的扩音系统。广东省作为改革开放的前沿阵地，在前期的导入阶段占据了天时、地利、人和的优势，诞生了番禺"易发"电器市场、海印电器批发市场等，是全国最早的电器集散地。与此同时，广州大学开设了音响录音专业课程，华南理工大学成立了声学实验室，深圳大学成立了声学研究院，为广东后来的音响发展奠定了坚实的基础。

广东省的专业音响发展大致经历了以下几个阶段：导入阶段、快速上升阶段、平稳发展阶段。在20世纪80年代初属于导入阶段，引进的国外品牌有百威音响、玛田、EV、BOSE、声艺、雅马哈、TOA、JBL、EAW、RCF，等等。在这些国际品牌的带领下，从1985年到1995年，国内人们的生活水平迅速提高，开始追求丰富和高质量的精神文明活动，电影院、卡拉OK、KTV、歌舞厅等娱乐场所遍地开花。娱乐业的快速发展，刺激了专业灯光音响的需求急剧上升，从而直接带动了这个行业的第一次快速发展。开始是以国光电器（1951年）所在的花都区为发展中心地带，随后发展到番禺区，相继出现了一大批生产厂家，如广州飞达音响（1981年）、珠江灯光（1984年）、河东电子（1985年）、广州市迪士普音响（1988年）、惠威音响（1991年）、锐丰音响（1993年）、迪斯声学音响（1993年）、三基音响（1996年）、广州新舞台灯光（1996年）、恩平海天电子（1999年）等。

2002 年以后，专业音响灯光行业发展规模与发展速度逐渐进入平稳状态。这一阶段的发展加大了对发展文化的资金投入，地方政府也加强了对文化娱乐产业的支持和国家相关技术规范的完善。各企事业单位对文化娱乐设施进行的大量的采购和教育行业的快速发展使整个专业灯光音响行业继续稳步提升。特别是 2008 年北京奥运会、2010 年世界博览会与亚运会的举办，使得广东的音响灯光行业获得了参与权，刺激和鼓励了整个演艺行业的发展。

三、新中国成立后为我国声频事业做出过特殊贡献的专家介绍

（一）马大猷

马大猷，出生于中国北京，祖籍广东潮州。物理学家，教育家，声学家，中国现代声学开创者和奠基人，中国科学院电子学研究所和声学研究所创建者之一。曾任中国科学院资深院士，中国声学学会名誉理事长，全国声学标准化技术委员会名誉主任委员，美国声学学会荣誉会士，《声学学报》主编。

1936 年毕业于北京大学，1939 年获美国哈佛大学硕士、哲学博士学位。主要从事物理声学、建筑声学的研究，是房间声学中简正波理论的创立者，他所提出的简洁的简正波计算公式和房间混响的新分析方法已成为当代建筑声学发展的新里程碑，并被广泛应用。

（二）魏荣爵

魏荣爵，南京大学声学所教授，中国著名声学家。中科院资深院士。曾任中国声学学会名誉理事长、美国声学学会会士；国际非线性声子、声学教育等委员会委员。

1945 年到芝加哥大学和伊利诺伊大学主攻核物理，获博士学位。1952 年担任南京大学物理系主任，1954 年在南京大学创建中国第一个声学专业，建立了南京大学的消声实验室和混响实验室。最早提出用语噪声法测量汉语平均谱，研究了混响及噪声对汉语语言通信的影响，为中国的声学技术作出了巨大贡献。

（三）谢兴甫

谢兴甫，声学专家，华南理工大学（原华南工学院）教授，曾任中国声学学会常务理事，中国声学学会、中国电子学会常务理事，《声学学报》（英文版）编委、《应用声学》编委。广西大学物理系毕业，1952 年到华南理工大学工作，从事物理和声学的教学和科研工作。1958 建立了电声研究室。谢兴甫教授是我国立体与环绕声研究的开拓者，也是国际上第一批进行水平面与三维空间环绕声研究的学者之一，发表论文 80 多篇，1980 年出版了《立体声讲义》，1982 年出版专著《立体声原理》，1987 年出版专著《立体声的研究》（论文集）。有关研究工作获国家教委和广东省科研成果一等奖。谢兴甫教授为中国立体声技术的发展做出了重要贡献。

(四）沙家正

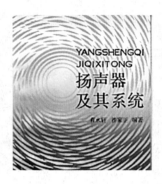

沙教授及其代表性著作

沙家正，中国有源噪声控制研究的开创者、著名声学家、南京大学教授，对中国有源噪声控制做出了巨大贡献。沙教授、曹水轩教授编著的《扬声器及其系统》，沙教授撰写的《音频声学测量》《关于中频谷值的研究》等著作对提高中国扬声器技术起到了巨大作用。

有学者评价沙教授：

积沙成丘，高山仰止，桃李满天下。

家正风清，水润万物，功垂电声界。

（五）朱国春先生

朱国春，国内最早研究径向磁路的技术人员之一，早年在上海无线电技术研究所工作，后来被调到飞乐公司做副总工程师，成为飞乐公司技术代表人物之一；他主持编写的《彩电扬声器手册》一书对当时的彩电生产帮助很大。他还参与起草了部分国家标准，如 GB/7 3/13—1987《高保真扬声器系统最低性能要求及测量方法》。2000年6月发表了《电动式低频扬声器单体在大信号工作状态下的分析》一文，为大信号下扬声器工作状态的研究作出了突出贡献。

（六）项端祈

项端祈，我国著名的建筑声学专家，曾担任中国声学学会理事等多项社会职务。生前在北京建筑设计院工作。参与、主持过100余个重大的工程项目，包括人民大会堂、北京国际会议中心、保利大剧院、长安大戏院、北京电影制片厂录音棚、广州星海音乐厅、北京剧院等。著有《演艺建筑声学装修设计》《空调制冷设备消声与隔振实用设计手册》《实用建筑声学》等10余部专著，一生发表过关于建筑声学的论文共计200余篇，为中国建筑声学的研究和技术做出了突出贡献。

（七）李宝善

李宝善，中国高保真音响最早发起人之一，早年在国家广播事业局工作，后任上海中国唱片厂总工程师，是当时音响界最活跃、著述最丰富、涉及面最广、影响最广泛、贡献最大的科技人士之一；是首位美国声频工程学会的会员；是最早（1978年）在中国引入"高保真度化""Hi-Fi首响"概念和理念的声学家。他还撰写了《高保真放声技术》《音频测量》《近代传声器和拾音技术》《声频学与电声学文集》等重要书籍，在当时中国音响界重新振兴时是"及时雨、雪中炭"，是中国高保真音响的开拓者和领路人。

第二节 专业音响品牌和厂家介绍

一、外国专业音响品牌

（一）美国西电 Western Electric

美国西电 Western Electric 公司

美国西电 Western Electric 公司成立于 1869 年，是美国著名通信器材及电器公司，是美国最大的通信器材生产商。美国许多著名的音响品牌或多或少都与它有关，如 JBL、Altec、麦景图、EV，等等。1915 年起，西电公司开始研发功率放大器、扬声器、麦克风、电唱片、公共广播、录音机和播放机等技术。

1916 年开发出立体声重播技术和录音话筒技术，1921 年为 AT&T 公司研制公共广播系统，同年在三藩市大会堂为华盛顿 22.5 万人的活动作公共广播。

1926 年，西电公司旗下的 Vitaphone 推出首部有声电影。

1927 年，西电公司成立 E.P.R.L 公司，专门负责生产、销售、保养影剧院的音响系统。

1925—1932 年，西电公司推出第一代剧院音响系统，主要有 WE555 全频号角扬声器，频响只有 100 ~ 5000Hz；功放是 WE46A，功率只有 1.5W，采用的是推挽功率输出技术。

1930 年起，西电公司推出第二代剧院音响系统，首次采用一只高音号角加一只 12 寸低音单元的二分频扬声器系统。1933 年西电公司研发了 WE300A 直热三极电子管，同年推出 WE86A 系列功放，功率达到 15W。

1936 年起，西电公司推出第三代剧院音响系统，开始生产 2 格、12 格、15 格、18 格的中高音号角和由 18 寸低音扬声器单元组成的二分频的扬声器系统。功放采用 WE91A 系列产品，功率只有 8W，如果在比较大的会场还是会采用 WE86A 系列功放。同时期，由于西电公司下属 E.P.R.L 公司垄断了有声电影市场，以至于 1937 年美国政府根据反垄断法要求关闭 E.P.R.L 公司，但 E.P.R.L 公司的员工后来成立了著名的 Altec.Services company，使西电公司原来的专业录音、电台、公共广播设备仍然能继续生产。

西电音响

（二）美国奥特蓝星 Altec Lansing

美国奥特蓝星 Altec Lansing 公司成立于 1936 年，前身是美国的西电公司，19 世纪 30 年代，由于美国西电公司几乎垄断了世界的音响市场，美国政府强制把西电公司分拆，从而成立了该公司，其主要产品是用于影剧院的音响和监听音箱。

美国奥特蓝星 Altec Lansing 公司

Altec Lansing 公司是美国最负盛名的音频制造商，创始人包括 George Carrington，L.W.Conrow，Alvis Ward 等，其前身为美国 AT&T 西电电影器材研究部门。1928 年，美国西电公司 Western Electric 作为当时兴起的电影工业音频设备领导者成立了名叫 "E.R.P.I"（Electric Research Products，Inc.）的专研中心，1937 年 E.R.P.I 拆分成立 Altec Services Company。1941 年，他们收购了 Lansing 工业公司（以主要人物 James B. Lansing 的名字来命名）以及将两字（Altec & Lansing）混合成 Altec Lansing Corporation。第一个 Altec Lansing 制造的扬声器 Model 142B 于同年面世。1948 年，Altec Lansing 推出第一套高保真音响系统；1953 年，Altec Lansing 生产的第一套立体声剧院系统 "剧院之声" 成为唯一一套被电影艺术与科学研究会认可的电影音响系统，并成为世界标准。进入 20 世纪 90 年代后，Altec Lansing 长期占据 PC 音频市场的最高份额，并获得多次设计与工程奖，百年音频品牌延续至今。

（三）美国 JBL

JBL 的生产基地在美国加州，全部单元的研制和生产均自主完成。JBL 的创始人是 1902 年出生在美国伊利诺斯州的美国著名音响大师詹姆斯·巴罗·兰辛，其早年在广播电台当技师，1927 年开始自己生产收音机用的 5 英寸和 6.5 英寸喇叭。1933 年因米高梅电影公司邀请，开发了第一个电影院扬声器系统 ICONIC。1946 年在洛杉矶成立 JBL 公司，主要开发生产高级扬声器单元。60 年代主要开发生产 D 系列高级家用扬声器，即立体声扬声器。

1963 年，JBL 开始生产 LANCER 系列高级会场扬声器系统，并配套晶体管功放。1971 年，JBL 发售了第一个录音室监听扬声器 4310，从此如日中天，开始了向音响尖端领域的进军。1975 年 JBL 发售了 4315 监听扬声器系统，这个系统曾经被全球 70% 的广播电台采用为节目制作扬声器。1981 年，JBL 发售 4330 临场监听系统，从此把录音监听扬声器区分为制作监听和临场监听两大类，这是全新的概念，使

JBL 成为全球录音监听系统的超级权威。1982 年，JBL 发售了"扬声器皇帝"4344，这是一个比较大的临场监听系统，声音松弛而雍容，频带极宽。20 世纪 90 年代中后期，著名的美国哈曼国际公司收购了 JBL 公司。

创始人詹姆斯·巴罗·兰辛与 JBL 公司

（四）美国 Electro-Voice

EV 总经理 Joel Johnson 与联合创始人 Al Kahn

EV 产品宣传海报

　　美国 Electro-Voice（EV）公司于 1927 年在美国密歇根州成立。"电传来的声音"是 Electro-Voice 品牌的由来。EV 公司早期的主要业务是维修收音机，但当时正值美国经济大萧条，所以一直亏损。1930 年为了改善财务状况，公司孤注一掷研发生产公共广播系列产品并取得成功，同年开始生产传声器，这成为日后公司发展的转折点。1943 年，EV 公司推出 V-1 传声器，公司业务渐见起色。二战期间，EV 公司为盟军提供了超过 100 万个战机和坦克用的传声器。

　　1950 年，EV 公司推出 The Partrician 音箱，采用 18 寸 18WK 低音单元，这使 EV 品牌从专业音响的领域一下被推入家用音响的高峰。

1955—1956 年，EV 公司推出旗舰 The Partrician IV音箱，之后又推出同样是四音路设计的 Partrician 600 音箱，单元一样，体积则小一些。EV 音箱的霸主地位由此奠定。

1963 年，EV 公司的 Model 642 超指向型麦克风发售，受美国影艺学院推荐。

1973 年，三音路设计的 Sentry III音箱发售，1974 年 Interface A 音箱发售。一直到 80 年代初期，Interface 系列音箱仍有多种型号，包括落地式的 Interface DII 等，尽管它看起来与一般低音反射式音箱没什么不同，并没有使用号角设计。

1980 年，三音路的 Sentry IV 与二音路的 Sentry 100A 发表，Sentry IV B 是完全号角式设计，外形有点像 Altec 音箱，使用二支 12 寸低音单元。自此以后，EV 公司全号角设计的音箱便很少出现了。

1982 年，推出 Sentry 500 音箱，高音为号角设计，低音采反射式音箱，号称可对应 CD 的大动态要求。

1983 年，著名的 Patrician II音箱发售，四音路设计，采用 30 寸低音、12 寸中低音、DH150 高音与 ST350A 超高音，高音以上为号角设计，频率响应 28Hz ~ 20kHz。较小一号的 Baron CD35i 音箱也同时被推出，高音采用号角结构，低音单元为 12 寸。这时 EV 公司的专业舞台用音箱 S 系列、FM 系列、SH 系列等也开始大行其道。

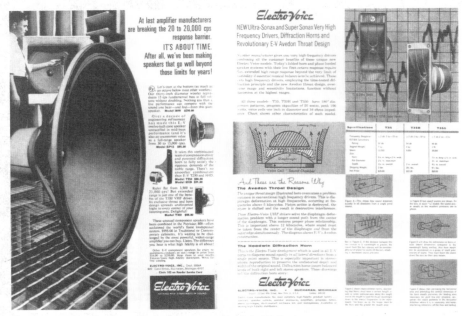

EV 音响宣传册

1985 年，另一款 EV 成名作 Georgian II音箱发售，采用 18 寸低音单元与 12 寸中音单元，以 HT94 驱动器加上 DH2305 号角的高音夹在中间。当年 EV 公司还推出 Cristal、Opal、Saphir、Diamant 等一些音箱，但这些到 90 年代以后就不见踪影了。

1986 年，Project Thunder-Bolt 技术发表，这是供演奏厅使用的产品。1988 年 TS940D 与 TS940S 剧院用音箱发售，前者用了二支 15 寸低音，最大容许输入 1200W；后者使用一支 15 寸低音，高音则是巨大的号角。因这两款产品的发售，EV 与 JBL 一起成为 THX 指定使用的剧院音箱。

1993 年，适合家庭用的中型音箱 Aristocrat 12N/DYM 推出，12N 是指它用了 12 寸低音，DYM 是指高音驱动器所用的新材料。1996 年这对音箱又改款成 Aristocrat II。

2000 年以后 EV 音箱以专业用途为主，适合家庭用的仅剩 Sentry 500SBV、Sentry 500EX 与最大的 Georgian Iix 等型号。

（五）德国大地 Dynacord

大地音响

该公司创始人工程师 Werner Pinternagel 于 1913 年出生于图林根州耶拿镇。他在耶拿学习，教授同事邀请他加入柏林 OKH 担任设计工程师。正是在这里，他开发了遥控坦克和船舶，并因此而获奖。Werner Pinternagel 33 岁时返回德国，开始在巴伐利亚州朗道的一家手工艺作坊工作，修理损坏的无线电接收器，同时，他为自己设计的技术测试设备编写了技术和施工手册。

Dynacord 的起源和发展史本质上与二战后德意志联邦共和国音乐市场的发展密不可分。一方面，公司的历史深刻地反映了国际以及德国音乐发展趋势和风格。另一方面，它反映了"管弦电子学"和"电声学"的技术发展，其中包括电子乐器的生产以及因此所需的传输、再现和放大设备。Dynacord 的开发同样与合适且价格实惠的零件（尤其是半导体）的可用性相关。当然，特定技术的可行的工业用途即使不是最重要的，也是非常重要的。

1945 年，Werner Pinternagel 在巴伐利亚 Pilsting 小镇上创办了一家无线电维修店，初期阶段只有 4 个雇员。他们设计了第一个基于简单耦合的制作放大器，称为"Dynaphon"。1947 年，放大器和音响设备正式开始生产。1948 年商标更名为"Dynacord"。1954 年，随着产品系列的增多，Dynacord 这个从手工业起步的小作坊已经发展为小型企业，公司雇员增加到 80 人，经过重建和多年的扩展，工厂面积已经是原来的好几倍。1986 年公司迁入新的总部。现今，Dynacord 有超过 500 人在从事研发、生产和销售工作。

（六）意大利 RCF

RCF 音响公司

1949 年，RCF 成立于意大利博洛尼亚的雷焦艾米利亚，专注于推广高端"丝带"麦克风，是意大利著名音响上市品牌。主要产地在意大利，核心业务包括专业音频、巡演音响、传感器、固定安装扩音系统、商用音频、调音台等。20 世纪 50 年代初，RCF 致力于研发扬声器单元，主要用于火车站、酒店、医院、学校以及其他公共场所。70—80 年代，车载高保真扬声器诞生。1996 年推出了有源复合成型专业音箱。1998 RCF 被一个美国集团收购。2007 年 7 月，RCF 集团在意大利证券交易所上市。

（七）美国百威 Peavey Electronics

美国百威 Peavey Electronics 创立于 1965 年，其品牌起源于 1959 年。

1959 年，Hartley Peavey 在读高三时，设计出 Peavey 闪电标志 logo。"我想要一个与众不同的 logo" Hartley 说。因此他想出了"P"和"V"，"A"和"Y"的概念，这些字母或多或少会互相贯穿。今天，这个标志已成为全世界都可识别的标志。

1961 年，Hartley Peavey 在家里的地下室里制造了第一台带有闪电标志的音响。1964 年，美国专利局为 Peavey 早期的音响设计颁发了第一项专利 (No. 3，151，699)。迄今为止，Peavey 在乐器和音频业共获得 180 多项专利。

百威音响公司

1965 年，Hartley 在密西西比州 Meridian（默里迪恩）Peavey's Melody Music（百威旋律音乐）琴行的阁楼上成立了百威电子公司。开始时从 Musician ™ 和 Dyna-Bass ™音箱起步，手工制作，每周一台。

百威音响运用在乐器和音频领域

1972 年（前所未有的增长）得益于音响、调音台和公共广播系统音箱，让 Peavey 快速获得成功，Peavey 开始了出口计划，拓展国际市场，向世界各地打开品牌知名度。

1976 年（商业系列）Peavey 推出 CS 800 功放，每通道功率 400W 和电子分频模块便于双路功放推动。

1993 年（开拓数字、网络音频技术的先锋）Peavey MediaMatrix（媒体矩阵），实现世界上首次基于计算机的音频处理和控制软件界面，音响行业革命性技术成为世界标准。从美国国会到北京首都国际机场，超过 10000 个安装工程，以及许多大型主题公园、交通枢纽、体育场、竞技场、会议厅等都得益于该技术。

百威安装工程

（八）英国玛田 Martin Audio

英国玛田 Martin Audio 音响品牌始创于 1971 年，最初是一家生产巡回演出专用音响公司，其生产总部设在英国伦敦，以生产世界顶级的专业音响设备为主，英国玛田音响已成为世界知名音响品牌之一。

玛田音响公司

Martin Audio 的扬声器系统最早是在 20 世纪 70 年代初期，与 ELP、Supertramp 和 Pink Floyd 这样的乐队一起踏上巡演之路的。这些早期的系统是全号筒负载的设计与垂直阵列的结合，直到今天还在为 Martin Audio 的设计提供有价值的参考。

20 世纪 80 年代，F2 双箱体流动演出扩声系统继续着 Martin Audio 产品的声望。F2 系统遵循垂直线性音柱的原理，但同时还可以被吊装起来——这在当时是非同寻常的一个成就。

1996 年，Martin Audio 推出 Wavefront W8C 扬声器系统，使用一个 6.5 英寸纸盆和一个 1 英寸压缩驱动器以代替大型高频驱动单元。

1996 年，Wavefront W8C/WSX 系统进入扩声市场。在这个系统里，传统中常用的大型压缩驱动单元被替换为一个 6.5 英寸的中高频纸盆和一个 1 英寸的压缩驱动器。这种安排解决了大型压缩驱动单元的功率限制与失真问题，并且到现在都是 Martin Audio 产品设计理念的基础。

（九）英国声艺 Soundcraft

英国声艺 Soundcraft 是一家混音控制台和其他专业音频设备制造商，是哈曼国际工业公司的子公司。1973 年，由音响工程师 Phil Dudderidge 和电子设计师 Graham Blyth 创立。

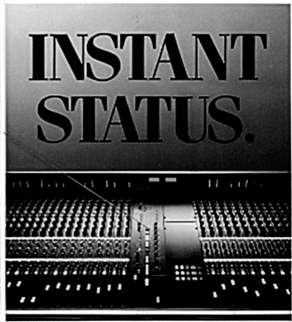

声艺 TS24 调音台

Soundcraft 首先通过制造调音台 Series1 而出名，这是第一个内置在飞行箱中的混音控制台。Series 1S 调音台系列是在 1975 年作为 1 系列的升级版推出的。

1975 年，Soundcraft 推出了 Series 2 作为实时录音调音台。第二系列作为四组调音台推出，后来又推出了八编组调音台。它最初提供 12 和 16 通道版本，后来增加了 24 通道版本。该设计采用半模块化方法，在单独的模块中使用单个通道。主要有效果器返回、编组输出、音调控制和监听模块。麦克风输入和线路输入之间可以切换，并允许通过预淡出监听 (PFL) 功能进行个人监控。每个通道可以直接路由到左右混合总线或奇数 / 偶数对子混合总线。

声艺音响宣传页

（十）法国力素 NEXO

法国力素 NEXO 音响于 1979 年在巴黎成立。它由法国二人组埃里克·文科特（Eric Vincot）和迈克尔·约翰逊（Michael Johnson）创立。NEXO 开发了声音技术，赢得了全世界的声誉和信任。2005 年，NEXO 开始与雅马哈合作，并于 2008 年成为雅马哈的子品牌。

1979 年，NEXO 在法国北部成立。

1983—1986 年，向法国市场交付首台 IS 和 PC 系列产品，并开始出口业务。

1988 年，并购主要供应商 CAB Industrie。

力素音响及产品系列

二、中国专业音响品牌介绍

（一）北京第七九七音响股份有限公司

北京第七九七音响股份有限公司即原国营第七九七厂（北京第一无线电器材厂），创立于1953年，是中国电子元件行业协会电声分会副理事长单位，是一家集研发、生产、销售、售后服务、维护保障、智能化工程为一体的高新技术企业。

七九七公司的音响产品覆盖各种录音传声器、会议传声器、会议系统、消费类传声器、测量传声器、功放及前置设备、扬声器及扬声器系统、智能声学、智能语音识别、安防工程等。

北京第七九七音响股份有限公司

七九七音响在七十年里，承接并完成了天安门广场扩声系统、天安门广场升旗系统、国家机关单位、北京工人体育场、奥林匹克体育中心、广州大学城、国家冰雪运动训练科研基地等多个有影响力的精品工程。

七九七音响一直承建历次阅兵扩声系统工程，圆满完成了1959年、1984年、1999年、2009年、2019年的历次国庆大阅兵及国庆庆典晚会的扩声系统保障任务，同时也为2015年中国人民抗日战争暨世界反法西斯战争胜利70周年阅兵式、2017年中国人民解放军建军90周年阅兵式、2018年南海大阅兵的扩声系统工程、2021年中国共产党成立100周年庆祝大会和2022年香港回归25周年总书记视察驻港部队活动提供产品服务和技术保障。

（二）南京电声股份有限公司

南京电声股份有限公司始建于1958年，成立时名为"南京无线电厂一分厂"，1965年更名为"南京无线电元件二厂"。1980年由南京无线电元件二厂、南京无线电专用设备厂、南京广播器材厂三厂合资经营，成立南京电声器材厂，1994年改制为股份有限公司，是国内最大的扬声器制造商之一，是当时电子部定点

南京无限电厂

生产电声器材的专业化公司。1988—2005年连续进入全国电子元件百强企业，1990年被国务院授予国家二级企业，1993年经国家外经贸部批准，获得进出口自营权。1996年公司被列入国家"双加工程"的"中高档扬声器出口技术改造"项目。公司专门生产各类用途扬声器逾500种，为国内外彩电等配套扬声器。具体包括电视机扬声器、汽车扬声器、高保真扬声器及专业影剧院用扬声器系统、家庭影院、多媒体扬声器、微型扬声器等。

南京电声厂专业音响配套生产的立体声功率放大器，外形美观、功率大、频响宽、音乐保真。

（三）天津真美电声器材有限公司

天津真美电声器材有限公司成立于1959年，自1993年以来连续被评为"中国电子元件企业"，是中国大的电声器件生产企业之一。经过多年的发展壮大，公司已经成长为年产值超亿元的拥有自主品牌、自主知识产权和自营出口权的出口企业。

1998年改制为多元投资主体的有限责任公司，公司的主要产品为电视机用扬声器、电子琴用扬声器、音响用扬声器、广播用号筒扬声器、报警器、特种扬声器及扬声器音箱等，产品品种达上百种，已经通过ISO9001、ISO14000、QS9000和VDA6.1认证，拥有国内领先的产品自主研发能力和先进的检测手段，具备与国际用户同步开发、合作开发的能力，通过几十年的努力，"真美"牌已成为中国电声行业的知名品牌，并连续多年被评为优质天津市产品。

公司在多年的发展中形成了自己的经营管理特色，具有丰富的国际企业合作经验，与飞利浦、雅马哈、汤姆逊、东芝、索尼、三星、松下、马斯康等国际跨国公司和长虹、海尔、康佳、海信、TCL、冠捷等国内知名公司保持着良好的合作关系。公司销售额中，出口份额超过50%。

（四）北京电视电声研究所（三所）

1960年，北京电视电声研究所（三所）开始筹建，该所的任务是研究广播电声器件和通信电声器件及收音机、电视机、录音机等。三所成立以来为探索电声器件的理论、设计与测量技术、发展电声换能器件进行了大量的理论科研工作。该所拥有全国性电声专业技术刊物——《电声技术》期刊。三所的建立为我国电声器件的科研打下了坚实的基础。

（五）飞达音响公司

飞达音响公司创立于1981年，是著名专业音响品牌。飞达是Fidek的中文译名，作为First Industrial

飞达音响

International Holdings Ltd 飞达国际产业集团持有商标。飞达音响产业集团形成以中国香港为中心、辐射全球的跨国公司，是国内为数不多的能同时生产高保真专业舞台音响器材、专业卡拉 OK 系统、公共广播系统、高级数码家庭影院、Hi-Fi 精品音响系列产品的专业企业。

（六）上海飞乐音响股份有限公司

上海飞乐音响股份有限公司及股票

飞乐音响的前身是上海无线电十一厂。

20 世纪 30 年代，当时的上海聚集了许多外国及各地的商人，他们都需要使用收音机。但是这些收音机都是进口的，有时也需要维修。于是，数十家无线电维修店出现了，其中规模小的店铺只有夫妻俩经营，规模大的就是飞乐的前身。

利闻无线电行于 1939 年成立，主要业务是绕制扬声器里的音圈和生产纸盆。利闻是中国电动式扬声器制造的拓荒者。

1948 年，飞乐扬声器在利闻无线电行诞生了。1949 年，实行公私合营，国家派一个公方代表来厂进行人、财管理。1953 年，利闻无线电行更名为利闻无线电机厂。1960 年，由利闻无线电机厂的扬声器制造部，和上海话筒厂、上海宏伟广播器材厂共同组成上海无线电十一厂。公方代表张雅贤任第一任厂长。上海无线电十一厂主要生产扬声器、高音扬声器、喊话器、话筒四大类产品，成为国内产量最大的扬声器生产厂。

1977 年，引进第一批意大利自动绕音圈机，生产音圈的数量增加了，但是因为只能生产几种产品，所以效益不大。1980 年，由上海无线电十一厂和上海电子元件十厂、风雷广播器材厂联合成立上海飞乐电声总厂，成为当时全国最大的电声器材厂。1987 年 6 月上海飞乐电声总厂，一、二、四分厂和研究所组成上海飞乐音响股份有限公司，9 月在上海证券交易所上市，成为中国最早上市的公司之一。

20 世纪 90 年代末，飞乐音响进入战略性调整，逐步形成了以 IC 卡产业、系统集成与软件开发为一体，并辅以数码电子应用产品的新业务体系。

（七）广州市迪士普音响科技有限公司

广州市迪士普音响科技有限公司（以下简称迪士普）始创于 1988 年，是以音视频公共广播、音视频会议系统和教育录播系统为主要产品的国家级高新技术企业、公共广播国家标准主编单位，拥有几百项技术专利。如今以 AI 技术为核心，实现了迪士普产品与人工智能技术的战略升级，将自主研发的音视频公共广播系统、会议系统和教育录播系统等产品全面带入 AI 时代。迪士普营销网络覆盖全球，是奥运会、世博会、亚运会、亚欧首脑会议、G20 峰会等国内外重大工程项目的音视频设备供应商。

迪士普企业有着行业内少见的、始终坚持一个技术方向深耕发展的经营理念。1990 年，迪士普成功研发了国内第一台电影模拟立体声解码器，当时的广州有 80% 的电影院都在使用。后来为了适应市场需求，迪士普开始进军电子声频领域。

1995 年，迪士普发明了国内第一套智能化公共广播系统 MP 系列，同时让迪士普的品牌和实力得到市场的认可。

2000 年，世界上第一台带触屏的嵌入式公共广播设备 MPG1189 公共广播媒体矩阵亮相 PALM 国际音响展，并且在同年通过了 ISO9001 国际质量体系认证。

2003 年，迪士普成功研发了国内第一台以互联网作为传输媒介基于 DSPPA 协议的网络化公共广播，并在德国法兰克福国际音响展亮相。

2008 年，承建了北京奥运会 10 个场馆的公共广播系统工程。同年，还向汶川、都江堰等地区学院的大型援建工程捐赠广播系统。

2009 年，迪士普成功研发了相控阵音柱，并获得产学研成果。

2010 年，迪士普企业承接上海世博会园区及 80% 的场馆的广播工程。并且在同年，住建部宣布，由中国电子学会声频工程分会和迪士普企业联合主编的《公共广播系统工程技术规范》被认定为国家标准，编号为 GB 50526，并自 2010 年 12 月 1 日起在全国实施。

广州市迪士普音响科技有限公司

《公共广播系统工程技术规范》

2016 年，广州市迪士普音响博物馆建立。

2018 年，迪士普成为印尼亚运会组委会授予的第十八届亚运会官方支持合作伙伴，产品成为第十八届亚运会官方指定唯一公共广播系统及智能会议系统。

2023 年，迪士普成为杭州第十九届亚运会官方支持合作伙伴。

（八）东莞市三基音响科技有限公司

三基音响公司

东莞市三基音响科技有限公司（以下简称"三基音响"）创立于 1988 年，是专业音响系统解决方案供应商。主营品牌 β3（贝塔斯瑞），集团总部设在世界制造中心——东莞市。研发制造专业音响及娱乐音响产品，涉及专业体育场馆、公共扩声、专业演出、娱乐演艺、KTV、乐队周边等多个领域。

1988 年，董事长闻克俭先生创立三基音响工程有限公司。

2002—2007 年，先后成立单元、箱体、电子、总装四个制造厂、乐器事业部、科亿事业部、专业影院事业部（制造基地面积达 3 万平方米）。

三基音响先后成为数十家世界知名品牌的产品制造供应商。产品远销全球 60 多个国家和地区，先后成立中国香港声海、北京声海、上海声海、深圳三基、武汉三基等分公司，并在全国建立十几个办事处及营销机构。

（九）广州市锐丰音响科技股份有限公司

锐丰音响公司

广州市锐丰音响科技股份有限公司（以下简称锐丰音响）成立于1993年，其前身是广州市锐丰灯光音响器材有限公司。公司一直致力于专业音响产品的研发、设计、生产、销售及相关服务，已经形成自有品牌产品销售、扩声系统工程及技术服务、国外品牌产品代理销售三大业务板块；具备向客户提供扩声系统方案设计、产品开发制造、安装调试、系统运维及技术服务全流程一体化解决方案的能力；是国内领先的专业音响扩声系统整体解决方案提供商之一。

1993年，锐丰电器店在番禺易发商场开业，主营音响器材。1995年，成立锐丰音响器材有限公司，全面开拓批发业务，建立全国销售网络。同时创建LAX专业音响品牌，成为国内最早自创专业音响品牌的企业之一。

2001年，锐丰音响承建九运会主会场音响系统工程，涉足体育场馆扩声领域。2004年，锐丰音响承接顺德演艺中心音响扩声系统，圆满完成了中华人民共和国成立以来举办的第一个国家级区域性国际艺术节——亚洲艺术节扩声系统工程。2006年，锐丰音响中标国家体育场"鸟巢"扩声系统工程，将中国专业音响品牌推向世界！2008年，锐丰音响在2008年奥运会国家体育场"鸟巢"使用，同时在奥林匹克体育中心、奥林匹克公园曲棍球场、奥林匹克公园射箭场、老山小轮车场等五大场馆中表现出色。2008年，锐丰音响成功签约亚运会，成为2010年亚运会指定扩声系统独家供应商。2010年，锐丰音响先后成为第二届及第三届亚洲沙滩亚运会合作伙伴。

（十）音王电声股份有限公司

音王音响公司

音王电声股份有限公司（以下音王音响）创始于1988年，已成为全球音视频智能化系统集成产业龙头企业之一。公司集研发、生产、销售、工程设计与安装、运维为一体的交钥匙工程和一站式服务，成为国际国内拥有自主知识产权的音视频系统创新技术整体解决方案智造商。

作为国际化的企业，音王在英国、德国、澳洲和美国分别设有研发基地，同时在北京、上海、深圳、广州、宁波等地设立了创新研发中心，拥有国际国内数字电子、数字音响、软件等不同领域的科技人才、博士、专家等组成的数百余人的研发团队。

音王音响曾服务北京奥运会、上海世博会、西安园博会，G20杭州峰会、厦门金砖峰会、杭州亚运会等重大国家级项目，并且作为中国中央电视台指定音响品牌，已连续七年服务央视春晚！音王音响作为国际国内拥有自主知识产权的音视频创新技术整体解决方案智造商，拥有多元化产业链：其中包括智慧系统、音频系统、视频系统、灯光系统、乐器系统以及配套系统六大板块。

第三节　馆藏专业音响概览

一、调音台

（一）外国藏品

▲ 雅马哈 YAMAHA PM2000 调音台
20 世纪 80 年代
日本
长 128cm，宽 104cm，高 114.5cm

　　该设备 24 通道调音台，带有基于 API 2520 / Jensen 990 型运算放大器的分立前置放大器，24 个话筒 / 线路输入，8 个 AUX。输入，8 个 SUB IN PGM 输入，4 个 SUN IN FB 输入，2 个 SUB IN ECHO 输入，2 个 EFFECTS 输入；24 路输入控制推子（4 段均衡，独立开关，独立信号发送控制）；8 个 XLR 平衡输出，8 个 MATRIX 矩阵输出，8 个 PGM 输出，4 个 FB 输出；8 个输出控制推子（独立开关，MASTER，MATRIX，PGM，FB，ECHO）；标准 220V 供电。

　　这台日本雅马哈 PM2000 调音台于 1978 年推出市场，80 年代初香港利舞台戏院就是使用这张调音台给梅艳芳、张国荣、陈百强、罗文等香港殿堂级歌星开演唱会，80 年代末到 90 年代初，这张调音台多次服务于李达成的演唱会，伴随着香港乐坛走过了最繁荣的时光，并发挥了举足轻重的作用。1978 年，李锦波先生创立香港三一科技有限公司，后来他从香港利舞台戏院买下这张调音台。2001 年，李锦波先生在广州成立了三域科技有限公司，这张调音台便从香港来到内地，开始了它的全新旅程。2018 年，李锦波先生将此调音台无偿赠予广州市迪士普音响博物馆。

▲ 声艺 DELTA 200 调音台
20 世纪 80 年代
英国
长 128cm，宽 104cm，高 114.5cm

　　该设备 24 路 MIC 单声通道，8 路 TAPE 输入 TAPE.A/TAPE.B 各 4 组；2 组 MASTER-MIX(L-R) 输出，带 4 组编组 GROUP 输出，每路输出独立控制；1 组 MONO(MONITOR) 输出，每路输出独立控制；MIX(L-R) 输出 GROUP1.2.3.4 输出都带有卡侬输出和 INJECT 断点功能，方便单通道；串联设备（例如反馈器、均衡器），每个通道有 6 组 AUX 母线辅助输出，3 ~ 4 和 5 ~ 6 共用两个旋钮用开关转换；通道 XLR 内置 48V 幻象电源供电；设有独立开关，方便电容麦克风和动圈式麦克风使用；通道 XLR 输入晶体管双差分话放，增益达到 50DB；每通道 3 段参量均衡，高音 HF，高中音 MID 低音 LF，其中中音 MID(350Hz ~ 3.5kHz) 有扫频功能；平滑 100MM 行程推子；每输入通道 PFL 耳机开关，ON 静音开关；AUX1.2.3.4.5.6 设有 AFL 监听开关，方便监控输出状态；6 组 20 段精准三色 LED 电平灯显示分别显示 MIX(L-R) 输出和 GROUP1.2.3.4 输出的信号状态；一组监听耳机输出和一组 TALK BACK 卡侬输入可分配到 AUX 和 GROUP；为了更好的信噪，比调音采用电源箱独立供电方式。

▲ Studio Master Mixdowm Classic 32/8/2 多轨录音调音台
20 世纪 80 年代
英国
长 148.5cm，宽 62.5cm，高 24cm

　　该设备 32 通道调音台，32 个话筒 / 线路输入，直接输出 1/4 寸插口和 XLR 输入，每个通道的 48V 幻象电源供电。8 个编组、6 个辅助发送和额外的 16 个通道混音，8 个编组母线 +2 个立体声母线 +8 个矩阵母线，带有可拆卸的电表桥和外部电源，标准 220V 供电。

▲ 声迹 SOUNDTRCS Solo Live Sound Reinforcement 16 路调音台
20 世纪 80 年代
英国
长 72.2cm，宽 54cm，高 21cm

　　该设备 16 路 MIC 单声通道 + 4 路立体声输入；2 组 MIX(L-R) 输出，带 4 组编组 GROUP 输出，1 组 MONO(MONITOR) 输出，每路输出独立控制；MIX(L-R) 输出 GROUP1.2.3.4 输出都带有卡侬输出、6.35 输出和 INJECT 断点功能，方便单通道串联设备（如反馈器，均衡器）；6 组 AUX 母线辅助输出，AUX1-2 有 PRE/post 开关，3-4 和 5-6 共用两个旋钮（用开关转换）；一组监听耳机输出和一组 TALKBACK 卡侬输入可分配到 AUX 和 GROUP；内置 48V 幻象电源供电；XLR 输入晶体管双差分话放，增益达到 50dB；通道设有 MIC/LINE 输入选择开关，INJECT 断点功能，方便单通道串联设备；通道设有 DIRECT 接口，这接口是这一通道单独输出，方便扩展到另外的设备；每通道 4 段参量均衡，高音 HF，高中音 MF1，
　　中低音 MF2，低音 LF；其中高中音 MF1(350Hz ~ 8kHz)，中低音 MF2(50Hz ~ 1kHz) 有扫频功能；平滑 100MM 行程推子器；每输入通道 PFL 耳机开关，ON 静音开关；6 组 10 段精准三色 LED 电平灯分别显示 MIX(L-R) 输出和·GROUP1.2.3.4 输出的信号状态；GROUP1.2.3.4 的信号可以发送到 MIX(L-R)；适用全球供电电压，功率 30W；使用灵活。具有无噪声、瞬间反应好、电耗低的特性。

▲ 音特安 Interm PC-1200A 调音台

20 世纪 90 年代

韩国

长 62cm，宽 51.5cm，高 15.5cm

　　该设备 12 路 XLR 平衡单声通道输入、超低噪音线路设计，动态余量大；每通道带 3 段均衡调节，高音 HIGH，中音 MID，低音 LOW，60MM 平滑推子衰减器；通道带 1 组立体声母线输出 (L-R)+2 组 EFF 母线输出 +1 组 MON 母线输出；2 组 EFF 返回输入；内置 48V 幻象电源供电，给 XLR 提供 DC-48V 电源；内置 4 种 DSP 数字效果器；十段三色电平灯显示输出信号状态；内置双 9 段图示均衡器；内置双通道功率放大器，可直接驱动音箱，放大器可以选择输入信号和 AMP IN 外接输入信号。

▲ 声艺 Soundcraft Spirit LX7 调音台

20 世纪 80 年代

英国

长 82.5cm，宽 49.7cm，高 17cm

　　该设备 16 路 MIC 单声通道 +2 组立体声输入 +2 组 RET 输入；2 组 MIX(L-R) 输出，带 4 组编组 GROUP 输出，1 组 MONO(MONITOR) 输出，每路输出独立控制；MIX(L-R) 输出、GROUP1.2.3.4 输出都带有卡侬接口，6.35 输出和 INJECT 断点功能，方便单通道串联设备（例如反馈器、均衡器）；通道 6 组 AUX 母线辅助输出，AUX1-2 和 3-4 有 PRE/post 开关；内置 48V 幻象电源供电；通道 XLR 输入晶体管双差分话放，增益达到 60DB；通道设有 MIC/LINE 输入选择开关，INJECT 断点功能，方便单通道串联设备；通道 1 ~ 16 设有 DIRECT 接口，是这一通道单独输出，方便扩展到另外的设备；每通道 4 段参量均衡，高音 HF，高中音 H.MID，低中音 L.MID，低音 LF；其中高中音 H.MID(550Hz ~ 13kHz)，低中音 L.MID(80Hz ~ 1.9kHz) 有扫频功能；平滑 100MM 行程推子器，每输入通道 PFL 监听开关，MUTE 静音开关；6 组 12 段精准三色 LED 电平灯显示分别显示 MIX(L-R) 输出 GROUP1.2.3.4 输出的信号状态；其中监听状态也在 MIX L-R 两段电平灯上显示；一组监听耳机输出和一组 T-B 卡侬输入可分配到 AUX1.2.3.4 和 MIX.L-R；AUX1.2.3.4.5.6 设有 AFL 监听开关，方便监控输出状态。GROUP1.2.3.4 的信号可以发送到 MIX(L-R)；适用全球供电电压，功率 30W；使用灵活，具有无噪声、瞬间反应好、电耗低的特性。

▲ **雅马哈 YAMAHA Pno Mix 01 数字调音台**
20 世纪 90 年代
日本
长 43cm，宽 48.5cm，高 11.5cm

　　历史上第一张数字调音台；18 个话筒 /20 个线路输入（18 个单声道 +2 立体声）；8 编组母线 +1 立体声母线 +1 监听输出 +1 录音输出；
单声道输入通道上有 PAD 开关；48V 幻象供电；数字混响、延时、压缩、均衡、限幅；平衡 XLR 模拟输出或数字输出；内置 MIDI 功能，
保存和调用场景功能；标准 220V 供电。

　　雅马哈公司是 1887 年成立、具有悠久历史的公司。

　　雅马哈通过全世界范围的销售公司，在世界市场占据稳固的位置。一百多年前，一个叫山叶寅楠的年轻企业家着手制作高品质的簧管
风琴并创建了雅马哈公司。不久，公司不仅生产出日本钢琴，还得到了海外的认可。1904 年，雅马哈钢琴和风琴在圣路易世界博览会上
荣获荣誉大奖。基于如此良好的开端，雅马哈公司逐渐发展成为广受全球欢迎的乐器制造商。随着公司的发展，雅马哈公司凭借其一直秉
承的前沿技术和精湛的工艺，在更广范围内的产品和服务领域进行多元化投资。如今雅马哈在乐器、视听产品、信息技术、新媒体业务、
家具、汽车配件、特种金属、音乐教育以及度假村等商业领域一直占据重要地位。

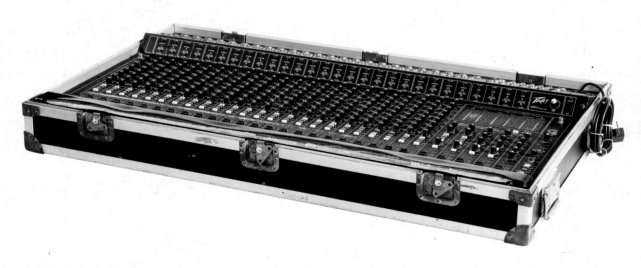

▲ **百威 PEAVEY MK- IV调音台**
20 世纪末 90 年代
美国
长 128cm，宽 74cm，高 15.5cm

　　该设备 24 通道调音台，24 个话筒 / 线路输入；独立增益调整，4 段参量均衡，单独混响发送量调整，独立选择输出信号端；每个通
道独立选择 pre（推子前），post（推子后）发送信号；4 路编组输出，1 路立体声输出；自带 talkback 功能。

　　Peavey Electronics 成立于 1965 年，是世界上最大的乐器及专业音响设备制造商之一。该公司获得了 180 多项专利，产品分销遍布全球超
过 130 个国家。Peavey 及 其 旗 下 的 品 牌 MediaMatrix、Architectural Acoustics、Crest Audio、Composite Acoustics 和 Trace Elliot 在演唱会的
舞台、机场、体育馆、主题公园及世界各地的其他场所随处可见。

▲ 英桥 Inkel MX-1810 调音台
20 世纪 90 年代
韩国
长 74.2cm，宽 50cm，高 8cm

　　该设备 14 路 MIC 单声通道 + 2 路立体声输入；单声通带有 INSERT 断点功能，方便单通道串联设备（例如反馈器、均衡器）；1 组 AUX 母 线 辅 助 输 出（ 用 EFF 标 示），1 组母线输出通道带有 PRE/POST 开关；单独一组 T-B 卡侬输入；1 组 RETURN 输入；1 组监听耳机输出；内置 DELAY 效果器；内置 PHANTOM 48V 幻象电源供电；主输出双 9 段图示均衡器；单声通道带有 PDA 增益 20DB 衰减开关（方便输入电平匹配）；立体声输入通道有 LINE 和 PHONO 两种输入及输入选择开关；每通道 3 段参量均衡；单声通道带 350Hz ～ 7.5kHz 中音扫频，扫频频率跟中音增益同一旋钮控制（旋钮分开内外）；每通道 CUE 静音开关，PFL 耳机监听开关；平滑 60mm 行程推子；10 段精准三色 LED 电平灯显示五路信号输出状态；,主输出带有 INSERT 断点功能，方便单通道串联设备（例如反馈器、均衡器）；带模拟混响效果。
　　韩国 INTER-M（英桥）株式会社于 1983 年在韩国设立，英桥是一家生产背景音乐、公共广播、专业音响、视讯安防等设备的专业厂商。自 90 年代初期进入中国市场以来，英桥以其卓越的产品品质、稳定的性能、周到的服务受到众多用户的赞许。

◀ 露玛 NUMARK M2 调音台
20 世纪 90 年代
美国
长 24.5cm，宽 8cm，高 27.5cm

　　NUMARK M2 是多功能的双通道 DJ 混音器；具有 DJ 设置的必备混音功能，从婚礼到俱乐部、派对到练习设置；两个唱机 / 线路可切换（RCA）和麦克风（1/4 英寸）输入；主控（RCA）、录音（RCA）和耳机（1/4 英寸立体声）输出；混音控制：两个通道配备可更换的交叉渐变器、专用通道电平推子；反向和斜率控制；完美混音：每个通道上的三段均衡器和方便的交叉渐变器；风格提示；可连接 DJ 转盘、CD 播放器、媒体播放器等。

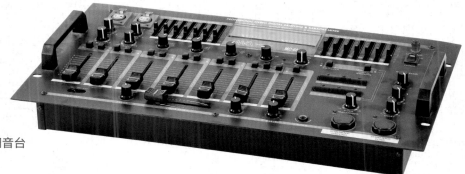

▲ 玛丽兰 MCLELLAND MC-6000 调音台
20 世纪 90 年代
英国
长 48.2cm，宽 26.5cm，高 8cm

　　该设备 3 个 mic 输入，2 个 micro 输入，带 2 段参量均衡；16 组立体声输入；7 路推子可独立选择输入信号端；2 路 AMP 立体声输出；双 7 段均衡独立调整左右声道；1 路 REC 立体声录音输出。
　　玛丽兰有为之超过半个多世纪历史的著名品牌，一直秉承着为使用者提供高性能、高品质、人性化的音响设备的宗旨，玛丽兰产品包括等化器、分频器、扩大机、功放、Dante Interface I/O 设备、音讯讯号处理器、USB Audio Interface、MIDI 控制器、USB/Fire wire 音讯界面、混音器、调音台、数位效果处理器、音箱、喇叭、麦克风以及家用音箱系统。

▲ 声艺 Soundcraft Spirit E8 调音台
20 世纪 90 年代
英国
长 43cm，宽 46cm，高 9.5cm

　　该设备 6、8 和 12 路单声道输入通道，分别对应 2 路立体声输入；ES Version 配备 10 路全功能立体声输入和 4 路单声道输入；2 路辅助发送，每路都可在推子之前或之后整体切换；100mm 推子；内部电源；简单机架安装选项；有效接地消除噪声和串扰；3 段均衡器带扫描中频带；优质线性麦克风前置放大器提供平滑增益控制；利用均衡照明进行多点信号通道状态监听（话筒前置放大器、均衡器）；紧公差表面贴装元件确保高精度可重复均衡；精确超线性麦克风前置放大器；电容传声器采用真正的专业 48V 幻象电源；专业插入点供外部处理使用。

▲ TAC Scorpion 调音台
20 世纪末
英国
长 141cm，宽 84.2cm，高 26cm

　　该设备 32×16 通道调音台；32 个输入通道和 8 个输出总线监控通道；立体声主总线输出；每个通道有幻象电源和极性反转；全钢底盘装有模块化通道电子设备；有六种不同的模块可供选择；使混音器能够配置为录音或扩声应用；整体式电表桥采用 LED PPM 电表；提供用于 PFL 监控目的的单独仪表；48V 直流幻象电源可在所有麦克风输入上单独切换。

▲ 索尼 SONY SRP-V324 调音台
20 世纪 90 年代
日本
长 138.7cm，宽 80.8 cm，高 23.6cm

扫码观视频

　　该设备具有矩阵输出功能的调音台，支持大厅、剧院、体育馆、体育馆、大型宴会厅等公共广播设备应用，以及 PA/SR 应用，追求高音质和多功能。V324 配备 24 个单声道输入，4 组立体声输入。8 个编组输出、8 个 AUX 输出、8 个矩阵输出和 1 组立体声 L/R、监听总线输出最多可记忆 128 个静音模式场景。可以设置和存储每个输入/输出的静音状态，并且可以通过主机面板上的开关直接调用 8 个场景。此外，MIDI 控制可以调用 128 个场景，并行遥控可以调用 8 个场景。主体面板上放置了一个 30 段 LED 仪表（VU），可选的模拟 VU 电平表 SRP-3M 可以安装在上背面。频率响应：20Hz ～ 20kHz +0/-1dB（单声道输入 -60dBu，各输出 +4dBs，负载 600Ω）总谐波失真率：0.005% 以下（1kHz，单声道输入，每路输出 +24dBu，输入电平旋钮 -60dBu，负载 600Ω）输入等效噪声电平：-128dBu（20Hz ～ 20kHz，单声道输入，输入电平旋钮 -60dBu，150Ω 端接）。

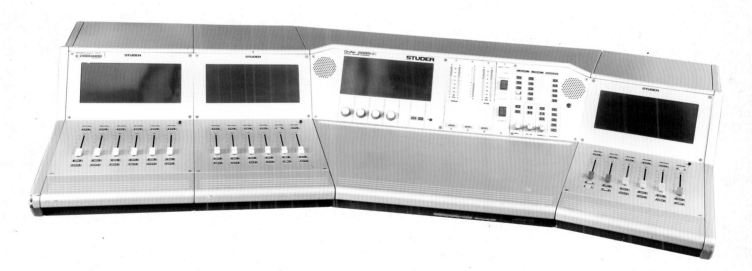

▲ STUDER On-Air 2000 数字调音台
20 世纪 90 年代
瑞士
长 200cm，宽 90cm，高 24cm

　　该设备 6、12、18 或 24 个推子；全数字信号处理，采用触摸屏和模块化设计，最多 64 个输入，适用于任意数量的推子、图形用户界面提供完整的系统概览，可编程用户授权系统；最多支持 20 个用户名进入各自的工作区域，每个用户可以独立存储和调出他们设置好的程序，适用于录音室或演出现场。

▶ **中华牌 T-4019 调音台**
20 世纪 80 年代
中国
长 46cm，宽 24.7cm，高 20.7cm

　　该设备 10 通道调音台；最多 10 个话筒 /10 个线路输入（10 个单声道）；4 编组母线 +1 立体声母线；独立输入选择，高通，低通功能；每通道增益，均衡独立调整；独立监听输出和调整音量；24V 直流供电。

▲ **北极星 ARCTIC MX 1403 调音台**
20 世纪 90 年代
中国
长 57.5cm，宽 42 cm，高 10cm

　　14 通道调音台；最多 10 个话筒 /14 个线路输入（10 个单声道 +4 个立体声）；1 编组母线 +1 立体声母线；2AUX(包括 FX)；单声道输入通道上的 PAD 开关；XLR 平衡输出；双 7 段均衡调整；+48V 幻象供电；标准 220V 供电；效果器：含 16 组预设效果器。

▶ **西湖牌 GY-Q-8 立体声调音台**
20 世纪 90 年代
中国杭州无线电厂
长 48.5cm，宽 44.5cm，高 20.5cm

　　该设备 8 路 XLR 平衡单声通道输入、另外带有 MIC/Phono 的转换开关，每通道带 3 段均衡调节，高音 HIGH，中音 MID，低音 LOW，45mm 平滑推子衰减器，通道带 1 组主声道母线输出 (L-R)+1 组 EFF 母线输出 +1 组 MON 母线输出，1 组 EFF 返回输入，内置混响效果器，十段三色电平灯显示输出信号状态，内置双 7 段图示均衡器，内置双通道功率放大器，可直接驱动音箱，放大器可以选择输入信号和 AMP IN 外接输入信号。

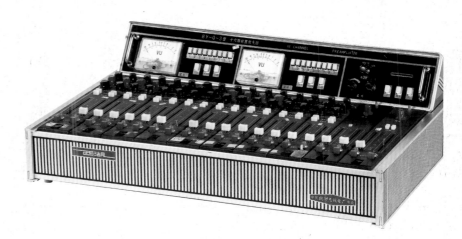

▶ **西湖牌 GY-Q-3 调音台**
20 世纪 90 年代
中国杭州无线电厂
长 44.9cm，宽 63.9cm，高 19.5cm

　　该设备最多 16 路话筒 /16 路线路输入（16 个单声道）；每通道带 3 段均衡调节，高音 HIGH，中音 MID，低音 LOW，60mm 平滑推子衰减器，独特的指针式电平表，监测主输出左右声道的输出电平；内置双 7 段图示均衡器；带有监听、监测功能。

▲ **西湖牌 CSM-9010 调音台**
20 世纪 90 年代
杭州西湖电子音响设备厂
长 66.5cm，宽 43cm，高 12cm

　　该设备 10 路 XLR 平衡单声通道输入，最多 10 路话筒 /10 路线路输入（10 个单声道），每通道带 3 段均衡调节，高音 HIGH，中音 MID，低音 LOW，60mm 平滑推子衰减器，通道带 1 组立体声母线输出 (L-R)+1 组 REV 母线输出 +1 组 MON 母线输出，1 组 RET 返回输入，独特的指针式电平表，监测主输出左右声道的输出电平，内置双 7 段图示均衡器。

▲ 西湖牌 GK-1610 控制桌

20 世纪 90 年代

中国杭州无线电厂

长 97.5cm，宽 164.3cm，高 47cm

该设备 18 路输入控制推子（4 段均衡，独立开关，独立信号发送控制），9 个 XLR 平衡输出，18 路 XLR 平衡单声通道输入，独特的指针式电平表，监测主输出左右声道的输出电平。

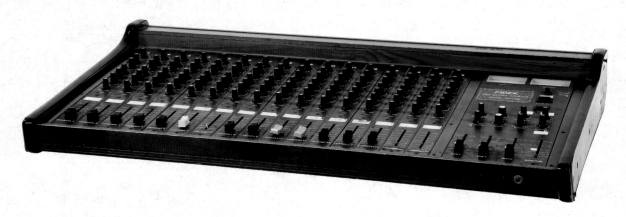

▲ 飞达 FIDEK SM-162 调音台

20 世纪 90 年代

中国

长 90cm，宽 53.5cm，高 13cm

该设备 16 路 MIC 单声通道输入，带 4 组输出，SUB1 SUB2 MAIN MON 每路独立控制，通道 2 组辅助输出 EFF/RET MON（包括 EFF），1 组立体声返回，一组监听耳机输出，内置 48V 幻象电源供电，每通道 3 段参量均衡高音，中音，低音，平滑 60mm 行程推子器。独特的指针式电平表监测 SUB1-2 输出和 MAIN.MIN 输出信号状态，通过开关转换。

飞达音响，创立于 1981 年，是国际著名专业音响品牌。飞达，是 Fidek 的中文译名，作为 First Industrial International Holdings Ltd. 飞达国际产业集团持有商标，在美国、欧洲、香港和中国内地分别注册，享有美国乃至世界各地的知识产权保护。作为 Fidek、Prosound 等多个世界著名音响品牌的持有者，在亚太，飞达国际产业集团现已形成以中国香港为中心、辐射全球的跨国公司，是世界为数不多的能同时生产高保真专业舞台音响器材、专业卡拉 OK 系统、公共广播系统、高级数码家庭影院、Hi-Fi 精品音响系列产品的专业企业。

二、效果处理器、均衡器周边设备

（一）外国藏品

▲ DOD DSP16K 混响 / 效果处理器

20 世纪末

美国

长 48cm，宽 14.3cm，高 8.5cm

　　这台是美国山桐公司出品的效果处理器，配有 16 种可以调节的效果，包括延迟、回声、数字移相、重叠和混响等常见效果，并且可预置常用的工作空间。支持多种控制编程，可应用于各种不同的环境，可以实现多声道的播放和效果的实时调整，以及用于录音的效果定制等，标准 1U 机架。

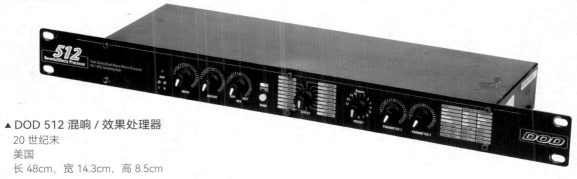

▲ DOD 512 混响 / 效果处理器

20 世纪末

美国

长 48cm，宽 14.3cm，高 8.5cm

　　该设备混响 / 效果处理器的功能是拾取输出端的声音信号，进行调制或延迟处理后，再重新输出，增加混响和延时可以对输入信号起润色和改变音色作用，在现场放声中产生临场感和包围感，使声音更加动听。

　　这台处理器采用了 Bucket Brigade Delay（BBD）电路设计，能够获得出色的模拟延迟效果。控制面板采用了简单的 3 个旋钮设计，可以轻松地调节效果器的延迟时间、重复次数和混响程度，操作方便。每路信号输入都有独立的音量调节。DOD 512 广泛应用于家庭 KTV、舞台扩声系统、多人会议系统中。标准 1U 机架。

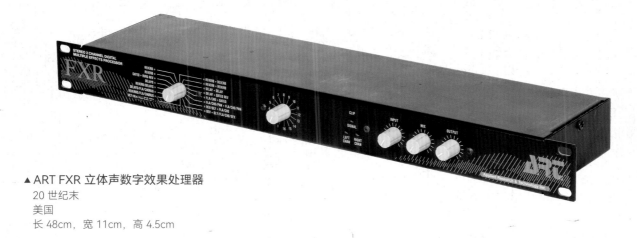

▲ ART FXR 立体声数字效果处理器

20 世纪末

美国

长 48cm，宽 11cm，高 4.5cm

　　该设备可应用的效果包括延迟、回声、数字移相、重叠和混响等 16 种常见效果组合选择，并且可预置常用的工作空间；支持多种控制编程，可以应用于各种不同的环境，可以实时调整播放效果，以及用于录音的效果定制等，标准 1U 机架。

▲ ART FXR ELITE II 立体声 / 单双声道可编程数字效果处理器
20 世纪末
美国
长 48cm，宽 11cm，高 4.5cm

　　该产品具备延迟、回声、混音和均衡等等可选程式参数，左右信号输入都有独立的音量调节。带有 MIDI（乐器数字）接口，通常会配备脚踏外接开关来操作，标准 1U 机架。

▲ 百灵达 BEHRINGER DSP 2024 音频效果处理器
20 世纪末
德国
长 48cm，宽 19cm，高 4.5cm

　　这台处理器可完成大量的数字信号处理和音频效果处理，在保持音频质量的前提下，能提高处理的速度和效率；数字音频处理器相较于 CPU 等处理器拥有更低的功耗，可延长设备的电池寿命。处理器由于集成多种功能的处理模块，可以对音乐进行更细致地处理和优化，提高音质。24 bit AD/DA 数字模拟转换器，71 种算法，包括超自然混响和自适应虚拟空间混响算法、生理声学的 EQ 均衡算法。11 种特种效果，可选择串联和并联，带 100 个预置效果，带有 MIDI 接口，标准 1U 机架。

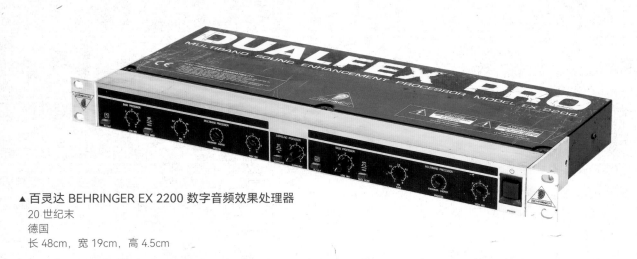

▲ 百灵达 BEHRINGER EX 2200 数字音频效果处理器
20 世纪末
德国
长 48cm，宽 19cm，高 4.5cm

　　这台立体声数字处理器可对高音和低音频率产生激励，每个声道单独调整，对音乐进行更细致的处理和优化，提升音质，增强动态。24 bit AD/DA 数字模拟转换器，标准 1U 机架。

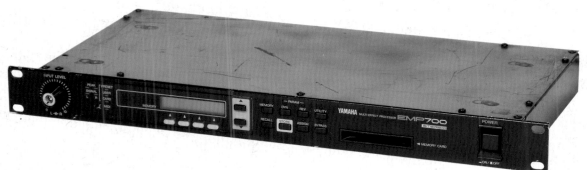

▲ 雅马哈 YAMAHA EMP700 立体声效果器
20 世纪末
日本
长 48cm，宽 15cm，高 4.5cm

　　这台立体声效果器支持编程功能，具备存储卡插槽。它还提供了 MIDI 接口，可以与脚踏开关连接，适用于乐队演奏。具有延迟、回声、混响、音高弯曲、镶边、相位、伪立体声霍尔效果等所有标准效果。配置有内部存储功能，90 种预编程效果，99 种额外的用户可定义效果，标准 1U 机架。

▲ 阿萨帝 ASSAD DSP-2403 立体声效果器
20 世纪末
日本
长 48cm，宽 15cm，高 4.5cm

　　这台效果器可编程，可存储设置。采用了 24bit 引擎处理芯片，采样频率为 48kHz。具备双引擎多效果功能。双通道还配备脚踏开关的 MIDI 接口，标准 1U 机架。

▲ 依班娜 Ibanez CP200 立体声压限器
20 世纪末
日本
长 48cm，宽 12cm，高 4.5cm

　　该设备具备压缩比调整，可调控启动和释放时间，包含噪声门、阈值和输入增益。支持立体声效果，两个通道可以同时使用或关闭，标准 1U 机架。

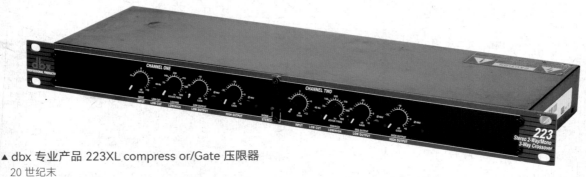

▲ dbx 专业产品 223XL compress or/Gate 压限器
20 世纪末
美国
长 48cm，宽 23.1cm，高 6.2cm

  压限器采用自动动态控制电路，优化每一通道或节目信号，具有真正的 RMS 功率求和，并具有高质量的 XLR 和 1/4 TRS 输入和输出。增加延音效果，加强混音，新的算法可确保门控平稳过渡。可调整压缩阈值和门限阈值，可实现快速准确地设置立体声或双单声道操作，标准 1U 机架。

▲ DOD 866 Series II 噪声压限器
20 世纪末
美国
长 48cm，宽 12cm，高 4.5cm

  该设备具备压缩比调整，可调控启动和释放时间，包含噪声门、阈值和输入增益。支持立体声效果，两个通道可以同时使用或关闭，标准 1U 机架。

▲ 欧图 ALTO DCX 2240 数字分频器
20 世纪末
意大利
长 48cm，宽 23.5cm，高 4.5cm

  该设备用于将输入信号分频为高低音信号输出，使用数字技术来实现分频功能，具有精确的频率控制和稳定的性能。具备 MIDI 接口功能，有 2 个输入端口和 4 个输出端口，标准 1U 机架。

▲ 索尼 SONY SRP-FR300 数字声反馈抑制器
20 世纪末
日本
长 35cm，宽 8cm，高 4.5cm

　　数字声反馈抑制器用途广泛，适用于演出报告，尤其是多媒体厅的使用。SRP-FR300 可以将反馈过程中的衰减频率显示在 LCD 屏上，以便于在调音台音源输入通道上根据 SRP-FR300 的记录对被衰减的节目频率进行补偿，尽量减少由于衰减反馈频率所造成的音质破坏。

　　每个通道结合了 15 段静态和 5 段动态陷波滤波器，以达到最大限度减少声反馈的效果。采用高精度的模数 / 数模转换系统，48kHz 的采样频率和 20bit 线性的解析力，动态范围超过 105dB，其高精度的 52bit 数字信号处理带来低噪声的出色音质，这是模拟设备所不能比拟的。每个声道是完全独立的，它们可用于同一个音响系统的不同部分，比如在两个不同的房间，带有背光的 LCD 显示屏可方便手动设置滤波器及其他功能，用户可以存储 20 个程序，用 RS-232C 的接口可以在外接的 PC 机上设置参数。具有面板功能键锁定和密码锁定两种功能，可以避免误操作造成的参数改变，并联模拟输出可以做信号分配，通过简单的操作就可以自动检测到最有可能出现反馈的频率点，并设置出相应的陷波滤波器，标准 1U 机架。

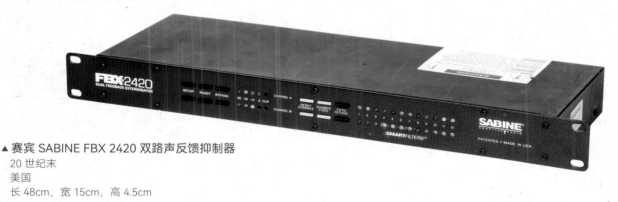

▲ 赛宾 SABINE FBX 2420 双路声反馈抑制器
20 世纪末
美国
长 48cm，宽 15cm，高 4.5cm

　　SABINE FBX 2420 反馈抑制器采用的 SMART Filter 技术可以在节目演出期间进行处理，而不是在系统调整期间进行反馈处理。它内置了一种非常先进的自动参数调整装置，此装置的滤波器可以自动寻找反馈频率、精确地锁定反馈频率，建立一种带宽极窄、吸收深度足够的滤波器，从而自动地消除令人烦恼的啸叫声。

　　FBX 2420 自动化水平很高，超高速的自动反馈控制，以 1Hz 的分辨率设置滤波器，提供更大的反馈前增益（典型值为提高 6 ~ 9dB），24bit 的数字解析度。三种颜色的 LED 滤波器显示，每通道设有 12 个滤波器，标准 1U 机架。

▲ TOA 310D 多路输出数字延时器
20 世纪末
日本
长 48cm，宽 28cm，高 4.5cm

　　该设备 具备三通道输出，每个通道都可以单独进行调整。同时支持输出输入电平的调节，拥有延时开关和直通开关，具备记忆功能，适用于多输出通道的数字延时。此外该设备还拥有数字移相、重叠混响、存储和外接 MIDI 控制等多项调节功能，标准 1U 机架。

▲ 百灵达 BEHRINGER DSP 1100P 24 位立体声反馈抑制器 / 参数均衡器

20 世纪末

德国

长 48cm，宽 19cm，高 4.5cm

　　该设备具备 MIDI 接口、存储功能，具备输入输出接口。可调参数；采用 24bit 高精度数字取样，具备 24 个滤波选择，包括引擎、频率和斜率 1/60 OCT 调整。

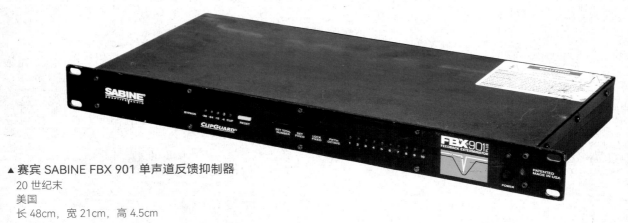

▲ 赛宾 SABINE FBX 901 单声道反馈抑制器

20 世纪末

美国

长 48cm，宽 21cm，高 4.5cm

　　这是一款单声道的数字反馈抑制器，针对反馈频点有可能漂移的特点，设置了一组动态滤波器，随时检测频点的变化，并进行自动跟踪抑制；内部有 9 个滤波器（带宽为 1/10 OCT），滤波器工作范围为 55HZ ~ 13.5kHz；滤波器可锁定，以保持滤波深度和取消动态滤波；输入输出电平可统一控制，使得信号增益小于 1dB，标准 1U 机架。

▲ 索尼 SONY SRP-L210 压限器

20 世纪末

日本

长 48cm，宽 17cm，高 4.5cm

　　这台压限器具备压缩比调整，可调控启动和释放时间，包含噪声门、阈值和输入增益。支持立体声效果，两个通道可以同时使用或关闭。标准 1U 机架。

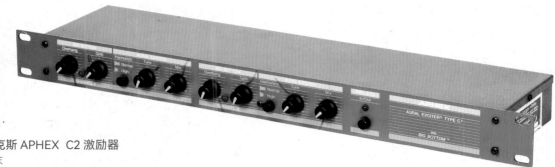

▲ 阿普赛克斯 APHEX C2 激励器
20 世纪末
美国
长 48cm，宽 14.3cm，高 8.5cm

　　激励器是在 20 世纪七八十年代由美国阿普赛克斯公司发明的新颖信号处理器。激励器又称听觉激励器、声音激励器，实质上就是一个谐波产生器，通过可变调谐方法，产生与输入节目信号有益叠加的谐波，增强声音的细节和层次感，适当的调整可提高声音的清晰度、表现力，增强立体声声像现场感，降低过载失真。将激励器输出与未经修正的信号相混合的电位器，具有电平跟踪电路，在面板上增加了对谐波量进行调整的开关，标准 1U 机架。

▲ 百灵达 BEHRINGER MDX 1400 音频交互动态处理器 / 动态激励器
20 世纪末
德国
长 48cm，宽 19cm，高 4.5cm

　　这台设备具有很多功能，有可调节 IDE 动态增强器，当大幅度压缩信号时，可对低频提升进行微妙的富有音乐性的弥补。IGC（互调增益控制）峰值限制电路组合了削波和音频信号限幅功能，能避免尖峰信号的出现。可选择的去"咝"声器，在进行语言歌声录音时，能消除让人讨厌的噪声，扩展器 / 噪声门有 IRC(互调比率控制) 电路，可以消除本地噪声。上冲和释放时间可自动或手动调节，可选择的低频轮廓滤波功能可消除因低频压缩而造成的失真异响，可选择立体声组合功能，配有输出端电平设置。配有超低噪声的 4580 运算放大器和先进的压控放大器，伺服平衡式输入端和输出端，标准 1U 机架。

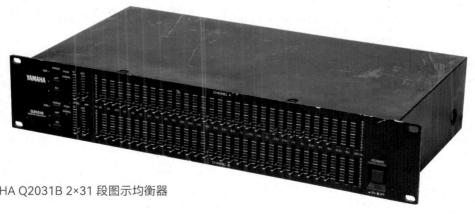

▲ 雅马哈 YAMAHA Q2031B 2×31 段图示均衡器
20 世纪末
日本
长 48cm，宽 23cm，高 9.5cm

　　立体声 31 段图示均衡，自动哑音线路，电源接通后自动哑音 3 ~ 5 秒，±6 或 ±12dB 的提升或切频，频点为 20Hz ~ 20kHz ISO 标准 1/3 倍程均衡，平衡 XLR 接口或标准不平衡 PHONE 接口，标准 2U 机架。

▲ 雅马哈 YAMAHA GQ2015A 2×15 段图示均衡器
20 世纪末
日本
长 48cm，宽 23m，高 9.5cm

　　立体声 15 段图示均衡，自动哑音线路，电源接通后自动哑音 3 ~ 5 秒，±6dB 或 ±12dB 的提升或切频，频点为 20Hz ~ 20kHz IS0
标准 2/3 倍程均衡，平衡 XLR 接口或标准不平衡 PHONE 接口，标准 1U 机架。

▲ DOD 430 II型 2×15 段图示均衡器
20 世纪末
美国
长 48cm，宽 13m，高 14cm

　　立体声 15 段图示均衡，2/3 倍频程均衡器，±12dB 的提升或切频，有高通滤波的切换开关。支持两个独立的通道，带有 EQ 旁路开关，
标准 1U 机架。

▲ 奥特蓝星 ALTEC LANSING 1431A 单声道 31 段图示均衡器
20 世纪末
美国
长 48cm，宽 23m，高 4.5cm

　　单声道 31 段图示均衡，1/3 倍频程均衡器，±12dB 的提升或切频。具备高通滤波的切换开关，带有 EQ 旁路开关，标准 1U 机架。

▲ TOA 1000 系列 E-1231 单声道 31 段图示均衡器
20 世纪末
日本
长 48cm，宽 30cm，高 8.8cm

单声道 31 段图示均衡，1/3 倍频程均衡器，±12dB 的提升或切频，具备高通滤波的切换开关，带有 EQ 旁路开关，标准 2U 机架。

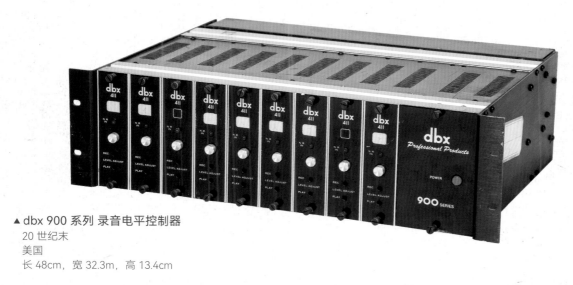

▲ dbx 900 系列 录音电平控制器
20 世纪末
美国
长 48cm，宽 32.3m，高 13.4cm

录音电平控制器用于录音电平音量大小和效果控制，具有录音输入和播放输出接口。有 9 个通道可供选择，装配 9 组机架模块，另有一个可灵活拆卸的 dbx411 模块，标准 3U 机架。

▲ 雷蒙 RESTMOMENT RX-M300 会议主机
20 世纪末
巴基斯坦
长 48cm，宽 23.5cm，高 4.5cm

RESTMOMENT RX-M300 中央控制单元是一款设计优雅的 CCV，适用于 RESTMOMENT 会议系统，它能够容纳 60 个话筒单元，并拓展到 120/240 个话筒单元，符合 IEC60914 国际标准，可以选择同时操作 1、2、4、6 个话筒单元，电话耦合单元输入，用于通过电话进行广域网和会议。标准 1U 机架。

▲ 百威 PEAVEY MM-8840 媒体矩阵
20 世纪末
美国
长 48cm，宽 29cm，高 8.5cm

　　这台媒体矩阵含有自动调音台、信号分配器、数字式可调整参数均衡器和图示均衡器、两分频至多分频的分频器、延时器、混响效果器、激励器、压缩限幅器、扩展器、噪声门、反馈抑制器、自动哑音器、解码器、接线分配器、输出选择器、信号发生器、测试仪等超过 250 种音频信号处理器，通过软件将它们集成在一台主机之中，是全部音响系统的集成，标准 2U 机架。

▲ 百威 PEAVEY 208 媒体矩阵接口机
20 世纪末
美国
长 48cm，宽 49cm，高 18cm

　　该控制系统利用 DSP 处理器，将调音台、均衡器、配线器、压限器、延时器、分频器、分配器等信号处理、检测等各类周边设备集于一身，完成了从音源输出至功放输入的全部工作，而且采用的是软跳线技术，可以随时任意进行无限制的组合。32 个输入和 32 个输出端口。带有 DSP 芯卡，背后自带 BOB2B 四个接口，LPTI、COM、KYBD 插口，支持 Windos 操作系统。

　　各种设计、编辑命令、文件，根据需要重新命名之后，都可以存储在磁盘中，记忆和调出都非常方便。可以根据 DSP 卡和 A/D、D/A 接口硬件数量的多少，其输入 / 输出通道可以从 8×8 直至 256×256 矩阵。有四级权限密码设置，设计者可以打开四级密码维护、调整全部系统，设备部经理可以打开三级密码进行部分系统调整设置，技术主管可以打开二级密码管理更小范围局部系统，而一般操作人员只能打开一级密码，按要求在指定范围内控制音量大小或工作开关，使其接通工作，标准 4U 机架。

（二）中国藏品

▲ 艾比欧 IBO D26 扬声器管理系统
20 世纪末
中国
长 48cm，宽 21cm，高 4.5cm

　　该处理器具备 2 个输入和 6 个输出端口，可以执行分频和调整电平的功能。此外它还具备可编程和声音处理功能。该处理器还配备了 MIDI 接口、通信接口和串行通信接口（RS232），标准 1U 机架。

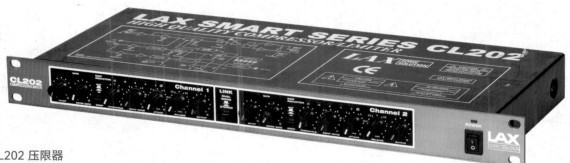

▲ LAX CL202 压限器
20 世纪末
中国
长 48cm，宽 15cm，高 4.5cm

　　这台数字音频压限处理器，采用 24bit 的数字 / 模拟转换芯片，DSP 阵列并行处理，48kHz 采样率，双精度处理，标准 1U 机架。

▲ CPA CPAM31 单声道 31 段图示均衡器
20 世纪末
中国
长 48cm，宽 17.2cm，高 4.5cm

　　该设备单声道 31 段图示均衡，1/3 倍频程均衡器，±6dB 或 ±12dB 的提升或切频，具备高通滤波的切换开关，带有 EQ 旁路开关，标准 1U 机架。

▲ BTS EQ-311 单声道 31 段图示均衡器
20 世纪末
中国
长 48cm，宽 21.7cm，高 4.5cm

　　单声道 31 段图示均衡，1/3 倍频程均衡器。±6dB 或 ±12dB 的提升或切频，具备高通滤波的切换开关，带有 EQ 旁路开关。同时提供高频和低频的可调旋钮，标准 1U 机架。

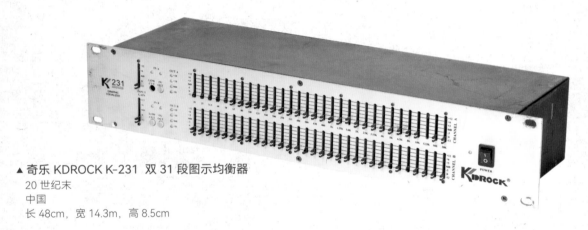

▲ 奇乐 KDROCK K-231 双 31 段图示均衡器
20 世纪末
中国
长 48cm，宽 14.3m，高 8.5cm

　　立体声 31 段图示均衡，±6dB 或 ±12dB 的提升或切频，响应频点为 20Hz ～ 20kHz。ISO 标准 1/3 倍频程均衡，具有平衡 XLR 接口或标准不平衡 PHONE 接口，标准 2U 机架。

▲ LAX SE215 双 15 段图示均衡器
20 世纪末
中国
长 48cm，宽 17.3cm，高 8.3cm

　　立体声 15 段图示均衡，±6dB 或 ±12dB 的提升或切频，响应频点为 20Hz ～ 20kHz。ISO 标准 2/3 倍频程均衡，具有平衡 XLR 接口或标准不平衡 PHONE 接口，标准 2U 机架。

▲ 马田 MATIAN AUDIO/DSP-200REV 32 位 OiGi tal 图示均衡器 / 反馈抑制器
20 世纪末
中国
长 48cm，宽 23.1cm，高 6.2cm

　　该设备集音乐、效果、话筒的均衡、反馈抑制于一身，可以灵活地调整相应的参数。音乐参数为 7 段音乐参量均衡，有麦克风压限功能，15 段麦克风参量均衡。3 段回声参量均衡，回声预延时 0 ～ 500ms，回声总预延时 0 ～ 500ms，回声重复：0 ～ 90%。混响低通滤波器可调范围 5.99 ～ 20.6kHz，混响高通滤波器可调范围 0Hz ～ 1000Hz，回声预延时可调范围 0 ～ 200ms，混响时间可调范围 0 ～ 3000ms，标准 1U 机架。

▲ 西玛克 C-MARK SP-281 音频信号处理器
20 世纪末
中国
长 48cm，宽 14cm，高 4.5cm

　　该设备双通道设计，每个通道可调独立调整低频和高频参数，每个通道均提供 1 个音量旋钮控制输出信号大小。一键切换音频信号输入 / 输出功能，还有流行音乐与古典音乐效果转换，标准 1U 机架。

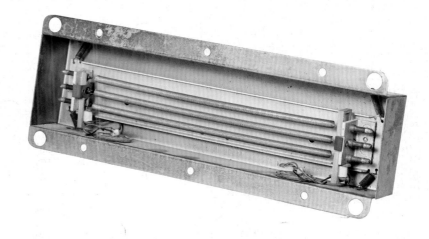

▲ 机械式混响器
20 世纪 50 年代
中国
长 22cm，宽 3cm，高 10.5cm

　　纯弹簧的机械式混响器是一种音频处理设备，主要用于给声音添加混响效果。它采用弹簧作为主要声学元件，通过弹簧对声音信号的反射和共振来产生混响效果。这种混响器在早期的音频技术中非常常见，尤其是在录音棚和音乐制作领域。

三、专业功放

（一）外国藏品

▲ Motiograph 7505-D 电子管双单声道后级功放
20 世纪 40 年代
美国
长 40cm，宽 25 cm，高 45 cm

　　Motiograph 7505-D 单声道电子管放大器，2 只 6SJ7 和 1 只 6SK7 作电压放大，1 只 5U4G 为整流电子管，2 只 6L6G 作功率推挽放大，输出功率 20W，推动高灵敏度剧院扬声器系统。外框笼罩可保护电子管免受碰撞。是美国西电 Western Electric 旗下 20 世纪 40 年代剧院专用电子管放大器。

▲ BBC AM8/14 电子管双单声道后级功放
20 世纪 50—60 年代
英国
长 27cm，宽 17cm，高 18 cm

　　英国 BBC 广播电台向 Sound Sales 公司定制的单声道后级 AM8/14，每台采用 2 只 EL34 推挽放大，GZ34 胆整流，带音量控制。输出功率为 15W，输出阻抗 25Ω。作为 BBC LS3/1 和 LS5/1 扬声器系统的标配功放，搭配 BBC LS3/5A 也非常合适。

▲ ALTEC LANSING 1590C 晶体管双单声道后级功放
20 世纪 50 年代
美国
长 48.3 cm，宽 21 cm，高 26.7 cm

　　ALTEC LANSING 早期的晶体管单声道后级功率放大器，带音量控制开关。在古典灰绿色面板后方，所有元件的安装采用独特的立式设计，带输出变压器，输出功率 200W。频率特性 20Hz ~ 20kHz，负载阻抗 6.25Ω、8Ω、25Ω、32Ω，可与多种不同阻抗剧院扬声器系统匹配。

◀ 百威 PEAVEY PV-2000 功放
20 世纪末
美国
长 48.2cm，宽 38.3cm，高 19cm

　　立体声功率放大器，可选双声道、单声道和 BTL 桥接。支持 2 路 XLR 接口信号输入，2 路 6.35mm 接口信号输入，使用更加灵活、方便。频率响应 10Hz ~ 40kHz，额定输出功率每声道 1000W，桥接 2000W，标准 4U 机架。

▶ 百威 PEAVEY PV-8.5C 功放
20 世纪末
美国
长 33cm，宽 48.3cm，高 13.3cm

　　立体声功率放大器，可选双声道、单声道和 BTL 桥接。支持 XLR 接口信号输入，频率响应 20 Hz ~ 20 kHz，输出功率，每通道 425W（8Ω），每通道 550 W（4Ω）。标准 3U 机架。

▲ CAH EX-750 功放

20 世纪末

美国

长 44cm，宽 34.5cm，高 14.5cm

立体声功率放大器，可选双声道、单声道和 BTL 桥接。每通道 250W（8Ω），每通道 450W（4Ω），500W（桥接单声道，8Ω）。频率响应 20Hz ~ 20kHz，220V 电源输入，标准 3U 机架。

▲ AB PRECEDEENT SERIES 600A 功放

20 世纪末

美国

长 48.5cm，宽 34.5cm，高 14cm

立体声功率放大器，可选双声道、单声道和 BTL 桥接。每通道 270W（8Ω），每通道 425W（4Ω），540W（桥接单声道，8Ω）。频率响应 20Hz ~ 20kHz，总谐波失真 0.25%，信噪比 104dB，标准 3U 机架。

▲ 卡维 CARVER Pm-1400 功放

20 世纪末

美国

长 48.3cm，宽 33.7cm，高 8.9cm

立体声功率放大器，可选双声道、单声道和 BTL 桥接。功率输出为每声道 475W（立体声，8Ω），1400W（桥接）。频率响应 20Hz ~ 20kHz，失真 0.1%，输入灵敏度 1.5V，信噪比 100dB，标准 2U 机架。

▲ EV Q66 功放
20 世纪末
美国
长 48.3cm，宽 38.6cm，高 13.3cm

　　立体声功率放大器，可选双声道、单声道和 BTL 桥接。额定功率 380W（8Ω），额定功率 600W（4Ω）。最大桥接输出功率 1700W（4Ω），最大桥接输出功率 1200W（8Ω）。谐波失真 <0.05%，互调失真 <0.08%，信噪比 > 105dB，标准 3U 机架。

▲ AB PRECEDEENT SERIES 900A 功放
20 世纪末
美国
长 44cm，宽 34.5cm，高 14.5cm

　　立体声功率放大器，可选双声道、单声道和 BTL 桥接。每通道 350W（8Ω），每通道 590W（4Ω），700W（桥接单声道，8Ω）。频率响应 20Hz ~ 20kHz，总谐波失真 0.25%，信噪比 104dB，标准 3U 机架。

▲ SUPERSCOPE PA-C770 立体声多功能功放
20 世纪末
日本
长 46 cm，宽 42 cm，高 18 cm

　　SUPERSCOPE PA-C770 立体声功放，是集 TAPE 卡带和 CDRW 播放刻录、音源输入操控于一体的多功能专业功放。卡带可自动回转和自动识别磁带类型播放，带杜比 BC 降噪系统，独立音量控制、左右声道调整和记忆等功能。CD 操作部分除了程序选曲、重复播放，还有音调和速度升降控制功能。具备五组外部输入讯源（MIC/LINE，TAPE，CD，AUX，SYSTEM）选择，其中 MIC 可接四组麦克风输入，主音量控制模块包含高中低三段 EQ 调整，带耳机输出监听。功能强大，运行稳定，SUPERSCOPE 是当年马兰士母公司关联品牌的专业出品，标准 4U 机架。

▲ 太湖牌 58-5 七灯 14W 收音功放
20 世纪 50 年代
公私合营电友无线电机行制造
长 43.5cm，宽 23.2cm，高 23cm

　　该设备采用金属外壳，7 个电子管，6 个功能调节旋钮。有唱片、话筒、音源输入 3 个插孔，接收中波，使用 110～240V 交流电源。

▲ 红波牌 171 晶体管多用功放
20 世纪 70 年代
上海一〇一厂
长 40cm，宽 21cm，高 18cm

　　该功放机采用木质外壳，装配永磁喇叭，含 9 个晶体管，并装有超外差式晶体管收音机，可接收中波、短波 1、短波 2。有 4 个功能调节旋钮，可控制对讲、选择收扩和话筒、调节音量及波段，使用交直流电源供电。

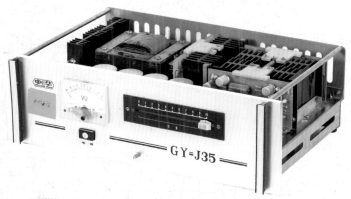

◀ 中华牌 GY-J35 单声道功放
20 世纪 70 年代
中国唱片公司
长 30 cm，宽 22.5 cm，高 8.5cm

中华牌 GY-J35 功放是 GY-J35 监听音箱的主动式原配功放，没有放在箱体内，可放置在专用木质支架上。准互补 OCL 电路，配 VU 监控表头，横推式 10 档量控制，每台功放负责推动一只音箱，完整正弦波输出功率为 15W，最大功率 35W。

▶ 上海牌 301 功放
20 世纪 80 年代
中国上海无线电三十二厂
长 56cm，宽 43cm，高 94cm

上海 301 功放是扩音、电唱和收音三用有线广播设备。采用定压式输出，低阻和高阻话筒输入各 1 路，拾音器输入 1 路，线路输入 2 路，录音重放 2 路，此外还设有录音输出插孔，带二波段收音机和 400 Hz 低频振荡器。本机的 5a ～ K6g 是监听和测量推动级的选择开关，开关扳到 1 和 3 时可监测推动级输入变压器和次级两个线圈的电压，并监测声音情况。

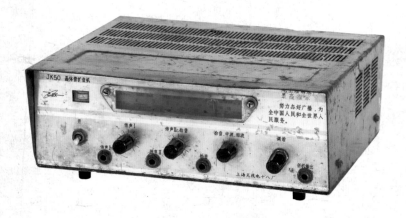

◀ 飞跃牌 JK50 晶体管功放
20 世纪末
中国上海无线电十八厂
长 32.3cm，宽 26cm，高 13.3cm

　　本机是 50W 晶体管交直流两用功放，分收音、扩音、电源三个部分。收音部分为一独立的六管中、短波超外差式收音机，扩音部分有两路话筒输入，1 路拾音输入，另 1 路线路输入，输出电压分 20 V 和 240 V 两档。为避免机器过荷或过压时烧坏晶体管，电路中采取了保护措施。

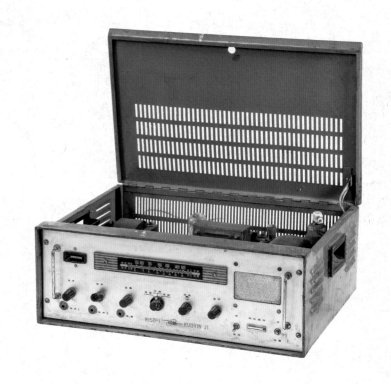

▶ 飞跃牌 R150-1 功放
20 世纪 80 年代
中国
长 57cm，宽 41cm，高 23.5cm

　　定阻输出式功放，2 路话筒输入，1 路拾音输入，收音部分有中波和短波两个波段。

◀ 上海牌 GY 通用前级功放
20 世纪 80 年代
中国上海无线电三十二厂
长 55cm，宽 33cm，高 18cm

　　晶体管电子管混合式前级功放，备有低阻抗及高阻抗话筒输入各 1 路，拾音器输入 1 路，线路输入 2 路，录音重放 2 路。附有低频振荡器。本机与 GY-2x275W 有线广播机配套组成有线广播设备。额定输出阻抗为 150 Ω，可以推动两台 GY- 2x275W 有线广播机工作。本机也可与其他具有近似输入电平的广播设备配套使用。

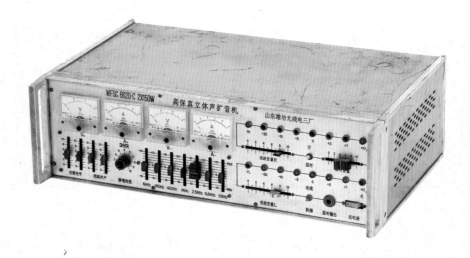

▶ **WFSC 6620 高保真立体声功放**
20 世纪 80 年代
山东潍坊无线电三厂
长 54.5cm，宽 40cm，高 21.5cm

　　该设备 1 话筒输入，1 路外接线路输入，7 段均衡器，监听耳机输出，前面板安装有输出电压、电流指示表，2×250W 合并式立体声功放。

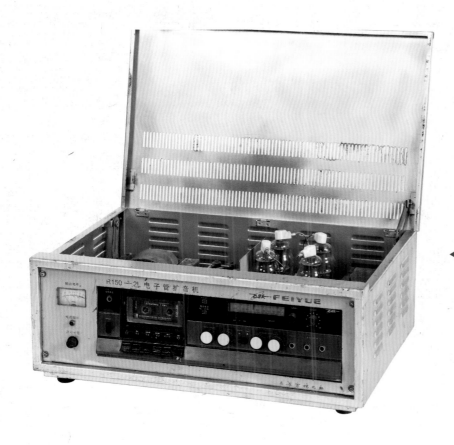

◀ **飞跃牌 R150-2L 电子管功放**
20 世纪
中国上海电视九厂
长 57cm，宽 42.5cm，高 23cm

　　飞跃牌 R150-2L 电子管功放是带卡座、中波和超短波收音功能的一体式功放机。

▶英雄牌合并式晶体管功放
20 世纪 80 年代
上海国光口琴厂
长 46cm，宽 25cm，高 20.3cm

　　该设备有 2 路话筒输入，1 路拾音输入，1 路
非平衡线路输入，带有二波段收音头，80W 单声道
合并式晶体管功放。

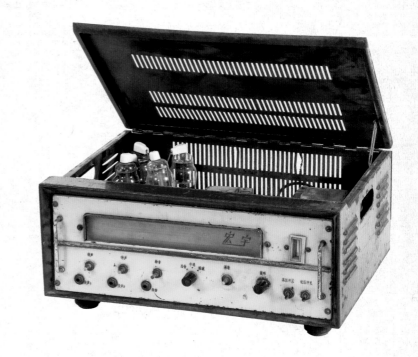

▶宏宇牌电子管合并式功放
20 世纪 80 年代
中国
长 50.5cm，宽 38cm，高 24.2cm

　　该设备 2 路话筒输入，1 路拾音输入，带有
二波段收音头，80W 单声道合并式电子管功放。

◀新亚牌 JKK100-A 功放
20 世纪 80 年代
上海新亚无线电厂
长 43.5cm，宽 31cm，高 13.5cm

　　该设备 3 路话筒输入，3 路线路输入，带有
二波段收音头，80W 单声道前后级电子管功放。

▶ 飞跃 FEIYUE NA-504 50W 卡带机功放
20 世纪 90 年代
中国
长 43cm，宽 27.5cm，高 14cm

　　该设备支持卡带，收音机（带调频），
2 路话筒输入，1 路线路输入，输入信号切
换，话筒独立音量调整，高音低音调整，
8Ω 阻抗输出，120V 定压输出，带开关切换，
220V、50Hz 电源输入。

▲ 珠江牌 HFO 混合放大器
20 世纪 90 年代
中国
长 48.5cm，宽 25.5cm，高 8cm

　　该设备 2 路话筒 / 线路输入和 4 路音乐输入，1 路电影输入，电磁，压电，线路带输入选择，AB 2 路输出，带独立选择，高音低音调整，
话筒音量、线路音量独立调整，220V 电源输入，标准 2U 机架。

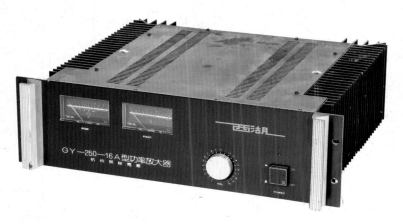

◀ 西湖牌 GY-250-16A 功放
20 世纪 90 年代
中国
长 48cm，宽 40cm，高 14cm

　　250W 功率功放，6.35mm 输入，2 路 120V 和 1
路 240V 输出，1 路监听输出，220V 电源输入，标准
3U 机架。

◀ **迪士普 DSPPA 自动化广播音响系统**
20 世纪 90 年代
广州市迪士普音响科技有限公司
长 485mm，宽 536mm，高 1855mm（含轮子）

　　这组设备是由节目定时播放器、数字调谐器、CD／VCD／DVD 机、报警器、警报器、电源时序器、分区寻呼器、分区器、监听器、报 警矩阵、强插电源、主备功放切换器、纯后级功放、后备电源、避 雷器组成的一套自动化广播音响系统，可实现自动化运行广播功能。

▲ **迪士普 DSPPA MX 2500 功放**
20 世纪 90 年代
广州市迪士普音响科技有限公司
长 48.5cm，宽 45.5cm，高 8.7cm

　　双声道平衡专业功率放大器，支持 2 路 XLR 接口信号输入，2 路 6.35mm 接口信号输入，使用更加灵活和方便。支持 3 种输出方式可选：双声道、单声道和 BT L 桥接，LED 指示灯显示各个通道工作状态，额定输出／每声道 8Ω 400W，4Ω 700W，桥接 1400W，标准 2U 机架。

▲ **迪士普 DSPPA MX 2000 功放**
20 世纪 90 年代
广州市迪士普音响科技有限公司
长 48.5cm，宽 45.5cm，高 8.7cm

　　双声道平衡专业功率放大器。支持 2 路 XLR 接口信号输入，2 路 6.35mm 接口信号输入，支持 3 种输出方式可选：双声道、单声道和 BT L 桥接，支持 LED 指示灯显示各个通道工作状态，额定输出／每声道 8Ω 300W，4Ω 450W，桥接 900W，标准 2U 机架。

三、专业扬声器系统

（一）外国藏品

▶ **CHARTWELL BBC LS3/5A 立体声监听扬声器系统**
20 世纪 70 年代
英国
长 19cm，宽 17cm，高 30cm

　　这是 BBC 电台版小型扬声器 。1976 年，曾在英国广播公司工作的 Dave Stebbings 与 Joseph Pao 合作 设立了查特韦尔 Chartwell Electro Acoustics，开始制作 LS3/5A。该音箱由 BBC 英国广播公司设计，在 BBC 授权许可下生产，并符合 LS3/5A 规范，驱动单元是 110 mm KEF B110 (SP1003，带有 Plastiflex 涂层的 Bextrene 锥盆) 和 19 mm T27 (SP1032，聚酯薄膜球顶高音单元)，承受功率 25W，频率响应 70 ~ 20000Hz±3dB；分频器的分频点为 3kHz。扬声器系统为 2 路 2 单元密封箱体，重量 5.3kg，阻抗 15Ω，灵敏度 82.5dB SPL (2.83V，1m)，推荐放大器功率为 25 ~ 50W。

◀ **Rogers BBC LS5/9 立体声监听扬声器系统**
20 世纪 80 年代
英国
长 28cm，宽 27.5cm，高 46cm

　　LS5/9 由 BBC 研究部于 1981 年设计完成，并授权给 Rogers 公司制造，迄今能看到的所有 LS5/9 几乎都是由 Rogers 公司生产的，开始于 1983 年左右，一直持续到 90 年代。它旨在用于不合适使用大型 LS5/8 的场所。BBC 希望 LS5/9 的主观声音表现尽量接近 LS5/8，因此高音单元选择了与 LS5/8 相同的 Audax HD13D34H，并安装了一个金属保护罩来避免振膜受到伤害，该组件被命名为 LS2/15，如今 Audax 仍在制造 HD13D34H，但是新版本的响应与旧版本略有不同，尤其在高频端。低音单元由 BBC 全新开发，使用了铸铝盆架和独特的 200 mm 透明聚丙烯锥盆，开发过程中进行了大量内部研究，设计报告 RD1983-10 详细阐述了实验内容以确定最佳的锥盆轮廓和材料，同时使用了激光干涉测量法和主观听力测试的全方位开发技术，低音单元命名为 LS2/14，委托给 Rogers 制造。2 路 2 单元倒相书架箱，类型分频频率 2.5kHz，频率响应 50Hz ~ 16kHz±3dB。这对 Rogers BBC LS5/9 监听扬声器背后挂有 AM 8/17 原配功放，自带脚架滑轮和音箱固定支架，可在录音室内根据需要移动调整监听位置。

▲ 真力 Genelec 1037C 立体声监听扬声器系统
1990 年
芬兰
长 40cm，宽 38cm，高 68cm

扫码观看视频

　　真力 Genelec 1037C 是用于中型控制室的主监听音箱，适用于音乐、环绕声监听、CD 母版制作、演播室、剪辑室或戏剧棚。最大声压 116dB，12 寸低频单元，5 寸中频单元，1 寸高频单元。1037C 设计用于支架式安装或者嵌入式安装。真力的指向性控制波导技术，确保了优异的辐射指向特性，提供了准确的声像定位和连续的声像群分布以及出色的频率均衡。房间回应修正控制保证音箱在任何声学环境下有最佳工作状态。

▲ 真力 Genelec 8020 立体声监听扬声器系统
2010 年
芬兰
长 13.5 cm，宽 13.5 cm，高 24 cm

　　8020 属于真力 SAM（Smart Active Monitor）系列，是其中尺寸最小的成员。它拥有 4 英寸的低频单元和 0.75 英寸的高频单元，搭载了真力 SAM 智能技术。配合使用 GLM 监听校准套件，整个监听系统可以实现精密的自动测量校准和灵活的监听控制。8020 可以与 7350 超低音箱组成小巧而强大的立体声、多声道环绕声监听系统，有效解决小型工作环境中的声学难题。

扫码观看视频

◄ Klein & Hummel O-92 录音室立体声监听扬声器系统
20 世纪 70—90 年代
德国
长 44cm，宽 30cm，高 80cm

　　4 路 4 单元主动式监听扬声器，自带 120 W 音频功率放大器。频率范围 30Hz ~ 20kHz，阻抗 8Ω；这对音箱曾经是雨果唱片录音室御用监听扬声器，声音中性标准。雨果唱片创始人兼首席录音师易有伍先生用该 K+H 制作出版了雨果、奇异果、音乐图书馆以及 LPCD 系列等百余张精品唱片，涵盖古琴、民族传统音乐、地方民歌、西洋古典、高雅歌曲、新世纪音乐等。

◀ 奥特兰辛 ALTEC LANSING 604-8G 立体声扬声器系统

20 世纪 80 年代

美国

长 66cm，宽 51cm，高 101cm

604-8G 为 2 路同轴号角低音反射落地式扬声器系统，38cm 钴磁多格号角型同轴单元，高频可作 -5 ～ +4 级的调整，采用低音反射箱体，外观为胡桃木饰面，正面障板表面同色。前格栅采用棕色沙纶网。分频频率 1.5kHz，频率特性 25Hz ～ 20kHz，阻抗 8Ω，灵敏度 103dB/W/m，是 ALTEC LANSING 黄金年代的经典扬声器系统。

▲ ALTEC LANSING MRII 594A 号角 +N1285-8B 立体声扬声器系统

20 世纪 80 年代

美国

长 75.5 cm，宽 37.3 cm，高 132cm

2 路分体式号角低音反射落地式扬声器，蝠型号角 MRII 594A 高音置于双低音单元箱体上方，分频器为 N1285-8B。低通采用 2 只 38cm 锥形低音单元。板材采用 19 mm 厚的刨花板，外部采用剧院灰色饰面。频率特性 25Hz ～ 20kHz，阻抗 8Ω，灵敏度 105dB/W/m，是用于影剧院的专业播放扬声器系统。

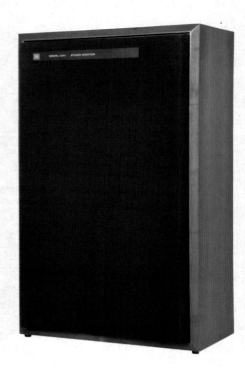

扫码观视频

▶ JBL4344 立体声扬声器系统
20 世纪 80 年代
美国
长 63.5cm，宽 38.3cm，高 105 cm

　　JBL4344 是 4 路 4 单元低音反射落地式扬声器系统。低音单元为 38cm 锥体形（2235H），中低音单元 25cm 锥体形（2122H），中高音单元为 2425J 和喇叭形导波器 (2307+2308)，高音单元 2405H 号角式高音。前面板配备可调节中低音、中高音、高音各单元输出声压级的衰减器。箱体的设计以垂直摆放使用为前提，并采用对称的单元布局。左右高音扬声器位于外侧还是内侧，可根据两个系统之间的距离和房间的形状自由确定。分频频率 340Hz、1.3kHz、8kHz，频率特性 30Hz ～ 22kHz（-6dB），灵敏度 93dB，阻抗 6Ω。这是 JBL 颇具代表性的大型落地式立体声扬声器系统。

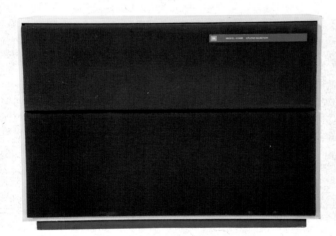

▲ JBL 4350B 立体声扬声器系统
20 世纪 80 年代
美国
长 121 cm，宽 51cm，高 89 cm

扫码观视频

　　JBL 4 路 5 单元低音反射、落地式扬声器系统，专为需要大声压级的大型录音室而开发。以 JBL 于 70 年代开发的 4350 为基础，改进了基本设计。低音单元搭载 2 个 38cm 锥形低音扬声器 2231H，通过并联连接确保高输入、高输出特性。通过使用单独出售的专用分频器 5234，可以在分频频率 250Hz 下进行多放大器驱动。中低音为 30cm 锥形 2202H，中高音单元为组合驱动器 2440、喇叭 2311 和喇叭透镜 2308，高音区域搭载了号角式高音扬声器 2405。前挡板左右位置的中高音单元和高音单元可以互换，构成对称的镜像对。外部有胡桃木饰面或灰色饰面两种颜色，前面板是蓝色或黑色障板。分频频率 250Hz、1.1kHz、9kHz，频率特性 30Hz ～ 20kHz，阻抗 8Ω，灵敏度 95.5 dB/W/m。

◀ JBL MR926 扬声器系统
20 世纪末
美国
长 70cm，宽 44.5cm，高 102.5cm

　　JBL 用于专业扩声领域的扬声器系统。频率范围：38Hz ~ 17 kHz（-10dB），承受功率 350W，峰值承受 1400W，标称阻抗 8Ω，灵敏度：102dB（1W，1m），低频单元为 380 mm（15 英寸），高频驱动单元为纯钛膜片压缩驱动器双径向号角喇叭。

▶ JBL G-732 扬声器系统
20 世纪 80 年代
美国
长 61.5cm，宽 44cm，高 81cm

　　JBL 的 2 路 2 单元 Performance 系列扬声器系统，专为扩声和乐器而开发。低频配备型号为 G135A-8 的 38 cm 锥形低音扬声器，高频配备了使用纯钛振膜的喇叭式单元 2416H-1。箱体由刚性多层胶合板制成，带有聚氨酯涂层，以确保高耐用性和高防水性。

◀ JBL 4642A 超低音扬声器系统
20 世纪末
美国
长 122cm，宽 61cm，高 76.2cm

　　JBL4642A 是一款高品质的超低音扬声器系统，两只 460 mm（18 英寸）低音单元安装在直接辐射器中。该 4642A 音箱在模拟或数字电影院的扩声配乐中能提供理想的增强低频。频率响应 22 ~ 100 Hz(±3 dB)，阻抗 4Ω，灵敏度 100 dB。

◀ **EV DOMINATOR 扬声器系统**
20 世纪 70 年代
美国
长 51.5cm，宽 48.4cm，高 108.3cm

　　EV DOMINATOR 扬声器专为舞台或者迪斯科舞厅而设计，DOMINTOR 是三分频的扬声器系统，采用了 1 个 EVM15L 的低音单元，1 个 1829 中音单元，以实现出色的中低音效果，ST350A 高音单元以其平滑的响应和 120°的水平扩散角度为 DOMINATOR 系统在演出场所提供高性能表现。承受功率 1400W，标准阻抗 8Ω，灵敏度 95dB，频率响应 60Hz ~ 16kHz。

▶ **依爱德 EAW 扬声器系统**
20 世纪 90 年代
美国
长 51.3cm，宽 37cm，高 62.3cm

　　FR152Hi 提供高水平声音效果，结构紧凑。FR152Hi 有扩展低频响应和出色的高频 quency 模式控制。它相对小巧的外形放置灵活，适用于剧院、企业、巡回演出、教堂、演讲厅等多种场地。
　　承受功率 350W，阻抗 8Ω，灵敏度 100 dB SPL，驱动单元为 1 个 1 英寸压缩驱动器，恒定指向性高音喇叭，1 个 15 英寸低音喇叭。频率响应 55 Hz ~ 17 kHz，声压级 122dB。

◀ **百威 PEAVEY SP 2G 扬声器系统**
20 世纪末
美国
长 55.5cm，宽 41cm，高 77cm

　　百威专业扬声器系统，频率响应 54Hz ~ 17kHz，承受 1000W 功率，2000W 峰值功率，灵敏度 98dB(1W/1m)，通过 6.5mm 接口连接播放设备。

◀ 建伍 KENWOOD M-918DAB 扬声器系统
20 世纪 90 年代
日本
长 68.5cm，宽 35cm，高 59.5cm

    M-918DAB 运用传统和先进的数字技术，配备高品质的 DABplus 接收器，允许通过蓝牙进行音频流播放。自带立体声功放输出功率 2×50W，有着出色的音质。采用经典的简约设计，外部播放器也可通过电缆连接设备前面的 USB 端口，可从 U 盘和硬盘传输音频数据，尽情享受优质的音乐。

▶ 兰尼 Laney LX20R 扬声器系统
20 世纪 90 年代
英国
长 49cm，宽 26.5cm，高 42.5cm

    兰尼 Laney LX20R 扬声器系统使用 1 个 8 寸 Laney 原装 HH 喇叭，带 EQ 均衡可调节低音、中音、高音，功率 20W，双通道，供电电压 220V，耳机输出 6.5mm，音频输入 6.5mm 接口，顶部安装手提带便于外出使用。

▲ 博士 BOSE 802 II 扬声器系统

20 世纪末

美国

长 34cm，宽 52cm，高 33cm

　　BOSE 802 II 提供模块化系统，专为高质量增强语音和音乐而设计，可确保在扬声器的整个工作范围内实现平滑准确的频率响应。功率处理能力 240W，阻抗 8Ω，灵敏度 92dB，频率响应 50Hz ~ 16kHz。

▶ 博士 BOSE 402-W 立体声落地式扬声器系统

20 世纪 70 年代

美国

长 24cm，宽 20cm，高 56cm

　　BOSE 402-W 使用了 4 只全频喇叭单元，安装有保险管保护线路，声音组件提供完全模块化的系统，旨在增强音乐和语音的质量效果。Bose 402-W 扬声器与 402-E 系统控制器配合使用，实现系统的主动均衡。阻抗 8Ω，灵敏度 90dB，最大输出 110dB，频率响应 90Hz ~ 16kHz，重量 7kg。

▲ 博士 BOSE AWCS II 超低音扬声器系统

1980 年代

美国

长 381cm，直径 43 cm

　　该设备独特的管道外形 Acoustic Wave Cannon SystemII(AWCS II) 超低音扬声器是 Bose 音响系统的低音部件，运用 Bose 声波导扬声器技术，专为高品质低音和音乐增强而设计。AWCS II 包括系统均衡，当与 Panaray 系统数字控制器相结合时，在整个工作范围内提供平滑准确的频谱响应，同时在两个独立的中高频信号通道上提供扬声器保护，频率范围 25Hz ~ 125Hz (±3dB)，灵敏度 84dB(1W，1m)，最大声输出 109dB。

（二）中国藏品

▶ 北京天安门华灯扬声器系统
20 世纪 70 年代
中国北京第一无线电器材厂
长 46cm，宽 60cm，高 336cm

　　北京天安门华灯音箱是天安门广播系统的一部分，由国营第七九七厂（又名北京第一无线 8018 电器材厂）提供。箱体由钢板焊接加铸铁顶盖构成，电器部分则由 6 个 10 寸喇叭和 2 个高音号角组成，采用前后开放式设计，保证了声音的指向性和前后声场的平衡性，让前后声音效果达到最佳状态。

　　华灯音箱是中国专业音响发展的一个缩影，2017 年 8 月 28 日，由原第七九七员工捐赠给广州市迪士普音响博物馆收藏。

◀ **中华牌 J-3003 扬声器系统**
21 世纪
中国
长 33.2cm，宽 25cm，高 59cm

中华牌 J-3003 是广播设备调音台专用的主动式监听音箱，使用卡侬插头和广播设备线路输出专用平衡插头座。输入阻抗 600Ω，音箱内部有号筒式高频单元。

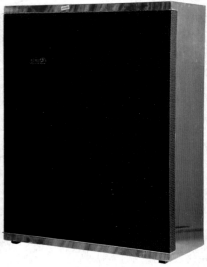

扫码观视频

▶ **中华 GY-J35 立体声扬声器系统**
20 世纪 70 年代
中国
长 69 cm，宽 36cm，高 96cm

中华牌 GY-J35 扬声器系统是录音室监听音箱，它通常在混响时间很短的密闭室内使用，用来制作唱片、广电节目。早年被称为"中国第一音箱"，2 只低音单元为红声牌 12 寸纸盆单元，高音为南京 10-4 大号角单元。GY-J35 的主分频点在中偏高音区，副分频点在低音区，分频器设计比较复杂，在频段衔接上更为精妙，播放出的声音要求均匀覆盖人耳能听到的全频段声音。频响特性 40Hz ～ 16kHz±6dB，灵敏度 96dB，指向特性为水平 ±45°，垂直 ±18°，最大承受功率 35W。诞生超过 50 年，主设计师是上海中国唱片厂总工程师、中国声频技术泰斗李宝善先生，中华 GY-J35 曾经大量装备我国的专业录音室。

▶ **无牌扬声器系统**
20 世纪中期
中国
长 85cm，宽 46.5cm，高 160cm

该音箱有 2 个号角高音，4 个低音，为何被称为无牌？那是因为在这期间有一段很有趣的历史：中华人民共和国成立后，实行的是计划经济体制。1978 年，社会主义市场经济体制开始逐步建立，随着经济体制改革的深入，国民经济开始进入高速发展阶段。在国家经委和国家机械委员会的指导下，开始对低压电器、民用电度表等产品试行工业生产许可证制度管理，凡是拿到许可证的都能生产音箱并进行销售，所以在那时出现很多无牌的音箱，广州市迪士普音响博物馆收藏的这台音箱正是当时的历史见证之一。

▶真美牌电影扩声扬声器系统
20 世纪 70 年代
中国
长 160 cm，宽 90 cm，高 137cm

　　中国天津真美音箱，双驱动器
单号角高音，双 15 寸低音单元，
用于电影院扩声的专业音箱。

◀YZ40-3 电影院扩声扬声器系统
20 世纪
中国伊春旭日电影器材木制品厂
长 80cm，宽 141.3cm，高 174cm

　　伊春旭日电影器材木制品厂制造，承
受功率为 40 W。双驱动器双号角高音，
双 15 寸低音单元，用于电影院扩声的专
业音箱。

第八章　民用高保真音响

THE HISTORY
OF WORLD AUDIO
DEVELOPMENT

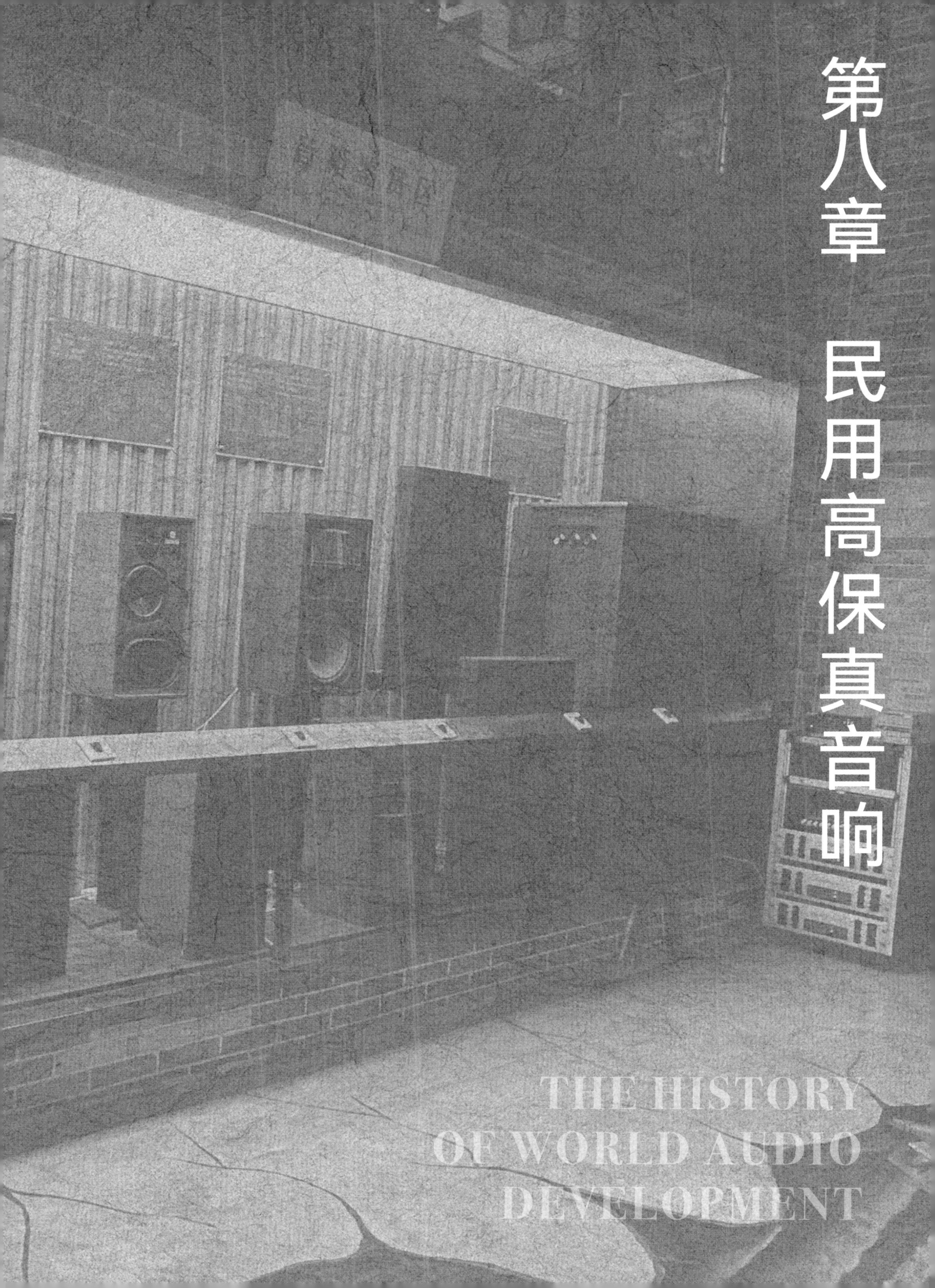

相对于专业音响而言，民用音响指高保真音响、家庭影院音响、汽车音响等家庭用途为主的非商用音响。事实上，不少用于录音室和户外转播监听用途的专业音响，后期因被音响爱好者发现能真实重播音乐而被引入民用领域。从早期单声道音响时代演变而来，现在的高保真家用音响主要是双声道立体声系统，家庭影院和汽车音响是多声道系统，而且都朝着高度还原音质音场的方向发展。究竟什么是 Hi-Fi 高保真音响呢？本章我们一起从 High-Fidelity 开始溯源。

第一节　民用高保真音响发展史

High-Fidelity 于 1927 年首次由英国人 H. A. Hartley 引用到音响领域，1951 年，美国 *High-Fidelity* 杂志创刊，出现了 Audiophile 一词，这个单词被译为"音频爱好者"，也就是我们常说的"高保真音响爱好者"或"发烧友"。"Hi-Fi"是"High-Fidelity"的缩写，用于音响系统即为"对原来的声音高度真实还原"之意，这类器材就称为高保真音响，又称为"发烧音响"。此后还出现了"Hi-End"一词，指那些不惜代价追求顶级播放效果的高保真音响。

1951 年美国 *High- Fidelity* 杂志创刊号

高保真音响经历了从早期的单声道年代，到 20 世纪 50 年代开启的立体声双声道年代，又经历了环绕声和沉浸式多声道年代，为聆听者带来更为逼真的身临其境的音乐现场感体验。

一、单声道音响

20 世纪 50 年代之前的单声道年代，家用音响通常仅用一只喇叭或音箱发声，声音重播从一个声源发出，对应的也只需要一台后级功放。当时还处于电子管时代，英国人 D.T.N.Williamson 于 1947 年发现了对早期放大器音响发展影响极深的 Williamson 线路（威廉逊线路）。当年不少 Hi-Fi 放大器都是以 Williamson 的全三极放大推挽再加上负回输设计为蓝本，较注重音色与低失真的三极推挽设计也是当时市场上的主流。当时主流高级后级放大器机型包括：美国的 McIntosh 50W-1、Fisher 50-A、Bell 2145、Radio Craftsman C500 等；英国则有 Quad I、Leak TL/12.1、Rogers Williamson、Goodsell Williamson 等。

随着市场对放大器功率要求不断上升，David Hafler 和 Herb Keroes 于 1951 年在美国著名音响杂志 *Audio Engineering* 发表了 "Ultra-linear"（超线性）线路。此线路采用了由输出变压器引线回输至帘栅极的方式，大大减低了五管输出的失真和内阻，并能在三极的音色和五极的力量之间取得平衡。而线性线路亦深深地影响了 50 年代中期以后的美国 Hi-Fi 放大器线路设计。

英国 Quad I 前后级放大器　　　英国 Leak 放大器

1954 年，英国人 Mullard 改良了 Ultra-linear 线路，并推出了 Mullard 5-10 和 Mullard 5-20 线路，相继成为当时英国放大器的主流线路之一。除此之外，当时还有 McIntosh 的 Unity Coupling、EV 的 Circlotron、Stephens 的 OTL、National 的 UnityCoupling、UTC 的 Linear Standard、Lowther 的 Lowther Linear 及 Quad 的 Super Ultra Linear 等知名的放大器线路设计。这些新一代 Hi-Fi 放大器线路在放大器的功率、失真率和线性表现上都远远超越 40 年代的产品。50 年代中期至 50 年代末，高级机型都以 Ultra-Linear 设计和其他自行研发的线路设计为主，当中包括：美国的 RCA SP-20、Fisher 90-A 及 McIntosh MC-60 等；而英国方面有 Quad II、Audiomaster 11A·BeamEcho DL7-35、Leak TL ／ 50 plus 等。

扬声器方面，Paul W Klipsch 于二战期间研制出 Klipschorn(杰士)接合式迷宫低音号角音箱，这个设计大大影响了 40 年代末至 50 年代中期大型 Hi-Fi 扬声器的发展路径。当时用上这个设计的大型 Hi-Fi 扬声器有：美国的 EV Patrician、JBL Hartisfield、Jensen Imperial，以及英国的 Tannoy Autograph、Rogers Junior Corner Horn 及 Lowther TP-1 等，这些都是单声道年代非常著名且颇受赞誉的扬声器。

二、立体声音响

20 世纪 50 年代初，立体声录音曾经以 Binaural 双声道形式推向市场，可惜受当时软件供应所限，并未能在市场上取得成功。直至 50 年代中期 Reel-to-Reel 开盘式立体声录音的出现，才开始有英美公司推出立体声的开卷式录音带。由于早年立体声开盘录音机和软件的售价高昂，并非一般消费者可以负担，因此在 50 年代中期，立体声还未能全面普及。直至 1958 年，美国 Audio Fidelity 利用 Westrex 研制的 45 ／ 45 录音头首先把立体声唱片推出市场，其后 Columbia、RCA、Capitol、Marcury、Decca 及 EMI 等大公司也纷纷推出了立体声唱片，那时各大音响生产商才纷纷推出立体声音响器材，至此，音响界正式步入了立体声年代。至 50 年代末，单声道 Hi-Fi 音响的供应差不多到了饱和的阶段，而以双声道运作的立体声的出现，的确为当时的 Hi-Fi 市场带来了一个全新的契机。由此可见，立体声硬件和软件保持着同步发展。

1958 年，不少英美公司都纷纷推出立体声收音机和立体声放大器成为主流产品，而叫好又叫座的代表作，有 Fisher 的 TX-200 立体声合并放大器系列、Scott 的 299 合并放大器和 330 立体声收音扩音机系列等。立体声前级均以多功能作为卖点，由于不少消费者还未习惯由单声道转至立体声播放，所以不少前级都附有 Center Channel 的功能，而其他 Mono、Phase Inverse、Loudness 等功能更是不可或缺。当年经典的

立体声年代大型扬声器系统代表作 JBL
PARAGON

立体声年代 Fisher 合并式功放

立体声前级有 Marantz 7C、Fisher 400CX-2、Scott 122、Harman Kardon Citation I 和 McIntosh C20 等。立体声后级发展方面，由于书架式和低灵敏度扬声器设计的兴起，所以立体声后级纷纷向中功率和大功率方向发展，代表产品有美国的 McIntosh MC-275、Marantz 8B、Eico HF-89、Scott 290、Dynaco ST-70 等；英国则有 Leak Stereo 60、Lowther LL15S、Rogers Master Stereo 及 Decca Decole Separates Stereo 等。

立体声年代，美国马兰士，经典的 7+8B 前后级功放和 10B 调谐器

进入立体声早期的 50 年代仍以大型扬声器系统为主，到了 60 年代中后期，书架扬声器和小型座地扬声器已渐渐成为主流产品，而由于这类扬声器的效率较低，所以对放大器功率的要求便进一步提高了。面对着生产成本高企和市场竞争加剧的问题，音响生产商纷纷推出成本较低、能够营造出较大功率的晶体管放大器，以取代生产成本较高的真空管放大器。不幸的是，一方面由于当时晶体管放大器的生产技术尚未成熟，在保养期内晶体管放大器的回收率高，继而影响了生产商的利润；另一方面，由于初期的晶体管放大器的声音质素比不上当时已发展成熟的真空管放大器，进一步打击了消费者对购买新产品的信心。日本音响生产商便利用这个美国本土晶体管放大器青黄不接的时间，以低廉价格及相若的质素，大举入侵美国音响市场。短短十年间，不少美国传统音响器材生产商因竞争激烈和无利可图，被迫淡出音响市场，或被日本厂家收购，马兰士就是最典型的案例。

　　然而美国音响器材市场被日本廉价音响器材入侵之后，有不少音响迷对日本廉价音响的声音质素深感不满。70 年代初美国正酝酿着另一股新音响的工业革命，当时一班经过 60 年代音响市场洗礼的新晋音响工业家了解到，美国本土音响工业想要生存，就要走高素质、高价格路线，并要与廉价的日本音响器材划清界限，这个走高素质、高价格路线的音响工业就是早期美国 Hi-End 音响的起步阶段。

　　立体声音响从 20 世纪 50 年代发展到如今 21 世纪，仍是 Hi-Fi 和 Hi-End 音响的主流，用一对精心调整摆位的立体声扬声器欣赏音乐，仍能满足大部分还原演出现场的要求。

现代立体声音响可实现更丰富的搭配方式

三、 多声道音响

最早出现的多声道环绕声重放理念，来自 1933 年美国贝尔实验室工程师在进行音乐会实况现场传送过程中所提出的三声道立体声系统，他们发现利用前方左、中、右三声道扬声器能够重现接近于无数声道前方扬声器的声场效果。随后又出现了四声道系统。迪士尼曾尝试在古典音乐动画电影《幻想曲》中加入环绕声的元素，发明了类似于目前五声道环绕声系统的录制模式，后期更研发出多轨录音法、声像定位法与多轨叠录法，并在将环绕声带入剧场时运用了环绕扬声器列阵，这正是环绕声诞生的标志。

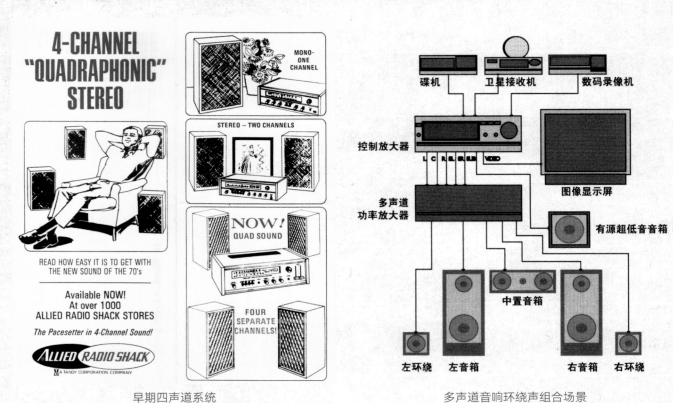

早期四声道系统　　　　　　　　　　　　　　　　　多声道音响环绕声组合场景

20 世纪 50 年代，一种名为"Cinerama"的立体声宽银幕电影开始出现，并开发出 7 声道的音频系统，主要有银幕前方的五个声道（包括前置三声道和左右两个侧环绕声道）与两个后环绕声道。

1977 年，杜比实验室在四方声振幅相位矩阵编解码系统 (Peter Scheiber 振幅相位系统) 的基础上开发出 Dolby Stereo 杜比立体声多声道环绕系统，将压扩降噪系统和 4：2：4 矩阵编解码系统相结合，获得了更宽的动态与频响范围。

1987 年，SMPTE 电影电视工程师协会的一个小组委员会制定了分离式 5.1 声道数字音频系统，推荐采样率为 48kHz、量化精度为 18bit 的 LPCM 编码的 5.1 声道信号，引领了随后多年的电影多声道环绕声的发展。此后，为了增强家庭影院中的环绕声效果，杜比实验室在 2009 年推出了 9.1 声道的 Dolby Pro Logic II z 音频处理技术，而 Audyssey 实验室则在同期带来最高支持 11.1 声道的 Audyssey DSX 技术，以及 DTS 带来了同样支持 11.1 声道扩展的 Neo:X 技术。

目前世界各地都有不同的机构加入多声道环绕声的研发之中，当中包括 SRS 实验室在 2012 年的 CES 展会推出的 MDA 多维音频技术规范 1.0，日本放送协会 NHK 所研究并推广的 22.2 声道系统，以及欧洲弗劳恩霍夫学院 Fraunhofer Institute 研究的 Losono 波场合成系统，通过 200 个扬声器来重现声场。这些均代表着未来多声道环绕声技术发展的重要方向。

多声道环绕声技术已经存在超过 90 年，尤其是近 30 多年的发展，不仅仅是声道数量上的增加，重播方式也从二维平面往三维立体化的方向发展，使得声音越来越接近真实环境下的声音，也给音效制作人员带来更多声音创作的灵感，让我们能够享受到前所未有的声音效果。

第二节　民用高保真音响品牌和厂家介绍

音响业作为电子科技行业的一个重要分支，从工业革命开始就发源于欧洲和美洲大陆，近代 Hi-Fi 音响品牌从世界版图来看，集中于北美（美国、加拿大）、欧洲（英国、德国、法国、意大利、丹麦、瑞士等）。从时间上来看，推动音响录音行业发展的重大发明最早出现于美国，在欧洲则是英德两国引领前进的步伐，北欧瑞士、丹麦等国则紧随其后，法国和意大利等南欧国家在 20 世纪 70 年代才迎来 Hi-Fi 的繁荣时期。而俄罗斯（苏联）由于条

件限制，和我们中国一样直到 20 世纪 80 至 90 年代才陆续启动。但在亚洲日本无疑是 Hi-Fi 发展最成熟的国家，知名品牌和经典器材为数不少，对亚洲乃至全球的高保真音响发展起到关键作用。

一、世界高保真音响声音的主要风格特色

由于文化背景的差异，不同国家设计制造的器材具有不同的音乐表现风格。在音源、功放和扬声器系统三大类器材当中，声音最终输出端"扬声器"系统的个性特点表现得最为鲜明，其次是功放和音源及周边辅助器材。对于风格，不同的文化区域有着不同的理解，因此有了"美国声、英国声、欧洲声、日本声"之说。这种"不同地域声"代表一种文化对声音的理解，这种理解不是出于技术层面的，而是艺术层面的，它背后反映的是文化的沉淀以及民族的性格。

（一）美国声

作为高保真 Hi-Fi 发祥地，美国音响讲究气势、力度和气魄，低频再现胜人一筹，动态范围宽，速度快，冲击力强，声音紧张而富有刺激，听起来强劲而豪爽。这些特点使得它们在重放爵士、摇滚流行音乐时有上佳的表现，特别擅长营造气氛，故常为追求感官刺激和效果渲染的发烧友所津津乐道，也较适合家庭影院使用。

典型代表有美国的麦景图 McIntosh、马克 Mark Levinson，乐林 Jeff RowlanD、JBL、奥特兰辛 Altec Lansing、博士 BOSE 等品牌。

（二）英国声

古老的英国，全称是大不列颠及北爱尔兰联合王国，本土位于欧洲大陆西北面。英国音响普遍音色柔和、细腻、温暖，中高频表现出色，低频动态富有弹性，音乐感浓郁，颇具贵族绅士风度，而且长时间近距离

聆听不会感到疲倦，特别适合欣赏古典音乐、交响乐、轻音乐和美声歌曲等艺术类作品。

典型代表有英国的天朗 TANNOY、宝华韦健 B&W、KEF、乐爵士 Rogers、贵族 Proac 等品牌。

（三）欧洲声

以德国、法国、丹麦、意大利等欧洲大陆发达工业国家为代表，作为古典音乐发祥地，有着悠久的音乐底蕴，音响产品声音雍容大气，全频均衡、细致严谨，声色纯正，追求细节丰富不放过细腻毫发，苛求声音准确不屑于虚假，从流行人声到交响鸿篇巨作都能轻松把控。

典型代表有德国的 MBL、柏林之声 Burmester、金榜 Canton、意力 ELAC，法国的劲浪 JM lab、Jadis，丹麦的丹拿 Dynaudio、达尼 Dali、尊宝 JAMO，瑞士的纳格拉 Nagra、高文 Goldmund，意大利的势霸 Sonus faber、优力声 Unison Research 等。

（四）日本声

以高科技著称的日本音响，大多数器材的商业味较浓，在外观的新颖性和功能的多样化方面特别能够迎合消费者的心理，内部的设计精密程度也令人钦佩，但在音乐表现力方面普遍不如欧美产品，再现音色的丰富色彩和微妙变化仍有差距。这种不足在日本音箱上体现得尤为突出，不过制造功放和 CD 唱机却是日本人擅长的。由于日本音响外观工艺精度高、功能齐全、技术指标好，同时价格相对较低，在国际市场上占有率很高。

典型代表有力士 Luxman、天龙 DENON、金嗓子 Accuphase、索尼 SONY、雅马哈 YAMAHA、先锋 Pioneer、安桥 ONKYO，以及只做高端产品的 TAD、ESOTERIC 等。

（五）中国声

国产 Hi-Fi 品牌的中国声该如何形容？中国的高保真音响起步于改革开放后的 20 世纪 80 至 90 年代，进入 21 世纪后逐渐跟上世界步伐，从为全球品牌代工到自主设计研发，"中国好声音"的国产 Hi-Fi 音响无论是从外观设计、制作工艺，还是内在结构或声音表现，已完全脱离粗糙不平衡、缺乏音乐味的早期状态，新材料技术的运用和数字时代的来临，为音响器材重播提供了强大的信息量和更丰富的细节，也为打造平衡的自然之声提供了绝佳条件。

国产扬声器惠普 Compact、惠威 Hivi、美之声 Master Audio、金琅 Aurumcantus，号角扬声器隐士 Esd，电子管功放欧博 Opera、斯巴克 / 凯音 Spark/Cayin、丽磁 Line Magnetic、麦丽迪 Melody、拉菲尔 Raphaelite，晶体管功放八达 Bada、钟神 Zhongshen，音视频光盘播放机欧珀 OPPO、黑胶唱机阿玛尼 Amari，全方位出击的声雅 SHENGYA，还有从收音机逐步转型到 Hi-Fi 阵营的德生音响，以及高班 Gaoban 电子管功放、平均律 ETA 高素质扬声器等后起之秀，通过这些品牌，我们窥见中国高保真音响成功的缩影。中国 Hi-Fi 产品已存在三十多年，尤其近年来国内音响发展迅速，形成了与国际品牌同台献艺的实力。

看来极致好听的声音，无法完全用国家或地域去界定，在搭配上也可风格互相融合，当代优秀的 Hi-Fi 音响，所追求的还是殊途同归——实现音乐的高保真重播。

二、高保真音响品牌介绍

（一）美国麦景图 McIntosh

美国麦景图 McIntosh 由 Frank. H. McIntosh 先生于 1947 年创办，来自加拿大的音响工程师 Gordon J. Gow 被任命为公司的执行副总裁，两人成功研发出 Unity Coupled 单一耦合电路，更成功注册专利，对其

麦景图 McIntosh 创始人 Frank. H. McIntosh（右）和 Gordon J. Gow（左）及其音响系列

日后的产品具有深远影响。凭着坚持与创见的理念，麦景图拥有昨日的光荣与今日的成就。麦景图既是真空管的鼻祖，缔造了真空管音响的黄金年代，又是晶体管与集成电路的先锋，担当音响工业步入晶体管年代的领航者，尤其是它的功率放大器以独特优美音色闻名天下。自 1949 年以来，麦景图已经开始以手工生产出享有盛名的音响产品。为高质量声音重现下了定义，同时也为性能、可靠性和服务制定了新标准。麦景图的 Hi-End 专利注册技术包括多线并绕输出变压器、湖水蓝实时功率输出显示表、多重监察线路保护装置，等等，这些创新使麦景图的产品历久不衰。麦景图高瞻远瞩，其大功率、高储能及超宽带应的技术概念，成为业界所追随的学习对象。麦景图音响声音大气豪迈，平衡度极高，音质醇厚，动态及分析力具备，场面感气势十足。

（二）美国 Audio Research

美国 Hi-Fi 厂家 Audio Research Corporation（简称 ARC）成立于 1970 年，是美国高级音响的重要代表生产商之一，始终坚持美国设计制造。从 1970 年 William Z. Johnson 创立 Audio Research 开始，五十多年来，ARC 已经成为坚持走电子管音响线路的中流砥柱，这是 ARC 历久不变的目标。ARC 一些深入人心的精品，在前级方面，令人怀念的有 LS2、LS5、SP-8、SP-10 和 SP-11 等，后级方面则有 D-52、D-70、M-300 和参考旗舰 Refe Rence 600 等。这

Audio Research 创始人 William Z. Johnson

Audio Research 功放

些前后级，从 20 世纪 70 年代到 21 世纪，都是独领风骚、名震一时的代表作。

（三）美国博士 BOSE

BOSE 由美国麻省理工学院电机工程教授 Amar G. Bose（阿玛尔·博士）于 1964 年创立，1967 年传奇的 901 直接 / 反射式扬声器问世，它能将 89% 的声音从墙壁上反射回来，等同于现场音乐会自然逼真的音响效果。1972 年 Bose 进入专业音响领域，为专业人士的需求和品位设计扬声器系统。1986 年，Acoustimass 音响气量流扬声器技术诞生。1987 年年度发明者奖声音波导技术在科学界引起轰动，这也带给了阿玛尔博士"年度发明者奖"的荣誉。1990 年，BOSE 发明了 Lifestyle 悠闲系统。获得专利的音响系统，只闻其声，不见其形的扬声器设计和表现超过当时平均水平。走近 Bose 公司的科研队伍，可以发现这里

Bose 创始人 Amar G . Bose 阿玛尔·博士

拥有音响行业界中从事声学及电子研究人员最强的组合，在总部的研究部门有超过 350 位科学家及研究员。BOSE 公司的业务涉及了包括民用、专业音响及汽车音响和航天科技等各种领域，被称为全球音响企业中销量最大的扬声器制造公司。21 世纪，BOSE 进入 Wave/PC 交互式音响系统时代，这个世界扬声器生产商继续呈现其在音响界传奇般的历程。

BOSE 传奇的 901 扬声器系统

（四）英国天朗 TANNOY

天朗创始人 Guy R. Fountain 及天朗扬声器系统

英国天朗（TANNOY），一个注定和音响不可分离的世界著名品牌，可谓是音响的文化、历史、科技进步的浓缩与写照。而"TANNOY"亦被列入各大英文词典。天朗的历史可追溯至 20 世纪，即英国伦敦开始使用无线电广播的 1926 年。天朗的创始人 Guy R. Fountain 采用"钽合金"（tantalum alloy）发明了可用于充电的整流器，继而在伦敦开设了一间小型工厂专门加工生产这种整流器，其工厂的命名采用了两种金属英文的合并缩写即 TANNOY，这标志着天朗公司的最早雏形形成。

1947 年，首席工程师 Ronnie Hastings Rackham 成功研制出独有的同轴单元技术 (Dual Concentric Point Source Technology)，同轴单元是把高中低音精巧准确地装嵌在同一单体轴线上，解决了时间及相位误差的问题。1976 年，Guy R. Fountain 将公司卖给美国哈曼国际集团，公司从伦敦搬到格拉斯哥郊外。1981 年，天朗原管理层出资买下天朗。1987 年与 Goodmans 合并为天朗古德曼斯国际集团 (TGI: Tannoy Goodmans International)，成为英国最大的扬声器设计和制造集团。2000 年，推出宽带音箱的先驱 Dimension 系列音箱。2002 年，成为丹麦 TC 集团的一部分。2009 年，推出 Definition 系列音箱。2010 年，推出 Kingdom Royal 型号。经过多年的努力和奋斗，天朗公司在民用 Hi-Fi、专业录音监听音箱，广播电台监听音箱等制造领域奠定了自己不可动摇的地位。

天朗品牌的历史如此悠久，50 年代最早的同轴单元"Monitor Black "诞生，随后演进为"Monitor Silver "，60 年代，"Monitor Gold "和"Monitor Red "监听音箱在录音棚中被大量使用。这些以扬声器单元磁体罩颜色"黑—银—金—红"命名的系列，越早期产量越少，也越珍贵。70 多年前制定的天朗同轴驱动单体基本设计一直保留至今并不断完善，在高保真扬声器和扩声系统设计制造方面的尖端成就总能得到至高的赞誉。

天朗有许多经典的型号，如 Autograph, GRF(最初创意来自 Guy Fountain)， Lancaster 以及 Windsor 等，其中有一些至今还在使用并成为珍贵的收藏品，虽然最初的那些音箱不具备现代音箱的分析力和速度，但它们的音质听上去仍然是令人愉悦的。

与最初设计相比，天朗 Prestige 系列被认为最能代表天朗的形象，多次在欧洲和日本的立体声杂志获得"COTY 年度奖""艺术的象征"等各大奖项。该系列的西敏寺 Westminster、GRF 纪念款 GRF. Memory、肯德宝 Canterbur、爱丁堡 Edinburg、斯特林 Stirling 等型号成为高贵复古的象征，甚至成为皇家御用品。除此之外，天朗还相继推出了 ST-50、ST-100、ST-200 三款超高音扬声器，主要为应对 SACD 宽带录音格式而设计，其承受功率高达 250W，可以加载于贵族系列任何一款音箱之上。如今的 Prestige 贵族系列扬声器使用的材料已大大改进，拥有的驱动单元和箱体也更加完善。

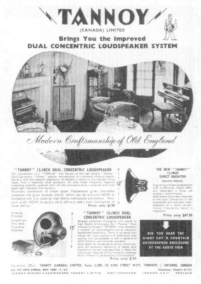

天朗系列扬声器广告

天朗 Prestige 系列被认为最能代表天朗的形象

（五）英国宝华韦健 B&W

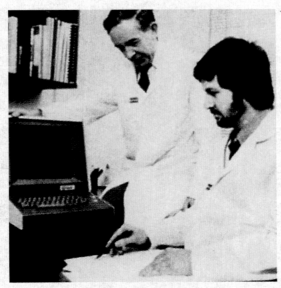

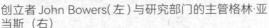

创立者 John Bowers（左）与研究部门的主管格林·亚当斯（右）　　John Bowers 和他心爱的 B&W 801 喇叭

　　英国音响品牌 Bowers & Wilkins，简称 B & W（宝华韦健），成立于 1966 年，创始人为约翰·鲍尔斯（John Bowers）。出生于 1922 年的 John Bowers，在二战期间曾加入英国皇家信号部队，在那战火纷飞的岁月里，结识了品牌的另一位创始人 Ray Wilkins。战后，两位好友于 1966 年在英国的南部小镇 Worthing 创建了一家从事扬声器组装和电视机业务的音响零售店，取名为 Bowers & Wilkins。一直以来，John Bowers 以"忠于声音本真"的信念打造每一款产品，探索完美扬声器与极致原音的极限。这份坚持很快得到回报。1970 年 DM70 诞生，迅速摘取英国工业设计奖，并一举进入 28 个国家的市场。

　　1970 年代后，B & W 经典之作迭出。中音的 Kevlar 音盆技术、顶置高音单元技术及 Matrix 内部结构技术这三大基石奠定了品牌地位。1974 年，B & W 突破性地采用 Kevlar 纤维（用于防弹背心的人工合成芳纶纤维）制作音盆，成功在破坏驻波方面取得与阻挡子弹相同的效果，令声音更透明、定位更准确。赫黄色的 Kevlar 中音音盆，成为 B & W 自然音质的独特标志。1977 年，B & W 首次将高音单元独立放置于扬声器箱体的顶部，彻底将高音单元的性能释放出来，创造出更真实的音质。顶置高音单元成为品牌历史上的又一里程碑，也迅速被行业同侪模仿运用。同时，它在扬声器内部连接结构亦取得重大突破，矩阵式骨架 Matrix 结构及其连锁面板，将扬声器的低音表现向前推进了一大步。1979 年，经过各项技术创新与突破的不断积累，B & W 推出品牌最为经典的产品 801 扬声器，标志着高端扬声器设计的摩登时代的到来。801 拥有超凡驱动单元，每个单元处于独立箱体内，可以呈现出空前逼真的音效，达至极致原音的又一巅峰。801 扬声器一经诞生便震撼业界，随即被各大顶级录音室采用其为监听音箱，并由此拉开 B & W 与世界顶级录音室携手合作的帷幕。1993 年，B & W 品牌史上乃至整个业界最具影响力的产品鹦鹉螺 Nautilus 扬声器诞生，两代顶级工程师团队历经五年研发而成，这款传世之作拥有极致华丽的造型与无瑕本真的音质，散发着声学与工业设计的无限魅力。

　　历经逾三十年对高音单体振膜的不断研发，B & W 推出令业界叹为观止的钻石高音单元，受到专业人士和高端消费群的追捧。最坚硬的钻石被打磨至最薄之时，高音频率可达到 70kHz，远超人耳听觉极限的 20kHz，释放出甜美高音。2010 年，B & W 推出其扬声器系列的最新巅峰之作——800 Diamond 系列，首次在该系列每款扬声器上都配备了钻石高音单元，成为当时轰动业界的头条新闻。800 Diamond 集 B &

W 巅峰技术之大成，以一丝不苟的精湛工艺，完美呈现至臻音响艺术。800 Diamond 系列更被诸多世界顶级录音室选为指定监听音箱，其中包括大名鼎鼎的英国爱彼路录音室（Abbey Road Studio）、好莱坞天行者录音室（Skywalker Studio）等，以其至高音质标准成就一系列史上闻名的经典唱片、电影原声传世之作。源自半个多世纪前的品牌信念始终没有改变：忠于声音本真，让原声中每一丝韵味都丝毫无损、原汁原味地流淌到听众耳间。正如品牌创始人 John Bowers 所说："如果你制作的产品更出色，它们都会得到音乐发烧友的青睐。"

（六）英国 KEF

KEF 于 1961 年在英国创立。由英国 BBC 广播公司前工程技术部主管 Raymond Cooke(雷蒙·库克)与其合伙人创办。Cooke 曾是英国皇家海军的电报员，于伦敦大学获得电机工程学士学位后入职 BBC 工程设计部。该部门拥有一支才能卓著的工程师队伍，Cooke 由此接触到了开拓性的扬声器开发工作。1961 年，Cooke 决定建立自己的公司，利用材料技术的最新研发成果来开发扬声器，Cooke 对完美工程学原理的执着追求逐步将 KEF 推上了世界一流扬声器公司的行列。总部最初设在英国肯特工程铸造厂(Kent Engineering & Foundry)，KEF 由此得名。在 60 年代创立之初，KEF 率先发掘了 Bextrene 的稳定性，将其作为锥盆材料，带动一系列驱动单元被应用于先进的高保真音响中。几年之后 KEF 成为首家在扬声器测试和设计中引入计算机技术的公司，并利用这一优势将扬声器进行成对匹配，精确度达 0.5dB 以内。诸如 Model 104、Model 105 和 Model 109

KEF 创始人 Raymond Cooke

等产品一经发布就赢得了全世界的喝彩。Uni-Q 同轴共点技术是 KEF 的标志性技术。通过使用高效钕磁铁将高音单元尺寸控制到可以安装在中音单元声学中心处，使其在同一点源发声，实现宽广的扩散范围。在这一技术基础上，KEF 在新旗舰 Blade 上进一步实现了全域共点声源，Blade 扬声器也成为卓越音响的代名词。而 LS50 则再造经典，这种传统继续影响今天的 KEF，在保持领先地位的同时，KEF 始终在探索新的突破。

KEF 被公认为扬声器发展中不可或缺的重要推手，拥有无数工程师与专家竭尽心力于音响的研发。创立至今，KEF 共积累了超过 150 项专利，起草 50 多份学术论文，荣获 300 余项奖项。KEF 在专业机构音响工程协会(Audio Engineering Society)与声学学会(Institute of Acoustics)上发表多篇论文。这些研究传承囊括过去 50 年来多位受人尊敬的扬声器设计师毫无保留的贡献。KEF 在音响领域拥有强大的自主研发能力，无人能及的技术优势至今仍然是 KEF 的声学技术领导地位的重要力量。

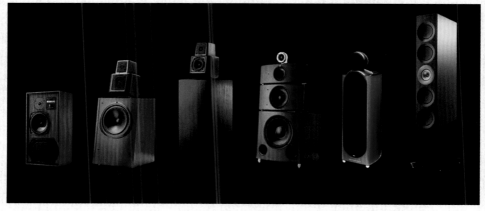

KEF 系列扬声器系统

（七）英国 BBC

说起英国音响，就不能不提到 BBC 监听扬声器家族。自 1950 年代开始，BBC 英国广播公司的研发部（Research Department）和工程部（Engineering Division）自行开发了一系列扬声器，用于其广播系统室内语音及音乐节目制作监听，以及满足户外转播的需求。这些喇叭的型号基本以 Loud Speaker 的缩写，即 LS 开头，数字中斜杠前的"5"表示为室内监听而设计，比如 LS 5/1, LS 5/5, LS 5/8, LS 5/9, 这类喇叭属于大中型扬声器，不过也有后期的 LS 5/12, LS 5/12A 小型喇叭；而斜杠前的"3"则表示主要为户外转播而设计，比如 LS 3/1, LS 3/4, LS 3/6, LS 3/7, 以及最著名的 LS 3/5 与 LS 3/5A。

BBC 监听扬声器

KEF 于 1967 年推出了一种新型的 5 英寸低音 / 中音单元 B110, 同时问世的还有 3/4 英寸的聚酯薄膜圆顶高音单元 T27, 被 BBC 用于音质出众的微型 LS 3/5 扬声器中。这种室外广播监听音箱随后于 1975 年被改进为 LS 3/5A, 这无疑是 KEF 与 BBC 通力合作的最主要成果。这一革命性产品确立了"BBC 扬声器"标准，此后，LS 3/5A 逐渐成为音乐爱好者心目中的圣物。BBC 授权 KEF、罗杰斯 Rogers、查特韦尔 Chartwell、思奔达 Spendor 等英国本土品牌为其提供喇叭单元或代工组装，因此出现了多个品牌生产同一型号的情况。

BBC LS 3/5 和 LS 3/5A 各授权厂牌的历史：1970 年 LS 3/5 研发试制，仅约有 20 对 LS 3/5 面世，后来 BBC 将设计更改为 LS 3/5A。1974 年 BBC 工程部自行制作了少量带 BBC 铭牌的 LS 3/5A, 罗杰斯 Rogers 品牌的 LS 3/5A 也同时在 BBC 的授权下量产。1975 年 Michael O'Brien 通过其名下的 Swisstone 公司收购 Rogers, 保留了 BBC 的 LS 3/5A 授权牌照。1976 年曾在 BBC 工作的 Dave Stebbings 与 Joseph Pao 合作设立了 Chartwell Electro Acoustics（查特韦尔），开始制作 LS 3/5A, 同年 Audiomaster（音乐大师）也推出 LS 3/5A。1982 年，前 BBC 工程师 Spencer Hughes 创办的 Spendor(思奔达) 开始生产 LS 3/5A。1984 年，Goodmans 宣布他们已获得制造 BBC 设计的 LS 3/5A 紧凑型监听扬声器的许可证。1988 年，Harbeth 推出 11Ω LS 3/5A（虽然 Harwood 早先已获得许可）。1993 年，KEF 作为喇叭单元供应商，却最迟获得授权生产 LS 3/5A, 直到 1998 年 KEF 停止生产 T27 高音和 B110 低音单元，LS 3/5A 的 KEF 喇叭时代随之终结。2001 年，Stirling Broadcast（斯特林）重启生产 11Ω LS 3/5A, 后期升级为 V2 版本。2013 年，Falcon 运用当年 KEF 的技术自行研制喇叭复活老配方的 15Ω 阻抗 LS 3/5A。2015 年，Graham Audio（贵涵）公司成立，再次收购 Chartwell, 获 BBC 授权推出 LS 3/5A, 并首次量产 LS 3/5A。2023 年，Musical Fidelity（音乐传真）加入生产 LS 3/5A 阵营。

（八）德国 MBL

MBL 创始人 Wolfgang Meletzky 及 MBL 系列产品

德国 HI-END 品牌 MBL 由 Wolfgang Meletzky 于 1979 年创立，MBL 将完美主义哲学融入音响产品中，将艺术思想注入 MBL 设计里。为达到 W. Meletzky 的最高标准，从电子器材至扬声器、由微细的音量旋钮至功放机箱，都由位于德国柏林市自设的 MBL 厂房制造，保证每一个制造细节部分均达到最高标准。MBL 为照顾不同用户之需将交响乐团的现场演奏在居室中重现，设计了 3 个不同系列产品：极品级 Reference Line 参考系列、高级 Noble Line 贵族系列和优雅级 Basic Line 基础系列。MBL 旨在为用户带来音乐的最高享受，让用户感到如交响乐团亲临家中演奏般效果，领略完美人生的音乐享受。

（九）德国柏林之声 Burmester

Burmester 创始人 Dieter Burmester

来自德国的柏林之声 Burmester，创始人戴特·伯梅斯特 Dieter Burmester 在研读工程学之前，曾担任专业乐队吉他手并在各地巡回演出。这份对音乐的热爱令他放弃在医疗检测器材设计工作上的发展，转而开创自己的事业，成为 High-End 音响的设计者。公司创立于 1978 年，并迅速崛起于德国 High-End 音响工业，现已成为世界上最受推崇的高质量立体声音响系统制造厂家之一，所生产的产品有前级、功率放大器、合并放大器、CD 播放机、CD 转盘、D/A 译码器、FM 调谐器、扬声器等，包括旗舰参考系列、顶级系列、经典系列。

Burmester 坚持走自己的路，而其许多创新发明也为音响工业立下了学习的典范。1980 年设计出第一台参考系列作品 808 前级时，为首位采用插入式模块的厂家，并将此技术成功运用于不同的讯源上。在 1983 年便为家用音响设计出平衡信号路径，当时只有专业录音室器材才会使用平衡结构。1987 年，首先在唱头及扬声器间提供 DC 耦合信号路径。1991 年，发明皮带驱动式转盘。1995 年研发出可简易选择主动及被动分音器的扬声器系统。而 948 及 038 电源调节器为 Burmester 音响公司引以为傲的创新发明之一，代表了其多年来的研究成果。

Burmester 有着独特的外观，公司自 1978 年便首先采用镀铬面板，吸引人的机箱配合镀铬面板的设计概念多年来广为世界各地音响制造商所仿效。技术创新和永恒的设计是 Burmester 音响系统的标志，清晰独特的线条以及突出的镀铬面板使它们不仅成为音乐艺术的对象，也成为视觉艺术的对象。Art for the ear 是 Burmester 的座右铭。

（十）意大利势霸 Sonus Faber

Sonus Faber 是来自意大利的 Hi-Fi 品牌，诞生于 1983 年，但是创始人 Franco Serblin 在 1980 年就开始研究一款名为蜗牛 Snail 的一体式大中型音箱，限量 10 台定制版，据说每台的原木用料都不同，两只高音单元从放置在地上的低音主箱两侧伸出，并可对长短和角度作调整，像蜗牛的触角，形象逼真。Sonus Faber 原为拉丁语，意思是"手造的声音"。Franco Serblin 先生认为，世界上大部分的乐器都有一个发声的箱体，如小提琴、吉他，甚至钢琴等，而同样发声原理的乐器，当换成大小或工艺不同的箱体时，音色便马上发生变化，所以便着手以不同材质及不同形状去设计扬声器，希望能改善音乐重播的音质。当他开始陆续发表不同的作品时，受到全球著名音响评论家及音乐爱好者一致好评，声誉不断提升。更有美国权威音响杂志形容"世霸"为一件真乐器，而不是扬声器。因商标注册的原因，Sonus Faber 原中文译名是"世霸"，现在正式的中文品牌名称为"势霸"。

Sonus Faber 创始人 Franco Serblin

世界上最具收藏价值的名提琴，主要是 17—18 世纪阿玛蒂 Amati、斯特拉迪瓦里 Stradivari 和瓜奈里 Guarneri 这三家来自意大利北部克蕾蒙纳提琴制作家族的作品。Sonus Faber 分别于 1994 年推出 Guarneri 书架式小名琴，1999 年推出 Amati 落地式大名琴，2004 年推出 Stradivari 至尊名琴，被誉为名琴 Homage 三部曲。

Sonus Faber 建厂四十年来，产品迭代不断，精品层出不穷，但在最初十来年坚持只制作原木书架式扬声器，直到世纪之交才尝试推出落地式音箱。难得的是每个时期的每一件产品都很有特色，比如早期的 Electa Amator 到大型的初代旗舰 Extrema，再到高贵的名琴系列，以至后期的歌剧院系列，如阿依达、新旗舰凤凰都令人眼前一亮。Sonus Faber 的成功秘诀，在于其一方面能保留其浓厚之意大利声底，另一方面又在此基础上做出多样化的设计尝试，谱出丰富如乐器般的变奏。

名琴三部曲系列——以意大利的三大提琴家族命名的型号

Sonus Faber 在 20 世纪 80—90 年代曾短暂制作过功放，包括合并功放 Quid 和 Musical，以及 Amator 前后级，和它家的扬声器一样也是原木装饰的艺术品。2008 年，Sonus Faber 所属的 Fineaudio 被 McIntosh 麦景图集团收购，和大名鼎鼎的美国 McIntosh、Wadia、Audio Research 等品牌共属一门。而创始人 Franco Serblin 先生则离开自己创办的 Sonus Faber，以自己的名字 Franco Serblin 另立门户品牌，中文译名"梵歌"，陆续推出了 Ktema、Accordo 等为数不多的扬声器，无论在声音和视觉上都充满设计感和艺术气息。

Sonus Faber 初代原木系列音箱

（十一）意大利优力声 Unison Research

Unison Research 创始人 Giovanni Maria Sachetti　　　　Unison Research 产品册

意大利 Unison Research 成立于 1987 年，由 Giovanni Maria Sachetti 领导技术人员创立。Sachetti 出生于 1945 年，他的父亲是一位出色的钢琴家，他继承了父亲对音乐的理解和热情。很小的时候，他就开始试验制造放大器。在完成电子学位课程后，他致力于教学 25 年，同时为 Unison Research 开发和设计所有产品。首批佩戴 Unison Research 铭牌的产品包括 GLOWY 和 RULER，前者是一种在全电子管电路中使用 5 个双三极管的前置放大器，后者是一种每通道输出 80W 的全晶体管放大器。随后是 NIMBLY，这是一种在推挽中使用 KT88 的全电子管功率放大器，可在三极管和五极管操作之间切换，根据所选模式提供 25W 或 50W 功率。

Unison Research 多年来生产的产品以电子管机型为主，包括合并机 SIMPLY 系列，前置放大器 MYSTERY ONE 和 MYSTERY TWO，后级放大器 SMART 845 以及唱机放大器 Simply Phono 和 Phono One。

1998 年，为了给 Unison Research 带来新的动力和方向，对公司结构进行了调整，成立了 Advanced Research In Audio（A.R.I.A.），作为 Unison Research 品牌的母公司。三位新的合作伙伴加入了新的董事会，每一位合作伙伴都拥有专业的技能和职能，但新产品的设计和公司的整体方向仍然牢牢掌握在 G.M.Sachetti 的手中。

（十二）瑞士纳格拉 Nagra

Nagra 创始人斯特凡·库德尔斯基（Stefan Kudelski）及其产品

1951 年，纳格拉由瑞士工程师斯特凡·库德尔斯基（Stefan Kudelski）创办，时至今日，它在录音界中依然享有极高的知名度。"Nagra"一词，描述的不仅是一台实实在在的 Nagra 品牌录音机，更是"录音机"这一品类设备的专业术语和代名词。Nagra 公司在 Stefan Kudelski 及其儿子 André 的领导下，成为一家在全球拥有数千名员工的跨国集团。为了拓展音频业务，2012 年，Nagra 从 Kudelski 集团收购了音频部门并成立 Audio Technology Switzerland SA，涉及三个主要领域：专业录音器材、高端 Hi-Fi 器材和安全防护设备。

（十三）芬兰真力 Genelec

"Genelec" 由 "genius"（精妙）和 "electronics"（电子）两个词组成。1947 年 Ilpo Martikainen 出生于芬兰 Lapinlahti，他曾经希望成为一位职业农场主，但后来获得了理学硕士及最终的理学博士学位。1976 年在他赫尔辛基家的卧室里，开始为芬兰广播公司（YLE）研制监听音箱，1978 年，Ilpo Martikainen 和 Topi Partanen 在芬兰共同创办了 Genelec（真力）。真力始终专注于有源音箱的设计和制造。四十多年来的不懈努力和精益求精，使真力成为专业音频领域无可争议的领导者，创造了许多行业第一，并为"真实、自然、精准的声音"树立了行业标准。在艺术家的眼里，真力就是衡量声音的准绳。不仅是创作者和艺术家，所有人都值得拥有真正的原音呈现。真力愿将原作带来的感动毫无保留地传递给更多热爱艺术、热爱生活的人。时至今日，真力依然坚持在芬兰 Iisalmi 的工厂，精心制造每一只真力音箱。

真力 Genelec 创始人 Ilpo Martikainen

（十四）日本力士 Luxman

Luxman 的前身为"锦水堂 Radio"，由早川家族于 1925 年在日本大阪成立，第一件产品就是当年日本刚开通电台时，首部本土生产的电台广播收音机。转眼 Luxman 已成立近百年，Luxman 于过往曾推出不少令人津津乐道的音响名器，电子管功放技术更是其强项，多款功放型号在世界各地引起了广泛注意，所获奖项不计其数，创造了日本音响界不朽的传奇和辉煌的历史。如今日本其他竞争对手为了迎合市场需要只开发 AV 产品，只有 Luxman 继续在立体声的研究上投放最大的资源，包括电子管功放的开发，证明厂方对追求高保真原音重播的决心永恒不变。

Luxman 创始人早川宇源次

Luxman 创立时为锦水堂 Radio Book

Luxman 电子管功放

第三节　馆藏民用高保真音响概览

一、扬声器系统

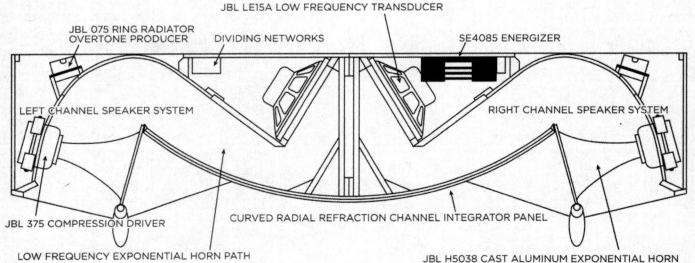

JBL LE15A LOW FREQUENCY TRANSDUCER

JBL 075 RING RADIATOR OVERTONE PRODUCER

DIVIDING NETWORKS

SE4085 ENERGIZER

LEFT CHANNEL SPEAKER SYSTEM

RIGHT CHANNEL SPEAKER SYSTEM

JBL 375 COMPRESSION DRIVER

CURVED RADIAL REFRACTION CHANNEL INTEGRATOR PANEL

LOW FREQUENCY EXPONENTIAL HORN PATH

JBL H5038 CAST ALUMINUM EXPONENTIAL HORN

▲ JBL D44000 Paragon 立体声扬声器系统
20 世纪 50—80 年代
美国
长 263cm，宽 74cm，高 90cm

扫码观视频

　　JBL 代表作 3 路 6 单元一体式扬声器系统 Paragon 由 JBL 设计师阿诺德·沃尔夫 (Arnold Wolf) 设计开发。"Paragon"有完美之物的意思，JBL 在 1957 年刚进入立体声年代即推出该型号，旨在打造完美而又富有创意的立体声扬声器系统，以确立其在 HiFi 领域的至高地位。1957 年至 1983 年间，大约生产了一千套 Paragon。Paragon 主要有三代：早期的 D44000 在低音域有一个 150-4C 35cm 锥体低音扬声器，在中音域有一个 375 驱动器和 H5038P 号角，在高音域有一个 075 单元，分频网络部分为 N500H 和 N7000。而 1964 年开始的中期 D44000，低音单元由 150-4C 改为 LE15A，箱体材质由胶合板改为刨花板。在后期的 D44000WXA 中，低音扬声器由使用铝镍钴磁体的 LE15A 更改为使用铁氧体磁体的 LE15H，中音驱动单元也从 375 更改为 376。分频点为 500Hz 和 7kHz，频率特性 30Hz ～ 20kHz，阻抗 8Ω，灵敏度 96dB。Paragon 箱体由左右两部分拼接而成，内部采用集成两组扬声器系统的结构，通过左右布置 3 路单元并在中央设置半圆形反射面板，扩大了立体声聆听区域。Paragon D44000 被设计为一件豪华家具，无论放置在哪都散发出艺术气息。

扫码观视频

◀ **Electro-Voice Patrican Ⅳ单声道扬声器系统**
20 世纪 50 年代
美国
长 83.8cm，宽 70.5cm，高 129.5cm

　　20 世纪 50 年代 EV 公司推出 4 路 4 单元旗舰扬声器系统 EV Patrican Ⅳ，采用十八寸 EV18KW 低音单元，828HF 中低音单元加上 A8419 低音号角，T25A 中高单元配 HD6 号角，T-35 高音单元（后期更特别推出 T-3500 离子高音），分频点设在 200Hz、600Hz 和 3500Hz，由 EV2635 分频器负责。频率特性 15Hz ～ 20kHz；阻抗 8Ω ～ 16Ω；灵敏度 103dB/W/m；分频频率 200Hz、600Hz、3.5kHz，重量达 140kg。

▲ **Electro-Voice Patrican 800 立体声扬声器系统**
20 世纪 70 年代
美国
长 84cm，宽 70cm，高 130cm

扫码观视频

　　代表 Electro-Voice 的大型落地式 4 路 4 单元扬声器系统，低音搭载 76cm（30 英寸）锥形低音单元。30cm 锥形中低音，因制造时间不同，中低音单元型号为 SP12D 或 SP12M，中高音域采用结合了驱动器单元和 8HD 的号角式中音，驱动单元是 20 世纪 70 年代的 T25A 或 80 年代的 T250。号角式高音 T350 位于箱体右上方区域。分频网络电路采用 X1835。分频频率 100Hz、800Hz、3500Hz，频率特性 15Hz ～ 23kHz，阻抗 8Ω ～ 16Ω，灵敏度 103dB/W/m。Patrican 800 可摆放在房间的角落，拥有美丽精致的面网和木制箱体。

▲ Electro-Voice SETRY III立体声扬声器系统
20 世纪 70 年代
美国
长 72.4cm，宽 52.1cm，高 87.6cm

扫码观视频

　　Electro-Voice SETRY III 是 3 路 3 单元低音反射落地式扬声器系统，通过精确调整箱体以匹配新设计的低 38cm 锥形低音单元，中音采用放射状号角式中音，驱动单元为 1823M，高音 ST350A 是辐射角为 120 度或更大的径向喇叭型高音扬声器。频率特性 40Hz ～ 18kHz(±3dB)，分频频率 400Hz、3.5kHz，灵敏度 94dB/W/m，阻抗 8Ω。SETRY III 还设置了自动复位式纯电子保护电路。

◀ Electro-Voice SENTRY V立体声扬声器
系统
20 世纪 70 年代
美国
长 50.8cm，宽 29.8cm，高 72.4cm

　　2 路 2 单元低音反射书架式扬声器，25cm 锥形低音单元。高音区域配备了与 SENTRY III 相同的径向号角式高音扬声器，该装置还可以旋转 90°安装，即使水平使用也可以获得良好的方向特性。搭载高音域衰减器。频率特性 45Hz ～ 18kHz（±3dB），分频频率 2kHz；灵敏度 96dB/W/m，阻抗 6Ω。此外，还内置了保护电路。

▶ **Electro-Voice Sentry II A 立体声扬声器系统**
20 世纪 70 年代
美国
长 50.8cm，宽 33cm，高 81cm

　　2 路 2 单元低音反射书架式扬声器，独家开发的 30cm 锥体低音单元。此外，使用 VHF 驱动器的号角式高音扬声器安装在高音区域。频率特性 30Hz ~ 20kHz（±3dB），分频频率 3.5kHz，灵敏度 98dB/W/m，阻抗 8Ω。箱体采用了低音反射方案，外部的四个侧面均采用胡桃木饰面，可以垂直或水平摆放使用。

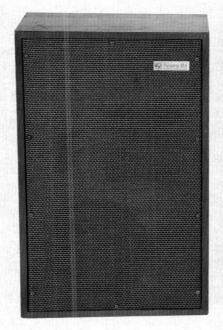

▲ **Electro-Voice Aries 立体声扬声器系统**
20 世纪 70 年代
美国
长 69.9cm，宽 41.3cm，高 56.5cm

　　3 路 3 单元密封箱体、落地式扬声器系统，设计为类似家具储藏柜的控制台扬声器。Aries 有三种外饰：传统樱桃色饰面、现代锯木饰面、西班牙橡木饰面。每个型号均由精心挑选的北美胶合板和硬木制成，两种面漆均单独调制，然后精心手工抛光而成。30cm 锥形低音单元，采用 4.3kg 强磁路。中音区装有一个 15.2cm 锥形中音单元，使用经过专门选择和处理的锥体和悬架，安装在密封外壳中消除与低音扬声器的相互干扰。高音区装有 6.3cm 锥形高音单元。分频器部分采用聚酯薄膜电容器和含铁芯线圈。频率特性 25Hz ~ 20kHz（±3dB），分频频率 400Hz、2kHz，灵敏度 96dB/W/m，阻抗 8Ω。搭载 5 级旋转开关，可根据喜好进行高音调整。

◀ **Electro-Voice Four 立体声扬声器系统**
20 世纪 70 年代
美国
长 35.6cm，宽 34.3cm，高 63.5cm

　　3 路 3 单元书架式扬声器系统采用了声学悬浮方案。低音域安装了 30cm 锥形低音单元，中音域安装了带有衍射驱动器的号角式中音单元，高音域安装了 13cm 锥形高音单元。频率特性 30Hz ~ 20kHz（±3dB），阻抗 8Ω，灵敏度 96dB/W/m。箱体采用胡桃木，精美的咖啡色面网。

▲ **博士 BOSE 901 立体声扬声器系统**
20 世纪 60 年代
美国
长 53.3cm，宽 32.5cm，高 31.3cm

扫码观视频

　　BOSE 博士 901 直接 / 反射式扬声器系统于 1967 年投放市场，它根据"直射加反射、平坦功率辐射、主动均衡"等专利理论设计。该型号进行了各种迭代改进，重点关注"声音再现中的直达声与反射声的比率"而开发。箱体采用 AME（声学矩阵），内部被精确地分成 9 等份，以准确再现深沉的低音并抑制失真。每个箱体内空间的尺寸误差以设计值的 1/1000 英寸或更小比例完成。保持空气容量的均衡并防止驻波的出现，而且不需要像一般的扬声器箱体那样使用吸音材料。每个单元固定的箱体内空气的"共振阻尼"效应，以及背面配备的低音反射端口的调谐，阻尼纸盆的前后运动，抑制振幅，同时最大限度地提高声学效果能量。三个低音反射口（后主动气柱）按照单元方向排列，通过计算压缩空气的能量效率和方向性以及相位一致性来排列。此外，其形状是基于与喷气喷嘴相同的流体动力学设计的，能够以 100 公里 / 小时的速度瞬间送出空气，提供清晰的空气流动性。即使在高音量下也能回应式播放。箱体后方有一个 120°角的 V 形背板，扬声器单元使用了 9 个 11.5cm 的锥形单元，前 1 个后 8 个，并可使用专用均衡器来调整直达声和反射声的分配，真实再现各种不同舞台上的音乐场面。

▲ 达尔奎斯特 DAHLQUIST DQ-10 立体声扬声器系统
20 世纪 70 年代
美国
长 70.5cm，宽 20.5cm，高 65cm

　　达尔奎斯特 DAHLQUIST DQ-10 是 5 路 5 单元 Hi-Fi 音箱，10 寸低音喇叭在下方箱体中，5 寸中音单元和微型号角单元安装在外侧障板，另两只中高音在内侧障板，后方箱体上安装外置分频器。灵敏度 86dB/W/m，频率范围 45Hz ～ 20kHz (±3dB)。罕有独特的无箱体障板中高音单元设计，因为有索尔马兰士先生参与设计，有着卓越的声学物理相位。

▲ JansZen-412HP 静电高音立体声扬声器系统
20 世纪 70 年代
美国
长 36.8cm，宽 29.8cm，高 68.9cm

　　JansZen-412HP 四幅静电高音安装在箱体上方，搭载 12 寸低音单元。频率范围 30Hz ～ 20kHz (±3dB)，分频点 900Hz。阻抗：6.8Ω，灵敏度 88dB/W/m，重量 21.7kg/ 只。JansZen-412HP 是使用静电高音扬声器的一款代表型号，可用双功放推动。

▲ **天朗 TANNOY WESTMINSTER 立体声落地式扬声器系统**
20 世纪 80 年代
英国
长 103cm，宽 63cm，高 130cm

扫码观视频

　　天朗威斯敏斯特 TANNOY WESTMINSTER 是继 Autograph 之后的旗舰机型，运用天朗高端技术开发。2 路 1 同轴单元前后组合号角落地式扬声器系统，使用 38cm 同轴型单元 3839W。采用金色徽章设计，象征着英国最优秀的天朗型号。该单元是天朗独有的双同轴单元，其结构是直接辐射低音扬声器和号角负载高音扬声器同轴组合，中间插入一个强力磁铁，低音扬声器和高音扬声器两个单元分别辐射的声音在同一点合成，因此声像的分辨率和定位都非常出色。低音扬声器部分采用防护声锥体，这是天朗的独有结构，在前西德 Kurt Muller 制造的硬锥体上涂上特殊药物，并在背面放射状粘合八根肋骨。这抑制了锥体的分割振动，并且瞬态特性和功率处理特性显著提高。音圈由手工缠绕，并经过特殊处理，可承受高达 240 度的温度，提高了音圈的机械强度，同时提高了针对连续大输入导致的温升的安全性，并且可以进行高功率驱动。高音扬声器部分由轻质硬镁合金制成的倒圆顶形振膜和铝线制成的音圈组成，振膜整体压至卷边。该隔膜通过六步压制方法逐渐形成圆顶，并在每次压制时加热以消除内部应变。此外，在振膜的另一侧设有声学平衡腔，以改善瞬态特性并减少声音失真。号角颈部采用了 19 个喉部来校正相位，低音扬声器的纸盆也充当了高音号角的延伸。

　　安装在前挡板上的分频网络可以调节滚降和能量。滚降调节可以在 +1.5dB 至 –3dB 的范围内分 4 步增加 / 减少 5kHz 以上的高频，能量调节可以在 1kHz 至 20kHz 的范围内分 5 步增加 / 减少整个高音扬声器电平。分频部分采用大容量镀银线、高品质线圈、电容、低电阻镀金端子。箱体采用全号角式配置，300Hz 以下由具有复杂声学结构的背负号角再现，300Hz 至 1kHz 由单元前部具有平滑曲线的大短号角负责。频率特性 18Hz ～ 20kHz（±3dB），分频频率 1kHz，灵敏度 96dB/W/m，阻抗 8Ω，重量 115kg/ 只，箱底配有脚轮方便移动。为了防止大动态时共振，采用了钥匙锁定面网设计。

▲ 天朗 TANNOY GRF K3808 立体声扬声系统
20 世纪 70 年代
英国
长 98.8cm，宽 66.4cm，高 116cm

扫码观视频

　　TANNOY GRF 是 2 路 1 同轴单元组合号角落地式扬声器系统，GRF 以天朗创始人 Guy R.Fountain 命名型号。该型号配备 K3808 单元，这是一款同轴 2 路单元，直径为 38cm，单元的结构是锥形低音扬声器和喇叭形高音扬声器夹在一块磁铁之间，以同轴方式组合。低音单元和高音单元辐射出的声音在同一点合成，因此声像的分辨率和定位都非常出色。K3808 的高音振膜与旧款完全兼容，低音单元纸盆的形状和材质与红金系列相同。高音搭载从 1.5kHz 到 4kHz 可控制的三种频率特性分频网络。频率特性 50Hz ～ 20kHz（±3dB），灵敏度 94dB/W/m，阻抗 8Ω，重量 70kg/ 只。K3808 配备的连接端子也可由多路放大器驱动。

▶ 天朗 TANNOY PBM 8LM 立体
声书架式扬声器系统
20 世纪 90 年代
英国
长 28cm，宽 27cm，高 40cm

扫码观视频

　　天朗小型 2 路 2 扬声器非同轴两分频有源书架箱，内置功放驱动，1 寸高音，6 寸低音单元，隔膜由高分子量聚烯烃共聚物制成，使用具有高效冷却效果的磁性流体，即使在高功率连续驱动时也能发挥稳定的特性。

▶ **宝华韦健 B&W Signature 800 立体声扬声器系统**
21 世纪初
英国
长 64.5cm，宽 45cm，高 119.7cm

为庆祝 Bowers & Wilkins 成立 35 周年，宝华公司推出了独有的 Signature 800 纪念版本扬声器。Signature 800 凝聚了公司已有的 Nautilus 800 系列的精华，还展示出公司不断提升的箱体制作技术。低音是两个 25cm 凯夫拉复合材料振膜锥体型单元，具有与 N801 的 38cm 单元几乎相同的有效振膜面积，并且相同的冲程以两倍的磁能驱动。中频搭载直径 16cm 的编织凯夫拉纤维音盆。该装置在磁路中使用了具有高磁力的超大钕（NdFeB）磁铁，并且磁路的外径被细化以减少背反射。高音区装有一个带有鹦鹉螺管的 2.5cm 圆顶形高音扬声器。分频部件采用新开发的产品，所有电抗部件均采用最高质量的聚丙烯薄膜电容器和无磁饱和的空心线圈。3 路 4 单元低音反射式落地扬声器系统，频率特性 32Hz ~ 42kHz（±3dB），分频频率 350Hz、4kHz，灵敏度 91dB/W/m，阻抗 8Ω。扬声器采用 WBT 接线端子，使用 Y 形和香蕉形插头都有各自的螺帽可固定，并采用了可靠耐磨的镀钯处理。重量 125kg，箱体呈圆形，内部为矩阵式结构，柜体顶部和正面均采用皮革外饰，高光灰色虎眼木纹漆面，制作尽显高贵豪华。

◀ **宝华 B&W Nautilus 803 立体声扬声器系统**
20 世纪 90 年代
英国
长 43.1cm，宽 28.5cm，高 106.4cm

Nautilus 系列 3 路 4 单元低音反射落地型扬声器系统。两个 18cm 锥形低音单元，采用纸 / 凯夫拉复合锥体作为振膜。中音区搭载无边型 15cm 锥形单元，振膜采用凯夫拉 Kevlar 音盆，高音区装有 2.5cm 金属圆顶型单元。频率特性 42Hz ~ 20kHz（±3dB），分频频率 350Hz、4kHz；灵敏度 90dB/W/m，阻抗 8Ω，重量 30kg。箱体采用曲面箱体结构，采用低音反射系统。

▲ KEF 109 Maidstone 立体声扬声器系统
20 世纪 90 年代
英国
长 67.1cm，宽 60cm，高 133.5cm

KEF 109 Maidstone 梅德斯通 5 路 4 单元低音反射式落地扬声器系统，每个驱动器振膜都是在对过去大量数据进行验证的基础上，利用计算机声学分析技术来设计的，并通过确定主单元的倾斜角度来匹配所有单元的时间轴相位。低音为 38cm 锥形纸盆扬声器，通过独创的双悬挂系统提高音圈的运动效率。中低音域配备了使用涂料纸盆的 25cm 锥形单元。中高频和高频安装了第 5 代同轴 2 路 UNI-Q 驱动单元，该单元集成了 16cm 聚丙烯锥型单元和 2.5cm 织物球顶型高音单元，通过匹配两个驱动器深度方向上的振膜位置来匹配时间轴相位。超高音区搭载采用陶瓷系统倒圆顶的 2.5cm 球顶形超级高音扬声器。该装置安装在坚固的黄铜金属罩中，并隔离不必要的振动。分频网络部分采用专门为 109 开发的部件，并且采用特别适合音频的部件，例如相位失真很小的空芯线圈和高质量薄膜电容器，布线板采用高绝缘性能的玻璃环氧电路板。

所有 5 个扬声器单元都配备了单独的接线端，并且通过使用通道分配器，支持最多使用 5 个放大器的多放大器系统。此外，内置分频网络的电路还支持双线和双功放连接。配线材料采用高纯度电线。另外，扬声器端子也采用镀金端子，实现了低阻抗化。

109 箱体针对每个单元独立设计，消除了单元之间的干扰，并为每个频段提供了理想的容量。另外，材料采用 25mm 厚的 MDF。低音箱体采用低音反射系统，为 145 升大容量型。另外，低音反射口长度设置为 25Hz，并采用 50mm 厚的 MDF 作为隔板材料，消除了不必要的共振。外观采用红木纹理，流线型工程设计。频率特性 23Hz ～ 45kHz（±3dB），分频频率 350Hz、4kHz，灵敏度 91dB/W/m，阻抗 4Ω，重量 89kg。

◄ KEF Model 104 立体声扬声器系统
20 世纪 70 年代
英国
长 33cm，宽 26cm，高 63cm

扫码观视频

Model 104 是 KEF 闻名世界的 Reference 系列的首款产品。2 路 3 单元无源辐射系统书架式扬声器系统，一款经典的高灵敏度音箱。高音单元为 T27/SP1032，低音单元为 B200/SP1039，无源辐射低音单元是著名的 BD139/SP1037，接收由 B200 后部发出的低音能量驱动，可处理低达 30 Hz 的低频，以此扩展低通的同时效率得到提高。声学控制器安装在格栅背面，以便根据房间的形状调整扬声器响应，该控件允许通过三种方式调整中频响应特性。为了防止共振，箱体采用高密度结构材料、吸音防潮材料以及防止共振的特殊内饰材料。频率特性 50Hz ～ 20kHz（±2dB），分频频率 45Hz、3kHz，灵敏度 96dB/W/m，阻抗 8Ω，重量 15.8kg。

▶ **国都 QUAD ESL-63 立体声静电扬声器系统**
20 世纪 80 年代
英国
长 66cm，宽 27cm，高 92.5cm

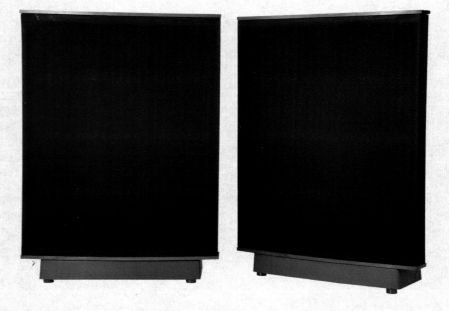

国都 QUAD 扬声器系统由两个固定电极和放置在它们之间的隔膜组成，当振动膜上施加高电压产生静电并将音频信号发送至固定电极时，振动膜与固定电极之间作用库仑力，使振动膜移动并发出声音。这种方法不需要强度，因为膜片在整个表面上均匀移动，并且可以设置非常轻的膜片，从而可以用极少的能量进行驱动。此外，还有与空气阻抗匹配好、无需箱体等优点。ESL-63 基于这一方法成功地在一个点生成所有频率。一般静电扬声器由于是在平面上驱动，因此往往会产生平面波，因此聆听位置受到限制。为了改善这一点，ESL-63 将固定电极分为 7 个同心圆，每个同心圆都有 1 个延迟电路，总共产生约 168 微秒的信号延迟，从内圆周到外圈每级约 24 微秒。我们已经成功地从平坦的振动膜上产生了球面波。因此，声源被保持在振膜后面约 30cm 的位置，并且可以自由地回应由频率变化引起的指向性变化。内置 2 个保护电路，以应对不可预见的事故。配备限制输入电压的限制器和检测异常输入信号和瞬时短路并防止它们流入扬声器的电路。有 1 个倾斜扬声器支架作为选件。使用此支架，可以在近距离聆听 ESL-63 时调整角度。频率特性 35Hz ～ 20kHz（±6dB），灵敏度 86dB/2.83V/m，阻抗 8Ω，重量 18.7kg。

▶ **MBL 101E MKII 立体声扬声器系统**
1990 年
德国
长 45 cm，宽 40cm，高 170cm

扫码观视频

MBL101E 是一对外观高雅、具有现代感、声效无与伦比的 4 路分音全方位 360 度扬声器。传统扬声器根本无法营造出全方位发声效果，难以产生如现场演奏的真实感觉。真实演奏效果是包含直射、反射、复杂而富泛音的声响。MBL 挑战不可能的常规设计，设计出世界上首对 360 度全方位发声扬声器 101E。通过 Radialstrahler 技术，令 101E 重现真正具备三度空间感的音响舞台。Radialstrahler 技术是利用环状发声单元（低音单元：MBL 辐射式 TT100，中音单元：MBL 辐射式 MT50/D CFK，高音单元：MBL 辐射式 MT37/D CFK）垂直式由上而下排列，而 300mm / 12 寸超低频驱动单元则安放在最底层的箱体中；达至 360 度全方位发声效果。高、中音单元由曲状石墨纤维片所组成低音单元则由曲状合金铝片所组成环状发声单元，全手工制作，加上精密设计的分音器。频率特性 20Hz ～ 40kHz（±3dB），分频频率 105Hz、600Hz、3.5kHz，阻抗 4Ω，重量 80kg/ 只。

扫码观视频

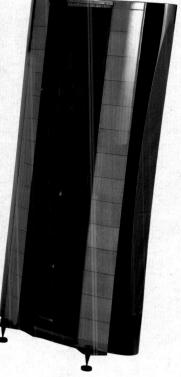

◀ 势霸 Sonus Faber Stradivari Homage 立体声扬声
器系统

2003 年
意大利
长 65cm，宽 50cm，高 136cm

　　Stradivari Homage 被称为"至尊大名琴"，是势
霸早年的三分频旗舰扬声器，使用 2 个西雅士定制的
12 寸铝 / 镁锥体低音单元，1 个 6 寸 Audio Technology
纸浆锥体中音单元，Scan-Speak 的 1 寸丝绸环形辐射
高音单元也是定制版本，高音和中音单元包含在 1 个独
立的心形子箱体中。Stradivari Homage 具有专为宽挡
板设计的专有双环形波导，以及特别设计的木制声学迷
宫后波阻尼系统。主箱体由实心枫木拼接，并结合高密
度木质层压板构成，内部也有很强的支撑结构。

　　Stradivari Homage 以小提琴制作工艺精心调色上
漆，Sonus Faber 表示只有少数工匠能够完成这一艰巨
的任务。Sonus Faber 的 Stradivari Homage 高贵精致，
且有高品质的驱动单元和分频器组件，以及只有意大利
人才具备的时尚感，是 Franco Serblin 本人设计的扬声
器"名琴三部曲"巅峰之作。频率特性 22Hz ～ 40kHz
（±3dB），灵敏度 92dB/W/m，阻抗 4Ω，重量 75kg。

▶ 势霸 Sonus Faber Electa Amator 立体声书架式扬声
器系统

20 世纪 80—90 年代
意大利
音箱尺寸：长 35cm，宽 22cm，高 37cm
脚架尺寸：长 32cm，宽 32cm，高 55—70cm（可调）

　　Sonus Faber 的成名之作——2 路 2 单元低音反射式
书架箱 Electa Amator，有个浪漫的中文名字"大情人"，
是该品牌早期最重要的型号，其高贵外形令人一见难忘。
Electa Amator 从外至内彰显了一丝不苟的工匠精神，音箱
以实木接榫而成，前障板四侧和突出的腰线处理成流线型，
有助降低声波绕射。单元为厂方向 Audio Technology 特别
订制，中低音为 180mm 加厚涂层震膜，而大名鼎鼎的丹拿
Dynaudio T330D 28mm 丝膜高音之皇，能承受瞬间达千瓦
的功率。高音单元的金属下半部分嵌入中低音单元顶部，
目的是让高低音接近点声源，这种布局令人赞叹。低音反
射式设计的 Electa Amator 倒相孔设于声箱背部，同时设有
两对高级镀金喇叭接线柱可作双线分音。频率响应 45Hz-
30kHz（±3dB），灵敏度 88dB/W/m，阻抗 8Ω。原厂脚
架分为早期"石木"和后期"铁木"两种结构，为适应不
同座位的聆听需求，高度可作 55-70cm 调整，由此更见
Sonus Faber 在木工造型和声学造诣方面的巧夺天工。

▲ 雅马哈 YAMAHA NS-250 立体声扬声器系统
20 世纪 70 年代
日本
长 42 cm，宽 19cm，高 59cm

扫码观视频

　　在日系音箱中 YAMAHA 很常见，但 NS-250 绝对是雅马哈家族中寥若晨星般的存在。其高音单元位于箱体前方左下角，最大特色是低音安装了雅马哈低音单元 JA-5004，具有 42x54cm 不规则椭圆状的大振膜。NS 型是根据钢琴音板开发的，追求音板弯曲产生的分裂振动，与锥盆扬声器单元的活塞运动完全不同。隔膜的材料是经过两百多项测试选出的独特塑料泡沫，为了使振膜更轻、更坚固，采用了将泡沫聚苯乙烯与环氧粘合剂一起模压成型并经过特殊加工而成的成型方法，这样可以防止因外部湿气引起的质量变化。由于振膜比重极轻，因此振动所需的电能效率也非常出色。

▲ 先锋 PIONEER CS-06 立体声扬声器系统
日本
20 世纪 70 年代
直径 36.2cm，高 50.9cm

　　立体声 2 路 4 扬声器低音反射式全方向扬声器系统。在 CS-06 中，配备了一个 20cmFB 锥形低音单元，向下安装在箱体底部，扩散器向四周辐射声音。在高音域，三个 7.7cm 高音扬声器安装在三个方向，轴角为 120°，覆盖整个圆周。这创造了一个可以安装在任何地方的全向扬声器。频率特性 60Hz ~ 20kHz（±3dB），灵敏度 90dB/W/m，阻抗 8Ω。内部采用玻璃棉制成的吸音材料。整个外观采用胡桃木油饰面，圆柱形箱体，木格栅配黑色内衬网罩的设计美感十足。

▶ **迪士普 DSPPA DSP-5A 立体声扬声器系统**
2019 年
中国
长 23.4cm，宽 19.2cm，高 31.2cm

　　这套音箱由拥有两项发明专利技术（分别是速度反馈技术和全频音箱零相位差技术）的祁家堃老师亲自指导开发测试、调校生产，每个环节严格把关，是祁家堃老师将自己近 60 年的学术运用于一体的力作。DSP-5A 有源音箱，低音为 134mm 高顺性单元，高音为 25.4mm 球顶单元，频率特性 40Hz ~ 20kHz，灵敏度 85dB/W/m。虽然体积不大，通过创新技术的运用和巧妙地设计，DSP-5A 声音还原真实，能量感十足。

扫码观视频

二、功放系统

◀ 麦景图 McIntosh C22 立体声前级功放
20 世纪 90 年代
美国
长 40cm，宽 33cm，高 13.6cm

　　1963 年麦景图推出了电子管立体声前级 McIntosh C22，1996 年复刻版 C22 面世，这是一款功能强大的经典立体声前级放大器。面板由黑色玻璃和金色阳极氧化铝组合而成，设计采用发光的表盘和红点灯选择指示器，均衡电路采用两级 NF 阴极跟随器，真空管使用了 6 支德律风根 12AX7（ECC83）。具有步进式音调控制、左右声道平衡、滤波器、响度等多模式选择器功能。输入选择（INPUT SELECTOR）包括 TUNER 收音调谐器、CD 唱机、两组 TAPE 磁带、两组 PHONO 黑胶唱机、两组 AUX 音频；模式选择（MODE SELECTOR）包括立体声 STEREO、立体声反相、单声道（MONO 以及左右声道合成 MONO 等五种模式）；左右声道可独立调整高低音，可选择通过连接不同后级操控两组扬声器。

　　频率特性 20Hz ～ 20kHz（±0.5dB），主输出 2 个系统 2.5 V（最大 10 V）。音调控制，低音和高音 ±20dB（20Hz），左右独立 11 级，低音增强器，100Hz 以下增强 6dB。相位开关：正相（0°）和反相（180°）。指示灯亮度选择器开关 2 级（亮、暗），重量 7.2kg。

▶ 麦景图 McIntosh C46 立体声前级功放
2007 年
美国
长 46.7cm，宽 44.5cm，高 15.2cm

　　McIntosh C46 立体声前级放大器，具备纯信号放大传输的基本性能，还配备了 8 段均衡器和丰富的输出端。音量采用以 0.5dB 为单位，214 级的 VRV（Variable Rate Volume）数字电子音量，可以像模拟音量一样调节音量。8 个输入端是可编程的。采用密封惰性气体的电磁开关，抗氧化能力强，信号变化不失真，长期使用不会造成接触不良。荧光显示器的照明结构采用光扩散纤维来提高可视性。

　　输出阻抗：平衡 480Ω，不平衡 240Ω；唱机 mm：4.5mV/47kΩ；8 段数字均衡器调节（20Hz、35Hz、70Hz、150Hz、300Hz、600Hz、1.2kHz、4kHz，±12dB）；CD 平衡 XLR 输入 1 组，平衡 XLR 输出 3 组，高电平 RCA 输入 7 组，低电平黑胶唱机输入 1 组，录音输出端子 RCA 两组，预输出端子 RCA 3 组。重量 11.8kg。

◀ 麦景图 McIntosh C100 立体声前级功放
20 世纪 90 年代
美国
长 44.5cm，宽 44.5cm，高 13.7cm（两机箱同尺寸）

　　McIntosh 在前级放大器上的贡献功不可没，率先发表了全球首创全新概念的完全分离式设计的 C-100 前级放大器，把电源供应稳压电路及调控部分置于独立箱体，纯信号放大电路放置于另一箱体，能达到防止信号相互干扰，做到真正彻底的分离。重量 11kg（前级控制部分），8.7kg（前级放大器部分）。

　　频率特性 10Hz 至 40kHz（+0-0.5dB）；额定输出 2.5V（平衡 / 非平衡、主、开关各 1/2）；输出阻抗 100Ω（平衡），50Ω（非平衡）；最大输出电压 25V（主 / 开关平衡输出，10Hz ～ 40kHz），12V（主 / 开关非平衡输出，10Hz ～ 40kHz）；总谐波失真 最大 0.002%（额定输出时，20Hz ～ 20kHz）；输入灵敏度 唱机：4.4mV（2.5V 额定输出，0.5mV IHF）；高电平：450mV（2.5V 额定输出，50mV IHF）；信噪比：唱机：86dB；高电平：98dB；最大输入信号 唱机 MM：50mV；高电平：5V（平衡）。

◀ 麦景图 McIntosh MC275 立体声后级功放
1987 年
美国
长 43cm，宽 30cm，高 20cm

　　麦景图于 1961 年推出每声道 75W 输出功率的真空管立体声后级放大器 McIntosh MC275，可以桥接成 150W 单声道功率放大器，这款经典放大器目前仍在生产，已经推出第六代。这台是 20 世纪 90 年代的第二代 MC-275，前方面板上印刻着 Gordon J. Gow 的金属铭牌，创始人 Frank. H. McIntosh 于 1977 年退休，Gordon J. Gow 这位联合创办人于 1977-1989 年期间一直担任麦景图总裁。这款采用双线绕组输出变压器，KT88 作为功率输出级电子管。左右声道可单独调整增益，除了传统 RCA 输入端，还增加了镀金的 XLR 平衡输入端，扬声器端仍保留怀旧的螺丝夹线式设计，输出可选阻抗为 4Ω、8Ω 和 16Ω。此外，真空管插座也采用镀金触点，机身采用镜面不锈钢底盘，重量 30kg。

◀ 麦景图 McIntosh MC2100 立体声后级功放
20 世纪 70 年代
美国
长 43cm，宽 30cm，高 20cm

　　MC2100 与麦景图经典电子管功放 MC225、MC240、MC275 外观相似（机身底盘镀铬，上部黑色金属罩），是带输出变压器的立体声晶体管后级功率放大器。输出功率 105W+105W（立体声），可桥接为单声道功放，此时输出功率 210W（单声道）。左右声道可单独调整增益，传统 RCA 输入端，扬声器端为老式螺丝夹线式设计，输出可选阻抗为 4Ω、8Ω、16Ω，频率响应：20Hz ～ 20kHz（±0.25 dB）。

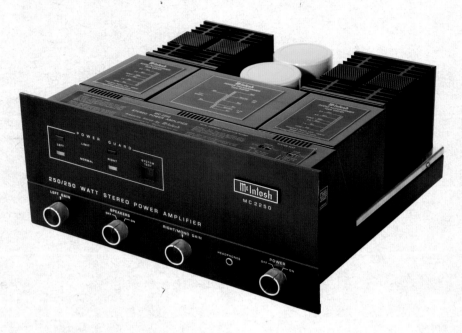

▲ 麦景图 McIntosh MC2250 后级功放
1970 年
美国
长 37.2cm，宽 36.8cm，高 16.7cm

　　立体声晶体管功率放大器，是不带蓝色功率表的型号。MC2250 的输出信号通过输出变压器并提供给端口。由于该变压器被设计为匹配任何阻抗的输出端，因此使用任何输出端口的所有频率信号都可以获得最大输出。另外，该变压器具有在放大器发生故障时保护扬声器的作用，当输出中混入直流成分时，变压器可消除并防止扬声器损坏。驱动电路和输出电路采用互补方案，接近 A 类工作，以减少交越失真。输出功率 250W+250W（额定输出），输出负载阻抗立体声：4Ω、8Ω、16Ω，重量 33kg。

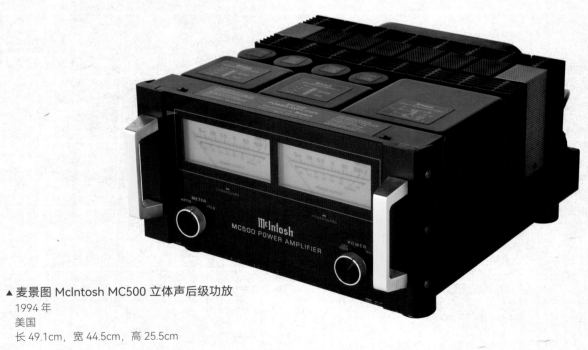

▲ 麦景图 McIntosh MC500 立体声后级功放
1994 年
美国
长 49.1cm，宽 44.5cm，高 25.5cm

　　麦景图 McIntosh MC500 立体声后级功率放大器，采用 McIntosh 输出变压器技术实现双平衡推挽电路，该电路是集合了多组互补平衡电路的对称放大电路，实现了低失真。安装了 7 个保护电路，如紧急热保护和始终防止削波失真的电源保护系统。额定输出功率立体声500W+500W，桥接单声道 1000W，负载阻抗 4Ω、8Ω、16Ω，重量 49.9kg。

▲ 麦景图 McIntosh MC1000 双单声道后级功放
1992 年
美国
长 49.1cm，宽 44.5cm，高 25.5cm

　　麦景图集多年技术积累和诀窍于一身研制的功放，能够提供 1000W 连续输出的单声道功率放大器。信号系统由全平衡并行推挽输出组成，实现了低失真输出。此外，无论负载阻抗如何，输出变压器都能实现恒定的高功率供电，支持低阻抗扬声器。大面积散热片和独创的高效放大电路降低温升，并实现自然风冷。此外，还安装了紧急过热温度保护、开启延迟和防止削波失真的电源保护系统等 7 个保护电路。另外，通过输出变压器防止因输出晶体管等的事故而产生的直流电流的流出。它有一个功率计，可以准确地将真实输出功率显示为电压和电流的乘积。面板表针的回应速度比专业 VU 表快约 10 倍，并且当指针在 WATTS 模式下达到峰值时，会停止一段人眼可以识别的时间，然后下降。在 HOLD 模式下，固定在峰值功率最大值，如果不再有输出，则会以 6dB/min 的速率缓慢下降。额定输出功率 1000W，负载阻抗 4Ω、8Ω、16Ω，重量 46kg。

▲ Audio Research LS5MK III立体声前级功放
20 世纪 90 年代
美国
长 48cm，宽 33.6cm，高 13.4cm

　　Audio Research LS5 前级是 ARC 在 LS2 前级达到真空管加晶体混合工艺高峰后，改变方向所推出的全真空管全平衡式前级，用了 4 只 6922/E88CC 双三极管，所有输入输出都使用全平衡端口。LS5 的声音高音圆滑而温暖，质感软中带着韧性，三度空间感极佳，栩栩如生的音像尤其令人称道，极低频的凝聚带有权威性。以它搭配同厂的后级是最佳选择。
　　频率特性 1Hz ～ 100kHz ±5dB，输入端 8 个系统，调谐器、唱机、CD、视频、Aux1/2、监视器、处理器（XLR/RCA）。最小负载 20kΩ，2000pF，最大输入平衡 28Vrms，非平衡 14Vrms，额定输出 2Vrms（200kΩ 平衡负载），信噪比 103dB（IHF，最小音量），重量 8.2kg。

▶ Audio Research Reference 600 双单声道后级功放
20 世纪 90 年代
美国
长 74.9cm，宽 48.3cm，高 26.7cm

　　90 年代推出的 Audio Research Reference（ARC）600 旗舰电子管双单声道后级放大器，机箱是纵向卧式设计，在当年推出时已震惊业界。该款产品在早期的线路设计上也相当惊人，为了获得更为强大的动力，输出级的电子管数目庞大，动用了 16 支 6550G 电子管作功率输出级。ARC 的产品外观设计向晶体管机靠近，这款早期的 Reference600 旗舰电子管后级把所有电子管都装在金属箱中，不打开机盖子看起来像是晶体管后级，当中的 6550G 可以换用 KT88、KT90、KT100 电子管。额定输出功率 600W，负载阻抗 4Ω、8Ω、16Ω，重量 46kg。

▶ MBL 6010 立体声前级功放
1987 年
德国
长 53cm，宽 35.5cm，高 24cm

　　1987 年 MBL 推出了第一代 6010 前级扩大机，数十年中经过多次改款升级，来到现在是 6010 D 第三代。6010 属于 MBL 下 Reference Line 旗舰系列，有黑白银三款色系，以 24k 镀金旋钮点缀，LED 数字音量指示，数字感应器加装在传统大型音量电位器后方，不过面板上所显示的数值并非实际音量分贝值，而是音量的电压变化转换成的数值。6010 采用双电源设计，将放大线路与控制线路分开处理，电子线路为插件式，方便日后升级，除此之外，输出电路板采用高性能的 OP 放大器，输出部分则是每一组输出各由独立的缓冲器驱动，可提升对后级的驱动力，并避免互相干扰。整体重量 25kg，十足的分量就如同 6010 在 MBL 的身份地位，历久弥新的前级王者之尊。
　　输入端子 XLR×1（平衡），RCA×6（非平衡）。输出端子 XLR×1（平衡），RCA×2（非平衡）／组。输入灵敏度 315mV，输入阻抗 5kΩ（CD）／ 50 kΩ（High level）／ 10kΩ（Processor）。最低失真：< 0.0006%，信噪比 108dB，1V ／ 25Ω，重量 25kg。

◀ **MBL 9011 立体声后级功放**
1990 年
德国
长 91cm，宽 48cm，高 32cm

9011 后级属于德国 MBL 旗下顶级的 Reference 参考系列，输出级采用纯 A 类的电路设计，并搭配精密的稳压系统，最大输出电流为 50A。机体内电路配置采用多层电路板设计，不仅如此，为提供更加纯净的音质，9011 在输出级会采用加厚铜箔处理，这项设计也是 MBL 旗下扩大机常见的特色之一。而在音乐信号的处理方面是利用 MBL 独创的 DPP、IGC 技术，确保信号以最短路径传输，除此之外，还采用了单点接地回路技术，把失真率降至 0.001% 以下。这台 MBL9011 为黑色钢琴烤漆搭配金黄色 logo 的招牌配色，但除此之外，原厂还提供了以镀铬的银灰色来搭配黑色、银色或白色，以及白金的颜色供选择。输出功率立体声 130W，桥接单声道功率 440W，讯噪比 123dB，最低失真小于 0.001%，重量 90kg。

▶ **柏林之声 Burmester 909 立体声合并功放**
2000 年
德国
长 48.2cm，宽 48.2cm，高 53cm

采用独创模块设计的合并式放大器。System 909 具有在纯后级 Power 909 中内置前置放大器和数字处理器部分的配置。每个工作部分均采用模块化设计，确保功放、前置放大器和数字处理器部分的完美运行。此外，通过采用关注每个模块情况的微处理器保护模块，也消除了诸如超载和过热等故障。另外，还可以支持未来添加的可选 DSP 和模块，并且是可以升级的结构。

承载五个前置放大器部分的平衡输入。这些平衡输入插孔还可以通过使用 XLR 适配器与非平衡类型兼容。此外，还为磁带录音提供平衡及非平衡型输出，并带 phono 唱放功能。来自数字处理器部分的信号路径具有绕过 CD/ 调谐器 / 磁带输入等前置放大级的结构，以保持 D/A 转换器的动态范围。音量调节采用误差 1% 左右的高精度步进式金属膜电阻和镀金继电器开关。数字处理器的 D/A 转换部分采用两个 8 倍采样 18 位 D/A 转换器，每个通道总共四个。这将平衡连接的优势扩展到了数字领域。数字处理器部分携带五个数字输入，两个输出用于 DAT。这些输入和输出采用并行设计，所有数字输入和输出可以是光纤或同轴。支持 32kHz、44.1kHz 和 48kHz 三种采样频率，由信号源自动选择。具有数字噪声整形器和相位切换功能。

专用遥控器：除音乐源选择和音量调节之外，还可以选择三种 DSP 处理功能。此外，通过遥控装置调节的音量以数字方式显示在主机前方面板上。

每声道输出功率 600W，输入端子 1 组 XLR，输入阻抗 XLR / RCA：1.7kΩ / 5.7 kΩ，频率响应 10Hz-22kHz，总谐波失真小于 0.003%，讯噪比 105dB，重量 80kg。

▶ 听佳音 T+A S10 立体声后级功放
20 世纪 90 年代
德国
长 48cm，宽 35cm，高 52cm

　　德国听佳音 T+A 这款 S10 立体声旗舰后级放大器，巧妙结合经典的真空管线路技术和革新的晶体管技术，定位于高端市场。S10 拥有真空管的特点，电压放大使用两支 6SN7 三极真空管，输入级为超线性"对称差动式串级放大线路"，配合高偏压电流及低输出阻抗，驱动电流放大部分，整个放大器提供出色的频宽、高线性和高速率。

　　S10 是双输出电流功率放大器，在高功率模式，S10 提供 2×320W（8Ω）、2×500W（4Ω）功率输出，这种模式，建议使用具有低效率的扬声器；而高电流模式，则在纯 A 类状态提供 2×35W 输出，及 AB 类状态的 2×140W 输出功率，推动高效率的扬声器，可选择该模式，能在输出级以更低的工作电压、增加一倍以上的闲置电流。

　　T+A S10 装载有智能控制系统，以微型处理器负责控制保护电路，监控电源电压，内部电源电压和工作温度。该系统还能监控扬声器输出 DC 直流、短路、超载，从而保护连接到本机的扬声器。

　　功率输出：2×320W（8Ω）、2×500W（4Ω）。信号 / 噪声比 113dB，总谐波失真 <0.03%，具有 RCA 及 XLR 输入，重量 51kg。

◀ SPL phonitor2　耳机监听 / 前级功放
21 世纪初
德国
长 30.5cm，宽 27.7cm，高 9.9cm

　　SPL phonitor2 是一台高品质的适用于所有类型阻抗的耳机放大器，可调整左右声道互馈分离度，还可用耳机模拟音响角度的效果，同时也是一台高品质的前级放大器，带音量遥控器，全平衡 XLR 连接输入输出接口。最大输出功率 560 毫瓦（1kHz/40Ω），频率范围 4Hz ~ 480kHz（±3dB），阻抗平衡 20kΩ / 不平衡 10kΩ，重量 4.3kg。

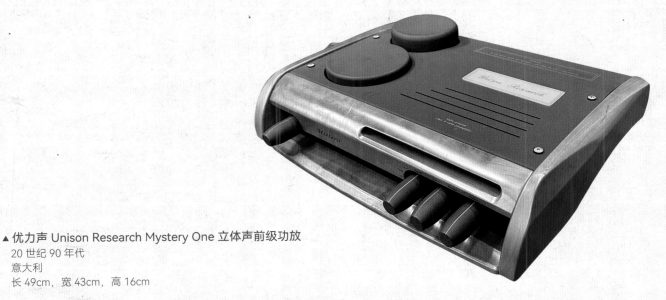

▲ 优力声 Unison Research Mystery One 立体声前级功放
20 世纪 90 年代
意大利
长 49cm，宽 43cm，高 16cm

　　Mystery One 神秘 1 号真空管前级放大器为 Unison Research 的高端机型。全真空管放大及整流设计，采用 1 只 ECC83（12AX7），2 只 ECC82（12AU7）双三极管及 1 只 EZ81 双二极管。在设计上为了让讯号处理获得最佳的线性响应，所以全部真空管的栅极电压均由独立电池负责供电。此外，整个放大线路为纯甲类设计，设有五组高电平输入及两组前级和一组录音输出，输出阻抗 800Ω，总谐波失真低于 0.1%。简洁的控制方式，仅设开关、音量、输入和输出四组旋钮，艺术造型之实心樱桃木机身尽显高雅。

▲ 优力声 Unison Research performance 合并功放
2010 年
意大利
长 60cm，宽 48cm，高 23.5cm

　　Performance Anniversary 纪念版，一切皆建基于 Performance 成熟的电路设计及出色的造型，包括由各级真空管到滤波电容，再到供电牛及输出牛，两套镜影对称列阵，明确展示出属双单声道格局。当然少不了自家的单端并联纯 A 类超线性输出级技术，所有真空管皆以纯 A 类模式运作，前级放大与功率管驱动级所采用的三极放大，以求换取出色的线性，大大降低奇次谐波失真。采用单端并联三极管电路，以及可提升其耐用性及可靠稳定性的自动偏压设计。在变压器方面，专研一套为 Performance 特殊设计的变压器，让四极 KT88 作并联单端超线性构架运作。

　　Performance Anniversary 外观上精彩处，是位于安放各真空管的平台上，那副用以隔离真空管热力或其他噪声传入机内的金属板，由原先常规版的不锈钢板，改用红铜金色镀铜钢板，提升隔离性能外，观感上也更见名贵。至于电路元件上的升级，KT88 与 ECC83 两款真空管由原先的 Sovtek，换成制作技术更新并严格筛选的金狮 Gold Lion。对声音表现至关重要的输出变压器上，Performance Anniversary 重新设计，针对金狮 KT88 去调整其阻抗，使之更匹配，最后超线性电路的性能再度提升，并减少所有绕组的电阻元件，从而提升阻尼系数、频宽与动态，并降低失真。

　　输出功率 45W，输入阻抗 47,000Ω／100pF，输出阻抗 4Ω 或 8Ω，输入电压可调校 0.8V 或 0.165V，工作类别为纯甲类，重量 45kg。

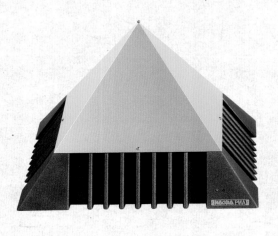
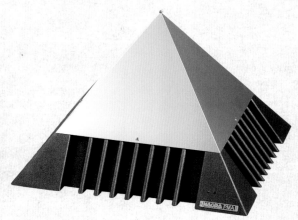

▲ 纳格拉 NAGRA PMA 双单声道后级功放

20 世纪 90 年代
瑞士
长 38cm，宽 38cm，高 30cm

　　NAGRA PMA 是一对单声道后级功放，它让 NAGRA 的设计达到了"金字塔"的级别。这种 AB 类晶体管放大器提供 200W 的功率输出，配备自动省电功能，可在无干预操作情况下自动打开和关闭，并提供自然的透明度和清晰的声音。金字塔就像一个储能器，可以为放大器提供纯直流电。受益于 NAGRA 首次开发的 PFC（功率因数校正器），PFC 允许 PMA 从主电源汲取真正的正弦电流。这将避免电气污染和高度尖峰电流，这些电流会产生从放大器到其他设备的不良谐波。PFC 还可以最大限度地减少传统电源设计的有害电气和恶劣的声音效果。PFC 减少了对过滤的需求；这允许 PMA 使用更小的散热器，从而节省空间。为了获得最佳音质和可靠性，每个组件的选择都至关重要，功率晶体管尤其如此。经过多次电气和主观测试后，研发团队选择使用 Exicon 的 MOSFET 晶体管，展示了其最佳特性。"金字塔"功放设计有两种版本，单声道的 PMA 和立体声的 PSA。PSA 具有与 PMA 相同的形状和尺寸，是一个安装在单个金字塔底盘中的立体声放大器，PSA 提供每声道 100W 的输出功率。重量 10kg。

▲ 马兰士 Marantz model 1180Dt 立体声功放

20 世纪 70 年代
日本
长 41.6cm，宽 31.6cm，高 14.6cm

　　马兰士 model 1180Dt 合并式放大器的音源输入包括 AUX、TUNER、PHONO、MIC 和 TAPE，有高、中、低三段音频均衡器调整功能，并可在 100Hz 和 10kHz 作 -20dB 调整，立体声和左右声道及反相位选择钮、contour 和 filters 控制也是当时的流行设计。可连接两组音箱，额定输出功率为 90W+90W(8Ω)，115W+115W(4Ω)。该放大器追求低瞬态互调失真，电源部分采用基于马兰士传统直流配置的纯互补 OCL/ 并联推挽三级电路，并采用马兰士定制的低噪声元件。搭载 ESP 电路检测输出端过大的输出电流电压和直流，将驱动晶体管的信号限制在安全值，并防止其过度驱动和短路。此外它还配备了一个继电器，其中包括一个延迟电路，以防止电源打开时的冲击噪音，并且在晶体管故障的情况下，扬声器将自动断开。配备响度轮廓，可利用 Fletcher Munson 曲线根据人耳的特性对低音量下的低频和高频进行 10 级微调。这是一台功能强大而优秀的合并式立体声功放。和马兰士的其他经典机型一样，香槟金色另可加装木质机壳。

▶

◀ NAD AV-716 多声道 AV 功放
20 世纪 90 年代
英国
长 45cm，宽 40cm，高 17cm

　　NAD AV-716 是该品牌向多声道 AV 功放领域进军的机型，可以选择的聆听模式包含了标准 STEREO、Dolby Pro-Logic 以及 HALL 三种模式，在 Dolby Pro-Logic、HALL 模式时可以进一步调整延时，调整的范围为 5-30 毫秒，只有在 Pro-Logic 模式时才可选择中央声道的模式，分别为 Normal、Wideband 以及 Phantom。NAD AV-716 是一台收音环绕扩大机，它的收音部分做得相当到位，FM 的 S/N 信噪比高达 67dB，立体分离度也高达 45dB 以上，电台记忆功能共计有六组记忆选台，每组可以记录 40 个电台频道。NAD AV-716 也为 LP 黑胶唱片玩家设置了 PHONO 输入。本机输出功率：80W/8Ω（Stereo 立体声模式）、环绕声模式时为 55W/8Ω（LEFT/RIGHT/CENTER）、20W/8Ω（REAR），谐波总失真 0.08%，频率响应 20 ～ 30kHz±1dB，讯噪比为 100dB（Line）、80dB（Phono）。除此之外，如果要使用 NAD 的 CD 唱盘和卡座，可以利用 NAD 特有的 NAD LINK 端子直接连线遥控。

▶ 天龙 DENON AVR-2500 AV 功放
20 世纪 90 年代
日本
长 47cm，宽 43.3cm，高 16.2cm

　　DENON AVR-2500AV 放大器配备 DDSC 动态离散环绕电路，该电路使用单独的 DSP、A/D 转换器，对每个前置和中央通道采用离散配置，提高了信号处理能力和性能。此外，Pro Logic 解码器采用新开发的 IC，能清楚地分离模拟和数字部分，可使数字噪声对模拟电路的影响降到最低，实现更低的失真和更高的信噪比。为了再现播放器更高质量的声音，它配备了源直通功能，绕过每个音调平衡控制电路，并通过单独的系统将信号传输到功率放大器。配备 AVSE 电路，可放大低频范围，加深 AV 声音的真实感，实现更强大的声音再现。此外，它还配备了影院均衡器，可强调高频并更清晰、生动地再现为电影软件录制的台词。配备多源功能，配备专用端子，用于输出与输入不同设备的音频和视频，输入端子可连接 4 个音频设备和 4 个 AV 设备，并采用镀金端子。配备个人记忆功能，可以存储和调用三种模式下的输入源和环绕模式（包括 DSP 参数、AVSE、CINEMA ON/OFF 等）的组合。总共配备了 11 种环绕音效模式。前置扬声器可在 A/B 之间切换，额定输出功率为：前 85W+85W，中 85W，后 30W+30W。使用易于读取的大型 FL 显示屏，显示字符采用图标式，以简单易懂的方式在屏幕上显示当前的运行状态。遥控器具有预存功能，可存储各大厂家产品的操作码、系统调用功能、系统远程功能、学习功能等。

◀ 索尼 SONY TA-VE700 AV 功放
20 世纪 90 年代
日本
长 43cm，宽 36.5cm，高 14.8cm

　　支持杜比定向逻辑和 3-1 立体声并具有后置立体声功能的多声道 AV 放大器。配备 12 种环绕模式（大剧院、小剧场、竞技场、体育场、大厅、小礼堂等）自由选择。TA-VE700 使用了一种称为相移的技术，将后置声音转换为伪立体声。这使得能够再现比以前更具规模感和三维度的声场。前置 L/R 和中央安装有 150W 功率放大器，后环绕声 50W。支持 3-1 立体声高清标准，连接高清电视的高清音频输出即可享受原汁原味的高清声音。DPC（数字处理控制）使用数字处理来定制声音，附带的遥控器还配备了光标键，可以从实际的聆听位置进行调音。为功率晶体管散热的散热器为高刚性铝制散热器，散热效果高，抑制有害振动，不易使声音浑浊。正面还有一个输入端子，可用于连接便携式设备。

雅马哈 YAMAHA RX-V595a 多声道 AV 功放
20 世纪 90 年代
日本
长 43.5cm，宽 39.1cm，高 15.1cm

　　配备杜比数字解码器的 5.1 声道 AV 放大器。它配备了 Cinema DSP Engine YSS-908 处理器，将 3 声场 Cinema DSP 和用于杜比数字解码器的 DSP 集成到一个芯片上。低功耗设计减少了不必要的热量产生和数字噪声，同时还实现了 24 位分辨率的高精度解码和高品质声场再现。

　　总共安装了 11 个声场程序。此外，通过使用杜比数字专用的声场数据，包括数字电影院、三声场影院 DSP 程序，可以最大限度地发挥杜比数字的潜力。功率放大器部分采用相同的设计，所有 5 个声道均采用全分立配置。电源部分配备了重载电源变压器和大容量音频电容。此外，彻底地模拟数字分离设计消除了电路之间的相互干扰。可连接 4 个 AV 设备和 4 个音频设备。此外还配备了 2 个光纤和 1 个同轴数字输入。配备 5.1 声道音频输入和扬声器输出端子，每声道额定功率 70W。配备输入信号系统自动判别功能，自动判别输入源的类型（Dolby Digital/PCM）。配有预设遥控器，可存储包括雅马哈产品在内的主要制造商的 AV 设备操作代码。

▶ 安桥 ONKYO TX-SV646 AV 功放
20 世纪 90 年代
日本
长 43.5cm，宽 39cm，高 17.5cm

　　兼容杜比定向逻辑 (Dolby Pro Logic) 并配备 5.1 声道的 AV 放大器，功率放大器部分对所有 5 个通道均采用低反馈电路，前置：90W+90W，中置：90W，环绕：25W+25W。DSP 处理器采用 Motorola 公司的 24bit DSP。配备 Cinema Re-EQ（影院再均衡器）电路，假如扬声器安装在屏幕后面，可以重新校正录制的音频信号，重点关注高频。D/A 转换部分配备 20bit delta sigma 转换器。环绕模式包括原始模式在内总共配备了 5 种模式。此外可以通过微调参数来创建喜欢的环绕声。配备 3-D 低音，可以更清晰地再现前置 / 中置扬声器的深沉低音。配备智能扫描控制器，安装在前面板上的旋转拨号控制器可以轻松进行系统设置和各种参数设置。配备 IPM（智能电源管理）功能，当电视打开和关闭时，放大器的电源会根据电视的音频信号自动打开和关闭。

◀ 建伍 KENWOOD KA-K600 卡拉 OK 功放
20 世纪 90 年代
日本
长 44cm，宽 25cm，高 15cm

　　建伍的 KA-K600 型卡拉 OK 数字功放，带 11 档升降调（1 档原音，5 档升和 5 档降）调整，最多可连接 3 支麦克风，分别独立调整每支麦克风音量，回音则统一调整。音乐信号源包括 LD、VIDEO、TAPE、BGM 四组输入选择，麦克风总音量和音乐总音量大型控制旋钮可分别调整，此外还有麦克风和音乐的高低音控制，回音延时长短控制和左右声道平衡功能。这是一款功能丰富而简单易操作的民用卡拉 OK 功放。

▶ **先锋 PIONEER SA-V210 卡拉 OK 功放**
20 世纪 90 年代
日本
长 42cm，宽 38.5cm，高 12.5cm

　　先锋 PIONEER SA-V210 型卡拉 OK 功放，带 9 档升降调（1 档原音，4 档升和 4 档降）调整，可连接 3 支麦克风，分别独立调整每支麦克风音量，回音统一调整。音乐信号源包括 LD、VCR、TAPE、CABLE 四组输入选择，麦克风音量和音乐总音量可分别调整，此外还有麦克风和音乐的高低音控制、左右声道平衡功能。以蓝色和橙色区分纯音乐和麦克风控制区域，是一款功能丰富而操作简易的民用卡拉 OK 功放。

◀ **马兰士 Marantz PM-580AVK 卡拉 OK 功放**
20 世纪 90 年代
日本
长 42cm，宽 34cm，高 15cm

　　马兰士 PM-580AVK 卡拉 OK 功放，带 15 档升降调（1 档原音，7 档升和 7 档降）调整，可连接 4 支麦克风，分别独立调整每支麦克风音量，回音统一调整。音乐信号源包括 LD、VCR、CD、TUNER 四组输入选择，麦克风音量和音乐总音量可分别调整，此外还有麦克风回响控制和左右声道平衡功能。是一款功能丰富而操作简易的民用卡拉 OK 功放。

▶ **马兰士 Marantz PM-400AVK 卡拉 OK 功放**
20 世纪 90 年代
日本
长 44.5cm，宽 33cm，高 12cm

　　马兰士 PM-400AVK 卡拉 OK 数字功放，带 11 档升降调（1 档原音，5 档升和 5 档降）调整，可连接 2 支麦克风，分别独立调整每支麦克风音量，回音统一调整。音乐信号源包括 VCR、VDP、TV、CD/AUX、TAPE、TUNER 六组输入选择，麦克风音量和音乐总音量可分别调整，此外还有麦克风和音乐的高低音控制、左右声道平衡功能。是一款功能丰富而操作简易的民用卡拉 OK 功放。

三、CD 数码播放系统

▶ MBL 1531 CD 唱机
1990 年
德国
长 45cm，宽 40cm，高 17cm

　　MBL 1531 CD 机，采用飞利浦 CD Pro2LF 机芯，大量采用松下 FC 电解和 WIMA 电容，稳压采用 NS LM1086，两级稳压。译码部分采用 CS8414 接收和 CS4398 译码，输出是 AD797 和 Vishay 贴片电阻的组合。1531CD 唱盘的舱盖并非向上掀开，而是往后推滑方式，犹如一个密闭的珠宝盒，四面滑轨都是紧密相接的，而且触感非常棒。

　　1 bit/128 倍超取样，讯噪比 112dB，类比输出端包括 RCA 与 XLR 端子，数位输出端包括 RCA、XLR 与 Toslink 端子，重量 20kg。

▲ 柏林之声 Burmester 001 CD 唱机
2000 年
德国
长 48.2cm，宽 34cm，高 11.5cm

　　柏林之声 001 CD 唱盘顶置式入碟，皮带驱动设计，使用 Philips CDM PRO 传动系统. 可提升取样规格达 96kHz/24bit，以四颗 Delta-Sigma 芯片组成全平衡数码 / 类比转化线路，全电子式 60 分阶音量设定，可编辑、删除、储存 20 首曲目，自动关闭显示屏功能。重量 11kg。

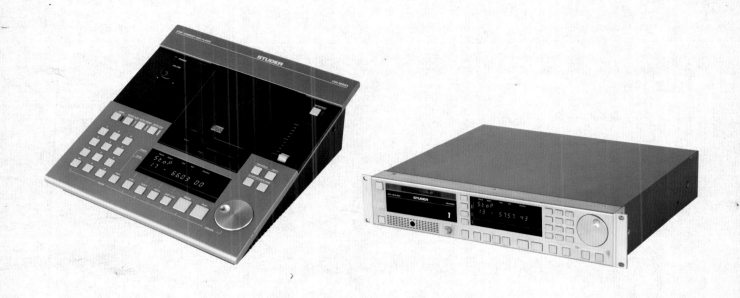

▲ 斯图德 STUDER D730 CD 唱机
1993 年
瑞士
长 35.5cm，宽 32cm，高 13.1cm

▲ 斯图德 STUDER D731 CD 唱机
1993 年
瑞士
长 48.2cm，宽 36.8cm，高 8.8cm

　　斯图德 Studer D731 与 D730 是同时推出而且几乎同样配置的机型，但外观不同，D730 为斜面设计，而方形的 D731 可自由安装在统一尺寸的专业机架上。
　　该型号 CD 唱机以 1988 年发布的 A730 为基础，融合了专业领域的专业知识并引入了尖端数字技术，进一步升级。传统机构部分已从传统的飞利浦 CDM-3 更改为 CDM-4 Pro，经过专门挑选和调校，通过减少移动质量来提高跟踪性能。此外，通过更新固定机构的悬挂，彻底消除了有害振动并提高了信号读取精度。D/A 转换部分已从传统的多 bit 类型更改为比特流 1 bit 飞利浦 DAC TDA1547，这会带来更加流畅的音质。此外，通过强调机械设计和电路设计，改善了被认为是 1bit 弱点的动力不足的问题。即使在 TOC 写入之前也可以播放 CD-R。因此，可以在具有可用空间的 CD-R 上进行附加记录，从而更灵活地使用 CD-R。
　　搭载独创的错误率显示机构，可实时监控光盘的播放质量。模拟输出非平衡 RCA 接口为 2V/250Ω，XLR 平衡接口为 15dB/50Ω（带变压器）。数字输出通过 XLR 端子配备 AES/EBU 和 SPDIF，并且还可以切换 OFF。谐波失真低至 0.006% 以下（20Hz ～ 20kHz）。它有一个时钟输入端，可以添加外部时钟。配备丰富的功能，如直接歌曲选择功能、以分钟、秒和帧为单位的时间进行歌曲选择并带有提示，最多 120 张光盘的识别功能和每张光盘最多 3 个提示点的记忆功能。它使用了比以前更大的显示屏，内置监听扬声器，可以检查光盘内容。

◀ 瑞华士 REVOX B226 CD 唱机
1987 年
瑞士
长 45cm，宽 33.2cm，高 10.9cm

　　配备 16 位 4 倍过采样数字滤波器，将采样频率提高四倍至 176.4kHz，将不需要的噪声推入超高频段范围，并减轻模拟滤波器的负载，从而产生优异的瞬态回应特性。另外，16 位 D/A 转换器采用最新设计的高速型，独立左右，不会造成相位特性劣化。机构主要部分采用压铸件，减少了不必要的振动。此外，通过将光盘托盘置于中心的独特结构，提高了结构的稳定性。带有两个同轴端子作为数字输出端子，输出电平 / 阻抗为 2V/500Ω，耳机输出 4.5V/50Ω。此外，模拟输出带有两条线路：固定线路和可变线路。直接选歌多达 99 首歌曲，随机编程功能多达 19 步，具有时间指定等记忆功能。

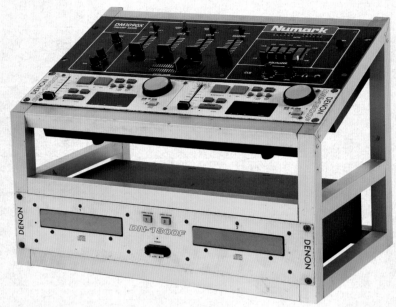

▲ 天龙 DENON DN-1800F CD 唱机 Numark 控制系统
20 世纪 80 年代
日本
长 48.2cm，宽 88cm，高 28.5cm

　　DN-1800F 是一款双 CD 播放器，具有出色的性能和多种功能，非常适合 DJ 混音。特点：DN-1800F 可以轻松安装在标准的 19 英寸
机架上。通过大型荧光显示屏和光盘支架照明提高能见度。自动电平搜索 / 即时启动；弯音（按钮和点动）
　　电压 :230V；采样率 :44.1kHz；数字连接：同轴；线路输出 2V；频率响应：20Hz ～ 20kHz；带有全金属机箱的珍珠白色机柜在每个
驱动器上都有明亮的 LED，可在它们打开和关闭时显示；可以通过点动轮或专用按钮获得 ±18% 的俯仰控制。Phat 功能将播放速度提高
到 40% 或减慢到正确速度的 50%，也由点动轮控制。对于快速启动和即时播放，有提示卡顿模式。每个驱动器都有单曲 / 连续 / 接力播放，
每个驱动器的中继播放都是独立的，因此，对于那些长时间的聚会，音乐将从一个驱动器连续播放到另一个驱动器。除了模拟输出外，本
机还具有数字 S/PDIF 输出，可直接复制到 DAT 或 CD-R 机器或连接到数字工作站或数字调音台。其他良好的功能包括：睡眠模式，其中
光盘驱动电机在 30 分钟不活动后关闭；自动托盘关闭是光盘托盘在 30 秒后关闭；双穿梭慢动轮；大型荧光显示屏指示倒计时或当前播放
位置以及其他光盘信息。

▶ 天龙 DENON DN-20000F CD 唱机
20 世纪 80 年代
日本
长 48cm，宽 41.5cm，高 8.5cm

　　天龙专业 CD 机。频率特性：20Hz ～ 20kHz ±0.5dB，动态范围 94dB，信噪比 100dB。总谐波失真 0.007% 以下（最大电平，
1kHz）。光盘启动非常迅速，旋转速度恒定在 1.2m/s 和 1.4m/s 之间。可播放 2 张激光唱片 CD 机，面板简洁，只有开关按键以及蓝色的
1 和 2 号唱片仓选择键，需通过连接配套的控制台 Numark 进行播放等多项功能的操控。

► 天龙 DENON DN-961FA CD 唱机
20 世纪 90 年代
日本
长 42cm，宽 20cm，高 20cm

　　天龙 DENON DN-961FA 是天龙公司专业的录音棚专用器材，该机定位和天龙民用级 DENON DCD-S1 相当。作为广播监听级音源，DENON DN-961FA 声音逼真度非常高。对声音高度的还原，成就了 DENON DN-961FA 播放各类音乐都有完美表现。DENON DN-961FA 采用索尼 SONY KSS-240 光头，加上全金属长寿命转盘，可调音量的全平衡音频输出，具备同轴数字输出，全金属大型铝铸转盘架，声音稳如泰山。音频输出有音量控制，可以直接驱动后级，让它可以成为音源与前级一体机种，它的耳机放大部分完全对应专业用途，即使和录音工作室里的专业耳放比也不相上下。日本电子厂商世界一流的设计水平、厚重的用料，精湛的校音、都是造就 DENON DN-961FA 声音不凡的因素。

◄ 先锋 Pioneer PD-F908 多功能自动换碟 CD 唱机
20 世纪 90 年代
日本
长 42cm，宽 40.2cm，高 19cm

　　可存储 101 张 CD 唱片的文件型 CD 播放器，被称为"CD 欣赏库"。

　　配备 ADLC 自动数字电平控制器，可在播放过程中调节音量。配备了连续播放转换装置，数模转换为高速脉冲流 1bit D/A 转换器。可设置 3 种 CD 播放模式：在全模式下，所有已放置存档好的光盘将按顺序播放。在单模式下，可以从已放置存档的光盘中仅选择并播放一张光盘。而在自定义模式下，可以按流派、艺术家等对光盘进行分类注册并播放光盘，最多可注册 20 首歌曲。配备最佳选择记忆功能，遇到喜爱的歌曲，按最佳按钮即可自动记忆收藏歌曲。最多可记忆编程播放 36 首歌曲。可以仅依次播放排列的每张光盘的第一首歌曲，也可连续播放一首歌曲的开始部分 10 秒内容，并在文件中搜索想听的歌曲光盘。配备屏幕光盘管理功能，可使用遥控器在显示屏上输入和搜索光盘标题。具有内存备份、内存保持、直接光盘访问、直接曲目访问、随机播放、重复播放等功能。与 CD-DECK 同步系统兼容。配备模拟信号输出、同轴数字输出、光纤输出。附件包括一个无线遥控器。

► 力士 Luxman D-500X'S CD 唱机
1990 年
日本
长 43.8cm，宽 38.5cm，高 11.8cm

　　Luxman D500X's 由顶部放置 CD 唱片（Top Loading）的方式被很多高级 CD 唱盘采纳，其优点是比前方上片更稳定且能减少共振。D500X's 使用 Philips CDM-3PRO 转盘，CDM-3 原是为 CDM-ROM 而设计，而 CDM-ROM 主要用于电脑资料检索，其要求的精确度比一般音乐播放系统要高很多。唱头机构采用悬臂式而非一般日本 CD 机的直线式，有更快和更精确的循轨能力。精密的 16bitD/A 转换器，搭配 Philips TDA-1541A S1 皇冠译码芯片。频率响应 5Hz ～ 20kHz(±1dB)，动态范围 96dB，信噪比 106dB。完全独立的电源供应，抗共振的坚固机座，豪华的金色面板外观，造型优雅高贵。

▲ 索尼 SONY CDP-311 CD 唱机
20 世纪 90 年代
日本
长 43cm，宽 29.5cm，高 10cm

　　SONY 作为 CD 唱片的始创者，制造了大量专业和民用 CD 唱机。
这台 CDP-311CD 机虽然只是一台普通民用版激光唱机，也能轻松拥有
各项优异指标，频率响应 20Hz ~ 20kHz±0.5dB，信噪比大于 100dB，
输出电平 2Vrms，带 10mW（32Ω 负载）耳机输出。可通过遥控器或
面板按键直接操作。

▲ 索尼 SONY CDP-591 CD 唱机
20 世纪 90 年代
日本
长 43cm，宽 11cm，高 28cm

　　SONY CDP-591 多功能 CD 唱机，传动系统为 SONY CXD2552AQ，信噪比大于 100dB，除了能播放普通 16bit/44.1kHz 标准格式
CD 唱片，还能播放更高格式的 /HDCD，可通过遥控器或面板按键直接操作及简易编程记忆选曲，并具备 CD-R/CD-RW 刻录功能。

▲ 松下 Technics SL-P170 CD 唱机
20 世纪 90 年代
日本
长 43cm，宽 28.4cm，高 8.8cm

　　松下 SL-P170 型的数字转换器为 MN6474 MASH，传动机构为 SOAD70A，频率响应 20Hz ~ 20kHz，信噪比大于 96dB，总谐波失真：
0.005%。简洁的控制面板只能进行基本的开关播放操作，其他功能由遥控器实现，是 90 年代颇受欢迎的 CD 唱机。

▲ 德生 TECSUN CD-80 CD 唱机
2019 年
中国
长 27.5cm，宽 21.2cm，高 7.9cm

　　该款 CD 播放 / 同轴解码两用机，同轴解码最高支持 24bit/192kHz，包含 RCA 模拟输出和 COAX 同轴输出，采用 ES9018K2M DAC 解码芯片，同时可作为耳机放大器，设有 100Ω ~ 600Ω 立体声耳机监听插口 (3.5mm)， CNC 全铝机箱。

▲ 德生 TECSUN HD-80 数字音乐播放器
2016 年
中国
长 16.5cm，宽 7.3cm，高 9.3cm

　　HD-80 桌面式高保真音响数码音源，采用第三代 NanoDHiFi 音频芯片，支持 WAV、FLAC APE DFF 等主流无损和无压缩格式以及 MP3 节目，最高支持 24bit/192kHz。采用 35 寸 TFT 显示屏，功能丰富，界面简洁，操控简便内置 16G 闪存，外置 SD 插卡。可当作独立的解码器使用，具有同轴和 USB 数码流信号输入接口。蓝牙 5.0 接收功能，可收听由手机、电视、电脑通过蓝牙发射的音乐和网络音频节目。设有 RCA 模拟音频输入，并可对其录音，适合将黑胶唱片、老录音带数字化。RCA 模拟输出，可连接家庭 Hi-Fi 功放系统。设有 DSP 均衡器，在不同环境下微调均衡器以获得好的音质效果，采用高低阻监听级耳放电路，可同时使用两副耳机。有遥控功能。交直流供电，内置 18650 锂电池组，智能充电体积小，重量轻，可在室内外便捷使用。

广州市迪士普音响博物馆一号听音室

广州市迪士普音响博物馆二号听音室

广州市迪士普音响博物馆三号听音室

　　广州市迪士普音响博物馆的 Hi-Fi 藏品，并不只是静态陈列，而是在展示的同时也可现场演示，在扬声器陈列区，可通过围栏上安装的开关即时切换，聆听不同品牌的音响。而几间专业打造的听音室，除了黄金比例的空间，在地面、四侧墙壁、角落、天花板都做了全面的声学设计，包括对声音的适度吸收、均衡扩散、低频驻波的处理等，真皮沙发和厚地毯都是调声秘籍的组成部分。所有的高保真 Hi-Fi 器材都会拿到迪士普音响博物馆专业消声室进行测试，并将相关测量数据曲线绘制在听音室墙壁上，看看与原厂数据是否一致，根据功放的功率、阻尼系数和扬声器的灵敏度、阻抗等指标进行匹配，同时还要考虑同品牌或不同品牌在音色个性方面的搭配。这种理性和感性的结合、知性与实战的尝试，也是深入认知高保真音响的全方位体验。

　　高保真音响系统涵盖从扬声器、功放、音源播放器，延伸到脚架、电源、连接线材（或蓝牙、airplay 无线传输方式）等周边设备，以至整个建筑声学空间所涉及的方方面面。以民用 Hi-Fi 高保真音响作为本书的终结篇章，再回看几个世纪前的八音盒，以及逾百年历史的留声机、电唱机、录音机等，音响在人类漫长的岁月长河中显得相对短暂，但它却将声音这种"看不见，摸不着，也闻不到"的奇妙之物记录下来、重播出来，成为我们生活的一部分，成为人类探索声学科技以及音乐艺术创作领域必不可少的载体。百年音响发展史，探寻声音的真谛，人类还在继续进步。

参考书目

一、中文图书

1. 故宫博物院：《故宫钟表》，紫禁城出版社，2008 年。
2. 上海八音盒珍品陈列馆微信公众号推文"解压神器——聊聊上发条那些事"。
3. 李宝善：《组合式家用放音设备》（无线电爱好者丛书），人民邮电出版社，1985 年。
4. 上海交通电工器材采购供应站：《晶体管收音机手册》，上海科学技术出版社，1981 年。
5. 甘泉：《电子管收音机》，辽宁人民出版社，1982 年。
6. 陈汉燕、徐蜀：《广播情怀——经典收音机收藏与鉴赏》，人民邮电出版社，2013 年。
7. 上海交通电工器材采购供应站：《国产广播收音机手册》，上海科学技术出版社，1959 年。
8. 俞锦元：《扬声器设计与制作》，广东科技出版社，2011 年。
9. 萧宏：《半导体制程技术导论》，全华图书股份有限公司，2012 年。
10. 吉迪恩·施瓦茨：《Hi-Fi High-End 音响设计史》，人民邮电出版社，2022 年。
11. 刘汉盛：《黑胶专书》，普洛文化（台湾），2016 年。
12. 《新音响》，第 207 期，2018 年。
13. 罗伯特·哈利：《构筑家中音乐厅—音响金律》，视听前线编，中国电子商情杂志社，2009 年。
14. Stereo Sound：《音响季刊》，2007 年。
15. Stereo Sound：《JBL 的世界》，1993 年。
16. Alan Leung：《古董音响》，三次坊出版有限公司（香港），2008 年。

二、外文图书

1. Alexander Buchner, *Mechanische Musik-Instrumente,* Verlag Werner Dausien, 1992.
2. Arthur W. J. G. Ord-Hume, *Musical Box British Library Cataloguing in Publication Data,* 1980.
3. Arthur W. J. G. Ord-Hume, *Restoring Musical Boxes British Library Cataloguing in Publication Data,* 1980.
4. Arthur W. J. G. Ord-Hume, *THE MUSICAL BOX,* Schiffer Publishing Ltd,1995.
5. Arthur W. J. G. Ord-Hume, *THE MUSICAL CLOCK, British Library Cataloguing in Publication Data,*1995.
6. Arthur W. J. G. Ord-Hume, *Restoring Musical Boxes & Musical Clocks British Library Cataloguing in Publication Data,* 1997.
7. Arthur W. J. G. Ord-Hume, *Automatic Organs,* Schiffer Publishing Ltd, 2007.
8. Chapuis, Alfred, *History of the Musical Box and of Mechanical Music,* Library of Congress Cataloging in Publication Data,1992.
9. Richard MÜhe, Horand M.Vogel, *Alte Uhren München Bindung Kunst-und,* Verlagsbuchbinderei, 1991.
10. Jan Brauers, *Von der Aolsharfe zum Digitalspieler,* Klinkhardt & Biermann Verlagsbuchhandlung GmbH, 1984.
11. Q. David Bowers, *Encyclopedia of Automatic Musical Instruments,* The Vestal Press ,1972.
12. Heinrich Weiss-Stauffacher, *The Marvelous World of Music Machines,* Kodansha, 1981.
13. Graham Webb, *The Cylinder Musical-Box Handbook,* The Vestal Press Ltd, 1984.
14. Graham Webb, *The Musical Box Handbook,* The Vestal Press Ltd, 1984.
15. Timothy C.Fabrizio&George F.Paul, *The Talking Machine An Iiiustated Compendium 1877—1929,* Schiffer Publishing Ltd, 1997.
16. Christopher Proudfoot, *Grammophone und Phonographen,* Verlag Georg D.W.Callwey Munchen,1961.
17. Harry Belle, *Spreek Machines,* Elma Edities B.V,1989.